U0958236

冶金反应工程学丛书

冶金反应工程学基础

肖兴国 谢蕴国 编著

北 京
冶 金 工 业 出 版 社
2010

内容简介

本书内容分为冶金宏观动力学、反应器理论和典型冶金反应器操作特性及解析方法三篇。在选材上，既包括了冶金反应工程学的基本理论和研究方法，又选入了各类冶金反应器操作解析的典型实例，同时还分类评述了有关研究的发展概况，供读者进一步深入学习时参考。

本书可以作为钢铁冶金和有色冶炼专业的本科生和研究生教材。

图书在版编目(CIP)数据

冶金反应工程学基础/肖兴国，谢蕴国编著．—北京：冶金工业出版社，1997.5(2010.7 重印)

(冶金反应工程学丛书)

ISBN 978-7-5024-2057-4

Ⅰ.冶… Ⅱ.①肖… ②谢… Ⅲ.冶金—化学反应工程 Ⅳ.TF01

中国版本图书馆 CIP 数据核字(2010) 第 012709 号

出版人 曹胜利

地　址 北京北河沿大街嵩祝院北巷 39 号，邮编 100009

电　话 (010)64027926 电子信箱 yjcbs@cnmip.com.cn

责任编辑 尚海霞 美术编辑 王耀忠

版式设计 张 青 责任印制 牛晓波

ISBN 978-7-5024-2057-4

北京百善印刷厂印刷；冶金工业出版社发行；各地新华书店经销

1997 年 5 月第 1 版，2010 年 7 月第 3 次印刷

850mm×1168mm 1/32；12.75 印张；355 千字；389 页

32.00 元

冶金工业出版社发行部 电话：(010)64044283 传真：(010)64027893

冶金书店 地址：北京东四西大街 46 号(100711) 电话：(010)65289081

(本书如有印装质量问题，本社发行部负责退换)

序言

冶金学是研究人类从自然资源中提取有用金属和制造材料的科学。从人类最早使用金属到今天，已有数千年历史。在近一百多年的现代工业生产发展中，冶金工业作为一门基础材料工业，发挥了重大作用。本世纪上半叶以来，许多冶金学家应用化学热力学知识，对冶金过程中气体-熔渣-金属间的反应平衡和熔体的物理化学性质进行了大量的测定和研究，这些研究成果促进了现代冶金工艺的发展。冶金学也逐步完善为一门主要以热力学为理论基础的、独立的专业学科。

近几十年来，冶金学知识体系和结构，随着冶金技术的发展和相关学科的进步，也在发生变化。计算机技术的发展和广泛应用，使冶金学理论和工艺的研究方法、冶金生产及其控制技术发生了重大变革。由传统冶金学和传统冶金工艺学所构成的知识体系和结构，已不能完全满足现代冶金工艺发展和理论研究的需要。因此，诸如，对微观和宏观过程的认识、单元过程或现象的定量解析、反应过程的数学物理模拟、反应和生产速率的预测、反应器的仿真研究和设计、人工智能技术的应用以及反应器运行和整体生产过程的控制等等，均逐渐成为现代冶金学必须包括的内容。近二三十年中，许多冶金学学者努力学习相关学科，如现代化学工程学、计算流体力学（CFD）、传输理论等方面的知识，积极利用数学解析方法和计算技术，来定量分析和解决冶金学理论和工艺方面的问题，并获得重要进展。日本学者鞭岩、濑川清等根据上述冶金学内容和研究方法的新发展，于70年代提出冶金反应工程学概念，并分别出版了《冶金反应工程学》和《铁冶金反应工程学》等专著。

我国在冶金学上述新兴内容的研究方面，起步于70年代末。近二十多年，国内许多冶金学者根据现代冶金学发展的趋势，吸收国外先进经验，注意促进多学科知识的交叉，逐步将传输理论、反应工程学的方法以及计算技术引入冶金学的理论研究和工艺开发中，并取得较大的进展。为及时总结冶金学近几十年的发展成果，增进国内外学术交流，改善专业教学、基础研究和工艺发展的条件，中国金属学会冶金反应工程学学术委员会决定组织我国冶金领域内的专家学者，并争取国外学者的参与或合作，编辑出版一套《冶金反应工程学丛书》。

本套丛书可大致划分为介绍冶金反应工程学理论的著作（一部分为高校教材或教学参考书）和介绍冶金反应工程学知识应用成果和经验的专著两类。第一批著作于1996年开始出版发行。欢迎国内外冶金学者参加《冶金反应工程学丛书》书目的著述。

《冶金反应工程学丛书》的编委会，由下列学者组成（按姓氏笔画排列，带*号者为执行小组成员）：

梅　炽（中南工业大学）

* 萧泽强（东北大学）

赫冀成（东北大学）

* 蔡志鹏（中国科学院化工冶金研究所）

戴永年（昆明理工大学）

魏季和（上海大学）

由于《冶金反应工程学丛书》内容涉及面较宽，编写工作量大，且系初次组织，经验不足，错误和不足之处在所难免，请读者批评指正。

《冶金反应工程学丛书》编委会

1996年5月

前言

冶金反应工程学是研究并解析冶金反应器和系统及其内在过程的新兴工程学科，70年代末正式引入我国之后，获得了迅速发展和十分广泛的应用。我国各高等冶金学校陆续为研究生和本科生开设了冶金反应工程学课程，分别编写了不同类型的教材和讲义。然而一本完整的，系统阐述冶金反应工程学基本原理的书籍，对于我国众多学冶金的学生和已经走上工作岗位的冶金科学技术工作者，仍然是非常需要的。东北大学肖兴国教授根据多年讲授冶金反应工程学的经验，提出了一个大纲，在1994年10月《冶金反应工程学丛书》编委会和冶金部教材编辑室联合召开的“冶金传输原理”和“冶金反应工程”教学和教材建设研讨会上，与会代表对该提纲进行了认真讨论和修改补充后，责成肖兴国和谢蕴国二人负责编写本书。

本书分为冶金宏观动力学、反应器理论和典型冶金反应器操作特性及解析方法三篇。选材上，既包括了冶金反应工程学的基本理论和研究方法，又选入了各类冶金反应器操作解析的典型实例，同时还分类综合评述了有关研究的发展概况，供读者进一步深入学习时参考。本书的绪论、第一篇和第三篇的第11~14章由肖兴国教授编写，第二篇和第三篇的第10章由谢蕴国教授编写，全书由肖兴国总纂定稿。承蒙曲英和萧泽强两教授对本书初稿进行了审阅并提出了许多宝贵的修改意见，在此表示诚挚谢意。

本书可作为钢铁冶金和有色冶炼专业的本科生教材，同时兼顾研究生的教学需要，亦可供有关研究人员和工程技术人员参考。

由于编著者水平有限，书中错误或不妥之处在所难免，敬请读者批评指正。

编著者

1996—07—25

目 录

1 绪论

1.1 冶金科学的发展及冶金反应工程学

由自然界的矿石等原材料提取金属或合金材料的生产过程称为冶金，它本质上属于化学过程。因此，历史上冶金工业曾经是化学工业的一部分，只是由于冶金原料的复杂性和冶金中存在许多高温多相反应等特点，它才从化学工业中分离出来，形成独立的产业。冶金工程也被称为高温化学工程。这反映了冶金与化工的历史渊源，冶金反应工程学的创立和发展与化学反应工程学发展密切相关也正是这一渊源的继续。

直至本世纪 40 年代，化学工业还是主要依靠经验和技艺的工艺性行业，远未达到工程科学的水平。二次大战后，由于生产技术和设备的更新及规模不断扩大，特别是石油化工迅猛发展，对新产品的开发、新型反应器的设计及最优化操作方面提出了日益迫切的理论要求。加之，传统的化学动力学和化工单元操作方面的理论发展及实验技术的进步使化学反应工程学理论的诞生有了实际可能。在 1957 年举行的欧洲第一次化学反应工程会议上首次提出并确定了化学反应工程学这一新学科的名称。此后，又多次举行化学反应工程国际学术会议，出版会议论文集等，反映了该学科的蓬勃发展。1962 年列文斯比尔（Levenspiel）的化学反应工程学专著[1]问世，此后各国学者的许多有关化学反应工程学和反应器理论的专著[2~5]陆续发表，标志着以经验为主的化学工业已发展到有系统的工程理论指导的阶段。

20 世纪 60 年代起，世界冶金工业也取得了令人惊叹的发展，特别是电子技术和计算机的广泛应用，使冶金工业日趋大型化、连续化和自动化。正是在这个日新月异的技术革新浪潮中，冶金反应工程学应运而生。日本名古屋大学的鞭岩教授把化学反应工程学研究方法和手段应用于冶金领域，并在1972年出版的专著[6]中首先使用了冶金反应工程学的学科名称。在此前后，J. 舍克里(Szekely)[7,8]、G.H. 盖格 (Geiger)[9]、孙鸿庸[10]及濑川清[11]等出版了有关专著，1969年后召开了多次冶金过程数学模型国际学术会议，这些都从理论和实践上充实和发展了冶金反应工程学的内容。20多年来，以冶金反应器及冶金过程数学模型为核心的冶金反应工程学得到了前所未有的发展。

我国著名冶金学家叶渚沛[12]在50年代就阐明应用传输理论来研究冶金过程的思想，发表了强化高炉冶炼过程，重视发展氧气转炉等论文，并在中国科学院创办化工冶金研究所，堪称我国在这一领域研究工作的先驱。化工冶金研究所在我国复合矿综合利用、新型冶炼方法、流态化和多相反应工程等方面开展了冶金反应工程学研究，并创办了《化工冶金》杂志，刊载许多这一领域的研究论文，对我国冶金反应工程学的发展起了推动作用。中国金属学会1980年在北京召开全国冶金系统高校的冶金传输原理教学讨论会，1983年在昆明召开冶金反应工程教学讨论会，这两次会议促进了冶金传输原理及反应工程的教学和科研工作的发展，各院校先后开展了相应的教学和研究生培养工作，并编印了讲义或出版有关教科书[13~20]，预示着这一学科的发展后继有人。1982年在中国金属学会冶金过程物理化学学会内成立了冶金过程动力学学科组(1990年正式改名为冶金反应工程学术委员会)，并召开了多次全国性学术会议，这些会议的论文集[21~27]中所发表的诸多论文，以及在炼铁、炼钢和连铸等全国性学术会议上一些理论性论文，反映了我国学者在这一新兴学科领域内的研究工作十分活跃和发展相当迅速。为了总结二十余年来我国在这一学科领域的教学和研究工作，进一步推动其理论的发展和学术水平的提高，1993年由东北大学萧泽强教授建议，中国金属学会和冶金工业出版社大力支持，组织全国众多专家学者参加撰写《冶金反应工程学丛书》,这预示着我国在这一新的学科领域的教学和研究工作将达到更高水平。

1.2 冶金反应工程学的范畴及与相关学科的关系

冶金反应工程学,顾名思义,是研究冶金反应工程问题的科学。它以实际冶金反应过程为研究对象,研究伴随各类传递过程的冶金化学反应的规律。它又以解决工程问题为目的,研究实现不同冶金反应的各类冶金反应器的特征,并把二者有机结合起来形成一门独特学科体系,即以研究和解析冶金反应器和系统的操作过程为中心的新兴工程学科。图 1-1 示出了该学科的范畴、主要研究内容及与相关学科的联系。这里仅简要说明其中几个主要问题。

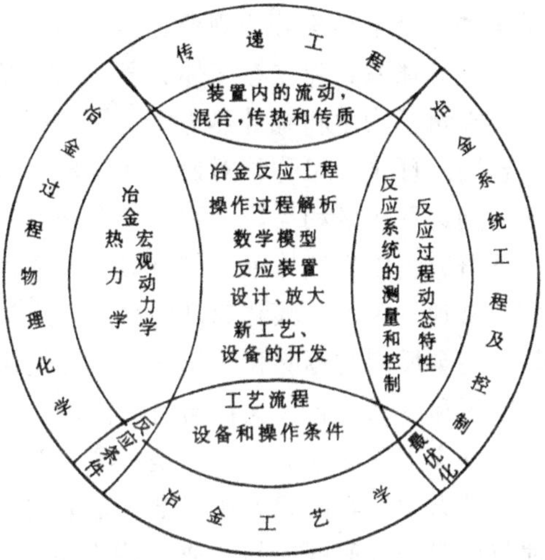

图 1-1 冶金反应工程学范畴及与相关学科的联系

1.2.1 传递过程

所谓传递(或称传输)系指动量、热量和质量的传递。在传输原理课程中已就这三个物理量的传递过程速率及其相互之间的类似性进行了详细的论述。这里仅仅着重指出，受上述三种传递过程速率决定的冶金反应器内的流体流动和混合情况、温度和浓度的分布情况都直接影响反应过程进行的速度。而最终离开反应器的物料组成（反应结果），则完全由构成该物料的诸微元在反应器内的停留时间和所经历的温度和浓度的变化所决定。冶金反应器内的传递过程十分复杂，操作条件变化、反应器的结构改变，甚至单纯的尺寸放大都将导致传递条件的变化。因此研究冶金反应器内的传递过程规律及对反应过程的影响是十分重要的。

1.2.2 冶金宏观动力学

自然界中物质的运动和变化概括起来分为物理的和化学的两大类。前者可以不涉及后者，而后者却必然伴随多种物理量（例如，浓度、温度或压力等）的变化。传统的物理化学中的化学动力学是从分子运动和分子结构等微观概念出发，在其发展过程中，主要形成了两大理论体系：建立在气体分子运动论基础上的分子有效碰撞理论及在量子力学和统计热力学发展过程中形成的过渡状态（活化络合物）理论，又称绝对反应速度论。这些理论都不研究反应物如何到达反应区和反应产物如何离开反应区。因此，传统的化学动力学研究是以反应体系均匀分散为条件的，即它是研究纯化学反应的微观机理、步骤和速度的科学，通常称之为微观动力学。实际的冶金反应过程除化学反应外，总是伴随物质和热量的传递，而物质和热量的传递又都与流体流动（动量传递）密切相关，因此，反应工程学中的动力学是考虑了伴随反应发生的各种传递过程的动力学。其研究方法是把决定上述各传递过程速度的操作条件与反应进行速度之间的关系，用数学公式联系起来，从而确定一个综合反应速度来描述过程的进行，而不追究化学反应本身的微观机理。为了与传统的化学动力学相区别，克雷韦伦(Krevelen)[28]将其称为宏观动力学。

研究冶金反应器内的传递过程规律及宏观反应动力学，即所谓“三传一反”，既是冶金反应工程学的研究范畴，又是其最重要的理论基础。

1.2.3 过程解析

为完成物质的某种物理和（或）化学的变化而设置的具有不同变换机能的各个部分所构成的整体称为过程系统，其各个部分称为分系统，而分系统又可以由更小的亚分系统组成。例如，典型的粗钢生产过程系统（表1-1所示）是由炼铁、炼钢及铸造等分系统构成，而炼铁分系统又由高炉、烧结机和热风炉等亚分系统构成。

表1-1 粗钢生产过程系统

过程系统	分系统	亚分系统
粗钢生产	炼铁	烧结机及球团竖炉
		热风炉
		高炉
	炼钢	铁水预处理
		LD或顶底复吹转炉
		各种二次精炼炉
	铸造	连铸中间包
		连铸机

冶金反应工程学的过程解析对象主要是基本的亚分系统，即各类冶金反应器。其解析方法，通常是在上述“三传一反”研究基础上，对反应器内发生的各种现象和子过程及其相互关系进行综合分析，运用流动、混合及分布函数的概念，在一定的合理简化假定条件下，通过动量、热量和物料的衡算来建立反应器操作过程数学模型，然后通过求解（解析法或更多情况下的计算机数值法）该数学模型，对反应器操作过程进行工程学解析，获得不同条件下的反应器操作特性及各过程参数变化规律，寻求最佳操作参数（反应器的优化操作）和确定合理的反应器尺寸和结构参

数（反应器优化设计）。但是，对于个别反应器的最优化条件未必适用于整个过程系统，因此，冶金反应工程又有向研究过程系统的整体设计、运行和最优化方面发展的趋势。

1.2.4 比例放大

在反应器的设计和新技术开发中，常遇到由小型实验装置获得的数据和结果来设计工业规模反应器的所谓比例放大问题。在以物理变化过程为主的化工单元操作中，以相似原理为基础的比例放大有时是很有效的。但是，对于以化学反应为中心的反应器的比例放大，应用相似原理方法通常很困难。这是因为要使模型和原型同时满足物理及化学的多个相似条件几乎是不可能的。因此传统的冶金反应器设计中通常采用所谓“逐级放大”法。其名称本身就表明，它实质上是主要依靠实验探索来逐步完成工业规模设计的经验方法。这种方法不仅耗资费时，而且在逐级放大过程中常常出现某些经济技术指标下降的所谓“放大效应”。

反应工程学的比例放大法，是首先将反应器内部的过程分解为化学反应和各类传递等子过程，在分别研究其规律的基础上，进行合理简化，使得能用数学方程来描述各个子过程，而反应器内部发生的行为和结果，可以通过联立求解这些方程获得。由于化学反应本身的规律不受设备尺寸的影响，完全可以用小型实验研究获得。而传递过程规律，只要能抓住影响过程的主要物理因素并保持其相似性，应用相似原理放大法是很有效的。即使由于主要物理因素不明显，必须在大型装置内研究传递过程规律时，也因为无需实现化学反应，只要满足某些必要的物理相似条件，可以使用空气、水和砂子等廉价模拟物料在室温下进行实验。众多事实已证明，用这种“冷模型”实验探讨冶金反应器内传递过程规律是成功的。显然，上述比例放大法抓住了过程的实质，不仅可以节省大量资金和时间，而且由于采用所谓的“计算机模拟试验”代替了“逐级放大法”中的许多中间试验，能够实现比逐级放大法高得多的放大倍数。化工领域已有直接由小实验结果设计生产装置，成功放大 17000 倍的实例[29]。

概括起来，反应工程学的比例放大法可分为以下几个步骤：

(1) 小型实验研究化学反应规律，建立宏观动力学方程，确定其动力学参数；

(2) 冷模型实验研究传递过程规律，建立传递过程方程，确定各类传递过程参数；

(3) 在 (1) 和 (2) 中获得的方程基础上，建立反应器操作过程数学模型，并通过计算机求解该模型，预测实际反应器性能，优选其尺寸和操作条件；

(4) 在 (3) 的计算结果指导下，建造中间实验反应器，检验所建立数学模型的等效性，修正模型，确定模型参数；

(5) 根据修正后的数学模型，用计算机设计生产规模的反应器。

1.3 冶金反应工程学的数学模型

冶金反应工程学的核心是对冶金反应器内发生的过程进行定量的工程学解析。因此，无论是在改进和强化反应器操作中，寻找最优化操作条件，还是在新技术、新流程开发中，指导设计、解决比例放大问题，都必须对所研究的对象进行定量描述，即用数学公式来描述各类参数之间的关系，这就是数学模型。根据研究对象的复杂程度、所要描述的范围、要求的精度及对过程的认识程度，数学模型的简繁程度也是不同的。但是，冶金反应工程学中的数学模型一般包括下面将要分述的四部分内容。

1.3.1 反应器内各主要反应的宏观动力学方程

宏观动力学方程经常使用所谓的综合反应速度式。对于均相体系可用一般的化学动力学方法描述，而对于冶金中更常见的各类多相反应，则要根据所选用的反应模型写出相应的综合反应速度式。当然，在建立反应过程模型时，应该排除对实际反应过程速度本质上几乎没有影响的子过程，以便获得尽可能简化的数学表达式。至于综合反应速度式本身的容量因素，则根据反应体系特征，可以是单位床层体积、单个颗粒、某相的单位体积或单位面积等。在综合反应速度式中的动力学参数，如反应速度常数、边界层传质系数和多孔体内的扩散系数等，在没有准确的可利用资料时，应通过小型实验获得最基础的资料。

1.3.2 反应器内主要传递过程方程

传递过程包括质量、热量和动量的传递。对于可以看作等温过程的数学模型只需建立传质和流动过程的数学表达式；而对于非等温过程，则还要有传热过程方程。传递过程规律及有关参数一般也需要通过实验求取，其中冷模型实验是常利用的手段，当然也可以借用现有类似生产装置或文献中的数据。

1.3.3 衡算方程

建立衡算方程就是在一定简化假定条件下，就反应器内某一代表性单元体积（有时可以是整个反应器体积）内的各相，对所研究的物理量（例如质量、热量和动量等）分别列出所有的输入速度和输出速度。各物理量的衡算方程的通式为：

各输入速度总和－各输出速度总和＝积累速度　　(1-1)

上式是反应工程数学模型中最基本的方程。它看似简单，但在实际应用中却是变化无穷。对各种物理量，其灵活应用形式将在本书中反复出现。动量衡算方程即流体力学的动量平衡方程及实际粘性流体的运动微分方程。流体通过填充床流动时的压力降（Δp）通常采用厄贡（Ergun）方程描述，将在后面遇到时讨论。质量（物料）和热量衡算方程的通式分别为：

$$\underset{(1)}{\text{流入速度}}-\underset{(2)}{\text{流出速度}}-\underset{(3)}{\text{反应消耗速度}}=\underset{(4)}{\text{积累速度}} \quad (1\text{-}2)$$

$$\underset{(1)}{\text{伴随物料流入的热输入速度}}-\underset{(2)}{\text{伴随物料流出的热输出速度}}$$
$$+\underset{(3)}{\text{反应放热速度}}-\underset{(4)}{\text{与系统外热交换的热损失速度}}$$
$$=\underset{(5)}{\text{蓄热速度}} \quad (1\text{-}3)$$

对于各种不同类型的反应器或操作方式，式（1-2）和式（1-3）中的某些项可以略去。用两式中各项下面的带括号的序号代表相应各项，不同条件下衡算方程的形式列于表1-2中。

表1-2 不同条件下衡算方程的写法

操作方式	物料衡算方程	方程序号	热量衡算方程	方程序号
间歇式	－(3)＝(4)	(1-4)	(3)－(4)＝(5)	(1-7)
连续式(稳态)	(1)－(2)－(3)＝0	(1-5)	(1)－(2)＋(3)－(4)＝0	(1-8)
半间歇式	(1)－(2)－(3)＝(4)	(1-6)	(1)－(2)＋(3)－(4)＝(5)	(1-9)
绝热			(1)－(2)＋(3)＝(5)	(1-10)

应该指出，反应工程的数学模型中，物料衡算式是必须的。但当流体流经反应器前后的压差变化不大时，可以不列动量衡算式。对于近似等温操作的过程，则不列热量衡算式也可以求解物料衡算方程，这可使问题简化。但是，对于非等温过程，或为了实现等温操作，需要确定反应器的传热面积、加热或冷却介质温度等参数时，则必须联立求解物料和热量两类衡算方程。

1.3.4 方程中的系数

为了求解上述各数学表达方程式，必须确定方程中的系数。这些系数有两类，一类是和过程的运动变化密切相关的，如反应动力学常数、湍流粘度系数和传质传热系数等，这类系数往往要和传递过程联立求解；另一类是介质的物理性质，如密度、粘度和热导率等，它们要用实验测定。这两类系数通称为模型参数。因此，参数计算式是数学模型中不可缺少的。当然，并非所有参数都要亲自测定，尽可从文献中引用适当数据或计算式。但是，有些重要的参数，如综合反应速度常数、相间接触面积和关键的传递过程速度系数等，在没有适当的可利用资料时，则须由实验求取。

1.4 冶金反应器的分类

由于冶金生产中使用的原料成分复杂、物理化学性能各异，加之冶金产品的多样性要求，无论是湿法还是火法冶金中，不同冶炼阶段，要完成的转化和反应的类型各不相同，所使用的反应器也是种类繁多、结构性能各异，欲将其特性通用化是不可能的。为便于研究和讨论，常常按不同方式将其分类，如表 1-3 所示。

表 1-3 冶金反应器的分类及适用冶金单元过程实例

分类依据	反应器类别	冶金反应器实例	适用冶金单元过程实例
形状	管式	竖炉，回转窑	焙烧，还原，烧成
	槽式	转炉，精炼钢包	吹炼，精炼
操作方式	间歇式	转炉，固定床竖炉	吹炼，精炼，还原
	连续式	移动床竖炉，回转窑	还原，烧成
	半间歇式	喷粉精炼钢包	精炼
物料流动状态	活塞流	理想管式反应器	
	完全混合流	理想槽式反应器	
	非理想流动	流态化反应器	还原，煤的气化
反应体系相态	均相	气体燃烧器	煤气燃烧
	气固	气固流化床，竖炉	焙烧，还原，烧成
	液固	浸出槽，液固流化床	浸出，熔化，凝固
	气液	转炉，RH 钢包	吹炼，精炼
	液液	有机溶剂萃取器	萃取
	固固	回转窑	焙烧，还原，烧成
	气液固	闪速熔炼炉，烧结机	还原，熔炼，烧结
传热方式	外部热交换	高炉炉缸，连铸结晶器	铸造
	绝热	近似处理的氧气转炉	

习　题

1. 冶金反应工程学与传统的冶金学有何区别和联系？

2. 如何认识冶金反应工程学的学科体系、研究内容及与相关学科的关系？

3. 为什么反应工程学的比例放大有可能实现更高的放大倍数？

4. 冶金反应工程学的数学模型有何特点，一般包括哪几部分内容？

5. 如何理解各类衡算方程式在冶金反应工程学的数学模型中的重要作用？

6. 如何理解冶金反应工程学在冶金生产和科学研究中的作用和任务？

参考文献

[1] O. Levenspiel, Chemistry Reaction Engineering, John Wiley, 1962.

[2] O. Levenspiel, Chemistry Reaction Engineering, John Wiley, 2nd. Ed., 1972.

[3] C. G. Hill, Jr., An Introduction to Chemistry Engineering Kinetics and Reactor Design, John Wiley, New York, 1977.

[4] G. F. 弗罗门特, K. B. 比肖夫, 反应器分析与设计, 邹仁鋆等译, 化学工业出版社, 1985.

[5] 陈甘棠, 化学反应工程, 化学工业出版社, 1981.

[6] 鞭岩, 森山昭, 冶金反応工学, 养贤堂, 1972.
冶金反应工程学, 蔡志鹏等译, 科学出版社, 1981.

[7] J. Szekely, Rate Phenomena in Process Metallurgy, Wiley Interscience, New York, 1971.

[8] J. Szekely, Fluid Flow Phenomena in Metallurgy, Academic Press, 1979.
冶金中的流体流动现象, 彭一川等译, 冶金工业出版社, 1985.

[9] G. H. Geiger *et al.*, Transport Phenomena in Metallurgy, Addison Wesley, 1972.
冶金中的传热和传质现象, 魏季和等译, 冶金工业出版社, 1981.

[10] H. Y. Sohn *et al.*, Rate Processes in Extractive Metallurgy, Plenum, 1979.
提取冶金速率过程, 郑蒂基等译, 冶金工业出版社, 1984.

[11] 瀬川清, 铁冶金反応工学, 日刊工业新闻社, 1977.
钢铁冶金反应工程学, 金培洪, 韩晔译, 东北工学院出版社, 1992.

[12] 纪念叶渚沛所长逝世十周年专刊, 化工冶金, 1981, No. 3.

[13] 梁宁元编, 冶金反应工程概论, 东北工学院讲义, 1984. 5.

[14] 曲英编, 冶金反应工程概论, 北京钢铁学院讲义, 1984.

[15] 曲英, 刘今, 冶金反应工程学导论, 冶金工业出版社, 1986.

[16] 肖兴国主编, 冶金反应工程学, 东北工学院出版社, 1989. 5.

[17] 谢蕴国编, 冶金反应工程讲义, 昆明工学院讲义, 1986. 5.

[18] 梅炽编著, 冶金传递过程原理, 中南工业大学出版社, 1987. 9.

[19] 张先棹主编，冶金传输原理，冶金工业出版社，1988.10.
[20]高家锐主编，动量·热量·质量传输原理，重庆大学出版社，1987.
[21] 冶金反应动力学学术讨论会论文集，1982.4，重庆.
[22] 第二届冶金反应动力学学术会议论文集，1984.5，鞍山.
[23]第三届冶金过程动力学及反应工程学术会议论文集，1986.5，成都.
[24]第四届冶金过程动力学及反应工程学术会议论文集，1988.4，马鞍山.
[25] 第五届冶金过程动力学及反应工程学术会议论文集，1991.10，济南.
[26] 反应工程学和有色金属冶金学术会议论文集，1993.12，北京.
[27]第六届冶金反应工程学学术会议论文集(北京科技大学学报增刊)，1995.12，郑州.
[28] Krevelen, D. W. V., Chemical Reaction Engineering, 1st European Symposium of Chemical Engineering, Pergamon, John Wiley & Sons, 1960.
[29] Gamon, *et al.*, CEP, **61** (1965), 57.

第一篇
冶金宏观动力学概论

虽然煤气燃烧，转炉或熔融还原炉中的煤气二次燃烧等重要的冶金反应为气相均相反应，但是，多数冶金反应是发生在不同相的相间，属多相反应。本篇将仅讨论按体系中相界面特征划分的五大类型相间反应（如表 2-1 所示）的宏观动力学处理方法。

表 2-1　冶金相间反应的分类和实例

界面类型	反应类型①	实例
气-固	$S_1+G=S_2$ $S_1+G_1=S_2+G_2$ $S_1=S_2+G$ $S_1+G_1=G_2$	金属氧化 氧化物气体还原 氧化物、碳酸盐和硫酸盐分解 碳燃烧
气-液	$L_1+G=L_2$ $L_1+G_1=L_2+G_2$	气体吸收 冰铜吹炼，吹氧炼钢
液-液	$L_1=L_2$	溶剂萃取，渣金反应
液-固	$L_1+S=L_2$ $L_1+S_1=L_2+S_2$	溶剂浸出 置换沉淀
固-固	$S_1+S_2=S_3+G$ $S_1+S_2=S_3+S_4$ $S_1+S_2=S_3$	氧化物碳还原 氧化物或卤化物金属还原 合金化、固体渗碳、金属氧化物陶瓷化

①G——气体，S——固体，L——液体。

相间反应的研究比均相反应要复杂得多。体系中存在相界面是相间反应与均相反应体系的本质区别，因此在其宏观动力学研究中必须考虑由此而产生的下述特点：

（1）分步骤完成　由于反应物分别存在于不同相内，各相主体中的反应物必须不断传输至反应界面，流体反应产物必须适时地离开界面并传输到主体中去，反应才能持续进行，而固体反应产物则导致反应界面移动。因此，过程是分步骤完成的。各步骤的阻力受多种因素的不同影响。一定条件下，阻力最大的步骤将决定过程总速度，称其为限制环节（或控制步骤）。

（2）界面积和几何形状　由于综合反应速度正比于反应界面积，因此，固体粉料的流态化、喷粉精炼、液体雾化和乳化及气体鼓泡和喷射等都是增大相间反应界面积，强化过程的重要手段。固体颗粒的几何形状对过程进行速度有重要影响，例如，随反应的进行，圆柱或球形颗粒的反应界面积不断减少，而平板或圆盘状固体，除最后阶段外，反应界面积基本不变。

（3）界面的性质　界面张力、界面吸附现象、界面润湿性及界面电化学现象等表（界）面现象对相间反应进行的速度有很大影响。用这些现象可以说明乳浊液、悬浊液和泡沫液等分散系，以及表面活性物质对反应速度的影响和熔体对耐火材料的渗透等。

（4）流体相的流动速度　当传质为控制环节时，增大气体流速可提高气体-固体间反应过程速度，强化搅拌会使液体-固体间反应速度增大。

（5）相比　相间反应中的两相体积（或质量）比称为相比。相比不同可使过程中反应物浓度甚至温度变化不同，从而对过程速度有明显影响，甚至改变过程控制步骤。例如，固-液比大的体系，反应过程中液相反应物浓度显著降低，反应速度也随之下降，过程的控制环节可能由化学反应转化为扩散步骤。固-液比小时，液相反应物浓度变化较小，过程中反应速度变化不大。

（6）固体产物的性质　对于有固体产物在反应物表面形成并生长的反应，如果固体产物层很疏松，则流体反应物能扩散通过该产物层到达反应界面，使反应能够持续进行。固体产物层的扩散阻力随着产物层致密程度和厚度的增加而增大。当产物层非常致密时，例如，铝的氧化反应，在生成很薄的固体产物层后，过程速度大幅度降低，甚至导致反应不能持续进行。

（7）温度的影响　尽管传质和化学反应速度均随着温度提高而增加，但是温度对前者的影响比后者小得多。对于通常的化学反应，其速度常数与温度的关系遵循阿赫纽斯（Arrenius）定律，其活化能大于 40kJ/mol。对传质过程，只有固体中的原子扩散系数与温度具有指数关系且具有很高的活化能[1]，而气体的分子扩散系数通常与温度的 1.5～2 次方成正比，液体的分子扩散系数仅与温度的 1 次方成正比[2]。因此，对于流体与固体间反应的综合速度常数，若化学反应控制时，活化能也应大于 40kJ/mol；在传质为限制环节时，活化能值一般为 4～13kJ/mol；而混合控制时，活化能为 20～25kJ/mol。对于同一反应，有可能在低温下是化学反应控制，随着温度的升高，转化为混合控制，并在更高温度下，扩散传质成为限制环节。

2 气体-固体间反应

2.1 引言

气体-固体间反应在冶金中非常普遍，例如，氧化物矿石的气体还原、硫化物矿的氧化焙烧、石灰石的热分解等。气体-固体间反应过程，通常可以考虑以下基元步骤：

（1）气体反应物和生成物在主气流与固体表面之间的传质；

（2）气体反应物和生成物在有孔固体的孔隙内的扩散；

（3）气体和固体反应物之间的化学反应。

对于热效应较大的反应，还要考虑通过固体内部的热传导、主气流与固体表面间的对流和（或）辐射传热。

气体-固体间反应，按固体反应物性质，可分为无孔颗粒和多孔颗粒两大类，每一类又分为有和无固体产物生成两类。根据固体产物是致密还是多孔，过程中的固体颗粒体积是否改变等，都可对气体-固体间反应进一步分类。显然，对于不同类型的气体-固体间反应所须考虑的基元步骤也不同，本章将只针对一些最基本反应类型，讨论其宏观动力学研究及模型化方法。

2.2 不生成固体产物层的无孔颗粒与气体间反应

对于没有固体产物或生成可立即从固体反应物表面脱落的固体产物的气体与无孔固体间的反应，随反应进行，固体颗粒的体积逐渐缩小以致最后消失。碳的燃烧、矿石的氯化焙烧、金属的羰基化反应、固体分解为气体的反应等都可看作属于这种类型。

2.2.1 反应过程描述及模型化

此类反应的通式为：

$$A_{(g)} + bB_{(s)} = pP_{(g)} \qquad (2\text{-}1)$$

单个球形无孔颗粒与气体间的反应过程如图 2-1 所示。

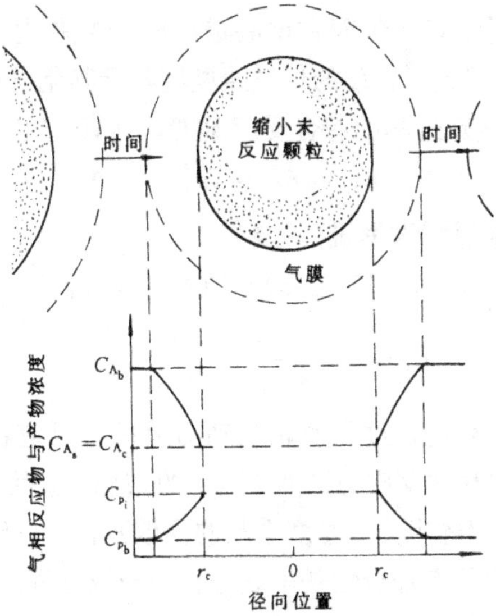

图 2-1　不生成固体产物层的无孔颗粒与气体间反应

过程的基元步骤及速度表达式为：

（1）气体反应物 A 在气流主体与固体表面之间的传质速度 $\dot{n}_{A_i}$（mol/s）为

$$\dot{n}_{A_i} = k_{g_A} A_c (C_{A_b} - C_{A_i}) \qquad (2\text{-}2)$$

式中 k_{g_A}为气体和固体间 A 的传质系数（m/s）；A_c 为缩小的球形颗粒的表面积（m^2）；C_{A_b}和 C_{A_i}分别为 A 在主气流中和颗粒表面处的浓度（mol/m^3）。

(2)气体 A 和固体反应物 B 之间以 A 的消耗表示的化学反应速度 $\dot{n}_{A_r}$（mol/s）为

$$\dot{n}_{A_r} = k_r A_c f(C_{A_i}) \qquad (2\text{-}3)$$

式中 k_r 为化学反应速度常数；$f(C_{A_i})$ 为 C_{A_i} 的函数。若为一级不可逆反应，则有

$$\dot{n}_{A_r} = k_r A_c C_{A_i} \tag{2-4}$$

如果忽略上述两个基元步骤在串联进行时，A 在边界层内的积累，即在拟稳态假定下，A 的传质速度应等于其化学反应的消耗速度，若以 R_A 表示过程的综合反应速度，则有

$$\dot{n}_{A_i} = \dot{n}_{A_r} = R_A \tag{2-5}$$

2.2.2 反应过程数学模型的解

由式（2-2)、(2-4）和（2-5)，消去 C_{A_i} 项得到

$$R_A = \frac{A_c C_{A_b}}{\left(1/k_{g_A}\right) + \left(1/k_r\right)} \tag{2-6}$$

由式（2-6）可见，过程的总推动力是固体反应物的表面积（A_c）与主气流中气体反应物浓度（C_{A_b}）的乘积，总阻力是两个串联进行的基元步骤的阻力（速度系数的倒数）和 $(1/k_{g_A}) + (1/k_r)$。事实上，阻力具有加合性是串联进行的一级过程的通用特性。若以 r_p 和 r_c 分别表示固体反应物颗粒的初始和反应过程中的半径，则固体的转化率 X 可用下式表达：

$$X = 1 - (r_c/r_p)^3 \tag{2-7}$$

根据式（2-1）的化学计量关系，可写出：

$$R_A = \frac{R_B}{b} = -\frac{\rho_B}{b}\frac{d}{dt}\left(\frac{4\pi r_c^3}{3}\right) = -\frac{\rho_B 4\pi r_c^2}{b}\frac{dr_c}{dt} \tag{2-8}$$

式中 R_B 是以固体 B 消耗表示的综合反应速度（mol/s)；ρ_B 为固体 B 的摩尔密度（mol/m³)。联立式（2-6）和（2-8）并考虑 $A_c = 4\pi r_c^2$，可导出

$$-\frac{dr_c}{dt} = \frac{bC_{A_b}}{\rho_B}\frac{1}{(1/k_{g_A}) + (1/k_r)} \tag{2-9}$$

式（2-9）中等号右端，除 k_{g_A} 外均与 r_c 无关，分离变量积分得到

$$t = \frac{\rho_B}{bC_{A_b}}\left[\frac{r_p - r_c}{k_r} - \int_{r_p}^{r_c}\frac{dr_c}{k_{g_A}}\right] \tag{2-10}$$

由式 (2-10) 可计算反应时间 t 和 r_c 的关系。但积分时需要知道 k_{g_A} 的表达式，而 k_{g_A} 受气体流速、固体的尺寸和形状及气体物理性质等许多因素影响。文献中已有许多不同条件下的舍伍德数 ($Sh \equiv k_{g_A} d_p / D$) 作为雷诺数 ($Re$) 和斯密特数 ($Sc$) 的函数的经验关系式，但在选用时必须考虑其适用体系特点和范围，避免过大误差。对于大量流体中的单个球形颗粒有特征数方程[3]：

$$Sh = k_{g_A} d_p / D = 2 + 0.6 Re^{1/2} Sc^{1/3} \tag{2-11}$$

式中

$$Re = d_p u \rho / \mu; \ Sc = \mu / \rho D \tag{2-12}$$

d_p 为颗粒的直径；u 为气体流速；ρ 和 μ 分别为气体的密度和粘度；D 为气体中 A 成分的扩散系数。如果气体流动处于层流区，式 (2-11) 中的 $0.6Re^{1/2}Sc^{1/3} \ll 2$，则可近似采用

$$Sh = k_{g_A} d_p / D = 2, \qquad k_{g_A} = \frac{2D}{d_p} = \frac{D}{r_c} \tag{2-13}$$

若将式 (2-13) 代入式 (2-10) 并积分，则可得到

$$t = \frac{\rho_B r_p}{b k_r C_{A_b}} \left[\left(1 - \frac{r_c}{r_p} \right) + \frac{k_r r_p}{2D} \left(1 - \frac{r_c^2}{r_p^2} \right) \right] \tag{2-14}$$

将式 (2-7) 代入式 (2-14) 得

$$t = \frac{\rho_B r_p}{b k_r C_{A_b}} \left\{ \left[1 - (1 - X)^{1/3} \right] + \frac{k_r r_p}{2D} \left[1 - (1 - X)^{2/3} \right] \right\} \tag{2-15}$$

完全转化 ($X=1$) 所需要的时间为

$$t_c = \frac{\rho_B r_p}{b k_r C_{A_b}} \left(1 + \frac{k_r r_p}{2D} \right) \tag{2-16}$$

如果定义无因次时间 θ 为

$$\theta = t \Big/ \left(\frac{\rho_B r_p}{b k_r C_{A_b}} \right) \tag{2-17}$$

则式 (2-15) 和式 (2-16) 可写成

$$\theta = [1 - (1 - X)^{1/3}] + \sigma_0^2 [1 - (1 - X)^{2/3}] \tag{2-18}$$

$$\theta_c = (1 + \sigma_0^2) \tag{2-19}$$

$$\sigma_0^2 = \frac{k_r r_p}{2D} \tag{2-20}$$

由式（2-15）～式（2-19）可以看出，达到某一转化率及完全转化所需要的时间也都具有加合性。式中 σ_0^2 是表示边界层传质阻力和化学反应阻力比值的无因次准数，因此可用它来判断过程的控制步骤。当 $\sigma_0^2 \leqslant 0.1$ 或 $\sigma_0^2 \geqslant 10$ 时，分别接近于化学反应控制或边界层传质控制。当 σ_0^2 处于中间值时，一般应考虑两个基元步骤的阻力。显然，当过程由化学反应控制时有

$$t = \frac{\rho_B r_p}{b k_r C_{A_b}}[1-(1-X)^{1/3}],$$

$$\theta = 1-(1-X)^{1/3} \tag{2-21}$$

$$t_c = \frac{\rho_B r_p}{b k_r C_{A_b}}, \quad \theta_c = 1 \tag{2-22}$$

当过程由边界层传质控制时有

$$t = \frac{\rho_B r_p^2}{2bDC_{A_b}}[1-(1-X)^{2/3}],$$

$$\theta = \sigma_0^2[1-(1-X)^{2/3}] \tag{2-23}$$

$$t_c = \frac{\rho_B r_p^2}{2bDC_{A_b}}, \qquad \theta_c = \sigma_0^2 \tag{2-24}$$

上述诸式提供了根据实验结果判断过程限制环节的一个方法。当固体颗粒达到一定转化率（或反应完结）所需要的时间 t_X 近似与初始颗粒半径 r_p 成正比时，证明过程由化学反应步骤控制；当 t_X 近似与 r_p^2 成正比时，证明过程由传质步骤控制，否则应考虑混合控制。

例 2-1　900℃和 1 大气压（～0.1MPa）下，半径为 1mm 的球形石墨颗粒在含 10%氧的静止气体中燃烧。试计算完全燃烧所需要的时间并确定过程控制步骤。若石墨颗粒半径改为 0.1mm，其他条件不变时，结果有何变化？已知该条件下，$k_r = 0.2\text{m/s}$，$D = 2\times10^{-4}\text{m}^2/\text{s}$，$\rho_B = 1.88\times10^5\text{mol/m}^3$。

解：气相主体中氧的浓度为

$$C_{O_{2b}} = \frac{p}{RT} = \frac{0.1}{82.05 \times 1173} \times 10^6 = 1.039\text{mol/m}^3$$

石墨颗粒半径为 1mm 时，

$$\sigma_0^2 = \frac{k_r r_p}{2D} = \frac{0.2 \times 10^{-3}}{2 \times 2 \times 10^{-4}} = 0.5$$

$$\frac{\rho_B r_p}{bk_r C_{O_2 b}} = \frac{1.88 \times 10^5 \times 10^{-3}}{1 \times 0.2 \times 1.039} = 904.7\text{s}$$

$$t_c = \frac{\rho_B r_p}{bk_r C_{O_2 b}}(1 + \sigma_0^2)$$

$$= 904.7 \times (1 + 0.5) = 1357\text{s} = 22.62\text{min}$$

这种情况下，$10 > \sigma_0^2 = 0.5 > 0.1$，因此，过程由化学反应和传质两者混合控制。

石墨颗粒半径为 0.1mm 时，

$$\sigma_0^2 = \frac{k_r r_p}{2D} = \frac{0.2 \times 10^{-4}}{2 \times 2 \times 10^{-4}} = 0.05 < 0.1$$

因此，可以认为化学反应为过程的控制步骤。

$$\frac{\rho_B r_p}{bk_r C_{O_2 b}} = \frac{1.88 \times 10^5 \times 10^{-4}}{1 \times 0.2 \times 1.039} = 90.47\text{s}$$

$$t_c = \frac{\rho_B r_p}{bk_r C_{O_2 b}}(1 + \sigma_0^2)$$

$$= 90.47 \times (1 + 0.05) = 95\text{s} = 1.58\text{min}$$

2.3 生成固体产物层的无孔颗粒与气体间反应

有许多气体-固体间反应，如金属氧化、氧化物矿的气体还原、硫化物矿的氧化焙烧、石灰石热分解及含灰分煤的燃烧等都属于有固体产物层生成的无孔固体与气体间的反应。

2.3.1 反应过程描述及模型化——缩小的未反应核模型

此类反应的通式为

$$A_{(g)} + bB_{(s)} = pP_{(g)} + rR_{(s)} \tag{2-25}$$

单个球形无孔颗粒与气体间的反应过程如图 2-2 所示。由于固体是无孔的，初始的反应仅在颗粒表面发生并形成很薄的固体产物层。如果该产物层非常致密，例如常温下铝的氧化，气体反应物分子难以扩散通过产物层与固体反应物接触，产物层成为阻碍反应持续进行的保护膜。如果产物层较疏松，则气体反应物可扩散通过该产物层并与未反应的固体反应物核心发生反应，且随着反应持续，产物层厚度增加，固体反应物核心逐渐缩小，直至消失。针对这类反应，提出了缩小的未反应核模型。根据此模型，过程的基元步骤及速度表达式如下。

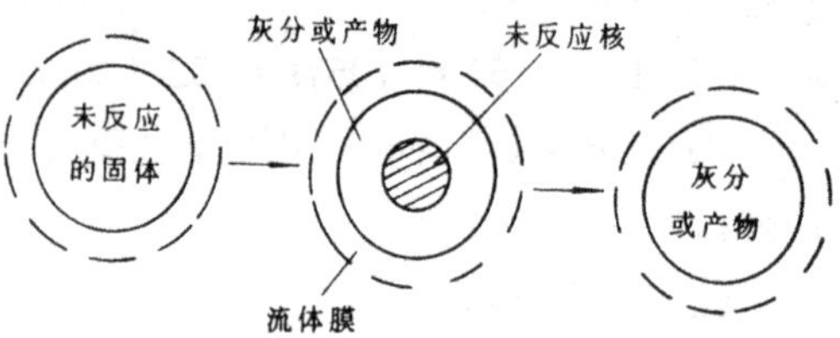

图 2-2　有固体产物层生成的无孔颗粒与气体间反应

（1）气体反应物 A 在气流主体与固体表面之间的传质速度 $\dot{n}_{A_i}$（mol/s）为

$$\dot{n}_{A_i} = k_{g_A} A_s (C_{A_b} - C_{A_s}) = 4\pi r_p^2 k_{g_A} (C_{A_b} - C_{A_s}) \qquad (2\text{-}26)$$

式中 k_{g_A}和 C_{A_b}的意义同前节；A_s 和 C_{A_s}分别为颗粒表面积和表面处 A 浓度；r_p 为颗粒半径。

（2）气体反应物 A 通过固体产物层的扩散速度 $\dot{n}_{A_d}$（mol/s）为

$$\dot{n}_{A_d} = 4\pi r^2 D_e \mathrm{d}C_A / \mathrm{d}r \qquad (2\text{-}27)$$

由于 A 通过固体产物层的扩散速度远大于反应界面的移动速度，故在拟稳态假定下，任意时刻，A 通过产物层内各同心球面的扩散速度相等，于是将式（2-27）分离变量积分得到

$$\dot{n}_{A_d} \int_{r_p}^{r_c} \frac{\mathrm{d}r}{r^2} = 4\pi D_e \int_{C_{A_s}}^{C_{A_i}} \mathrm{d}C_A \qquad (2\text{-}28)$$

$$\dot{n}_{A_d} = 4\pi D_e \frac{r_p r_c}{r_p - r_c} (C_{A_s} - C_{A_i}) \qquad (2\text{-}29)$$

式中 D_e 为固体产物层内 A 的扩散系数；r_c 为未反应核半径；C_{A_i}

为反应界面处的 A 浓度。

（3）在反应界面上，以气体 A 消耗表示的化学反应速度 $\dot{n}_{A_r}$ (mol/s) 为

$$\dot{n}_{A_r} = k_r A_c f(C_{A_i}) \tag{2-30}$$

对于一级不可逆反应，式（2-30）可简化为

$$\dot{n}_{A_r} = k_r A_c C_{A_i} = 4\pi r_c^2 k_r C_{A_i} \tag{2-31}$$

在拟稳态假定下，各串联进行的基元步骤速度相等，若以 R_A 表示综合反应速度，则

$$\dot{n}_{A_i} = \dot{n}_{A_d} = \dot{n}_{A_r} = R_A \tag{2-32}$$

2.3.2 反应过程数学模型的解及讨论

由式（2-27）、（2-29）、（2-31）和（2-32），消去 C_{A_s} 和 C_{A_i} 项得到

$$R_A = \frac{4\pi r_p^2 C_{A_b}}{\dfrac{1}{k_{g_A}} + \dfrac{r_p}{D_e}\left(\dfrac{r_p}{r_c} - 1\right) + \dfrac{1}{k_r}\left(\dfrac{r_p}{r_c}\right)^2} \tag{2-33}$$

由式（2-33）可见，反应过程的推动力是颗粒表面积与主气流中气体反应物浓度（C_{A_b}）的乘积，总阻力是三个串联进行的基元步骤的阻力和。与前节类似，联立式（2-8）和（2-33）可导出

$$-\frac{dr_c}{dt} = \frac{bC_{A_b}}{\rho_B} \frac{1}{\dfrac{1}{k_{g_A}}\left(\dfrac{r_c}{r_p}\right)^2 + \dfrac{r_c}{D_e}\left(1 - \dfrac{r_c}{r_p}\right) + \dfrac{1}{k_r}} \tag{2-34}$$

与前节不同，可以认为这里的 k_{g_A} 与 r_c 无关，则式（2-34）分离变量积分得到

$$t = \frac{\rho_B r_p}{bk_r C_{A_b}}\left[\frac{k_r}{3k_{g_A}}\left(1 - \frac{r_c^3}{r_p^3}\right) + \frac{k_r r_p}{6D_e}\left(1 - 3\frac{r_c^2}{r_p^2} + 2\frac{r_c^3}{r_p^3}\right) + \left(1 - \frac{r_c}{r_p}\right)\right] \tag{2-35}$$

将式（2-7）代入式（2-35）得

$$t = \frac{\rho_B r_p}{bk_r C_{A_b}}\left\{\frac{k_r}{3k_{g_A}}X + \frac{k_r r_p}{6D_e}[1 - 3(1 - X)^{2/3} + 2(1 - X)]\right.$$

$$+ \left[1-(1-X)^{1/3}\right]\Big\} \tag{2-36}$$

由式（2-35）和式（2-36）可计算反应时间 t 与 r_c 及 X 的关系。完全转化（$X=1$）所需要的时间为

$$t_c = \frac{\rho_B r_p}{bk_r C_{A_b}}\left(\frac{k_r}{3k_{g_A}} + \frac{k_r r_p}{6D_e} + 1\right) \tag{2-37}$$

定义下列函数和准数，

$$p(X) = 1 - 3(1-X)^{2/3} + 2(1-X) \tag{2-38}$$

$$g(X) = 1 - (1-X)^{1/3} \tag{2-39}$$

$$\sigma_s^2 = \frac{k_r r_p}{6D_e},\ Sh^* = \frac{k_{g_A} r_p}{D_e} \tag{2-40}$$

并应用式（2-17）定义无因次时间，式（2-36）和式（2-37）可改写成

$$\theta = g(X) + \sigma_s^2\left[p(X) + 2X/Sh^*\right],$$

$$\theta_c = 1 + \sigma_s^2(1 + 2/Sh^*) \tag{2-41}$$

其中 σ_s^2 是表示固体产物层内扩散阻力和界面化学反应阻力相对大小的无因次数；Sh^* 是表示固体产物层内扩散阻力和气体边界层传质阻力相对大小的修正的舍伍德数。上述结果表明，固体达到一定转化率或完全转化所需要的时间等于串联的三个基元步骤分别为限制环节并达到同一转化率各自所需要时间的加合。各基元步骤的阻力分数（即对应项的时间分数）不仅与各自的速度常数（k_r，D_e 和 k_{g_A}）有关，而且受固体颗粒半径及达到的转化率的影响。这意味着随着反应过程的进行，阻力分数甚至限制环节都可能发生变化，由式（2-35）至式（2-37）可以方便地得到三个基元步骤分别为限制环节时的结果。

界面化学反应为限制环节时

$$t = \frac{\rho_B r_p}{bk_r C_{A_b}} g(X), \qquad \theta = g(X) \tag{2-42}$$

$$t_c = \frac{\rho_B r_p}{bk_r C_{A_b}}, \qquad \theta_c = 1 \tag{2-43}$$

固体产物内扩散为限制环节时

$$t=\frac{\rho_{\mathrm{B}}r_{\mathrm{p}}^{2}}{6bD_{\mathrm{e}}C_{\mathrm{A_b}}}p(X),\qquad \theta=\sigma_{\mathrm{s}}^{2}p(X) \tag{2-44}$$

$$t_{\mathrm{c}}=\frac{\rho_{\mathrm{B}}r_{\mathrm{p}}^{2}}{6bD_{\mathrm{e}}C_{\mathrm{A_b}}},\qquad \theta_{\mathrm{c}}=\sigma_{\mathrm{s}}^{2} \tag{2-45}$$

气体边界层传质为限制环节时

$$\begin{aligned} t&=\frac{\rho_{\mathrm{B}}r_{\mathrm{p}}}{3bk_{\mathrm{g_A}}C_{\mathrm{A_b}}}X,\quad \theta=2\sigma_{\mathrm{s}}^{2}X/Sh^{*},\\ t_{\mathrm{c}}&=\frac{\rho_{\mathrm{B}}r_{\mathrm{p}}}{3bk_{\mathrm{g_A}}C_{\mathrm{A_b}}},\quad \theta_{\mathrm{c}}=2\sigma_{\mathrm{s}}^{2}/Sh^{*}\end{aligned} \tag{2-46}$$

上述诸式也提供了通过测定不同粒径固体颗粒达到一定转化率所需要的时间 t_X，来判断过程限制环节的方法。化学反应为限制环节时，t_X 近似与 r_{p} 成正比；产物层内扩散为限制环节时，t_X 近似与 r_{p}^2 成正比；而气体边界层传质为限制环节时，t_X 与 $r_{\mathrm{p}}/k_{\mathrm{g_A}}$ 成正比，由于 $k_{\mathrm{g_A}}$ 本身是 r_{p} 的函数，t_X 与 r_{p} 呈现比较复杂的关系。一般条件下，即使固体产物为多孔体，D_{e} 也要比分子扩散系数低一个数量级，所以 Sh^* 是相当大的，即气边界层传质阻力只起次要作用。这时，可以用 σ_{s}^2 值来确定过程的限制环节，当 $\sigma_{\mathrm{s}}^2<0.1$ 或 $\sigma_{\mathrm{s}}^2>10$ 时，过程分别接近于化学反应控制状态（$\sigma_{\mathrm{s}}^2=0$）和内扩散控制状态（$\sigma_{\mathrm{s}}^2=\infty$）。因此，根据上述单独步骤为限制环节时的实验结果可以分别求取 k_{r} 和 D_{e}。在混合控制区，可用下述方法同时求出 k_{r} 和 D_{e}。定义：

$$t_1=\frac{\rho_{\mathrm{B}}r_{\mathrm{p}}}{3bk_{\mathrm{g_A}}C_{\mathrm{A_b}}}X,\ A=\frac{\rho_{\mathrm{B}}r_{\mathrm{p}}^{2}}{6bD_{\mathrm{e}}C_{\mathrm{A_b}}},\ B=\frac{\rho_{\mathrm{B}}r_{\mathrm{p}}}{bk_{\mathrm{r}}C_{\mathrm{A_b}}} \tag{2-47}$$

则式（2-36）可改写为

$$\frac{t-t_1}{g(X)}=A[3g(X)-2g(X)^2]+B \tag{2-48}$$

通常 t_1 可以根据边界层传质条件计算得到，于是将式（2-48）的等号左侧与右侧中括号内项作图，由直线的斜率 A 和截距 B 可分别求出 D_{e} 和 k_{r}。

2.3.3 反应过程数学模型解的扩展[4,5]

2.3.3.1 非球形颗粒的情况

对于非球形颗粒，可以证明式(2-41)改写为如下形式仍然适用：

$$\theta = g_{F_p}(X) + \sigma_s^2[p_{F_p}(X) + 2X/Sh^*],\quad \theta_c = 1 + \sigma_s^2(1 + 2/Sh^*) \tag{2-49}$$

式中

$$\theta = \frac{bk_r C_{A_b}}{\rho_B}\left(\frac{A_p}{F_p V_p}\right)t \tag{2-50}$$

$$\sigma_s^2 = \frac{k_r}{2D_e}\left(\frac{F_p V_p}{A_p}\right),\quad Sh^* = \frac{k_{g_A}}{D_e}\left(\frac{F_p V_p}{A_p}\right) \tag{2-51}$$

式中 A_p、V_p 和 F_p 分别为颗粒的外表面积、体积和形状因子。对于无限大平板、圆柱和球体，F_p 分别等于 1、2 和 3。此外，还有下列关系式：

$$\begin{aligned} p_{F_p}(X) &= X^2 && (F_p = 1)\\ &= X + (1-X)\ln(1-X) && (F_p = 2)\\ &= 1 - 3(1-X)^{2/3} + 2(1-X) && (F_p = 3) \end{aligned} \tag{2-52}$$

$$g_{F_p}(X) = 1 - (1-X)^{1/F_p} \tag{2-53}$$

$$X = 1 - \left(\frac{r_c}{r_p}\right)^{F_p} = 1 - \left(\frac{A_p r_c}{F_p V_p}\right)^{F_p} \tag{2-54}$$

式中 r_p 为颗粒的代表性尺寸(或称广义半径)。对于薄平板颗粒为其半厚度，长圆柱和球形颗粒为它们的半径。r_c 表示对称中心到未反应核表面的距离。

2.3.3.2 反应过程中颗粒体积变化时的情况

以上结果均是在反应过程中颗粒总体积不变的假定下得到的。虽然大多数情况下该假定是合理的，但是也有不少反应，例如金属氧化等，由于固体的产物与固体反应物的性质不同，造成在反应过程中颗粒体积发生变化。这个变化对界面反应的阻力没有影响，对 k_{g_A} 的影响也可以忽略，但将引起产物层内扩散阻力的变化。以图 2-3 所示的球形颗粒体系为例，来推导其反应过程的数学描述。

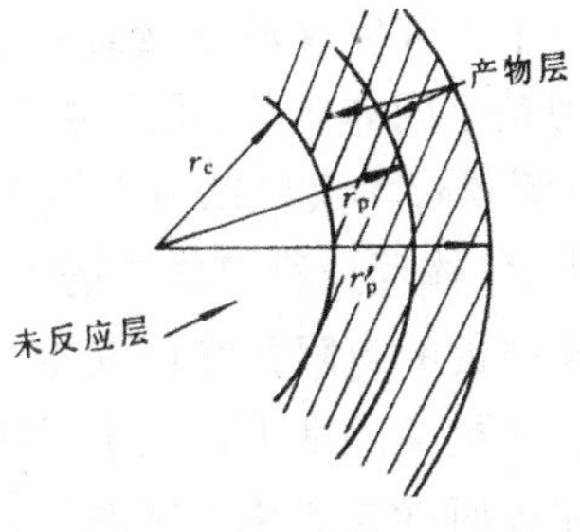

图 2-3　固体产物体积变化的反应模型

定义固体产物层引起颗粒体积变化的校正因子：

$$Z = \frac{r'^3_p - r^3_c}{r^3_p - r^3_c}，所以\ r'_p = [Zr^3_p + r^3_c(1 - Z)]^{1/3} \quad (2\text{-}55)$$

式中 r'_p 为反应过程中颗粒的半径，因此，用它代替式 (2-29)（产物层内扩散的积分结果）中的 r_p，并忽略 k_{g_A} 随粒径的变化，则结果仍然是式（2-41）形式，只是其中的 $p(X)$ 项为：

$$p(X) = 3\left\{\frac{Z - [Z + (1 - Z)(1 - X)]^{2/3}}{Z - 1} - (1 - X)^{2/3}\right\} \quad (2\text{-}56)$$

2.4　多孔固体与气体间反应

如果固体反应物是多孔体，则气体反应物可能会扩散到固体反应物内部，并在扩散过程中发生反应。因此，反应不是在一个明显界面上，而是在固体反应物中一个区域内发生。这类反应也可分为无固体产物的气化和有固体产物生成的反应两类。多孔碳燃烧或气化属于前者，球团矿的还原和某些金属氧化物的氢还原属于后者。显然，这两类反应的化学式仍然可分别用式（2-1）和式 (2-25) 描述，但是其理论和数学描述要比前述两种模型复杂得多，本节仅作简要介绍。

2.4.1　多孔固体的气化反应

多孔固体的气化反应一般包括气相传质、孔隙内扩散和化学反应三个基元步骤。各步骤的阻力分数及过程的控制步骤依反应条件而变化。低温下，化学反应缓慢而成为控制步骤时，气体反应物能均匀扩散到整个固体内部，反应也在整个固体中均匀发生，这种条件下，可以测得化学反应动力学的本征值。在较高温度下，化学反应速度增大，气体反应物仅能渗透到固体内部一定深度，反应将只在颗粒表面附近的有限区域内发生，过程受孔隙扩散和化学反应混合控制。在更高温度下，化学反应速度很高，以至于气体反应物一到固体表面就立即被反应消耗，颗粒表面气体反应物浓度趋近于零，颗粒内部不发生变化。

2.4.1.1 多孔颗粒均匀反应气化模型

假设固体中孔隙是纵横交错的圆筒形[6]，反应在整个固体内的孔隙壁面上均匀进行，则孔隙将不断扩大，而颗粒尺寸不变直至固体全部被消耗。设反应过程中，孔隙半径为 r (t)，单位体积多孔体内孔隙总长度为 L，孔隙壁面积为 S_V $(=2\pi rL)$，固体的孔隙度为 ε（即单位体积多孔体内孔隙的体积$=\pi r^2L$）。考虑反应的化学计量关系，多孔固体的反应速度可写成

$$(\rho_s S_V/b)\mathrm{d}r/\mathrm{d}t = (\rho_s/b)\mathrm{d}\varepsilon/\mathrm{d}t = k_r S_V C_A^n \qquad (2\text{-}57)$$

式中 ρ_s 为不含孔隙的固体反应物摩尔密度(mol/m^3)；k_r 和 n 分别为化学反应速度常数和反应级数；C_A 为反应气体浓度。由式（2-59）可导出

$$S_V = \mathrm{d}\varepsilon/\mathrm{d}r, \qquad \mathrm{d}r/\mathrm{d}t = (bk_r/\rho_s)C_A^n \qquad (2\text{-}58)$$

考虑孔隙交叉的数量和角度对 S_V 进行修正

$$S_V = 2\pi rL - Kr^2 \qquad (2\text{-}59)$$

式中，K 为修正系数。将式（2-59）代入式（2-58）并积分得

$$\varepsilon = \int_0^r (2\pi rL - Kr^2)\mathrm{d}r = \pi r^2L - Kr^3/3 \qquad (2\text{-}60)$$

若反应初始时 $r=r_0$，$\varepsilon=\varepsilon_0$，则有

$$\varepsilon_0 = \pi r_0^2L - Kr_0^3/3, \quad \frac{\varepsilon}{\varepsilon_0} = \xi^2\left(\frac{G-\xi}{G-1}\right) \qquad (2\text{-}61)$$

式中 $\xi \equiv r/r_0$，$G \equiv 3\pi L/Kr_0$ (2-62)

将式（2-60）至式（2-62）代入（2-58）得到

$$S_V = d\varepsilon/dr = \frac{d\varepsilon}{r_0 d\xi} = \left(\frac{\varepsilon_0}{r_0}\right)\frac{(2G-3\xi)\xi}{G-1} \quad (2\text{-}63)$$

因为当 $\varepsilon \to 1$ 时，$S_V \to 0$，由式（2-63）可得

$$\xi_{\varepsilon=1} = 2G/3 \quad (2\text{-}64)$$

将 $\varepsilon=1$ 及式（2-64）代入式（2-61）可得到

$$27\varepsilon_0 G^3 - G + 1 = 0 \quad (2\text{-}65)$$

G 仅为 ε_0 的函数，解式（2-65）可求得 G。再将 $\xi=r/r_0$ 代入式（2-58）得到

$$d\xi/dt = (bk_r/r_0\rho_s)C_A^n \quad (2\text{-}66)$$

积分上式得到

$$\xi = 1 + t/\tau_c, \qquad \tau_c = (r_0\rho_s/bk_r C_A^n) \quad (2\text{-}67)$$

定义转化率 X 为

$$X = (\varepsilon - \varepsilon_0)/(1-\varepsilon_0) \quad (2\text{-}68)$$

将式（2-61）和式（2-67）代入式（2-68）并整理得到

$$X = \frac{\varepsilon_0}{1-\varepsilon_0}\left[\xi^2\left(\frac{G-\xi}{G-1}\right)-1\right] = \frac{\varepsilon_0}{1-\varepsilon_0}\left[\left(1+\frac{t}{\tau_c}\right)^2\left(\frac{G-1-t/\tau_c}{G-1}\right)-1\right] \quad (2\text{-}69)$$

由此式可以计算转化率与反应时间的关系。

2.4.1.2 孔隙扩散和化学反应混合控制情况

过程受孔隙扩散和化学反应二者控制时，反应发生在颗粒表面附近的有限区域。如果不管颗粒几何形状如何，除反应最后阶段外，都把反应区看做为平板，则仅就颗粒表面法线方向 x，进行气体反应物 A 的物料平衡可得到

$$D_e d^2C_A/dx^2 - k_r S_V C_A^n = 0 \quad (2\text{-}70)$$

边界条件为

$$C_A = C_{A_s}, x = 0; \qquad dC_A/dx = 0, x = \infty \quad (2\text{-}71)$$

第一个边界条件表示忽略了边界层传质的阻力；第二个边界条件表示颗粒尺寸远比反应区大，以至可以将颗粒内部 $C_A=0$ 的

某一 x 看做无限大。表示反应速度和孔隙内扩散速度相对大小的梯勒数 Th 大于 3，即

$$Th = \frac{V_p}{A_p}\sqrt{\left(\frac{n+1}{2}\right)\frac{k_r S_V C_{A_s}^{n-1}}{D_e}} > 3 \qquad (2\text{-}72)$$

时，才能认为满足上述要求。令 $P=\mathrm{d}C_A/\mathrm{d}x$，式（2-70）可改写为

$$D_e P \mathrm{d}P/\mathrm{d}C_A = k_r S_V C_A^n \qquad (2\text{-}73)$$

积分得到

$$P = \mathrm{d}C_A/\mathrm{d}x = -\left(\frac{2}{n+1}\frac{k_r S_V}{D_e}C_A^{n+1}\right)^{½} \qquad (2\text{-}74)$$

于是单位外表面积的总反应速度可表达为

$$R_A = -D_e\frac{\mathrm{d}C_A}{\mathrm{d}x}\Big|_{x=0} = \left(\frac{2}{n+1}k_r S_V D_e\right)^{1/2} C_{A_s}^{\frac{n+1}{2}} \qquad (2\text{-}75)$$

可见，R_A 与 $(k_r D_e)^{1/2}$成正比，这意味着表观活化能为化学反应和内扩散活化能的代数平均值。将式（2-8）表达的 R_A 和 R_B 关系代入式（2-75），积分并考虑式（2-54）表示的转化率 X 可得到

$$\frac{b\left(\frac{2}{n+1}k_r S_V D_e\right)^{1/2} C_{A_s}^{\frac{n+1}{2}}}{\rho_B}\left(\frac{A_p}{F_p V_p}\right)t = 1-(1-X)^{1/F_p} \equiv g_{F_p}(X) \qquad (2\text{-}76)$$

式（2-76）形式上与化学反应控制时类似，但是速度常数 $(k_r D_e)^{1/2}$ 体现了内扩散的影响。

2.4.1.3 考虑外部传质阻力时的情况

上述两种情况均没有考虑外部传质阻力。当外部传质阻力有显著影响时，在颗粒表面上的反应十分显著，其单位外表面积的反应速度可表示为

$$\dot{n}_{A,s} = k_r f C_{A_s}^n \qquad (2\text{-}77)$$

式中 f 为颗粒外表面的粗糙度因子（真实外表面积和表观投影外表面积之比值）。由于外表面的反应和表面附近孔隙内反应同时进行，因此，总反应速度可表示为

$$R_A = \left(\frac{2}{n+2}k_r S_V D_e\right)^{1/2} C_{A_s}^{\frac{n+1}{2}} + k_r f C_{A_s}^n \qquad (2\text{-}78)$$

如果为一级不可逆反应，并考虑外部传质阻力，可以导出

$$-\frac{\rho_B}{b}\frac{dr_c}{dt} = \frac{C_{A_b}}{\left[\left(\frac{2}{n+2}k_r S_V D_e\right)^{1/2} + k_r f\right]^{-1} + \frac{1}{k_{g_A}}} \qquad (2\text{-}79)$$

当外部传质控制时

$$-\frac{\rho_B}{b}\frac{dr_c}{dt} = k_{g_A} C_{A_b} \qquad (2\text{-}80)$$

当外部传质阻力很小时

$$-\frac{\rho_B}{b}\frac{dr_c}{dt} = \left[\left(\frac{2}{n+2}k_r S_V D_e\right)^{1/2} + k_r f\right] C_{A_b} \qquad (2\text{-}81)$$

上式的右侧第二项很小时，恢复为式（2-75）。

2.4.2 有固体产物生成的多孔固体与气体间的反应

如前所述，这类反应在固体反应物中一个扩散区域内进行，在该区域内，扩散和反应同时发生。通常情况下，颗粒外层首先完全反应，完全反应层的厚度逐渐向多孔体深处扩展。当 $D_e \gg k_r$ 时，化学反应为控制步骤，气体反应物扩散至整个多孔体内且浓度均匀，反应在整个多孔体内均匀进行。当 $D_e \ll k_r$ 时，孔内扩散为控制步骤，反应在完全反应区和未反应区之间的狭窄区域内发生，与无孔颗粒的反应情况类似。当 D_e 和 k_r 数量级相同，二者的阻力都必须考虑时，情况比较复杂。处理这类反应常使用所谓“微粒模型”(Grain Model)[7,8]，即把多孔固体看成是由许多微小粒子构成的。为使模型简化，还附加如下假定：

（1）微粒具有规则形状（平板、圆柱或球形）且大小相等，颗粒也可用其中一种形状近似描述；

（2）微粒可看成是无孔隙的固体；

（3）颗粒外部传质阻力可以忽略；

（4）颗粒内部的扩散是等摩尔逆流扩散或扩散组分浓度很低；

（5）描述颗粒内气体反应物浓度分布时，可以用准稳态近似；

（6）气体成分通过微粒的产物层扩散阻力很小。

这样，气体 A 在颗粒内部的质量平衡方程为

$$D_e \nabla^2 C_A - r_A = 0 \tag{2-82}$$

式中 r_A（=单位体积的微粒数×一个微粒反应速度）表示 A 的局部反应消耗速度，mol/（s.m³）（颗粒）。假定为一级不可逆反应，则一个微粒中，固体反应物 B 的质量平衡方程为

$$-\rho_B \frac{\partial r_c}{\partial t} = b k_r C_A \tag{2-83}$$

式中 r_c 为微粒的对称中心到反应界面的距离。如果确定了单位颗粒体积内微粒的有效表面积，则可以得到 r_A 的表达式

$$r_A = \left(\frac{1-\varepsilon}{V_g}\right) k_r A_c C_A = (1-\varepsilon) k_r \left(\frac{A_g}{V_g}\right)\left(\frac{A_g r_c}{F_g V_g}\right)^{F_g - 1} C_A \tag{2-84}$$

式中 ε 为多孔体的孔隙度；F_g 为微粒的形状因子；V_g 和 A_g 分别为微粒的体积和表面积；A_c 为微粒中未反应核的界面积。将式（2-84）代入式（2-82）得

$$\nabla^2 C_A - \frac{1-\varepsilon}{D_e}\left(\frac{A_g}{V_g}\right)\left(\frac{A_g r_c}{F_g V_g}\right)^{F_g - 1} k_r C_A = 0 \tag{2-85}$$

式（2-85）各项除以 C_{A_b} $(A_p/F_p V_p)^2$ 并引入下列无因次量：

$$\begin{aligned} &\Psi \equiv C_A/C_{A_b}, \xi \equiv \frac{A_g r_c}{F_g V_g} = \frac{r_c}{r_g}, \\ &\eta \equiv \frac{A_p R}{F_p V_p} = \frac{R}{R_p}, \sigma^2 \equiv \left(\frac{F_p V_p}{A_p}\right)^2 \frac{k_r}{D_e} \frac{A_g(1-\varepsilon)}{V_g} \end{aligned} \tag{2-86}$$

可改写成无因次形式：

$$\nabla^{*2}\Psi - \sigma^2 \Psi \xi^{F_g - 1} = 0 \tag{2-87}$$

式中 ∇^{*2} 是以 η 为位置（自变量）坐标的拉普拉斯算符；R 和 R_p 分别是从颗粒中心算起的距离和广义半径；Ψ 为气体反应物的无因次浓度；ξ 为表示微粒未反应程度的无因次量；η 是从颗粒中心算起的无因次距离；σ^2 是化学反应阻力与孔隙内扩散阻力相对大小的无因次量度，其值由结构和动力学两方面参数决定。进一步引入无因次时间 t^*

$$t^* \equiv \left(\frac{bk_r C_{A_b}}{\rho_B} \frac{A_g}{F_g V_g}\right) t \tag{2-88}$$

可得到式（2-83）的无因次形式：

$$\frac{\partial \xi}{\partial t^*} = -\Psi \tag{2-89}$$

式（2-87）和式（2-89）中的变量 Ψ 和 ξ 是通过 σ^2 与 η 和 t^* 联系起来的，其初始和边界条件为

$$t^* = 0, \quad \xi = 1; \quad \eta = 1, \Psi = 1; \quad \eta = 0, \quad \mathrm{d}\Psi/\mathrm{d}\eta = 0 \tag{2-90}$$

在求得某时刻（t^*）不同位置（η）的微粒未转化程度（ξ）后，固体在该时刻的转化率可以通过对整个颗粒体积的积分求得

$$X = \int_0^1 \eta^{F_p - 1}(1 - \xi^{F_g})\mathrm{d}\eta \Big/ \int_0^1 \eta^{F_p - 1}\mathrm{d}\eta \tag{2-91}$$

σ^2 值对表征体系特性十分有用，当 $\sigma^2 \to 0$ 时，总速度受化学反应控制，颗粒孔隙内 C_A 均匀且等于 C_{A_b}（$\Psi=1$），ξ 将与 η 无关，式（2-89）成为常微分方程，可直接积分得到

$$\xi = 1 - t^*, \quad 0 \leqslant t^* \leqslant 1; \quad \xi = 0, \quad t^* \geqslant 1 \tag{2-92}$$

$$X = 1 - \xi^{F_g} = 1 - (1 - t^*)^{F_g}$$

$$t^* = 1 - (1 - X)^{1/F_g} = g_{F_g}(X) \tag{2-93}$$

当 $\sigma^2 \to \infty$ 时，总速度受颗粒孔隙内扩散控制，反应在完全反应区和未反应区之间的狭窄区域内发生，与 2.3 节类似，可以写出

$$p_{F_p}(X) = 1 - 3(1 - X)^{2/3} + 2(1 - X)$$

$$= \frac{2F_p b D_e C_{A_b}}{\rho_B}(1 - \varepsilon)\left(\frac{A_p}{F_p V_p}\right)^2 t \tag{2-94}$$

引入式（2-86）和式（2-88）所定义的无因次量，可得到

$$p_{F_p}(X) = \frac{2F_g F_p}{\sigma^2} t^* = \frac{t^*}{\sigma_g^2} \tag{2-95}$$

$$\sigma_g^2 = \frac{\sigma^2}{2F_p F_g} = \left(\frac{V_p}{A_p}\right)^2 \frac{F_p k_r}{2D_e} \frac{A_g(1 - \varepsilon)}{F_g V_g} \tag{2-96}$$

σ_g^2 是一个具有普遍意义的模数，其值可用于确定过程受化学反应

或孔隙内扩散控制的渐近区域，Sohn 和 Szekely[7]对这个模型进行了全面数值求解，绘制了不同 σ_g^2 值时，g_{F_p} (X) 和 p_{F_p} (X) 与 t^* 的关系曲线。结果表明，不管颗粒的几何形状（F_p）如何，$\sigma_g^2<0.1$ 和 $\sigma_g^2>10$ 两种条件下，可分别看作化学反应或孔隙内扩散控制的渐近区域。在 $0.1<\sigma_g^2<10$ 范围，曲线形状与颗粒或微粒的几何形状（F_p 和 F_g）有关，这种情况下，可得到近似解

$$t^* \approx g_{F_p}(X) + \sigma_g^2 p_{F_p}(X) \tag{2-97}$$

如果考虑外部传质阻力，则相应的近似关系式为

$$t^* \approx g_{F_g}(X) + \sigma_g^2[p_{F_p}(X) + 2X/Sh^*] \tag{2-98}$$

进一步考虑微粒中产物层的扩散阻力，则相应的近似关系式为

$$t^* \approx g_{F_g}(X) + \sigma_{gg}^2 p_{F_g}(X) + \sigma_g^2[p_{F_p}(X) + 2X/Sh^*] \tag{2-99}$$

式中

$$\sigma_{gg}^2 = \frac{k_r}{2D_g}\left(\frac{V_g}{A_g}\right) \tag{2-100}$$

习　题

1. 如何理解由多个基元步骤串联进行的一级过程的阻力加和性原则？

2. 有哪些方法可判断气固反应一级过程的控制环节？如何设计实验来确定控制环节？

3. 直径分别为 4mm 和 2mm 的两个小的固体样品置于一个恒定环境的炉中，保持 1h，它们的转化率分别为 0.58 和 0.875，试判断这种条件下固体反应过程的控制环节，并求算直径为 1mm 的同种固体粒子在此炉中完全反应所需要的时间。

4. 试由式（2-32）出发，推导出式（2-35）。

5. 在 900℃下，用氢还原球形 FeO 料粒，假定化学反应是一级不可逆反应，试计算料粒直径为 0.2、2 和 4cm 时，还原率达到 90%各需要的时间，已知如下数据：

$F_g=3$，$F_gV_g/A_g=2\times10^{-4}$cm，$D_e=0.8$cm^2/s，$\rho_B=0.0794$mol/cm^3，$\varepsilon=0.35$，

$k_r=5\times10^{-4}$cm/s，$K=0.5$，$Sh=10$

6. 进行氢气还原赤铁矿的实验，获得如下结果：

还原时间 t/s	120	300	480	600	900	1200
还原率 X	0.18	0.42	0.65	0.78	0.87	0.93

试根据未反应核模型，确定该实验条件下的过程控制环节。

7. 在 900℃、1atm（～0.1MPa）和 8%的氧气流中，焙烧半径为 1mm 球形闪锌矿粒子，其化学反应式为

$$2ZnS + 3O_2 \rightarrow 2ZnO + 2SO_2$$

假设缩核模型适用且气膜传质阻力可以忽略，试计算完全转化所需要的时间和固体产物层的相对阻力。若粒子半径为 0.05mm，重复上述计算，并说明所得结果的差异，已知如下数据：

$\rho_B=0.0425$mol/cm^3$=4.13$g/cm^3，$k_r=2$cm/s，$D_e=0.08$cm^2/s

参考文献

[1] E.T. 特克道根著，魏季和，傅杰译，高温工艺物理化学，冶金工业出版社，1988.

[2] R.Byron Bird *et al.*，Transport Phenomena，John Wiley & Sons，Inc，1960.

[3] W.E.Ranz *and* W.R.Marshall，*J.Chem.Eng.Prog.*，**48**（1952），p.141，p.173.

[4] J.Szekely，J.W.Evans *and* H.Y.Sohn，Gas-Solid Reaction，Academic Press，New York，1976.

[5] H.Y.Sohn，M.E.Wadsworth *et al.*，郑蒂基译，提取冶金速率过程，冶金工业出版社，1984.

[6] E.E.Petersen，*AIChEJ.*，**3**（1957），p.443.

[7] H.Y.Sohn *and* J.Szekely，*Chem.Eng.Sci.*，**27**（1972），p.763.

[8] H.Y.Sohn *and* J.Szekely，*Chem.Eng.Sci.*，**28**（1973），p.1169.

3 气体-液体间反应

气体-液体间反应在冶金过程中起相当重要作用。这类反应分为分散的气泡通过液体的移动接触和气液两相持续接触反应两大类。

3.1 气泡与液体间反应

3.1.1 气泡的形成

液相中形成气泡有两种途径，一是由于溶液过饱和而产生气相核心，并长大形成气泡；二是由浸没在液相中的喷嘴喷吹气体产生气泡。前者又可分为均相成核和非均相成核两种情况。

均相成核必须克服气液界面张力 σ 作功，需要很大的过饱和度[1,2]。例如，液相中一个半径为 R 的气泡，当其半径增加 $\mathrm{d}R$ 时，相应的界面能增加量为

$$\Delta F = 4\pi\sigma[(R+\mathrm{d}R)^2 - R^2] = 8\pi\sigma R\mathrm{d}R + 4\pi\sigma(\mathrm{d}R)^2 \approx 8\pi\sigma R\mathrm{d}R \tag{3-1}$$

该界面能增加量应等于过程中气泡内的附加压力 p_{Ad}所作的功

$$\Delta F = 4\pi R^2 p_{\mathrm{Ad}}\mathrm{d}R \qquad p_{\mathrm{Ad}} = 2\sigma/R \tag{3-2}$$

式中 p_{Ad}表示液相中气泡核心长大时，除必须克服大气压力和液体静压力外，还需要克服附加压力。由式(3-2)可见，R 越小，p_{Ad}越大。针对钢液中 $R=10^{-7}$m 的气泡核心计算，p_{Ad}高达 300atm（～30MPa）[3]，因此，冶金熔体中，均相成核产生气泡实际上是不可能的，都是非均相成核形成气泡。耐火材料炉底和炉衬上未被液态金属填满的微孔、裂纹或凹陷内存在的气体都可能成为气泡核心。图 3-1 是这种气泡核心的示意。

图中 R 为液体弯月面曲率半径，r 为微孔半径，θ 为液态金属

与耐火材料的接触角。由于液态金属通常与耐火材料不润湿，故 $\theta > 90°$，克服气液界面张力所需的附加压力为

$$p_{Ad} = 2\sigma/R = 2\sigma\cos(180 - \theta)/r = -2\sigma\cos\theta/r \quad (3\text{-}3)$$

由上式可见，r 越小，p_{Ad}越大。若 p_{Ad}大于液体静压力，则液体不能充满微孔，从而可能成为气泡核心。这样，活性微孔的半径上限值（可能成为气泡核心的临界最大微孔半径）可以由 p_{Ad}等于金属液体的静压力的条件算出

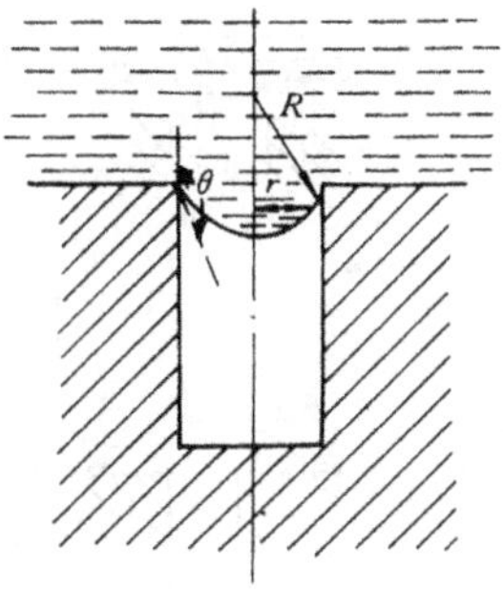

图 3-1　液相与固体孔隙间非均相气泡成核示意

$$r_{max} = -2\sigma\cos\theta/(\rho_l gh) \quad (3\text{-}4)$$

式中 ρ_l 为液体密度；h 为微孔所在处液体的深度；g 为重力加速度。对于钢水，取 $\sigma \approx 1.5N/m$，$\theta \approx 150°$，$\rho_l = 7200kg/m^3$，若 $h = 0.5m$，则可算得 $r_{max} = 74\mu m$。图 3-2 为随着气液反应的进行，微孔中气泡长大过程示意图。

当由状态（a）向（b）过渡时，曲率半径 R 增大，并在状态（b），R 趋近于无限大，由状态（b）向（c）过渡时，曲率半径又由无限大逐渐减小，并在状态（c）恢复为 R，但方向与状态（a）相反，p_{Ad}与静压力方向一致，孔隙内气相压力达到最大值 p_{max}

$$p_{max} = p_g + \rho_l gh + 2\sigma\sin\theta/r \quad (3\text{-}5)$$

式中 p_g 为炉内气体压力。对于上面算出的 r_{max}条件，可算得，$p_{max} = 1.57 \times 10^5 Pa$（1.55atm）。当由状态（$c$）向（$d$）过渡时，$\theta$ 不变，R 增大，p_{Ad}减小，微孔中气相体积增大，当大到一定程度时，由于浮力作用经过状态（e），气泡脱离微孔上浮呈状态（f）。

在喷射冶金中，具有更重要意义的是在喷嘴处形成气泡。对于能够润湿喷嘴或孔口固体材料的水或多数有机溶液，由于气体流量不同，可能有三种情况[3,4]：

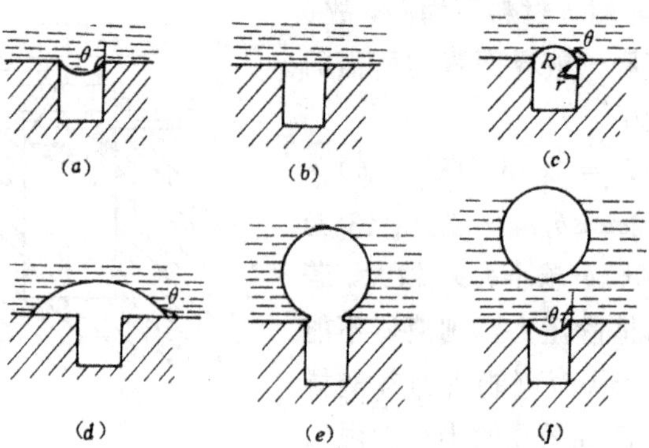

图 3-2 从固体孔隙中气泡生成过程示意

当气体流量很小，$Re_0=ud_0\rho_l/\mu_l<500$ 时，产生气泡的大小取决于浮力和表面张力间的平衡，称之为静力学区，这时

$$\pi d_b^3(\rho_l-\rho_g)g/6=\pi d_0\sigma$$

$$故\ d_b=[6d_0\sigma/g(\rho_l-\rho_g)]^{1/3} \tag{3-6}$$

式中 d_b 和 d_0 分别为气泡径和喷嘴内径；ρ_l 和 ρ_g 分别为液体和气体的密度；μ_l 为液体粘度。由式（3-6）可见，气泡径与喷嘴径的1/3次方成正比，而与气体流量无关。

当气体流量增大，$500<Re_0<2100$ 时，气泡的表面张力相对于惯性力可以忽略，称之为动力学区。气泡主要在浮力和惯性力的控制下形成，这时有

$$V_b(\rho_l-\rho_g)g=\frac{d}{dt}\left[(V_b\rho_g+\alpha V_b\rho_l)\frac{ds}{dt}\right] \tag{3-7}$$

考虑 $\rho_l\gg\rho_g$，上式可简化为

$$V_b\rho_l g=\frac{d}{dt}(\alpha V_b\rho_l\frac{ds}{dt}) \tag{3-8}$$

式中 V_b 和 α 分别为气泡体积和气泡排开液体体积的比例系数；s 为气泡中心到喷嘴的距离。式（3-8）的初始条件和积分结果分别为

$$t = 0,\ \mathrm{d}s/\mathrm{d}t \to 0, \qquad s \to 0 \tag{3-9}$$

$$s = gt^2/(2\alpha) \tag{3-10}$$

设气泡从开始形成、长大到脱离喷嘴（气泡半径为 r_c）所经历的时间为 t_c，则有

$$V_b = qt_c = 4\pi r_c^3/3 \qquad r_c = (3qt_c/4\pi)^{1/3} \tag{3-11}$$

联立式（3-10）和（3-11），并注意到这时 $s=r_c$，则可导出

$$t_c = (2\alpha/g)^{3/5}(3q/4\pi)^{1/5} \tag{3-12}$$

这样，脱离喷嘴的气泡平均体积为

$$V_{b.c} = qt_c = (2\alpha/g)^{3/5}(3/4\pi)^{1/5}q^{6/5} \tag{3-13}$$

可见，这种条件下气泡径随气体流量 q 的增加而增大。

当气体流量增加至 $Re_0>2100$ 时，可能进入射流区，喷入的气体很快分裂为许多小气泡，且 Re_0 越大，d_b 越小，当 $Re_0>10000$ 时，d_b 近似为常数。

关于气泡径与气体流量的关系，人们也提出了一些经验式，可查找有关文献。图 3-3 给出了莱布森（Leibson）等[4]在空气-水体系中针对不同孔径喷嘴，测定的气泡径与 Re_0 的关系，可以清楚看出上述规律。

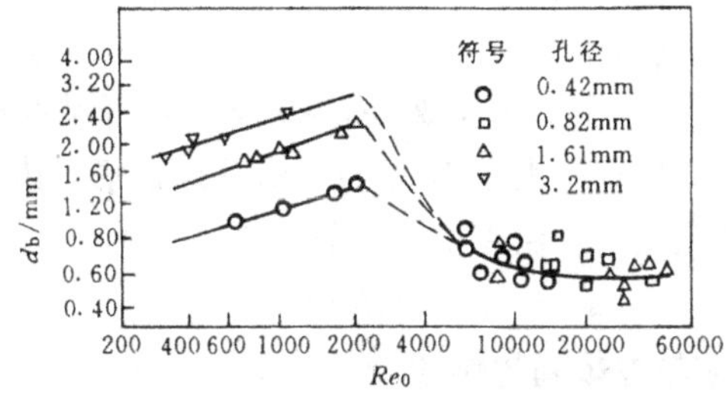

图 3-3 在空气-水体系中气泡径与孔口雷诺数 Re_0 的关系

在熔融金属中喷嘴处形成气泡与在水或有机溶液中有许多相似之处，但研究[5,6]表明，二者之间也存在重大差异。例如，对于

能够润湿喷嘴或孔口固体材料的水或有机溶液，气泡在孔口的内缘顶端形成；而熔融金属通常对喷嘴或孔口固体材料不润湿，气泡倾向于在孔口的外缘顶端形成，因此，上述一些计算式应用于熔融金属时，需要修正。例如，将计算脱落时的气泡径的式（3-6）中的 d_0 改为喷嘴外径 $d_{n,0}$，即可用于熔融金属。

3.1.2 气泡在液体中的运动

气泡在液体中的运动速度主要取决于浮力、粘滞力和形状阻力，当这些力达到平衡时，气泡匀速上升，这与固体颗粒在气体或液体中下落时的情况类似。但是，二者间也有一些重要差异，一是由于气泡不是刚体，在力的作用下会变形；二是气泡上浮时泡内气体可以产生循环流动，这些都会影响形状阻力大小。气泡在液体中的运动特征主要受下列特征数影响[7]：

$$Re_b = d_b u \rho_l / \mu_l \qquad We_b = d_b u^2 \rho_l / \sigma \tag{3-14}$$

$$Eo_b = g d_b^2 (\rho_l - \rho_g)/\sigma, \qquad Mo_b = g u_l^4 / (\rho_l \sigma^3) \tag{3-15}$$

当 $Re_b < 2$ 时，形成球形小气泡，行为类似刚体，服从 Stokes 定律，其上升速度为

$$u_t = d_b^2 (\rho_l - \rho_g) g / (18\mu) \tag{3-16}$$

当气泡为球形且 $2 < Re_b < 400$ 时，气泡内将发生气体循环流动，可减少形状阻力，气泡上升速度 u_t 将增加至按式（3-16）的计算值的 1.5 倍左右。

当 $Re_b > 1000$ 且 $We_b > 18$，或 $Eo_b > 50$ 时，在低粘度或中等粘度液体中上升的当量直径大于 1cm 的气泡呈球冠形，其上升速度 u_t 将与液体性质无关，可由下式[8]估算：

$$u_t = 1.02 (g d_b / 2)^{1/2} \tag{3-17}$$

3.1.3 气泡与液体间的传质

气泡与液体间的传质过程，受气泡内气体循环、气泡变形和振动等因素影响，比通常气液间传质过程复杂。其传质系数，按雷诺数（$Re_b = \rho_l u d_b / \mu_l$）大小，可分为 4 个区域计算[2]。

（1）$Re_b < 1.0$ 区域　气泡行为类似刚球，理论分析可导出

$$Sh = k_d d_b / D = 0.99 (Re_b Sc)^{1/3} \tag{3-18}$$

式中 Sc 为施密特数（$=\mu_l/(\rho_l D)$）

（2）$1<Re_b<100$ 区域　气泡内不发生循环流动时，可应用

$$Sh = 2 + 0.55Re_b^{0.55}Sc^{0.33} \tag{3-19}$$

（3）$100<Re_b<400$ 区域　气泡内有气体循环，引起气泡变形和振动等，尚无适宜的计算式。

（4）$Re_b>400$ 区域　对于球冠形气泡有

$$Sh = 1.28(Re_b/Sc)^{1/2} \tag{3-20}$$

式（3-20）和（3-17）结合可导出

$$k_d = 1.08g^{1/4}D^{1/2}d_b^{-1/4} \tag{3-21}$$

式中 D 为组分的分子扩散系数。在没有可靠实验数据时，以上各关联式可用来估算传质系数 k_d 值。而气泡和液体间传质通量为

$$N_A = \frac{1}{A_b}\frac{dn_A}{dt} = k_d(C_{A_b} - C_{A_i}) \tag{3-22}$$

式中 C_{A_b}和 C_{A_i}分别为液相主体和气泡和液体界面上 A 的浓度；A_b 为气泡表面积。

3.1.4　气泡与液体间的反应

大多数气体与液态金属间的化学反应速度都比扩散速度快，因此，气泡与液体间的反应通常受传质控制，界面上达到化学反应平衡。这种条件下，对于以分子状态溶解的气体有

$$C_{A_i} = H'p_A \tag{3-23}$$

双原子分子从液态金属中析出时有

$$C_{A_i} = H'p_A^{1/2} \tag{3-24}$$

式中 H' 为亨利系数的倒数；p_A 为扩散组分在气泡中的分压，若无其他气体成分时，等于气泡内总压。这种情况下，式（3-22）即为过程的总速度方程。在求解时需要把所有因变量改为气泡体积和深度的函数，在忽略 p_{Ad}时有

$$C_{A_i} = H'[p_g + g\rho_l(H - z)] \tag{3-25}$$

式中 H 为液浴深度；z 为从底面算起的高度。此外，

$$A_b = \phi V_b^{2/3} \tag{3-26}$$

$$n_A = p_A V_b / RT \tag{3-27}$$

于是有

$$dn_A/dt = (1/RT)(V_b dp_A/dt + p_A dV_b/dt) \tag{3-28}$$

其中

$$\begin{aligned} dV_b/dt &= (dV_b/dz)(dz/dt) = u_b dV_b/dz, \\ dp_A/dt &= u_b dp_A/dz = u_b g\rho_l \end{aligned} \tag{3-29}$$

联立式（3-22）～式（3-29）可得

$$\frac{dV_b}{dz} = \frac{k_d RT\phi V_b^{2/3}}{u_b} \times \left[\frac{C_{A_b}}{p_g + g\rho_l(H-z)} - H'\right] + \frac{g\rho_l V_b}{p_g + g\rho_l(H-z)} \tag{3-30}$$

其边界条件为

$$z = 0 \text{ 处}, V_b = V_{b_0} \tag{3-31}$$

通常 k_d 和 ϕ 均为 V_b 的非线性函数，故需要用数值法积分式(3-30)。如果已知或能计算炉底气泡的生成频率，则可以计算整个过程的气泡脱除杂质速度。

3.2 持续接触的气液相间反应

气液相间反应及气体吸收或解吸，在多种金属的精炼中有重要意义。前者是伴随传质过程的化学反应，后者可作为物理过程处理。通常情况下两者都受液体中的传质过程控制。

3.2.1 气液间传质理论概述

气液间传质理论主要有界膜模型、渗透理论和表面更新理论三种。

3.2.1.1 界膜模型

界膜模型假定，流体与界面间的传质阻力完全存在于紧贴界面的薄膜（称为有效边界层）内，膜内传质靠分子扩散且浓度分布稳定，膜以外的流体中浓度均匀。若仅考虑液膜传质阻力，其基本方程和边界条件分别为

$$D_A d^2C_A/dx^2 = 0 \tag{3-32}$$

$$x = 0,\ C_A = C_{A_i};x = \delta, C_A = C_{A_b} \tag{3-33}$$

式中 x 为界面法线方向的距离；δ 为界膜厚度。解式（3-32）可得到界膜内的浓度分布

$$\frac{C_A}{C_{A_i}} = 1 - \left(1 - \frac{C_{A_b}}{C_{A_i}}\right)\frac{x}{\delta} \tag{3-34}$$

因此，传质通量为

$$N_A = - D_A \mathrm{d}C_A/\mathrm{d}x = D_A(C_{A_i} - C_{A_b})/\delta \tag{3-35}$$

3.2.1.2 渗透理论

渗透理论假定，气液相间的传质是由于液体表面上的流体微元不断被来自主体且具有主体浓度的新微元所更换完成的，微元在表面的停留时间很短且是均等的，气体组分 A 向微元中渗透距离远小于微元尺寸，故可把 A 在微元中的渗透视为在半无限大液体中的非稳态扩散。于是基本方程和边界条件分别为

$$\partial C_A/\partial t = D_A \partial^2 C_A/\partial x^2 \tag{3-36}$$

$$\begin{gathered} t = 0, 0 < x < \infty, C_A = C_{A_b}; t > 0, x = 0, \\ C_A = C_{A_i}; t > 0, x = \infty, C_A = C_{A_b} \end{gathered} \tag{3-37}$$

应用拉氏变换或引入中间变量 $x/\sqrt{4D_A t}$ 可解得

$$C_A = C_{A_i} - (C_{A_i} - C_{A_b})\mathrm{erf}\left(x\Big/\sqrt{4D_A t}\right) \tag{3-38}$$

式中 erf 为误差函数符号。某时刻的传质通量为

$$N_A = - D_A \partial C_A/\partial x|_{x=0} = \sqrt{D_A/\pi t}(C_{A_i} - C_{A_b}) \tag{3-39}$$

微元在表面上停留时间（τ）内的平均传质通量为

$$\overline{N}_A = \frac{1}{\tau}\int_0^{\tau} N_A \mathrm{d}t = 2\sqrt{D_A/\pi\tau}(C_{A_i} - C_{A_b}) \tag{3-40}$$

3.2.1.3 表面更新理论

表面更新理论假定，流体微元在表面上的停留时间服从统计规律，存在一个停留时间分布，其分布函数为

$$\phi(t) = s\mathrm{e}^{-st} \tag{3-41}$$

式中 s 为表面更新率，表示单位时间被更新的表面分数。由于停留

时间可分布于 0 到∞之间，所以，平均传质通量为

$$\overline{N}_A = \frac{1}{\tau}\int_0^{\infty} N_A\phi(t)dt = \int_0^{\infty}\sqrt{\frac{D_A}{\pi t}}(C_{A_i} - C_{A_b})se^{-st}dt$$

$$= \sqrt{sD_A}(C_{A_i} - C_{A_b}) \tag{3-42}$$

由式（3-35）、（3-39）和（3-42）可看出，传质通量可统一表达为

$$N_A = k_d(C_{A_i} - C_{A_b}) \tag{3-43}$$

式中 k_d 为传质系数。三种理论中的 k_d 分别为

$k_d = D_A/\delta$（界膜模型）；$k_d = 2\sqrt{D_A/\pi\tau}$（渗透理论）；$k_d = \sqrt{sD_A}$（表面更新理论）。

可见，应用三种理论模型处理时，传质系数与扩散系数的关系是不同的。在冶金气液反应中已有许多应用它们的实例，以界膜模型应用最多。

3.2.2 界膜模型在气液反应中的应用

以气液化学吸收反应过程为例，按界膜模型，过程应包括气相中溶质向气液界面扩散，在界面上的吸附溶解，与液相中某组分发生化学反应等基元步骤。因此，总速度方程包括传质和化学反应等项，下面仅就常见的两种情况讨论。

3.2.2.1 瞬间反应

设气体中组分 A 能溶解于液相并与液相中组分 B 按下式发生瞬间反应：

$$A + B \longrightarrow AB \tag{3-44}$$

AB 不挥发且能溶解于液相。由于是瞬间反应，A 和 B 不能在同一位置共存，而且通常 A 的扩散系数大于 B，因此，达到稳定时，反应界面应移至液相内部，即按界膜模型，在液相侧界膜内存在一反应界面 $x = x_R$，界膜内外的浓度分布如图 3-4 所示。

这种情况下的基本方程为

$$D_A d^2C_A/dx^2 = 0 \qquad (0 < x < x_R) \tag{3-45}$$

$$D_B d^2C_B/dx^2 = 0 \qquad (x_R < x < \delta) \tag{3-46}$$

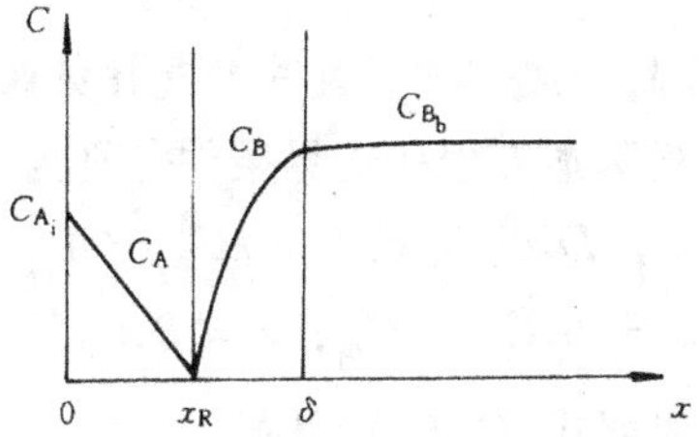

图 3-4 瞬间反应时液相中的浓度分布

式（3-45）和式（3-46）在边界条件

$$x=0,\ C_A=C_{A_i};x=\delta,\ C_B=C_{B_b} \tag{3-47}$$

$$x=x_R, C_A=C_B=0, D_A dC_A/dx - D_B dC_B/dx = 0 \tag{3-48}$$

下求解可得到

$$C_A = C_{A_i}(1-x/x_R), (0<x<x_R);$$

$$C_A = 0, (x_R < x < \infty) \tag{3-49}$$

$$C_B = 0, (0<x<x_R); C_B = \frac{x-x_R}{\delta - x_R} C_{B_b},$$

$$(x_R \leqslant x \leqslant \delta); C_B = C_{B_b}, (x>\delta) \tag{3-50}$$

反应界面的位置可由式（3-49）和式（3-50）及 $x=x_R$ 处 $D_A dC_A/dx - D_B dC_B/dx = 0$ 条件求出

$$x_R = \frac{\delta}{1 + C_{B_b} D_B / C_{A_i} D_A} \tag{3-51}$$

由式（3-49）和式（3-51），按下式可导出气相组分 A 的吸收通量为

$$N_A = -D_A \frac{dC_A}{dx}\bigg|_{x=0} = \frac{D_A C_{A_i}}{x_R} = \frac{D_A}{\delta}\left(1 + \frac{C_{B_b} D_B}{C_{A_i} D_A}\right) C_{A_i} \tag{3-52}$$

可见，与无化学反应的吸收过程［式（3-35）］比较，吸收通量增大 β（称为增强因子）倍，

$$\beta = 1 + \frac{C_{B_b} D_B}{C_{A_i} D_A} \tag{3-53}$$

3.2.2.2 伴随一级不可逆反应的气体吸收

在稳态下，其基本方程和边界条件分别为

$$D_A d^2 C_A / dx^2 - kC_A = 0 \tag{3-54}$$

$$x = 0, C_A = C_{A_i}; \ x = \delta, C_A = 0 \tag{3-55}$$

应用特征方程法求解式（3-54）得到

$$C_A = C_{A_i} \frac{\sinh[\alpha(\delta - x)]}{\sinh(\alpha\delta)}, \alpha = \sqrt{k/D_A} \tag{3-56}$$

式中 α 反映了化学反应和扩散速度的相对大小。由式（3-56）可求得气体组分 A 的吸收通量

$$N_A = - D_A \left.\frac{dC_A}{dx}\right|_{x=0} = \frac{D_A}{\delta} C_{A_i} \frac{\alpha\delta}{\tanh(\alpha\delta)} = \beta \frac{D_A}{\delta} C_{A_i} \tag{3-57}$$

这种情况下的增强因子为

$$\beta = \frac{\alpha\delta}{\tanh(\alpha\delta)} \tag{3-58}$$

习　题

1. 液体中气泡的形成有几种途径？为什么冶金用耐火材料炉衬或炉底上的微孔尺寸在小于某一临界值（与深度有关）时才能成为产生气泡核心的活性微孔？

2. 假设钢液中由于碳氧反应和能量起伏生成了半径为 10^{-2}mm 的气泡核心，试计算该气泡核心长大所需要克服的附加压力，已知钢液的表面张力为 1.5N/m。由计算结果分析在普通炼钢条件下，这种均相形成的气泡核心长大是否可能？

3. 试计算炼钢熔池深度为 1m 处的不为钢液进入的炉耐火材料的临界微孔半径值，已知钢液密度和表面张力分别为 7000kg/m^3 和 1.5N/m，钢液与耐火材料的接触角为 120°。

4. 浸入式喷嘴产生的气泡大小由哪些因素决定？喷嘴径和气体流量各有什么影响？

5. 气泡在液体中的上浮与固体颗粒在液体或气体中的下落运动规律有何类似性，又有哪些不同？

6. 试分析用三种气液相间传质理论导出的传质系数与扩散系数的关系的差异。

7. 已知 25℃，CO_2 以分子状态溶解于水时的亨利系数为 30atm·dm^3/mol，其液膜传质系数为 $k_A=25$dm/h，NaOH 溶液吸收气体中 CO_2 是伴随瞬间反应的气液化学吸收，假定 CO_2 和 OH^- 在溶液中的扩散系数相等，试计算在 1atm(～0.1MPa)下，$p_{CO_2}=0.2$atm 时，用纯水物理吸收 CO_2 和用 0.2N 的 NaOH 溶液吸收 CO_2 的速度各为多少，后一情况下的吸收增强因子为多大？

参考文献

[1]F. D. Richardson, Physical Chemistry of Melts in Metallurgy, Vol. 2, Academic Press, New York, 1974.

[2] J. 舍克里著，彭一川等译，冶金中的流体流动现象，冶金工业出版社，1985.

[3] 莫鼎成编，冶金动力学，中南工业大学出版社，1987.

[4] I. Leibson *et al.*, *AIChEJ.*, **2** (1956), p. 296.

[5] G. A. Irons *and* R. I. L. Guthrie *Metall. Trans.*, **B9** (1978), p. 101.

[6] 佐野正道，森一美，铁と钢，**60** (1974), p. 348.

[7] J. R. Grace, T. Wairegi *and* T. H. Nguyen, *Trans. Inst. Chem. Eng.*, **51** (1973), p. 116.

[8] R. M. Davice *and* G. I. Taylor, *Proc. R. Soc. London*, Ser. 200, 1950, p. 375.

4 液体-液体间反应

两个互不相溶液体间的反应在冶金中十分重要。如湿法冶金中的有机溶剂萃取、火法冶金中的渣-金属、渣-锍和锍-金属间的反应等。这类反应过程包括反应物和产物在两个液相中的传质和化学反应等基元步骤。反应进行时，可以两个液相均为连续相，也可以有一液体为分散相。炼钢中的脱硅和脱锰等属于前者，喷粉精炼和电渣重溶及有机溶剂萃取等是后者的实例。本章仅以渣和金属反应为例讨论液体-液体间反应的基本动力学解析方法。

4.1 渣和金属反应概述

渣和金属反应体系中，金属相是具有自由电子的液态金属溶液，渣相是由氧化物、硫化物等组成的高温离子溶液，在相界面上发生的反应可能有粒子直接碰撞交换电子的普通方式和阳极处氧化，阴极处还原的电化学方式两类：

$$[A] \xrightarrow{2e} (B^{2+}) = (A^{2+}) + [B] \tag{4-1}$$

$$[A] = (A^{2+}) + 2e; \qquad (B^{2+}) + 2e = [B] \tag{4-2}$$

由于金属是良导电体，两个电极可以分开，电子由金属相传递，但反应过程中，两相均应遵循电中性原则。此外，渣和金属反应通常在高温下进行，化学反应速度比传质速度高得多，除个别情况（如渣中 SiO_2 还原）外，传质步骤为控制环节。由于通常原子在熔融金属中的扩散系数值为 $10^{-10} \sim 10^{-8} m^2/s$，离子在熔渣中的扩散系数为 $10^{-11} \sim 10^{-9} m^2/s$ 数量级，所以过程受渣相边界层传质控制的情况较多[1]。

4.2 渣和金属反应的速度表达式

在渣和金属两相主体理想混合，过程由传质环节控制，界面化学反应达到平衡的假定条件下，推导渣和金属反应的速度表达式[2]。渣相和金属相中的物理量分别用有和无上标撇“′”加以区别。根据双膜理论，进行式（4-1）所示的反应时，向相界面迁移的 A 和 B^{2+} 的通量为

$$N_A = k_A(C_A - C_{A_i}), \qquad N_{B^{2+}} = k'_B(C'_B - C'_{B_i}) \tag{4-3}$$

离开界面向两相主体迁移的 A^{2+} 和 B 的通量为

$$N_{A^{2+}} = k'_A(C'_{A_i} - C'_A), \qquad N_B = k_B(C_{B_i} - C_B) \tag{4-4}$$

式中 k_A，k'_A，k_B，k'_B 分别为 A 和 B 在金属相和渣相的传质系数（m^2/s），下标“i”表示界面。过程在稳态下进行且界面处达到平衡时

$$N_A = N_{A^{2+}} = N_B = N_{B^{2+}} = N \tag{4-5}$$

$$C_{B_i}C'_{A_i}/C_{A_i}C'_{B_i} = K \tag{4-6}$$

式中 K 为反应平衡常数。由式（4-3）至（4-6）消去界面浓度，得到一个关于 N 的一元二次方程

$$\left(\frac{1}{k'_A k_B} - \frac{K}{k_A k'_B}\right)N^2 + \left(\frac{C_B}{k'_A} + \frac{C'_A}{k_B} + \frac{C'_B K}{k_A} + \frac{C_A K}{k'_B}\right)N + (C'_A C_B - C_A C'_B K) = 0 \tag{4-7}$$

由式（4-7）可解得十分复杂的 N 的一般表达式。但在以脱除金属相少量杂质 A 为目的的渣金体系中，主金属 B 在两相中的浓度都很大，从而可以忽略反应中 B 在两相中的浓度变化，仅着眼于杂质 A 的变化进行动力学分析。假定界面处 A 的分配达到平衡

$$L_A = C'_A/C_{A_i} = KC'_{B_i}/C_{B_i} \approx KC'_B/C_B \tag{4-8}$$

式中 L_A 为 A 的平衡分配比。由式（4-3）和式（4-4）中的第一个方程，并考虑 $N_A = N_{A^{2+}}$ 可导出

$$N_A = k_t(C_A - C'_A/L_A) = k_t C_A(1 - Q/K) \tag{4-9}$$

式中

$$Q = \frac{C_B C'_A}{C_A C'_B}; \qquad \frac{1}{k_t} = \frac{1}{k_A} + \frac{1}{k'_A L_A} \tag{4-10}$$

Q 称为浓度商，k_t 为综合反应速度常数。如果考虑界面反应速度

$$N_r = k_r(C_{A_i} - C'_{A_i}/L_A) \tag{4-11}$$

这种情况下式（4-9）仍然适用，只是 k_t 应改为

$$\frac{1}{k_t} = \frac{1}{k_A} + \frac{1}{k'_A L_A} + \frac{1}{k_r} \tag{4-12}$$

上式表明，过程的总阻力是A组分在两相中的传质及界面反应三项阻力之和。确定何者最大，而成为控制环节，对于促进精炼反应是很有意义的。确定控制步骤通常可采用以下方法：

（1）改变温度进行实验，若为化学反应控制时，则活化能高；而传质控制时，活化能低。

（2）反应速度本身不受搅拌影响，如果搅拌使过程大幅度加快，则很大程度上可以确定为传质控制，但应注意施加强力搅拌时，可能会改变相界面积。

（3）在可推算相界面附近渣金两相主体流速时，则从流体力学知识能够推算出边界层厚度或传质系数。但高温熔体，特别是熔渣，常常缺少有关的物性值数据。

（4）大幅度改变渣金两相中B和A的含量比，可判断B成分的传质是否有影响及其影响程度。

（5）假定某步骤为限制环节，通过比较计算值与同条件下的实测值来判断限制步骤。

总之，尚无确定的判断限制步骤的模式，必须进行仔细的实验及数据比较和分析才能得到正确结论。例如，分析图4-1给出的典型条件下渣中MnO和铁水中Si反应过程

$$2(\mathrm{MnO}) + [\mathrm{Si}] = 2[\mathrm{Mn}] + (\mathrm{SiO_2}) \tag{4-13}$$

中，两相中浓度的变化曲线[3]。

实验发现，搅拌渣相显著加快了反应；改变温度的实验得到，过程的活化能为29.3kJ/mol，通常化学反应活化能在42kJ/mol以上。因此，可以确定，控制环节不是化学反应而是传质步骤。则传质通量可表达为

$$N = D(C_i - C_b)/\delta \tag{4-14}$$

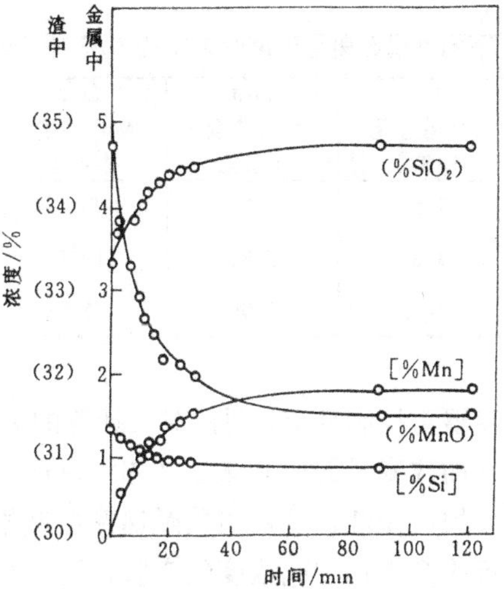

图 4-1 $2(MnO)+[Si]=2[Mn]+(SiO_2)$反应的浓度时间曲线

式中 D 为扩散系数；δ 为有效边界层厚度；C_i 和 C_b 分别为界面和主体浓度。上式适用于表 4-1 所示的 4 种边界层扩散为控制环节中任何一个，表中还列出了相应扩散活化能数据。

表 4-1 文献报道的活化能

扩散类别	活化能 E/kJ · mol^{-1}
锰在液态金属中的扩散	24.3
硅在液态金属中的扩散	36.0
锰在液态熔渣中的扩散	/
硅在液态熔渣中的扩散	292.9

虽然缺少锰在液态熔渣中的扩散活化能数据，但有理由估计，它与硅在液态熔渣中的扩散活化能相差不大，故可以预料锰和硅在熔渣中的扩散不是控制环节。进一步改变金属渣层的厚度进行

实验，按式（4-14）进行数据处理，求得各种情况下的 D/δ 值，列于表 4-2 中。

表 4-2　不同渣或金属层厚度时求得的 D/δ 值（m/s）

金属层厚度 cm	渣层厚度 cm	D/δ Mn 在金属中扩散	D/δ Si 在金属中扩散	D/δ Mn^{2+}在渣中扩散	D/δ Si^{4+}在渣中扩散
4.4	1.5	7.26	1.74	5.3	0.029
2.2	3.0	7.30	3.54	12.5	0.145
0.75	4.5	7.75	2.09	75.9	2.668

如果确定某步骤为控制环节，则针对其计算的 D/δ 值不应随金属或渣相的厚度而改变，因此，由表 4-2 的结果进一步否定了渣中扩散为控制环节的可能性，并初步判断锰在金属相的扩散为控制环节。最后进行改变铁水中硅浓度的实验，进一步确定了上述初步判断。

习　题

1. 渣和金属反应与一般液-液相间反应有何共性与特性？
2. 试由式（4-3）～式（4-6）推导式（4-7）。
3. 为确定渣和金属反应的控制环节，可以采用哪些实验方法？其根据是什么？

参考文献

[1] 梁宁元等编，冶金反应工程概论，东北工学院讲义，1984.
[2] K. Mori, T. Hatanaka *and* Y. Ohno, *Trans. ISIJ.*, **8** (1968), p. 401.
[3] 韩其勇主编，冶金过程动力学，冶金工业出版社，1983.

5 液体-固体间反应

火法冶金中，液态金属和合金的凝固、废钢和合金元素在钢水的熔化溶解、石灰石或球团在熔渣中的熔化溶解及熔渣和耐火材料间的反应等，湿法冶金中的浸出、沉淀和净化等都是冶金中的重要液-固反应。它们与气体-固体间反应同属流体-固体间反应，有许多相似之处。因此，第 2 章中讨论的数学模型及某些动力学规律对液-固反应同样适用，本章不再重复。但是，液-固反应也有其固有特点。例如，凝固和熔化主要是伴随有传热的物理相变过程，特别是凝固速度直接影响到晶粒大小、晶体结构及杂质偏析等，已成为单独学科，本章也不涉及。这里仅以固体在液态金属溶液中的溶解及湿法冶金中的浸出为例讨论液-固过程。

5.1 固体在液态金属中的溶解

一般认为固体在液体中的溶解过程是由两个基元步骤构成：(1) 固体晶格被破坏转化为固体原子进入液相；(2) 溶解的原子通过紧接于固体的边界层向液相主体扩散。后者往往是溶解过程的控制环节。本节以废钢在铁水中的溶解过程为例进行讨论。

5.1.1 供热为控制步骤情况

图 5-1 示出了供热为过程控制步骤时，以废钢中心为坐标原点的温度和浓度分布[1,2]。

假设传热过程是一维的，则其基本方程为

$$\partial T/\partial t = \alpha\, \partial^2 T/\partial y^2 \tag{5-1}$$

式中 α 为废钢的热扩散系数。考虑通过液体边界层传入固体的热量，在废钢表面温度达到熔点之前用于提高废钢温度，而在达到

熔点之后用于废钢熔化，则有边界条件

$$h(T_{l_b} - T_i) = \lambda \partial T/\partial y + \rho L f \tag{5-2}$$

式中 h 为流体与废钢间传热系数；λ 为废钢的导热系数；T_{l_b}和 T_i 分别为液相主体和固-液界面温度；ρ、f 和 L 分别为废钢密度、溶解速度和熔化潜热。另一方面，废钢的熔点与其碳含量有关。由于在液相侧有一浓度边界层，废钢表面的碳含量受碳原子从液相向废钢表面的迁移所支配。假定碳原子的迁移量等于由于废钢溶解的冲稀量，则有第二个边界条件

$$k_d(C_{L_b} - C_{L_i}) = f(C_{L_i} - C_{s_0}) \tag{5-3}$$

式中 k_d 为液相中碳的传质系数；C_{L_b}和 C_{L_i}分别为液相主体和界面处的原子浓度；C_{s_0}为废钢初始碳原子浓度。联立式（5-1）至式(5-3)，数值求解可以获得溶解速度。

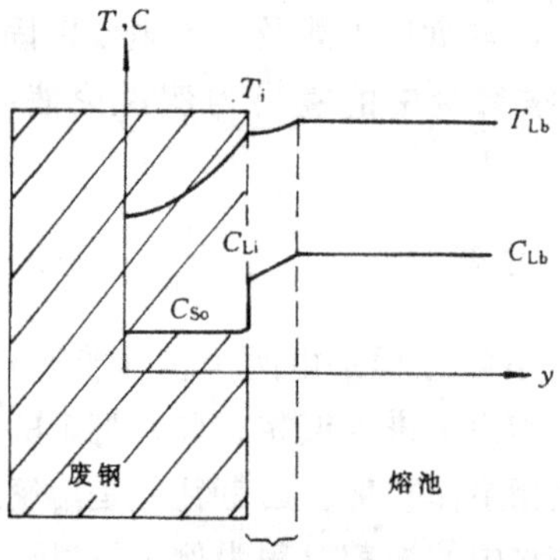

图 5-1　供热为控制步骤时以废钢中心为坐标原点的温度和浓度分布

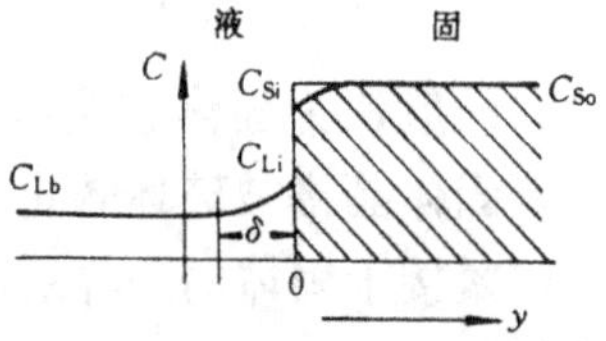

图 5-2　液膜内的扩散为控制环节时，固-液两相中的溶质浓度分布

5.1.2　液体边界层内扩散为控制步骤情况

当供热速度不成为控制步骤且液相主体被充分搅拌条件下，

液膜内的扩散为控制环节。采用移动坐标系，取固-液界面为坐标原点，则固-液两相中的溶质浓度分布如图 5-2 所示[2]。

在固相侧（$y>0$）和液相侧（$y<0$）的扩散方程分别为

$$D_s\partial^2 C/\partial y^2 + f\partial C/\partial y = \partial C/\partial t \tag{5-4}$$

$$D_l\partial^2 C/\partial y^2 + f\partial C/\partial y = \partial C/\partial t \tag{5-5}$$

式中 D_s 和 D_l 分别为溶质在固液两相中的扩散系数。过程达到稳态时有

$$D_s \mathrm{d}^2 C/\mathrm{d} y^2 + f\mathrm{d} C/\mathrm{d} y = 0 \qquad (y>0) \tag{5-6}$$

$$D_l \mathrm{d}^2 C/\mathrm{d} y^2 + f\mathrm{d} C/\mathrm{d} y = 0 \qquad (y<0) \tag{5-7}$$

边界条件为

$$y = 0_-,\ C = C_{L_i};\ y = 0_+,\ C = C_{s_i} \tag{5-8}$$

$$y = -\delta,\ C = C_{L_b};\ y = \infty,\ C = C_{s_0} \tag{5-9}$$

在上述边界条件下，式（5-6）和式（5-7）的解为

$$\frac{C - C_{s_0}}{C_{s_i} - C_{s_0}} = \exp(-fy/D_s) \qquad (y>0) \tag{5-10}$$

$$\frac{C - C_{L_i}}{C_{L_b} - C_{L_i}} = \frac{1 - \exp(-fy/D_L)}{1 - \exp(-f\delta/D_L)} \qquad (y<0) \tag{5-11}$$

废钢溶解速度通量为

$$N = D_L \mathrm{d}C/\mathrm{d}y|_{y=0} = f(C_{s_i} - C_{L_i}) \tag{5-12}$$

由式（5-11）至式（5-12）可导出溶解速度

$$f = -\frac{D_L}{\delta}\ln\left[1 + \frac{C_{L_i} - C_{L_b}}{C_{s_i} - C_{L_i}}\right] = k_L \ln\left[1 + \frac{C_{L_i} - C_{L_b}}{C_{s_i} - C_{L_i}}\right] \tag{5-13}$$

在忽略固体中扩散的影响时有

$$f = k_L \ln\left[1 + \frac{C_{L_i} - C_{L_b}}{C_{s_0} - C_{L_i}}\right] \tag{5-14}$$

式中 $k_L = D_L/\delta$；C_{L_i} 为界面液相侧的浓度，在本条件下是与固体成平衡时的浓度。

5.2 浸出过程

采用适当的溶剂，把金属成分从精矿粉或矿石中以某种可溶性化合物的形式提取出来的过程称为浸出。浸出过程的反应的一般表达式为

$$aA_{(s)} + bB_{(l)} = cC_{(s)} + dD_{(l)} \tag{5-15}$$

5.2.1 浸出反应过程

浸出过程不是单纯的物理溶解，通常是伴随某种反应把精矿粉或矿石中的有价金属转化到溶液中。例如，伴随复分解反应

$$CaWO_{4(s)} + Na_2CO_{3(l)} = Na_2WO_{4(l)} + CaCO_{3(s)} \tag{5-16}$$

或伴随氧化反应

$$CuFeS_{2(s)} + \frac{17}{4}O_2 + \frac{1}{2}H_2SO_{4(l)} = Cu^{2+} + Fe^{3+} + 2SO_4^{2-} + \frac{1}{2}H_2O \tag{5-17}$$

$$CuFeS_{2(s)} + 2Fe_2(SO_4)_{3(l)} = CuSO_{4(l)} + 5FeSO_{4(l)} + 2S^0_{(s)} \tag{5-18}$$

通常浸出过程包括下列步骤：

(1) 液相中反应物通过固体表面的液膜向固体表面扩散；

(2) 该反应物通过固体产物层或残留的惰性固料层向内扩散；

(3) 在未被浸出的物料表面上发生化学反应；

(4) 溶解物从反应表面经产物层或惰性固料层向外扩散；

(5) 溶解物通过液膜向溶液主体扩散。

如果没有固体产物层和惰性固料层，则不存在步骤(2)和(4)。如果如式(5-17)所示，有气体反应物时，气体以气泡形式穿过矿浆，则过程步骤还应包括：气-液间的传质、气体成分的溶解和溶解后成分的扩散迁移等。

5.2.2 浸出过程解析

由前节讨论的浸出反应过程可见，它与气-固反应过程类似，因此，第2章讨论的许多公式，原则上仍然适用。但是，哪个步

骤为控制环节取决于反应体系及温度、搅拌、被浸出固体物料的粒度等条件。下面以球形试样为例来讨论，其最终结果同样适用于其他形状的试样。

5.2.2.1 化学反应为控制步骤

这种情况下，半径为 r 的球面上的浸出速度（mol/s）为

$$dn/dt = -4\pi r^2 C k_0 k' \tag{5-19}$$

式中 C 为溶液中反应物浓度；k' 为反应速度常数；k_0 为包括表面粗糙度的反应面积修正系数；n 为未反应核中可浸出物摩尔数。若用 ρ_s 表示初始试样中可浸出物的摩尔密度，则有

$$n = \frac{4\pi r^3}{3}\rho_s \tag{5-20}$$

将式（5-20）代入式（5-19）得到

$$dr/dt = -Ck_0k'/\rho_s = -k_1C = R_1 \tag{5-21}$$

式中 $k_1=\dfrac{k_0k'}{\rho_s}$ 为线性速度常数。若 C 为常数，则反应界面以 R_1 恒速移动，这是线性动力学的基本定义。若以 X 表示反应分率，则

$$X = 1 - (r/r_0)^3 \tag{5-22}$$

式中 r_0 为球形颗粒的初始半径。于是有

$$\frac{dX}{dt} = -\frac{3r^2}{r_0^3}\frac{dr}{dt} = \frac{3Ck_1}{r_0}(1-X)^{2/3} \tag{5-23}$$

积分式（5-23）得到

$$1-(1-X)^{1/3} = kt, \qquad k \equiv Ck_1/r_0 \tag{5-24}$$

将式（5-24）应用于具有一定粒度分布的矿浆时，平均转化率为

$$X = \sum_i w_i X_i, \qquad 1-(1-X_i)^{1/3} = \frac{Ck_1}{r_{0i}}t \tag{5-25}$$

式中 w_i 表示半径为 r_{0i} 的粒子质量分率。

应该指出，通常在充分搅拌且没有固体产物层时，浸出过程才可能受化学反应控制。图 5-3 为不同氧分压下，在 160℃的压煮器中用硫酸溶液浸出黄铜矿［反应（5-17）］的实验结果[4]。

由图可见，过程符合线性动力学规律。但是，改变氧分压，相应直线的斜率也变化，证明式（5-24）中的 k 包含浓度单位，它不

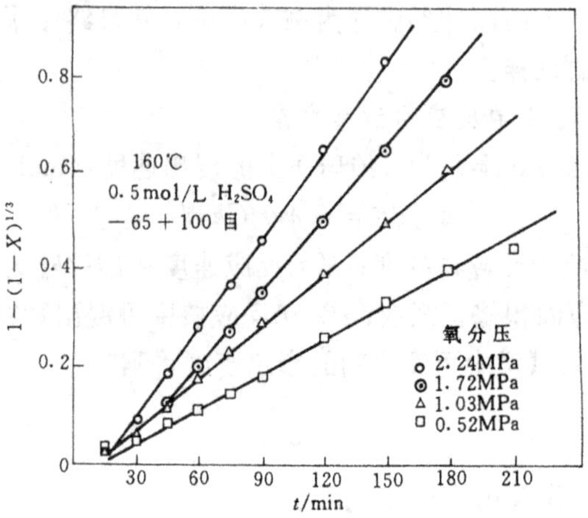

图 5-3　不同氧分压下用硫酸溶液浸出黄铜矿的实验结果

是反应速度常数，需要通过实验确定。只有在溶液反应物浓度恒定时，k 才是常数。对于许多复杂的动力学体系，可以通过测定反应物的消失或产物的出现速度来监测反应进展情况。这些速度的大小与化学反应计量系数有关，最好采用所谓的"比速度"（组分的消失或出现速度除以该组分的化学反应计量系数）。就反应（5-17）表达的浸出过程，其比速度为

$$\dot{\tau} = -\frac{\mathrm{d}n(\mathrm{CuFeS_2})}{\mathrm{d}t} = -\frac{4}{17}\frac{\mathrm{d}n(\mathrm{O_2})}{\mathrm{d}t}$$

$$= -\frac{\mathrm{d}n(\mathrm{Cu})}{\mathrm{d}t} = V_s\frac{\mathrm{d}(\mathrm{Cu^{2+}})}{\mathrm{d}t} \tag{5-26}$$

式中 V_s 为溶液的体积。

5.2.2.2　通过产物层的扩散为控制步骤

这种情况下，对球形颗粒的速度方程为

$$\mathrm{d}n/\mathrm{d}t = -\frac{4\pi r^2}{\sigma}D\frac{\mathrm{d}C}{\mathrm{d}r} \tag{5-27}$$

式中 σ 为化学反应计量系数；C 为浸出液中的反应物浓度。在拟稳

定态及反应界面处反应物浓度远小于溶液主体浓度的假定下，积分上式得

$$\mathrm{d}n/\mathrm{d}t = -\frac{4\pi DCrr_0}{\sigma(r_0 - r)} \tag{5-28}$$

再应用式（5-20）和式（5-22）可导出

$$\frac{\mathrm{d}X}{\mathrm{d}t} = \frac{3DC}{\sigma r_0^2 \rho_s} \frac{(1 - X)^{1/3}}{[1 - (1 - X)^{1/3}]} \tag{5-29}$$

在 $t=0$，$X=0$ 初始条件下，积分式（5-29）得

$$1 - \frac{2}{3}X - (1 - X)^{2/3} = \frac{2DC}{\sigma r_0^2 \rho_s}t \tag{5-30}$$

图 5-4 为 90℃下用 0.5mol/L 硫酸高铁 [$Fe_2(SO_4)_3$] 溶液浸出两种粒度细磨黄铜矿 [反应（5-18）] 的实验结果[5]。

由图可见，过程可用式（5-30）很好描述。由于浸出产物硫粘附在矿物表面，形成了牢固的高扩散阻力层，其浸出速度与前述的硫酸浸出黄铜矿比较要小得多。

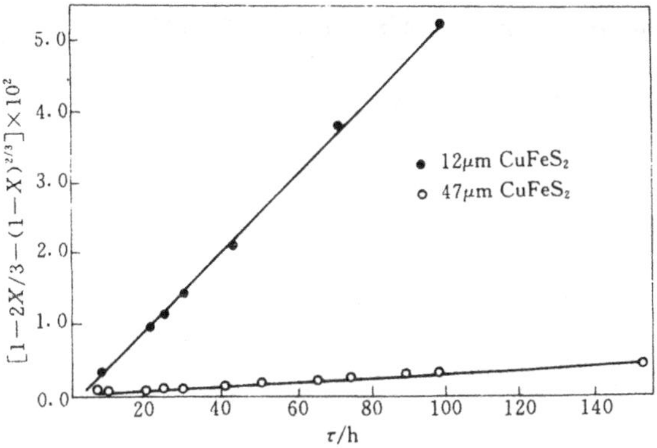

图 5-4　90℃下，0.1mol/L H_2SO_4 和 0.5mol/L $Fe_2(SO_4)_3$ 溶液浸出黄铜矿的实验结果

习　题

1. 当供热或液膜内扩散为固体溶解过程的控制环节时，液固两相中的杂质浓度分布有何特征？

2. 有哪些因素影响浸出过程速度？试分析液-固反应过程模型与气-固反应模型之间的类似性和区别。

参考文献

[1]梁宁元编，冶金反应工程概论，东北工学院讲义，1984.

[2]韩其勇，冶金过程动力学，冶金工业出版社，1983.

[3]H. Y. Sohn，M. E. Wadsworth *et al.*，郑蒂基译，提取冶金速率过程，冶金工业出版社，1984.

[4] P. R. Yu，C. K. Hanson *and* M. E. Wadsworth，*Metall. Trans.*，**4** (1973)，213.

[5]L. Beckstead *et al.*，Int. Sym. on Copper Extraction and Refining，ed. by J. C. Yanopoulos *and* J. C. Agawal ，105th AIME Annual Meeting，Las Vegas，Nevada，Feb. 22～26，1976.

6 固体-固体间反应

冶金中的烧结、固相间的转变、碳直接还原金属氧化物、耐火材料中的硅酸盐和铝酸盐的形成及金属陶瓷制造中的氧化物间的反应等都是重要的固-固相间反应。这类反应分为固态反应物生成固态产物的加成反应和有气体中间产物的固-固反应两大类。

6.1 固体-固体加成反应模型

在任何混合固体粉末间的反应中，反应的固体颗粒必须接触，并至少有一个反应物在反应开始后形成产物层，进一步的反应必须经过该产物层的扩散。因此，这种类型反应与其他多相反应一样，过程的总速度可能由串联进行的各步骤中的一个或几个控制。

6.1.1 化学反应控制模型

推导固-固间反应速度方程时，需要考虑接触面积与反应物分散程度及数量有关，并随反应进行而变化。对于二元反应体系

$$A_{(s)} + B_{(s)} = AB_{(s)} \tag{6-1}$$

若取单位质量反应物的接触面积 A 作为参数，则其速度方程可写成

$$-\mathrm{d}G_s/\mathrm{d}t = kAC_A^mC_B^n \quad 或 \quad -\mathrm{d}G_s/\mathrm{d}t = kAC^n \tag{6-2}$$

式中 G_s 为体系中尚未反应的固体反应物质量；C 为反应物浓度；k 为速度常数。设反应物是半径相同的球粒，单位质量反应物中的粒子数为 N。则有

$$\begin{aligned} N &= \frac{3}{4\pi r_0^3\rho}, \\ -\mathrm{d}G_s/\mathrm{d}t &= -\frac{\mathrm{d}}{\mathrm{d}t}\left(N\frac{4}{3}\pi r^3\rho\right) = \frac{3r^2}{r_0^3}\left(-\frac{\mathrm{d}r}{\mathrm{d}t}\right) \end{aligned} \tag{6-3}$$

式中 r_0 和 r 分别为反应物初始半径和过程中的未反应部分半径；ρ 为反应物的质量密度。若定义反应物颗粒的转化率为

$$X = 1 - (r/r_0)^3 \tag{6-4}$$

则有

$$\frac{\mathrm{d}r}{\mathrm{d}t} = -\frac{r_0^3}{3r^2}\frac{\mathrm{d}X}{\mathrm{d}t} \tag{6-5}$$

将式(6-5)代入式(6-3)得到

$$-\mathrm{d}G_s/\mathrm{d}t = \mathrm{d}X/\mathrm{d}t \tag{6-6}$$

此外，反应接触面积可由下式计算

$$A = N \times 4\pi r^2 = \frac{3}{r_0\rho}(1-X)^{2/3} \tag{6-7}$$

可见，A 是转化率的函数。将式(6-6)和式(6-7)代入式(6-2)得到

$$\mathrm{d}X/\mathrm{d}t = kA_0(1-X)^{2/3}C^n, \quad A_0 \equiv 3/r_0\rho\ (\mathrm{m^2/kg}) \tag{6-8}$$

其中 A_0 为初始时单位质量反应物的接触面积；n 为反应级数。不同 n 值时，积分式(6-8)，并令 $F_0(X)$和 $F_1(X)$表示积分结果

$n=0$ 时，

$$F_0(X) = 1-(1-X)^{1/3} = kt/r_0\rho = k_0t,\ k_0 = k/r_0\rho \tag{6-9}$$

$n=1$ 时，

$$C = C_0(1-X),\ \int_0^X (1-X)^{-5/3}\mathrm{d}X = kA_0C_0\mathrm{d}t \tag{6-10}$$

$$F_1(X) = (1-X)^{-2/3} - 1 = 2kC_0t/r_0\rho = k_1t,\ k_1 = 2kC_0/r_0\rho \tag{6-11}$$

可见，在化学反应为控制步骤时的固-固反应，其 F_0(或 F_1)函数与反应时间成线性关系。

6.1.2 扩散控制模型

固体在固态产物层中的扩散现象十分复杂，它受到晶体缺陷、界面性质和颗粒分布等多种因素影响，因此，根据不同条件提出了相应的模型和速度方程。

6.1.2.1 抛物线速度方程

图 6-1 示意了平板状固体 A 和 B 之间的反应过程，其中，AB

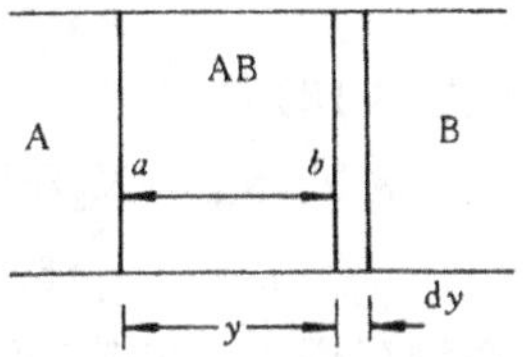

图 6-1　固体 A 和 B 的平板状扩散模型

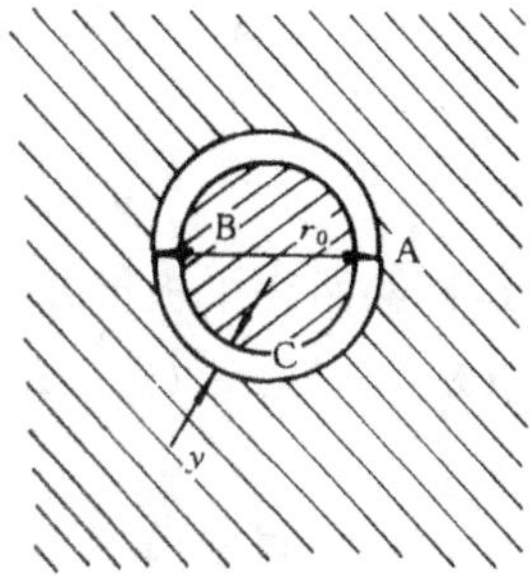

图 6-2　球形颗粒的 Jander 模型

为产物层，其厚度为 y。A 需穿过 AB 层扩散到 AB 和 B 的界面处才能使反应继续进行。根据费克扩散定律，A 的扩散速度为

$$dG_A/dt = -DAdC_A/dy \quad (6\text{-}12)$$

式中 A 为平板间接触面积。在扩散控制条件下，产物层两端(ab)处，A 的浓度分别为 100%和 0%，则式(6-12)可改写为

$$dG_A/dt = DA/y \quad (6\text{-}13)$$

由于 dG_A 正比于 Ady，可导出

$$dy/dt = k'D/y \quad (6\text{-}14)$$

积分得

$$F_2(y) = y^2 = 2k'Dt = K_2t, K_2 = 2k'D \quad (6\text{-}15)$$

此式即为抛物线速度方程，表明产物层厚度与反应时间的平方根成正比。

6.1.2.2　球形颗粒的 Jander 方程

早在 1927 年，Jander 针对球形颗粒的固-固反应提出如图 6-2 所示的模型[1]。模型中假定反应物为相同半径的球粒，反应物 A 为扩散相，反应物 B 被 A 包围，而中间被厚度为 y 的连续产物层 C 隔开。这样，产物层的体积为

$$V = 4\pi[r_0^3 - (r_0 - y)^3]/3 \quad (6\text{-}16)$$

以 B 物质为基准的转化率为

$$X = 3V/4\pi r_0^3 = 1 - (1 - y/r_0)^3 \tag{6-17}$$

即

$$y/r_0 = 1 - (1 - X)^{1/3} \tag{6-18}$$

若假定接触面为平板形并把式(6-15)代入式(6-18)得

$$F_3(X) = [1 - (1 - X)^{1/3}]^2 = K_2 t/r_0^2 = K_3 t,\ K_3 = K_2/r_0^2 \tag{6-19}$$

式(6-19)只适用于球体半径远大于产物层厚度,即转化率较小的反应初期。因为这种情况下,可以把接触面近似看作为平板形。A. M. Кинстлиг 修正了 Jander 模型[1],考虑了反应过程中反应界面积的变化,导出

$$F_4(X) = 1 - 2X/3 - (1 - X)^{2/3} = K_4 t \tag{6-20}$$

以上针对平板形和球形颗粒的固-固反应导出了一些动力学方程,其通式为

$$F_i(X) = K_i t \tag{6-21}$$

式(6-21)也可以用 $F_i(X) = a_i(t/t_{0.5})$形式归纳,其中 $t_{0.5}$为 $X = 0.5$ 时所需要的时间,a_i 是一个与 $F(X)$函数有关的常数。例如,对于式(6-20),$F_4(0.5) = 0.0367 = K_4 t_{0.5}$,即 $K_4 = 0.0367/t_{0.5}$,于是式(6-20)可改写为

$$F_4(X) = 1 - 2X/3 - (1 - X)^{2/3} = 0.0367(t/t_{0.5})$$

6.2 有气体中间产物的固-固反应模型

有气体中间产物的固-固反应分为有和无净生成气体的两种类型。大多数金属氧化物(矿)的碳热还原属于前者。例如,铁氧化物(矿)的碳热还原的总反应式可写成

$$Fe_xO_y + zC = xFe + (2z - y)CO + (y - z)CO_2 \tag{6-22}$$

还原过程可以看成是由高温下串联进行的下列反应构成

$$Fe_xO_y + yCO = xFe + yCO_2 \tag{6-23}$$

$$zCO_2 + zC = 2zCO \tag{6-24}$$

由金属和碳在还原气氛下制取碳化物的反应属于后者，其总反应式为

$$Me + C = MeC \qquad (6\text{-}25)$$

碳化过程可以看成由下列串联进行的反应构成：

$$C + 2H_2 = CH_4 \qquad (6\text{-}26)$$

$$Me + CH_4 = MeC + 2H_2 \qquad (6\text{-}27)$$

6.2.1 模型表达式[2,3]

设想固体B和D通过气体介质A和C进行的反应可表达为

$$\begin{aligned} A_{(g)} + bB_{(s)} &= cC_{(g)} + eE_{(s)} \\ C_{(g)} + dD_{(s)} &= aA_{(g)} + fF_{(s)} \end{aligned} \qquad (6\text{-}28)$$

为满足无需外部供应气体的条件，必须有 $a \times c \geqslant 1$。

在研究图6-3所示的由均匀颗粒B和D构成的多孔球体(团)的固-固反应过程中假定：

(1)B和D颗粒各自具有相同的形状和粒度，但二者可以有区别；

(2)过程受化学反应步骤控制，气体在固体内部浓度均匀；

(3)体系是等温的；

(4)气体通过每个颗粒的表面产物层的扩散不是速度限制环节；

(5)过程中每种颗粒的大小和形状不变。

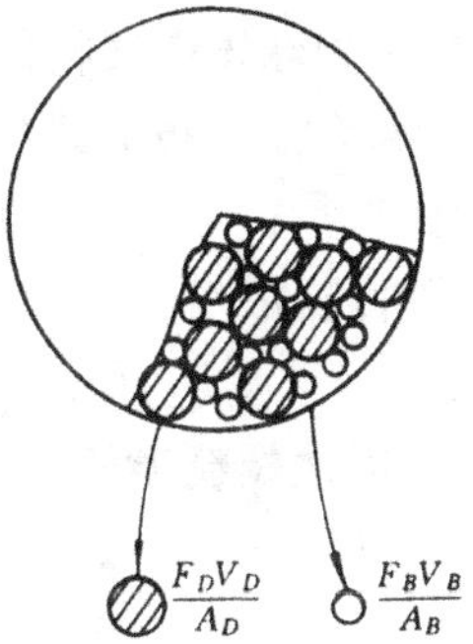

图6-3 有气体中间产物的固-固反应模型

设单位体积球体按式(6-28)所示的两个反应的净正向速度分别为 v_1 和 v_2，则反应中产生气体成分A和C的净速度为

$$dn_A/dt = -v_1 + av_2; \quad dn_C/dt = cv_1 - v_2 \qquad (6\text{-}29)$$

假定B和D颗粒都按未反应核模型进行一级不可逆反应，则它们的反应界面推进速度分别为

$$-\rho_B dr_B/dt = bk_1C_A; \quad -\rho_D dr_D/dt = dk_2C_C \qquad (6\text{-}30)$$

式中 r_B 和 r_D 分别为 B 和 D 颗粒的未反应核半径；ρ_B 和 ρ_D 分别为 B 和 D 颗粒的摩尔密度。因此，v_1 和 v_2 可写成

$$v_1 = \alpha_B\left(\frac{A_B}{V_B}\right)\left(\frac{A_B r_B}{F_B V_B}\right)^{F_B-1} k_1 C_A;\qquad v_2 = \alpha_D\left(\frac{A_D}{V_D}\right)\left(\frac{A_D r_D}{F_D V_D}\right)^{F_D-1} k_2 C_C \tag{6-31}$$

式中 α_B 和 α_D 分别为球体中固体 B 和 D 所占体积分率；A_i、V_i 和 F_i（i＝B 和 D）分别为球体中固体 i 颗粒的表面积、体积和形状因子。在压力不变时有

$$dn_A/dt = (C_A/V_p)dV/dt;\qquad dn_C/dt = (C_C/V_p)dV/dt \tag{6-32}$$

式中 V_p 为球体的体积；(dV/dt) 为气体混合物的体积增加速度。在推导式(6-32)时，作了任意时刻气相浓度是一个稳定不变值的拟稳定态假定，即 $C(dV/dt) \gg V(dC/dt)$，此外，还有

$$C_A + C_C = C_T \tag{6-33}$$

式中 C_T 为球体中气相总摩尔浓度。由式(6-29)至式(6-33)可以求解 C_A 和 C_C。再根据式(6-30)可求出固体的反应率，应用下面定义的无因次量：

无因次浓度

$$\Psi_A \equiv C_A/C_T,\quad \Psi_C \equiv C_C/C_T \tag{6-34}$$

无因次颗粒半径

$$\xi_B = \frac{A_B r_B}{F_B V_B},\qquad \xi_D = \frac{A_D r_D}{F_D V_D} \tag{6-35}$$

两种固体相对摩尔比

$$\gamma \equiv (b/d)(\alpha_D/\alpha_B)(\rho_D/\rho_B) \tag{6-36}$$

两种固体反应率比

$$\beta \equiv \left(\frac{d}{b}\right)\left(\frac{\rho_B}{\rho_D}\right)\left(\frac{F_B V_B A_D}{F_D V_D A_B}\right)\left(\frac{k_2}{k_1}\right) \tag{6-37}$$

无因次反应时间

$$t^* = \frac{bk_1 C_T}{\rho_B}\frac{A_B}{F_B V_B}t \tag{6-38}$$

将式(6-29)、式(6-31)与式(6-32)合并，并整理成如下无因次形式

$$\Psi_A(\Psi_C + c\Psi_A) = \gamma\beta\left(\frac{F_D\xi_D^{F_D-1}}{F_B\xi_B^{F_B-1}}\right)\Psi_C(\Psi_A + a\Psi_C) \quad (6\text{-}39)$$

式(6-30)和式(6-33)也可整理成无因次形式

$$d\xi_B/dt^* = -\Psi_A, d\xi_D/dt^* = -\beta(1-\Psi_A) \quad (6\text{-}40)$$

$$\Psi_A + \Psi_C = 1 \quad (6\text{-}41)$$

固体 B 和 D 的转化率可按下式计算：

$$X_B = 1 - \xi_B^{F_B}, \qquad X_D = 1 - \xi_D^{F_D} \quad (6\text{-}42)$$

可以看出，转化率(X)和反应速度是通过 γ 和 β 两个无因次量与反应时间(t^*)联系起来的，将式(6-41)代入式(6-39)并引入下列变量：

$$\lambda \equiv (a-1)\gamma\beta\frac{F_D\xi_D^{F_D-1}}{F_B\xi_B^{F_B-1}} - (c-1) \quad (6\text{-}43)$$

$$\nu \equiv (2a-1)\gamma\beta\frac{F_D\xi_D^{F_D-1}}{F_B\xi_B^{F_B-1}} + 1 \quad (6\text{-}44)$$

$$\omega \equiv a\gamma\beta\frac{F_D\xi_D^{F_D-1}}{F_B\xi_B^{F_B-1}} \quad (6\text{-}45)$$

可整理成以 Ψ_A 为变量的一元二次方程

$$-\lambda\Psi_A^2 + \nu\Psi_A + \omega = 0 \quad (6\text{-}46)$$

解得

$$\Psi_A = \frac{\nu - \sqrt{\nu^2 - 4\lambda\omega}}{2\lambda} \quad (6\text{-}47)$$

将式(6-47)代入式(6-40)并在初始条件

$$t^* = 0, \qquad \xi_B = \xi_D = 1 \quad (6\text{-}48)$$

下积分(通常必须使用数值积分技术)，便可得到 ξ_B 和 ξ_B 与 t^* 的关系。在 $F_B = F_D = 1$ 时，λ、ν 和 ω 均为常数，因此 Ψ_A 也为常数

$$\Psi_A = \frac{(2a-1)\gamma\beta + 1 - [(\gamma\beta)^2 + 2(2ac-1)\gamma\beta + 1]^{1/2}}{2[(a-1)\gamma\beta - c + 1]} \quad (6\text{-}49)$$

若有 $a=c=1$，则有

$$\Psi_A = \gamma\beta/(1+\gamma\beta) \quad (6\text{-}50)$$

6.2.2 极限情况的讨论

6.2.2.1 $\gamma\beta \to 0$ 时

$\gamma\beta \to 0$ 表明，式(6-28)所示的两个反应中，气体介质 C 与固体 D 的反应比气体介质 A 与固体 B 的反应慢得多，从而成为过程的速度限制环节，气体介质主要由 C 组成，式(6-49)可简化为

$$\Psi_A \approx a\gamma\beta \tag{6-51}$$

将式(6-51)代入式(6-40)得

$$d\xi_B/dt^* = -a\gamma\beta, \quad d\xi_D/dt^* \approx -\beta \tag{6-52}$$

积分得到

$$\xi_B = 1 - a\gamma\beta t^*, \quad \xi_D = 1 - \beta t^* \tag{6-53}$$

由式(6-53)可得

$$X = a\gamma X_D \tag{6-54}$$

6.2.2.2 $\gamma\beta \to \infty$ 时

$\gamma\beta \to \infty$ 表明，气体介质 A 与固体 B 的反应成为过程的速度限制环节，气体介质主要由 A 组成，式(6-49)可简化为

$$1 - \Psi_A = \Psi_C = c/\gamma\beta \tag{6-55}$$

将式(6-55)代入式(6-40)得

$$d\xi_B/dt^* = -1 + c/\gamma\beta \approx -1, \quad d\xi_D/dt^* = -c/\gamma \tag{6-56}$$

积分得到

$$\xi_B = -t^*, \quad \xi_D = 1 - (c/\gamma)t^* \tag{6-57}$$

由式(6-57)可得

$$X_D = (c/\gamma)X_B \tag{6-58}$$

可见，在 $d\xi_D/dt^*$ 很大时，B 的反应动力学与 γ 和 β 无关。图 6-4 给出了不同 β 下，B 和 D 的反应速度与 γ 的函数关系。因为在 $F_B = F_D = 1$ 情况下，反应速度与转化率无关，所以，给定体系的行为可由图中 γ 和 β 相对应的点来表示。在 $\gamma\beta < 10^{-2}$ 或 $\gamma\beta > 10^2$ 时，$d\xi_D/dt^*$ 和 $d\xi_D/dt^*$ 分别与 γ 无关，说明它们分别接近于 $\gamma\beta \to 0$ 和 $\gamma\beta \to \infty$ 这两种极限情况。对应相同 β 值的 B 和 D 曲线的各交点间的联线代表 B 和 D 同时完全转化的轨迹。可见，B 和 D 同时完全

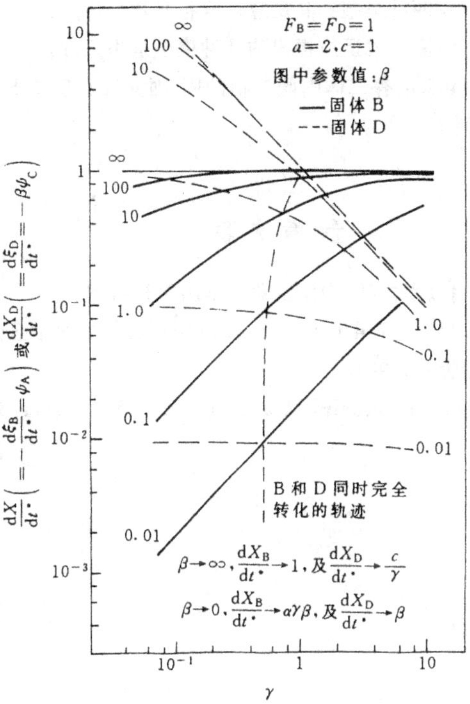

图 6-4　不同 β 下 B 和 D 反应速度与 γ 的关系[3]

转化的两种固体的相对摩尔量(γ)随 β 而变化，在 $\gamma\beta\to 0$ 和 $\gamma\beta\to\infty$ 这两种极限情况下，B 和 D 同时完全转化($X_B=X_D=1$)的 γ 值可由式(6-54)和式(6-58)求得：

$$\gamma\beta\to 0 \text{ 时}，\qquad \gamma=1/a \tag{6-59}$$

$$\gamma\beta\to\infty \text{ 时}，\qquad \gamma=c \tag{6-60}$$

应该指出，上述讨论均忽略了多孔球体内扩散的影响，许多体系都可满足这个条件。

习　题

1. 固-固反应有哪两种类型？其反应过程各有什么特点？

2. 试分析针对固-固加成反应提出的几种模型适用条件。

3. 如何由图 6-4 确定有气体中间产物的固-固间反应条件下，两种固体同时完全转化的条件？

参考文献

[1]莫鼎成编，冶金动力学，中南工业大学出版社，1987.

[2]H. Y. Sohn，M. E. Wadsworth *et al.*，郑蒂基译，提取冶金速率过程，冶金工业出版社，1984.

[3]H. Y. Sohn *and* J. Szekely，*Chem. Eng. Sci.*，**28**(1973)，1789.

第二篇
反应器理论基础

为了探讨有效控制转化过程的条件，根据科学上从特殊到一般的原则，凡是发生化学反应转化过程的容器和设施，概括起来称为反应器。反应器理论就是研讨反应器内流动和混合对化学反应转化过程之影响的共同性规律。最基本最普适的规律属于理想反应器理论，然后通过非理想反应器来描述某些特殊流动状态对转化过程的影响。在冶金中特别是火法冶金中，不连续的间歇式操作方法占有较大的比重，对于不连续操作的反应器，搅拌和混合的研究对于转化过程的效率有重要意义。在本篇中按照上述顺序从原则上讲述理想反应器、非理想反应器以及搅拌和混合的最基本的一般性原理。读者掌握了这些一般性原理后，还要实行从一般到特殊的原则，对于具体的反应器作具体的分析，才能够真正完成对反应器理论的认识过程，为改进冶金工艺这个工程目标服务。

7 理想反应器

7.1 有关理想反应器的基本概念

表 1-3 从工程学的角度对冶金工业中所用的反应器作了分类。工业用反应器中进行的过程是十分复杂的，但是可以把它分解为化学反应过程本身和包括流动、传热、传质三种传输过程在内的物理过程两大类。化学反应过程的本征规律与物理过程、反应器的大小、尺寸、形状并无直接的关系，它的规律是化学热力学和化学动力学（微观动力学）研究的范畴。物理过程，特别是三种传输过程虽然不改变化学反应的本征规律，但是它影响化学反应的条件，从而影响其反应结果。

传输过程在冶金中具有重大意义，大多数情况下它是冶金综合反应速度的控制环节。传输过程不仅与反应器的大小、形状有关，而且与操作方式也有关。在三种传输过程中，流动起着关键性作用，它影响传热和传质。因此，在反应工程学中，人们把物料流动的状态作为基本反应器分类的出发点。从这个意义上讲，本篇论及的反应器和表 1-3 列举的冶金工业反应器（或称冶金反应装置）在概念上是不一样的。后者称冶金反应装置更合适，它们都是属于复杂反应器类型或看作基本反应器的各种组合。

7.1.1 理想流动模型和理想反应器[1~3]

7.1.1.1 理想流动模型

反应器内物料的流动状态是反应过程最重要的动力学因素之一。实际反应器中的流动情况一般说是很复杂的。从工程角度出发并不需要了解流动的每一个“细节”，只需要了解其概括的特征。由于实际存在的流动比较复杂，为了研究其规律性提出了两种极端的流动模型，即理想流动模型，进而研究在理想流动下各种反应器的过程特征和规律。实际的流动情况可以认为是介于这两种理想流动之间。事实上，许多实际流动经过分析简化处理，可以归于两种理想流动之一种，应用理想流动的原理和计算来近似地处理问题不会带来很大的误差。

1）理想排挤流或称活塞流（*piston flow*）　对细长的管形反应器，反应物从一端流入，产物从另一端流出，物料在器内的流动按平行推进，即后面的流体微元❶不超过前面的流体微元，前面的微元也不会返混到后面，流体在反应器内像活塞似地推进。在管径方向的任一截面上，流体微元之间可以混合，且流体物质有相同的参数（如浓度等），但沿流动方向微元间无混合和扩散，这种流动称为理想排挤流、平推流或活塞流。活塞流的必要和充分条件是：流体在流经反应器时，其所有微元（或微团）在反应器中的停留时间是相等的。活塞流的上述特征见图 7-1。

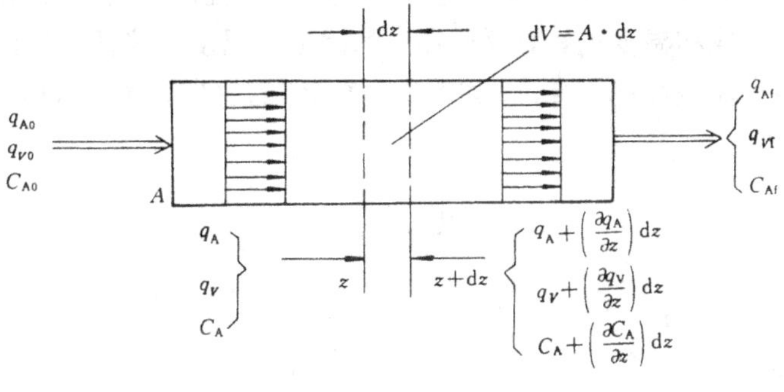

图 7-1　活塞流

设流体截面积为 A，在流动方向上取微元体 dV，其长度为 dz，则 $dV=A\cdot dz$。

---

❶ 流体微元是反应工程学研究中一个很重要的概念，是指与反应器容积比较很小的体积微元，但还不是单个分子，而是由许多分子构成的集聚体，从而可对其定义粘度、密度等连续介质的性质。

图中 q_{A0}——A 物质在反应器进口处的摩尔流量〔$mol \cdot s^{-1}$〕；

q_{V0}——A 物质在反应器进口处的体积流量，〔$cm^3 \cdot s^{-1}$〕；

C_{A0}——进口处流体中 A 的浓度〔$mol \cdot cm^{-3}$〕；

q_A、q_V、C_A ——流入微元体（z 截面）的流体的相应参数；

$q_A+(\dfrac{\partial q_A}{\partial z})\,dz$，$q_V+\left(\dfrac{\partial q_V}{\partial z}\right)dz$，$C_A+\ (\dfrac{\partial C_A}{\partial z})\,dz$——流出微元体（$z+dz$ 截面）的流体的相应参数；

q_{Af}、q_{Vf}、C_{Af}——流体流出反应器时的相应参数。

从图可见，当流体流动达稳定后，各参数都不是时间的函数，而是位置坐标 z 的函数，属于稳态过程。

2)理想混合流或完全混合流(*mixed flow* 或 *complete mixing flow*)　在充分搅拌的槽形反应器（或短粗反应器）中，由于强烈的搅拌，流体分子或微元在反应器内被立即充分混合，需要的混合均匀时间等于零。在反应器内空间的所有位置上，对于任一时间流体的流动状态、流体中各组分的浓度、流体的温度都相同。出流的组成和温度也就是反应器内的组成和温度。这种流动称为完全混合流或简称全混流，如图 7-2 所示。若反应体系是液体，其

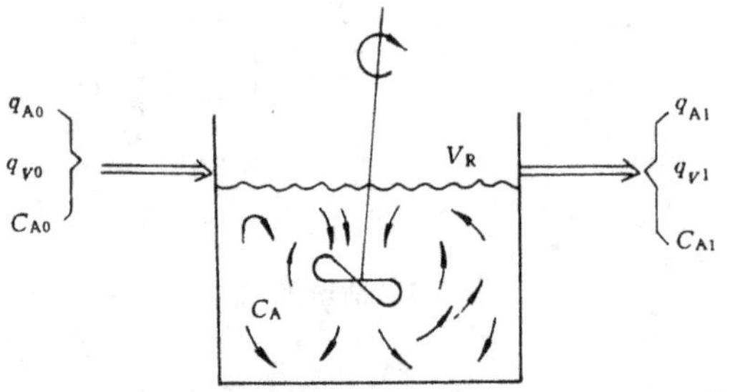

图 7-2　全混流

体积为 V，反应器体积为 V_R，则

$$V = V_R \cdot \varepsilon \tag{7-1}$$

式中 ε 称为装满系数。

这两种理想化了的流动可以方便地用数学模型加以描述。对实际的、大量存在的非理想流动，一般采用模型法研究，但要引入所谓模型参数来衡量非理想流动与理想流动的偏差，或采用理想流动的组合来描述非理想流动（见本书 8.5 节）。因此研究理想流动是研究非理想流动的基础，正如物理化学中分析研究理想溶液是进一步分析非理想溶液的基础一样。

7.1.1.2　理想反应器的分类[3,4]

理想反应器即指反应器内的流动是理想流动的那类反应器。均相理想反应器可分三种基本类型，如图 7-3 所示。

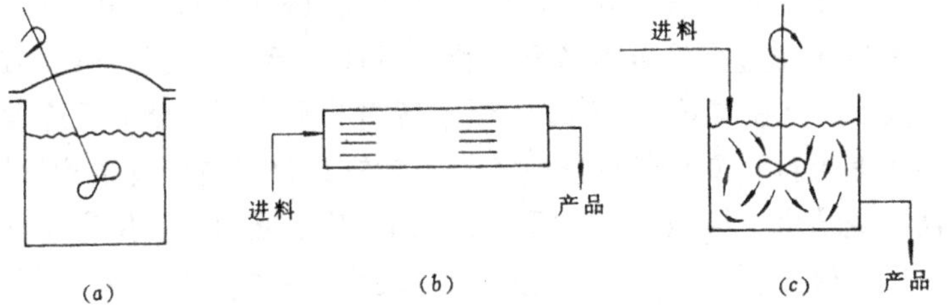

图 7-3　三种均相理想反应器

(*a*) 间歇式全混槽；(*b*) 活塞流反应器；(*c*) 全混流反应器

间歇式反应器属于非连续流动系统。反应物一开始就放入反应器中，很好地混合并留在反应器内反应一定时间，然后将最终的混合物倒出来，这是一个非稳态过程。反应器内物质的浓度、温度随时间变化，然而在同一时刻，任何位置上浓度和温度是处处均匀的。所有物料微元在反应器内停留的时间，即反应时间是相等的。

活塞流反应器和全混流反应器都是连续操作的流动系统。当操作进入稳定态，对于活塞流反应器，物质的浓度不是时间的函数，而是管长方向位置的函数，它是一个稳态过程，所有物料微元在反应器内停留的时间相同。对全混流反应器（又称全混槽），进入反应器的物料立即与原有物料混合均匀，浓度均匀一致，不是位置的函数，也不是时间的函数，它也是稳态过程。但是，物料各微元在反应器内停留时间不一样，服从一定的统计分布。

除上述三种基本类型外，还有一种半间歇或半连续操作的全混槽将在以后讨论。

从分析反应器内过程的特征和规律角度考虑，对每一物流都可以像均相反应器那样处理。因此对均相反应器流动模型的研究，不仅可以描述均相反应器，也是研究和描述复杂的非均相反应器及其流动过程的基础，例如炼钢用的顶吹转炉、底吹转炉、顶底复吹转炉、钢包精炼炉、平炉、电弧炉等。有色金属冶炼用的反射炉、吹炼冰铜的直立式回转炉、平卧式回转炉、倾斜式回转炉等，都属于非理想混合槽型反应器，而且多半是半间歇（或半连续）操作。炼铁高炉、电高炉、铝电解槽等则是更复杂的反应器。如高炉其上部可看作管式反应器，而炉缸部分可看作复杂槽形反应器。烧结机、焙烧竖炉、回转窑、固定床、隧道窑、反应塔等，又可归于管式反应器范畴。这些反应装置（或称反应器）都不是理想反应器。但理想反应器研究揭示的规律和解析方法，是研究上述复杂反应器的基础。

7.1.2 停留时间、空间时间和空间速度[4,5]

在反应速度已知的情况下，反应物在反应器中的停留时间决定着反应进行的程度。对间歇式操作，反应时间即物料在反应器中的停留时间，它是可以测定的。但是对连续操作的反应器，停留时间问题就比较复杂，即使是活塞流反应器，在变容情况下，物料的停留时间也要从微元体分析出发来考虑（见 7.5 节）。为研究这些较复杂情况，作以下各项定义：

（1）体积变化率 ε_i（也称膨胀因子） 假定以组分 i 作基准，反应体系体积 V 随 i 组分的转化率 X_i 的变化成线性关系，则定义

$$\varepsilon_i = \frac{V_{Xi=1} - V_{Xi=0}}{V_{Xi=0}} \tag{7-2}$$

于是有

$$V = V_0(1 + \varepsilon_i X_i) \tag{7-3}$$

式中 $V_0 = V_{Xi=0}$，i——组分转化率为零时体系的体积；

V——转化率为 X_i 时体系的体积；

X_i——转化率，定义是：

$$X_i = \frac{(n_{i0} - n_i)}{n_{i0}} \tag{7-4}$$

n_{i0}，n_i——i 组分初始摩尔数和摩尔数。

对于恒容过程

$$X_i = \frac{C_{i0} - C_i}{C_{i0}} \tag{7-5}$$

（2）停留时间 t（*Holding Time*）

$$t = \frac{V}{q_V} \tag{7-6}$$

式中 V 为反应器体积；q_V 为反应器内物流的体积流量。

停留时间 t 由基本方程确定。

（3）空间时间 τ（*Space time* 简称空时） 用反应器入口物料体积流量来定义空间时间

$$\tau = \frac{V}{q_{V0}} \quad \text{〔时间〕} \tag{7-7}$$

τ 的物理意义是反应器体积 V 与反应器入口处进料体积流量 q_{V0}之比。它是可以测量的量，使用时比较方便。

（4）空间速度 s（*Space velocity*） 定义：

$$s = \frac{1}{\tau} \quad \left[\frac{1}{\text{时间}}\right] \tag{7-8}$$

s 的物理意义是反应器入口处单位时间进料体积相当于反应器体积的倍数（无因次体积数）。由式（7-8）有 $\tau = \frac{1}{s}$。空间速度 $s = 3/\text{h}$，表示在反应器入口处每小时有 3 倍于反应器体积的物料流入反应器。空间时间 $\tau=3\text{min}$，表示在反应器入口处每 3 分钟有相当一个反应器体积的物料流入反应器。很明显，在恒容情况下，$t=\tau$。在变容过程中 $t\neq\tau$，且 τ 并不是物料在反应器中的真实停留时间，所以 τ 又称表观停留时间。现在即可以任意地选择温度、压力和状态（气态、液态、固态），方便地计算出所选条件下的空间时间和空间速度[4]。

(5) 停留时间与空间时间的区别　对于变容过程，$t\neq\tau$。图 7-4 说明了二者是不相等的。

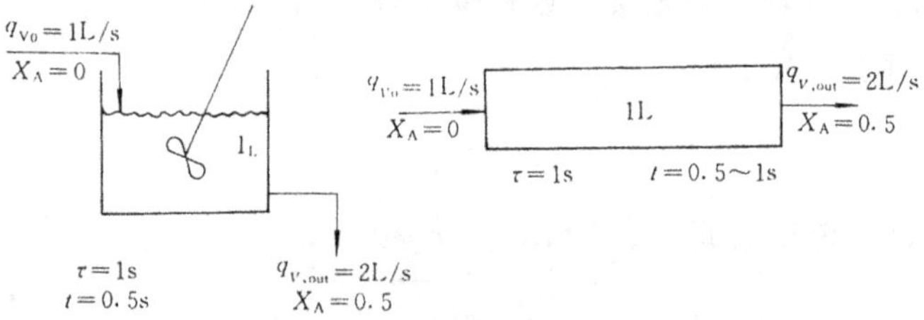

图 7-4　说明气相反应 A→3R 的平均停留时间和空间的简图

(*a*) 全混流反应器；(*b*) 活塞流反应器

在全混流反应器情况（图 7-4*a*）下，假设气体反应物 A 以 1L/s 的速度进入反应器，等压下按 $A\rightarrow 3R$ 反应，当转化率 $X_A=0.5$ 时，流出反应器的体积流速是 2L/s，对这种操作，定义空间时间为

$$\tau=\frac{V}{q_{V0}}=\frac{V}{1\text{L/s}}=\frac{1\text{L}}{1\text{L/s}}=1\text{s}$$

然而，因为流体中组分发生化学反应，体积膨胀，到流出时体积为流入时的两倍（$X_A=0.5$ 时），停留时间为

$$t=\frac{V}{q_V}=\frac{V}{q_{V0}(1+\varepsilon_A X_A)}=\frac{1}{1\left[1+\frac{3-1}{1}\times0.5\right]}=\frac{1}{2}\text{s}$$

在活塞流反应器情况（图 7-4b）下，空间时间定义仍是

$$\tau=\frac{V}{q_{V0}}=\frac{1\mathrm{L}}{1\mathrm{L/s}}=1\mathrm{s}$$

但是，气体是在逐渐通过反应器时发生化学反应的，气体的膨胀也是随反应的进程逐渐膨胀的，而且所有气体分子也不是在同一时刻离开反应器的。停留时间的精确值决定于体系详细的动力学情况。

为了进一步说明空间时间与停留时间的比较，现在举一例说明之。

设有气相物质 A 在 100kPa、518℃下进行分解反应 A→P+Q。反应速度式为：$r_A=kC_A^2$，$k=0.33\mathrm{L\cdot s^{-1}\cdot mol^{-1}}$。用直径为 8.3cm，长为 80cm 的管式反应器，空间速度为 $8.0\mathrm{h^{-1}}$，转化率 $X_A=0.35$，求真实停留时间和表观停留时间（即空时）。

空时 τ 很易求得

$$\tau=\frac{1}{S}=\frac{1}{8.0}=0.125\mathrm{h}=450\mathrm{s}$$

求真实停留时间 t（简称停留时间）需要应用基本方程计算（详见本书 7.5.1 节），现在先把基本方程拿来应用。基本方程是

$$t=q_{A0}\int_0^{X_A}\frac{\mathrm{d}X_A}{-r_A\cdot q_V}$$

先求 q_V。设初始流量为 q_{A0}，初始浓度为 C_{A0}，

$$C_{A0}=\frac{n_{A0}}{V_0}=\frac{p}{RT}\quad（作理想气体处理）$$

由反应式知 $\varepsilon_A=\frac{2-1}{1}=1$，所以

$$C_A=\frac{n}{V}=\frac{n_0\ (1-X_A)}{V_0\ (1+\varepsilon_A X_A)}=C_{A0}\left(\frac{1-X_A}{1+X_A}\right)=\left(\frac{1-X_A}{1+X_A}\right)\cdot\frac{p}{RT}$$

于是

$$-r_A=kC_A^2=k\left(\frac{1-X_A}{1+X_A}\right)^2\cdot\left(\frac{p}{RT}\right)^2$$

$$q_V = \frac{F_A}{C_A} = \frac{q_{A0}(1-X_{A0})}{\left(\frac{1-X_A}{1+X_A}\right)\frac{p}{RT}} = q_{A0}(1+X_A)\cdot\left(\frac{p}{RT}\right)^{-1}$$

把 r_A、q_V 代入 $t = q_{A0}\int_0^{X_A}\frac{dX_A}{-r_A q_V}$，$T = 518℃$，积分得

$$t = \frac{RT}{kp}\int_0^{0.35}\frac{1+X_A}{(1-X_A)^2}dX_A = 127s$$

以上计算既考虑了温度 T 为 518℃的影响，又考虑了由于化学反应体积膨胀的影响。为比较起见，现在先考虑 T 上升到 518℃的影响：若把反应气体在反应器入口处的温度上升到 518℃（选 100kPa，0℃为参考态），由于 T 上升气体膨胀，空间速度就要增高。此时

$$s' = 8.0\frac{\rho_{273}}{\rho_{791}} = 8.0\left(\frac{791}{273}\right) = 23.1h^{-1}$$

$$\tau' = \frac{1}{s'} = \frac{1}{23.1} = 0.043h = 154.8s$$

从以上分析可看出：空时 $\tau=450s$，既未考虑温度上升到 518℃气体的体积膨胀，又未考虑由于化学反应体积也要增加。而 $\tau'=154.8s$，说明由于 T 上升，空时由 450s 下降到 154.8s。而 $t=127s$ 不仅考虑了温度上升体积膨胀，又考虑了化学反应导致的体积膨胀。t 才是停留时间真正的量度。

7.1.3 反应器分析与设计的基础[3,6]

研究反应器数学模型的基础不是设备的外形和反应器中所发生的反应，也不基于介质的性质（如气体、液体或固体），而是集中研究反应器内发生的现象。这些现象可以分解为化学反应、动量传输、热量传输和质量传输（包括输运和传递两部分）。反应器数学模型的建立和反应器设计就是基于描述上述诸现象的方程或定律，概括简述如下：

（1）质量、能量和动量守恒定律　可归纳为 1.3.3 节所述的各种衡算方程，其通式见式（1-1）。

1）质量守恒　将式（1-1）用于物质 j，即得到关于物质 j 的

质量衡算式（1-2），称为物质 j 的连续性方程。如果 j 在一个以上的相中参加反应，则要建立各相的衡算方程式。例如，对于流动着的反应物 j，以密度、温度和组成为变量的连续性方程如下

$$\frac{\partial C_j}{\partial t} + \nabla(C_j\boldsymbol{u}) + \nabla\boldsymbol{J}_j = R_j \tag{7-9}$$

式中 C_j ——j 物质的浓度〔$kmol/m^3$ 流体〕；

$\frac{\partial C_j}{\partial t}$——非稳定态项；

$\boldsymbol{u}$——三维质量平均速度向量，定义为

$$u = \sum_{j=1}^{N} \frac{M_j C_j}{\rho_f} u_j 〔m/s〕$$

M_j ——j 物质的摩尔质量〔kg/kmol〕；ρ_f 为流体密度〔kg/m^3〕；

$\boldsymbol{J}_j$ ——以质量平均流速表示的 j 物质的通量向量〔$kmol/(m^2 \cdot s)$〕；

R_j ——由于反应引起的 j 量的总变化速度〔$kmol/(m^2 \cdot s)$〕。

2）能量守恒　衡算式见式（1-3），称为能量方程　在冶金中常应用的如不考虑机械功的对流传热方程

$$\rho c\left(\frac{\partial T}{\partial t} + \boldsymbol{u}\mathrm{grad}T\right) = \lambda\nabla^2 T \tag{7-10}$$

或 $$\frac{D}{Dt}T = \alpha\nabla^2 T,\ \alpha = \frac{\lambda}{\rho c} \tag{7-11}$$

ρ 和 c 分别为密度和比热容；λ 和 α 分别为导热系数和热扩散率。

3)动量守恒　动量守恒是将牛顿第二定律应用于运动着的流体微元（或控制体）而得到的方程。例如运动方程：纳维尔-斯托克斯方程（Navier-Stocks 方程）

$$\rho\left(\frac{\partial u}{\partial t} + \boldsymbol{u}\mathrm{grad}\boldsymbol{u}\right) = -\mathrm{grad}p + \mu\nabla^2\boldsymbol{u} + \boldsymbol{F}_b \tag{7-12}$$

或

$$\frac{D}{Dt}\boldsymbol{u}=\nu\nabla^2\boldsymbol{u}-\nabla\left(\frac{p}{\rho}\right)+g(\text{重力场中})\tag{7-13}$$

式中　μ和ν分别为流体的粘度和运动粘度。

$$\boldsymbol{u}=〔u_x,\ u_y,\ u_z〕=u\ (x,\ y,\ z)$$

（2）扩散方程

$$\frac{\partial C_j}{\partial t}+\boldsymbol{u}\mathrm{grad}C_j=D_j\nabla C_j\tag{7-14}$$

或

$$\frac{D}{Dt}C_j=D_j\ \nabla^2C_j=D_j\mathrm{div\ grad}C_j\tag{7-15}$$

式中　D_j为j组元的扩散系数。

（3）化学反应速度方程

1）对均相基元反应

$$-\frac{\mathrm{d}C_A}{\mathrm{d}t}=kC_A^{\alpha}\cdot C_B^{\beta}\cdot C_C^{\gamma}\cdots\cdots\tag{7-16}$$

式中　$n=\alpha+\beta+\gamma+\cdots\cdots$称反应级数；

$k=A\exp\ (-\frac{E}{RT})$为反应速度常数。

2）对非均相传质控制反应，速率通式为：

$$〔\text{通量}〕=〔\text{现象系数}〕\times〔\text{推动力}〕\tag{7-17}$$

或　〔通量〕＝〔推动力〕/〔阻力〕

例如

$$J_A=\kappa\ (C_{A0}-C_A)\tag{7-18}$$

式中　κ——传质系数〔m/s〕，即现象系数；

$(C_{A0}-C_A)$——浓度差〔$\mathrm{kmol/m^3}$〕，即推动力；

J_A——A的传质通量〔$\mathrm{kmol/\ (m^2\cdot s)}$〕。

（4）牛顿定律

$$\bar{\tau}_{xy}=-\mu\frac{\partial\vec{u}_y}{\partial x}=-\nu\frac{\partial\rho\vec{u}_y}{\partial x}\quad\rho\neq\text{常数}\tag{7-19}$$

式中　μ或ν为现象系数；偏微分项为推动力。

（5）付立叶定律

$$\vec{\Phi}_x=-\lambda\frac{\partial T}{\partial x}=-\alpha\frac{\partial\rho cT}{\partial x}\tag{7-20}$$

λ或α为现象系数；偏微分项为推动力。

(6) 菲克定律

$$\vec{J}_{Ax} = - D_A \frac{\partial C_A}{\partial x} \quad (菲克第一定律) \tag{7-21}$$

$$\frac{\partial C_A}{\partial t} = D_A \frac{\partial^2 C_A}{\partial x^2} \quad (菲克第二定律) \tag{7-22}$$

在第一定律中，D_A 为现象系数，$\frac{\partial C_A}{\partial x}$为推动力。

(7) 涉及到热辐射

$$\bar{q} = \sigma_0 A(T_1^4 - T_2^4) \tag{7-23}$$

式中　σ_0 ——现象系数；

$(T_1^4-T_2^4)$ ——推动力。

以上方程中关于其它坐标系的方程形式，参阅附录。

7.2 间歇式全混槽

间歇式全混槽也称间歇式搅拌槽（釜）或间歇式理想混合槽。

7.2.1 基本方程[2,3,4]

7.2.1.1 基本假设

非连续式流动体系：操作前一次加入反应物，操作后一次取出产物，过程中既不加料也不出料，所有物质在反应器中的停留时间相同；

理想混合：反应器内物料是理想混合流状态；

非稳定态：器内物质浓度、温度等均是时间的函数而不是空间的函数。

7.2.1.2 物质衡算方程

对任意组分 j 作物质衡算。由于在间歇式全混槽中，在任何瞬间物质成分在空间上是均匀的，所以可作关于整个槽的物质衡算。考虑到操作过程中没有物质的进、出项，由式（1-2）得

$$r_j V = \frac{dn_j}{dt} \tag{7-24}$$

式中　r_j ——单位体积物料以 j 的变化表示的反应速度，〔$mol \cdot cm^{-3} \cdot s^{-1}$〕。j 为反应物时 r_j 取负号；为产物时取正

号。r_j 是 j 物质转化率 X_j 的函数；

V——反应体系体积，当装满系数 $\varepsilon=1$ 时 V 等于反应器体积 V_R；$0<\varepsilon<1$ 时，$V=\varepsilon V_R$。

n_j——j 物质的摩尔数。

把式（7-3）、（7-4）代入式（7-24）得

$$r_j(1+\varepsilon_j X_j)V_0=\frac{d[n_{j0}(1-X_j)]}{dt}$$

$$r_j(1+\varepsilon_j X_j)=C_{j0}\frac{dX_j}{dt} \tag{7-25}$$

积分 $t=0\sim t$，$X_j=0\sim X_j$ 得

$$t=C_{j0}\int_0^{X_j}\frac{dX_j}{r_j(1+\varepsilon_j X_j)} \tag{7-26}$$

式（7-26）是一般情况下的方程。

在恒容条件下，$\varepsilon_j=0$，得：

$$t=C_{j0}\int_0^{X_j}\frac{dX_j}{r_j}=-\int_{C_{j0}}^{C_j}\frac{dC_j}{r_j} \tag{7-27}$$

7.2.1.3 热量衡算方程

间歇式操作过程中虽然没有热量的进入项和输出项，但是反应体系可以与环境发生热交换。由式（1-3），若不考虑热辐射，得

$$-KA(T-T_c)+r_jV(-\Delta H)=\frac{d(\rho c_p VT)}{dt} \tag{7-28}$$

假设 V、ρ、c_p 为常数，则

$$-KA(T-T_c)+r_j(-\Delta H)V=c_p\rho V\frac{dT}{dt} \tag{7-29}$$

或
$$-Ka\ (T-T_c)\ +r_j\ (-\Delta H)\ =c_p\rho\frac{dT}{dt} \tag{7-30}$$

式中 r_j——反应速度；

V——反应体系体积；

ΔH——反应焓变；

K——总传热系数；

T，T_c——体系和环境温度；

ρ——流体密度；

c_p——流体恒压比热容；

a——比表面积 A/V。严格说当 V 一定时，应当用 ΔU 代替 ΔH，c_V 代替 c_p。但在液相中 ΔU 和 ΔH 值相差很小，另外除在临界点附近外 $c_V \approx c_p$，为方便起见仍用式（7-30）计算。

式（7-25）和（7-30）构成间歇式全混槽的基本方程，两个式子通过 r_j 相关连。

7.2.2 等温操作的解[4]

工业上一些槽形反应器采用等温操作。保持等温的方法是对反应器进行加热或冷却，以保持体系温度恒定，此时

$$T \equiv 常数，\quad \frac{\mathrm{d}T}{\mathrm{d}t} = 0$$

式（7-30）简化为

$$Ka(T - T_c) = r_j(-\Delta H) \tag{7-31}$$

对于等温过程，求解有关转化率 X_j 的方程（7-26）或（7-27）时，虽然不需要进行热量衡算，但是为了确定反应器与环境的热交换条件，建立式（7-31）仍是必要的。

等温间歇式全混槽的基本方程是式（7-26）或（7-27）。只要 r_j（X_j）的具体函数形式已知，积分上两式并不困难。积分结果表示出反应达到一定转化率所需的时间或已知反应时间求出转化率。若事先规定了反应时间和转化率，则可计算出反应体系的体积，当装满系数为 1 时，该体积即为所求反应器的体积。因此（7-26）、（7-27）式也是反应器的基本设计方程式。

对等温过程可以求解析解，以简单的 n 级反应为例，求解结果如表 7-1 所示。

应当注意到，等温恒容间歇式全混槽积分结果的三个式子和微观动力学所得到的结果是相同的，这说明在等温恒容条件下，间歇式全混槽的化学反应速度不受宏观环境因素的影响，可以直接运用微观动力学的结论。若不满足等温等容条件，其结果与微观动力学结论是不相同的。

等温操作的函数图像如图 7-5 所示。

表 7-1 间歇式全混槽等温操作的解

情况	反应级数	动力学方程	求解结果
变容	0	$r_j=k$	$kt=\frac{C_{j0}}{\varepsilon_j}\ln(1-X_j)$
	1	$r_j=kC_j$	$kt=-\ln(1-X_j)$
过程	2	$r_j=kC_j^2$	$kt=\frac{1}{C_{j0}}[(1+\varepsilon_j)\frac{X_j}{1-X_j}+\varepsilon_j\ln(1-X_j)]$
恒容	0	$r_j=k$	$kt=C_{j0}X_j$
	1	$r_j=kC_j$	$kt=-\ln(1-X_j)$
过程	2	$r_j=kC_j^2$	$kt=\frac{X_j}{C_{j0}(1-X_j)}$

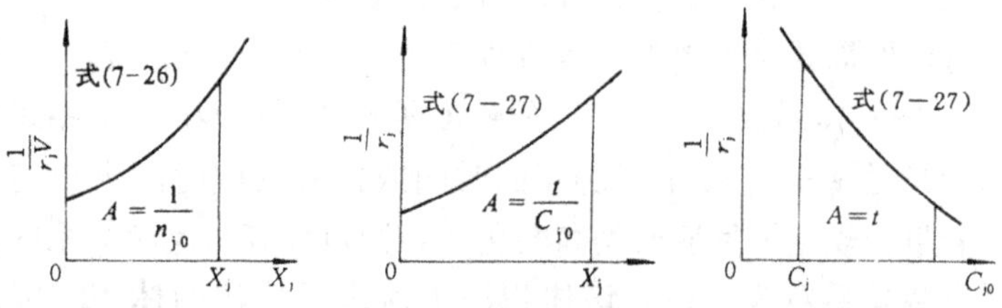

图 7-5 非等容和等容间歇等温全混槽公式图示曲线

7.2.3 绝热操作的解[3,6]

实际上等温操作往往是不可能或不希望的。在非等温情况下必须联立求解物质衡算方程（7-25）和热量衡算方程（7-30），确定单值条件后多用数值解法求解。此时常遇到三种情况：第一，温度为指定的函数 $T(t)$，则质量衡算方程可独立求解；第二，热交换为零，为常数或给定的温度函数，则先算出 $T=T(X_j, t)$ 再代入质量衡算方程计算；第三，热交换可用 $\varphi=K(T_R-T)$ 方程给出，则直接对质量、热量衡算方程联立求数值解。

绝热过程中反应器与环境无热交换（$K=0$），所以式（7-30）简化为

$$r_j(-\Delta H)=c_p\rho\frac{dT}{dt} \tag{7-32}$$

由（7-25）式有

$$r_j=\frac{C_{j0}}{(1+\varepsilon_j X_j)}\frac{dX_j}{dt}$$

代入式（7-32），消去 r_j、dt，得

$$dT=\frac{C_{j0}(-\Delta H)}{\rho c_p}\cdot\frac{dX_j}{1+\varepsilon_j X_j} \tag{7-33}$$

积分　$T=T_0\sim T$，$X_j=0\sim X_j$

$$T=T_0+\frac{C_{j0}(-\Delta H)}{\rho c_p\varepsilon_j}\ln(1+\varepsilon_j X_j) \tag{7-34}$$

对恒容绝热过程，式（7-33）中 $\varepsilon_j=0$，于是

$$dT=\frac{C_{j0}(-\Delta H)}{\rho c_p}dX_j \tag{7-35}$$

积分得

$$T=T_0+\frac{C_{j0}(-\Delta H)}{\rho c_p}X_j \tag{7-36}$$

或

$$X_j=\frac{\rho c_p}{C_{j0}(-\Delta H)}(T-T_0) \tag{7-37}$$

若知道某时刻的温度 T，应用式（7-34），（7-37）可计算出此时的转化率 X_j。反之，若知某时刻的转化率 X_j，也可以算出反应体系的温度 T。

7.2.4 间歇式全混槽设计计算举例

例7-1[5]　在间歇全混槽内进行液相反应 $A+B\rightarrow P$。已知 $-\Delta H=11800\text{kJ/kmol}$，$n_{A0}=n_{B0}=2.5\text{kmol}$，$V=1\text{m}^3$，$K=1836\text{kJ/}(\text{m}^2\cdot\text{h}\cdot℃)$，在70℃等温条件下进行反应，经过1.5h后，转化

率达 90%，若加热介质的最高温度 $T_m=200℃$，为达到 75%的转化率，传热表面应如何配置？

〔**解**〕 对于二级反应

$$r_A=-\frac{1}{V}\cdot\frac{dn_A}{dt}=k\left(\frac{n_A}{V}\right)\left(\frac{n_B}{V}\right)$$

$$=k\left(\frac{n_{A0}-n_{A0}X_A}{V}\right)\left(\frac{n_{B0}-n_{B0}X_B}{V}\right)$$

简化后得

$$\frac{dX_A}{dt}=\frac{k}{V}n_{A0}(1-X_A)^2$$

积分得

$$\left[\frac{1}{1-X_A}\right]_0^{0.9}=\frac{k}{V}n_{A0}t$$

所以 $k=\frac{9V}{n_{A0}t}=\frac{9}{2.5\times1.5}=2.4m^3/(kmol\cdot h)$

所需的传热面积为 a 由式（7-31）可求得

$$a=\frac{(-\Delta H)V_A}{K(T_m-T)}=\frac{(-\Delta H)kn_{A0}^2(1-X_A)^2}{V^2K(T_m-T)}$$

已知 $T_m=200℃$，$T=70℃$，反应开始时 $X_A=0$，所以

$$a=\frac{(11800)(2.4)(2.5)^2(1^2)}{(1^2)(1836)(200-70)}=0.74m^2/m^3$$

由于反应器容积 $V=1m^3$，故总传热面积为 $0.74m^2$，当 $X_A=0.75$ 时，所需传热面积为 $0.046m^2$。

实际操作时，随反应的进程，反应器内热量是变化的，为保持等温操作，在设计反应器的加热或散热器时，应考虑其传热面积或传热速度的可控性或可调节性。

例 7-2 在间歇式全混槽中进行气相二级反应 $2A\rightarrow5R$。原料中含有 20%惰性气体，反应在等温条件下进行，初始压力为 100kPa。已知当反应在恒压下进行时，20min 体积增加 60%。若反应在恒容下进行，多少时间压力增加 60%？

〔**解**〕 对二级等温反应有

$$ktC_{j0} = (1+\varepsilon_j)\frac{X_j}{1-X_j} + \varepsilon_j \ln(1-X_j) \qquad (a)$$

恒压时的体积比即摩尔数比（可看作理想混合气体）如下：

	惰性气体	2A→5R		计
$X_A=0$	0.2	0.8		1.0
$X_A=1$	0.2	0	$0.8\times\frac{5}{2}=2.0$	2.2

故
$$\varepsilon_A=\frac{V-V_0}{V_0}=\frac{2.2-1.0}{1.0}=1.2$$

当体积增加 60%时，$X_A=\frac{0.6}{1.2}=0.5$

以 $\varepsilon=1.2$，$X_A=0.5$，$t=20$ 代入（a）式

$$kC_{A0}=\frac{1}{20}(2.2\times\frac{0.5}{0.5}+1.2\ln 0.5)=0.0684$$

恒容时的分压比即摩尔数比，于是

	惰性气体	2A→5R		计
$X_A=0$	0.2	0.8		1.0
$X_A=X_A$	0.2	$0.8\ (1-X_A)$	$\frac{5}{2}\times 0.8X_A$	1.6

故 $0.2+0.8\ (1-X_A)\ +2.0X_A=1.6 \qquad X_A=0.5$

以 $\varepsilon_A=0$（恒容），$kC_{A0}=0.0684$ 及 $X_A=0.5$ 代入（a）式，求得

$$t=\frac{X_A}{1-X_A}\cdot\frac{1}{kC_{A0}}=\frac{0.5}{0.5}\cdot\frac{1}{0.0684}=14.6\text{min}$$

7.3 连续式全混槽

连续式全混槽有几个别名。最早的一种名称是“连续搅拌釜反应器”即 *CSTR*（*Continuous stirred tank reactor*），后又改为 *CS-FTR*（*Continuous stirred flow tank reactor*），另一些名称有：“返混反应器”（*Backmix reactor*）、“混合流动反应器”（*Mixed flow reactor*），“理想搅拌釜式反应器”（*Ideal stirred tank reactor*）等。图 7-6 表示稳定态连续全混槽。

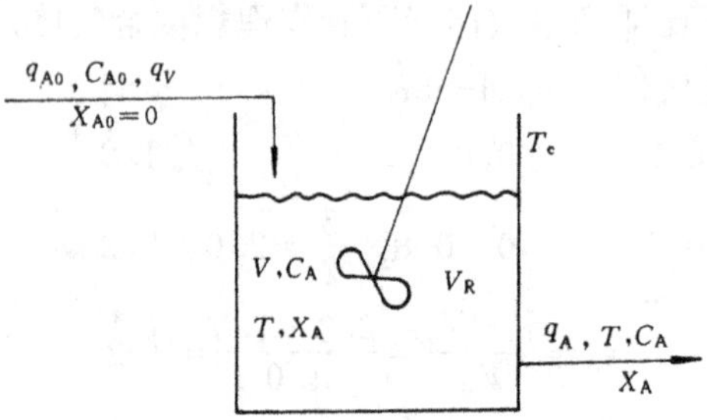

图 7-6　稳定态连续全混槽

图中符号：

q_{A0}、q_A ——流入和流出 A 物质的摩尔流量，〔$mol \cdot s^{-1}$〕；

C_{A0}，C_A——流入和器内 A 物质的浓度，〔$mol \cdot cm^{-3}$〕；

T_0，T_c，T——流入物料，环境和器内的温度〔℃〕；

V，V_R ——反应体系和反应器的体积〔cm^3〕；

r_A ——器内反应速度〔$mol \cdot s^{-1} \cdot cm^{-3}$〕。

7.3.1　基本方程[2,3,4]

7.3.1.1　基本假设

连续操作，即反应物连续加入，产物连续放出；槽内为理想混合；稳态操作，即槽内温度、浓度等均不是时间的函数。

7.3.1.2　物质衡算方程

对整个反应器中任一组分 j 作物质衡算，由式（1-2）有

$$q_{V0}C_{j0} - q_{V0}C_{j0}(1 - X_j) - r_jV_R = 0 \tag{7-38}$$

$$q_{j0} - q_{j0}(1 - X_j) - r_jV_R = 0 \tag{7-39}$$

$$q_{j0}X_j = r_jV_R \tag{7-40}$$

$$V_R/q_{j0} = X_j/r_j \tag{7-41}$$

令 $\tau=\dfrac{V_R}{q_{V0}}$　（空时）

则由式（7-41）得

$$\tau=\frac{V_R}{q_{V0}}=C_{j0}\frac{X_j}{r_j} \tag{7-42}$$

若反应过程中体积有变化，出流流量不等于入流流量，又考虑到同一时刻进入反应器的各微元在反应器内的停留时间不同，故用出流流量来定义平均停留时间

$$\bar{t}=\frac{V_R}{q_V} \qquad q_V=q_{V0}(1+\varepsilon_j X_j) \tag{7-43}$$

所以

$$\bar{t}=\frac{V_R}{q_{V0}}\frac{1}{(1+\varepsilon_j X_j)}=C_{j0}\frac{X_j}{(1+\varepsilon_j X_j)r_j} \tag{7-44}$$

对恒容过程显然 $\bar{t}=\tau$。

7.3.1.3 *热量衡算方程*

由式（1-3）可得

$$q_V\rho c_p T_0-q_V\rho c_p T-KA(T-T_c)+r_j(-\Delta H)V_R=0 \tag{7-45}$$

同除 q_V，得

$$\rho c_p(T_0-T)-Ka\bar{t}(T-T_c)+r_j(-\Delta H)\bar{t}=0 \tag{7-46}$$

式中 $a=A/q_V$ 称比表面积；$\bar{t}$为平均停留时间，当等容时$\bar{t}=\tau$。

解上式，得

$$T=\frac{\rho c_p T_0+K\bar{t}T_c+r_j(-\Delta H)\bar{t}}{\rho c_p+Ka\bar{t}} \tag{7-47}$$

式（7-44）和（7-47）构成连续式全混槽的基本方程。两式通过 r_j（X_j）相联系构成一个非线性代数方程组。在 X_j、T、$\bar{t}$三个变量中任意指定一个，其它两个可由联立方程求出。

以上分析是在 $t=0$，$X_j=0$ 条件下得到的。若 $t=0$ 时 $X_j\neq0$，则有关公式中 X_j 项用 $\Delta X_j=X_{j,in}-X_{j,out}$代替。

7.3.2 等温等容解

在等温条件下物质衡算方程可以独立求解，等容条件下$\bar{t}=\tau$，转化率 X_j 可用浓度定义，$X_j=1-\dfrac{C_j}{C_{j0}}$。于是，式（7-41）可写成

$$\frac{V_R}{q_{j0}}=\frac{C_{j0}-C_j}{C_{j0}\cdot r_j} \tag{7-48}$$

式（7-42）变为

$$\tau=\bar{t}=\frac{C_{j0}-C_j}{r_j} \tag{7-49}$$

式（7-41）、(7-42）和式（7-48）、(7-49）的函数图像如图 7-7 所示。

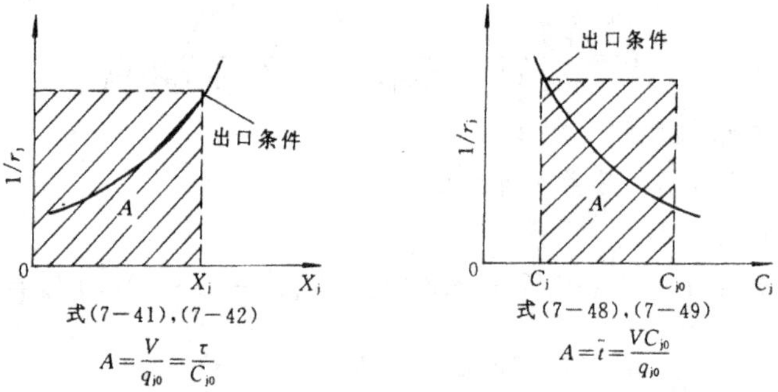

图 7-7 连续式全混槽数学模型图像

对不同级数的反应，可得到一般结果如表 7-2 所示。

表 7-2 连续全混槽等温恒容解

反应级数	方 程 解
$n=0$	$X_j=\frac{k\tau}{C_{j0}}$ 或 $\frac{C_j}{C_{j0}}=1-\frac{k\tau}{C_{j0}}$
$n=1$	$k\tau=\frac{X_j}{1-X_j}$ 或 $\frac{C_j}{C_{j0}}=\frac{1}{1+k\tau}$
$n=2$	$C_{j0}k\tau=\frac{X_j}{(1-X_j)^2}$ 或 $\frac{C_j}{C_{j0}}=\frac{-1+\sqrt{1+4k\tau C_{j0}}}{2C_{j0}k\tau}$

以上结果与微观动力学的结果完全不一样，说明对连续操作

的流动体系，即使是稳态、等温、等容、理想混合条件下，反应工程学所分析的结果和微观动力学分析的结果是不一样的。

7.3.3 连续式全混槽设计计算举例

例 7-3 用连续式全混槽进行某等温液相反应。已知动力学式为 $r_A=kC_A^2=1.97$L/（kmol·min），$C_{A0}=0.005$kmol/L，每小时处理 A 物质量为 0.85kmol，选定 A 的转化率为 80%，求反应器体积。

〔**解**〕 每小时处理 0.85kmol 的 A 相当于流量 170L/h。根据式（7-49）

$$\tau=\frac{C_{A0}-C_A}{r_A}=\frac{C_{A0}-C_A}{kC_A^2}=\frac{X_A}{kC_{A0}(1-X_A)^2}$$

把已知数据代入，得

$$\tau=\frac{0.8}{(1.97)(0.005)(1-0.8)^2}=2030\text{min}$$

反应器体积（装满系数为 1）

$$V_R'=q_{V0}\cdot\tau=(0.17)(2030)\frac{1}{60}=5.75\text{m}^3$$

例 7-4 如例 7-4 图所示，在稳态连续式全混槽中进行如下液相反应 $A+B\underset{k_2}{\overset{k_1}{\rightleftharpoons}}R+S$，$k_1=7$L/mol·min，$k_2=3$L/mol·min。两股流体同时流入 $V=120$L 的反应器，且体积流速相等，B 的极限转化率为 75%，假定流体密度不变，试求每股流体的流速？

〔**解**〕由于 A、B 两进入流股体积流速相等，进入反应器后立即混合，流入反应器的混合流体的初始浓度为：

$$C_{A0}=\frac{1}{2}\times2.8=1.4\text{mol/L},C_{B0}=\frac{1}{2}\times1.6=0.8\text{mol/L},$$

$$C_{R0}=0,\quad C_{S0}=0$$

因为有 75%B 转化，所以流出反应器时浓度为：

$$C_B=0.8-0.8\times0.75=0.2\text{mol/L}$$

$$C_A=1.4-0.8\times0.75=1.4-0.6=0.8\text{mol/L}$$

$$C_R=C_S=0.6\text{mol/L}$$

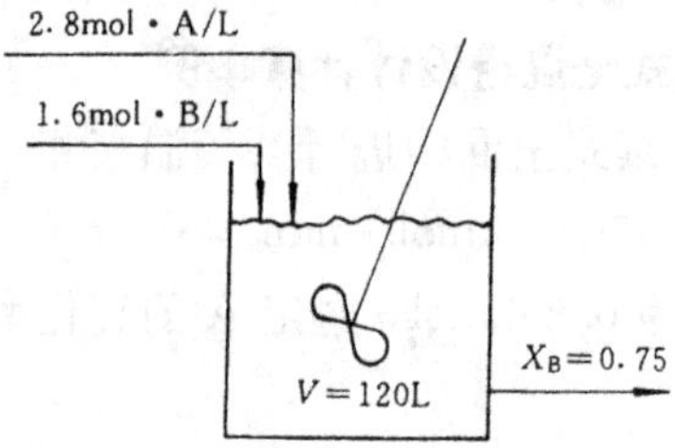

例 7-4 图

反应速度

$$-r_A=-r_B=k_1\cdot C_A\cdot C_B-k_2\cdot C_R\cdot C_S$$
$$=7\times0.8\times0.2-3\times0.6\times0.6$$
$$=0.04\text{mol}\cdot\text{L}^{-1}\cdot\text{min}^{-1}$$

由公式 $t=\tau=\dfrac{V_R}{q_V}=\dfrac{C_{A0}-C_A}{-r_A}=\dfrac{C_{B0}-C_B}{-r_A}$，所以

$$q_V=\frac{V(-r_A)}{C_{A0}-C_A}=\frac{V(-r_B)}{C_{B0}-C_B}=\frac{120\times0.04}{0.6}=8\text{L/min}$$

每流股流速即为 $\frac{1}{2}\times8=4\text{L/min}$。

7.4 半连续式全混槽[3,5,7]

半连续式全混槽通常有两种操作情况：其一，先将一部分反应物装入反应器，其余反应物在操作过程中连续加入，反应产物在操作过程中连续放出；其二，先装入一部分反应物，其余部分在操作过程中连续加入，反应产物在反应结束后放出。

7.4.1 第一种情况的物质衡算方程

最简单的是等温等容操作，如图 7-8 所示。把式（1-2）用于此情况，有

$$q_{V0}C_{A0}-q_VC_{A1}-r_AV$$

$$= V \frac{\mathrm{d}C_{A1}}{\mathrm{d}t} \tag{7-50}$$

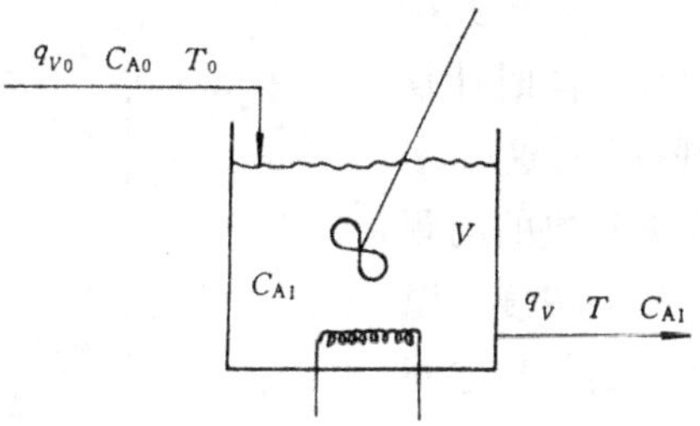

图 7-8 半连续式全混槽的第一种操作情况

对一级反应，$r_A = kC_{A1}$，令$\bar{t} = \frac{V}{q_V}$，则上式变为

$$C_{A0} - C_{A1} - \bar{t}r_A = \bar{t}\frac{\mathrm{d}C_{A1}}{\mathrm{d}t}$$

$$C_{A0} - C_{A1} - kC_{A1}\bar{t} = \bar{t}\frac{\mathrm{d}C_{A1}}{\mathrm{d}t}$$

$$\frac{\mathrm{d}C_{A1}}{\mathrm{d}t} + (k + \frac{1}{\bar{t}})C_{A1} = \frac{C_{A0}}{\bar{t}} \tag{7-51}$$

这是一阶线性微分方程。该方程的一个积分因子是 $\mu = e^{\int(k+\frac{1}{\bar{t}})\mathrm{d}t} = e^{(k+\frac{1}{\bar{t}})t}$。原方程可写为

$$\frac{\mathrm{d}}{\mathrm{d}t}[e^{(k+\frac{1}{\bar{t}})t}C_{A1}] = e^{(k+\frac{1}{\bar{t}})t} \cdot \frac{C_{A0}}{\bar{t}}$$

分离变量积分，得

$$C_{A1} = \frac{C_{A0}/\bar{t}}{k + \frac{1}{\bar{t}}} + A\exp\left[-\left(k + \frac{1}{\bar{t}}\right)t\right] \tag{7-52}$$

式中 A 为积分常数，可将初始条件（$t=0$）时的浓度值代入式(7-52)来确定。式(7-52)表示流出产物中浓度 C_{A1}与流体流速 q_V、反应器大小 V 和反应时间 t 之间的关系。

7.4.2 第二种情况的物质衡算方程

如图 7-9 所示，因为产物是操作结束后才放出，因此衡算式中没有流出项，同时计算中也不包括停留时间这个变量。第二种操作需解决的问题是：反应物转化率或浓度、温度、操作时间、反应器体积之间的关系。

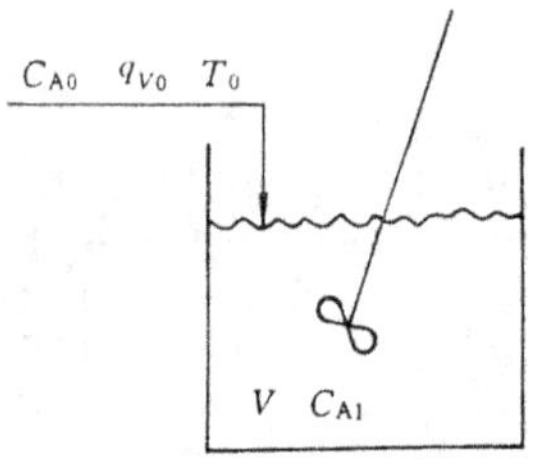

图 7-9 半连续式全混槽的第二种操作情况

把衡算式（1-2）用于此，并假设：q_{V0}=常数；C_{A0}=常数，则

$$q_{V0}C_{A0} - r_A V = \frac{d(VC_A)}{dt} \tag{7-53}$$

反应体系体积 V 由两部分构成，$V=V_0+q_{V0}t$，V_0 为先装入物料的体积。当 ρ_L=常数时，把 $C_A=C_{A0}$（$1-X_A$）代入式（7-53）

$$q_{V0}C_{A0} - r_A(V_0 + q_{V0}t) = \frac{d(VC_A)}{dt}$$

$$= (V_0 + q_{V0}t)\frac{d[C_{A0}(1 - X_A)]}{dt} + C_{A0}(1 - X_A)\frac{d(V_0 + q_{V0}t)}{dt}$$

$$= - C_{A0}(V_0 + q_{V0}t)\frac{dX_A}{dt} + C_{A0}(1 - X_A)q_{V0}$$

$$\frac{dX_A}{dt} = \frac{r_A}{C_{A0}} - \frac{X_A q_{V0}}{V_0 + q_{V0}t} \tag{7-54}$$

式（7-54）对等温、非等温过程都适用。它描述了 X_A、t、V_0、q_{V0}、C_{A0}之间的关系。

7.4.3 热量衡算方程

对非等温过程，必须求解物质衡算与热衡算联立方程组。把式（1-3）用于此，可得

$$q_{V0}c_p\rho_0 T_0 + r_A V(-\Delta H) - KA(T - T_c) = \frac{d(\rho c_p V t)}{dt} \tag{7-55}$$

当流体密度不变时

$$\rho c_p \frac{dT}{dt} = \frac{\rho c_p q_{V0}(T_0 - T) - KA(T - T_c)}{V_0 + q_{V0}t} + r_A(-\Delta H) \tag{7-56}$$

对联立方程（7-54），（7-55）无法求其解析解，因为即便对最简单的一级反应，把阿赫纽斯公式代入后，r_A 也是一个指数函数，方程就十分复杂，只能用数值求解法求出操作时间 t 与 X_A、V_0、q_{V0}、C_0 间的关系。

7.5 活塞流反应器

活塞流反应器又称理想流动管式反应器。其它名称还有：理想排挤流反应器，理想置换流反应器，列流反应器，平推流反应器。

7.5.1 基本方程[2,3,4]

7.5.1.1 基本假设

连续流动体系，反应器内流动为活塞流；稳态操作，反应器内浓度和温度分布不是时间的函数而是管长的函数。

7.5.1.2 物质衡算方程

因为活塞流反应器中各变量，例如物质浓度、温度等在稳定状态下，仅是管长的函数而不是时间的函数，因此进行物质衡算和热衡算时，在反应器内流动路径上取一个微元体 dV 来进行衡算（图 7-10）。

以反应器为考查对象。取 z 轴正向与流动方向一致，即反应器的轴向。物料入口处坐标 $z=0$，出口处 $z=Z$。定义 A 物质的转化率：$X_A=\frac{q_{A0}-q_A}{q_{A0}}=1-\frac{q_A}{q_{A0}}$；由物质 A 转化引起的体积变化率 $\varepsilon_A=\frac{q_V-q_{V0}}{q_{V0}}$。于是

$$q_V = q_{V0}(1 + \varepsilon_A X_A) \tag{7-57}$$

$$C_A = \frac{q_A}{q_V} = \frac{q_A(1 - X_A)}{q_{V0}(1 + \varepsilon_A X_A)} = C_{A0}\frac{1 - X_A}{1 + \varepsilon_A X_A} \tag{7-58}$$

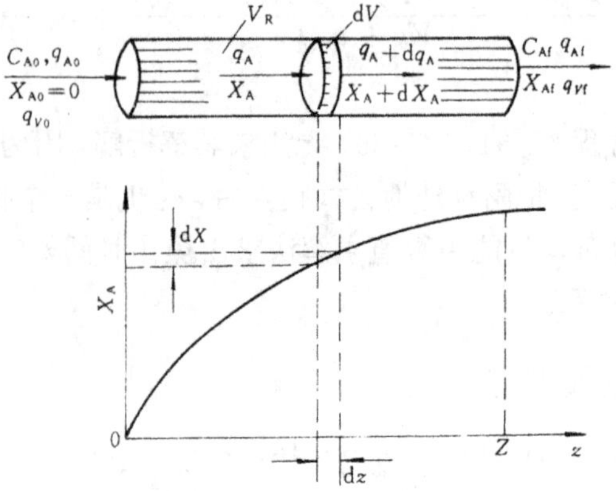

图 7-10　活塞流反应器

稳定态条件下将式（1-2）用于活塞流反应器，有

$$q_{A0}(1-X_A)-q_{A0}[1-(X_A+dX_A)]-(-r_A)dV_R=0 \tag{7-59}$$

化简得 $q_{A0}dX_A=(-r_A)dV_R$，根据 $C_{A0}=\frac{q_{A0}}{q_{V0}}$ 于是

$$q_{V0}C_{A0}dX_A=(-r_A)dV_R \tag{7-60}$$

积分 $z=0\sim Z, V_R=\int_0^Z A dz$（$A$ 为反应器截面积）$, X_A=0\sim X_A$，得：

$$\tau=\frac{V_R}{q_{V0}}=C_{A0}\int_0^{X_{Af}}\frac{dX_A}{-r_A(X_A,T)} \tag{7-61}$$

式（7-61）是预先确定了进料速度 q_{V0} 和转化率 X_A，并已知反应速度计算反应器体积的重要公式。如果进料时 A 物质已转化了一部分，其转化率为 X_{Ai}，则式（7-61）可改为

$$\tau=\frac{V_R}{q_{V0}}=C_{A0}\int_{X_{Ai}}^{X_{Af}}\frac{dX_A}{-r_A(X_A,T)} \tag{7-62}$$

对恒容过程，$X_A=1-\frac{C_A}{C_{A0}}$，$dX_A=-\frac{dC_A}{C_{A0}}$，式（7-61）可用浓

度表示

$$\tau=\frac{V_R}{q_{V0}}=C_{A0}\int_0^{X_{Af}}\frac{dX_A}{-r_A\ (X_A,\ T)}=-\int_{C_{A0}}^{C_{Af}}\frac{dC_A}{-r_A\ (X_A,\ T)} \qquad (7\text{-}63)$$

对变容过程，当 ε_A=任意常数，且认为反应速度常数 k 不变时，对不同级数的简单反应可得到不同的积分解，可作为反应器的基础设计式，如表 7-3 所示。

表 7-3 等温、等容活塞流反应器的设计式

反应	反应速度式	基 础 设 计 式
		ε 法
零级	$-r_A=k$	$\frac{V_R}{q_{A0}}=\frac{X_A}{k}$
一级 A→P	$-r_A=kC_A$	$\frac{V_R}{q_{A0}}=[-(1+\varepsilon_A)\ln(1-X_A)-\varepsilon_A X_A]/kC_{A0}$
一级可逆 A⇌bB $C_{B0}/C_{A0}=\beta$	$-r_A=k_1C_A-k_2C_B$	$\frac{V_R}{q_{A0}}=\frac{\beta+bX_{Ae}}{k_1C_{A0}(\beta+b)}[-(1+\varepsilon_A X_{Ae})\times\ln(1-\frac{X_A}{X_{Ae}})-\varepsilon_A X_A]$
二级 A+B→P 2A→P $C_{A0}=C_{B0}$	$-r_A=kC_A^2$	$\frac{V_R}{q_{A0}}=\frac{1}{kC_{A0}^2}[2\varepsilon_A(1+\varepsilon_A)\times\ln(1-X_A)+\varepsilon_A^2X_A+(1+\varepsilon_A)^2\frac{X_A}{1-X_A}]$

对于较复杂的反应则应用图解积分法或数值积分法求解（见 7.5.3 节）。

活塞流反应器方程的图解如图 7-11 所示。

如果是等容过程，$\varepsilon_A=0$，则各公式可以简化为较简单的方程。

7.5.1.3 热量衡算方程

设所取微元体周壁面积为 dA_s。应用热衡算式（1-3）得

$$q_V\rho c_pT-q_V\rho c_p(T+dT)$$
$$-K(T-T_c)dA_s+r_A(-\Delta H)dV_R=0$$

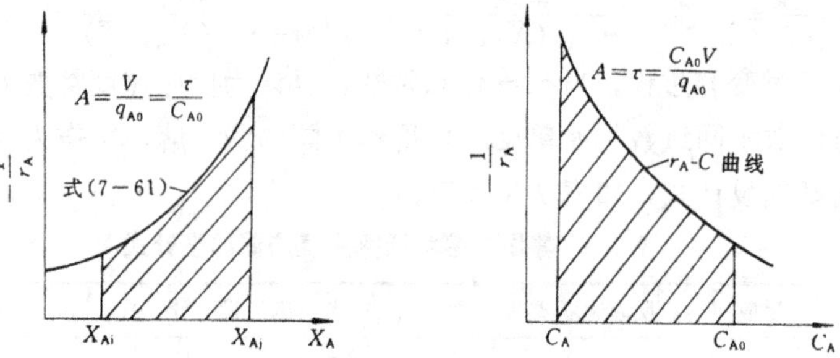

图 7-11　活塞流反应器数学模型图解

化简：

$$-q_V\rho c_p\mathrm{d}T-K(T-T_c)\mathrm{d}A_s+r_A(-\Delta H)\mathrm{d}V_R=0 \tag{7-64}$$

设反应器长为 Z，总周壁面积为 A_s，则

$\mathrm{d}A_s=\frac{A_s}{Z}\mathrm{d}z=a'\mathrm{d}z$，$a'=\frac{A_s}{Z}$（比表面积），有

$$q_V\rho c_p\frac{\mathrm{d}T}{\mathrm{d}z}=Ar_A(-\Delta H)-Ka'(T-T_c) \tag{7-65}$$

用 $\mathrm{d}V_R=A\mathrm{d}z$ 可把式（7-60）改写为

$$q_{V0}C_{A0}\frac{\mathrm{d}X_A}{\mathrm{d}z}=Ar_A \tag{7-66}$$

式（7-65）和（7-66）构成活塞流反应式的基本方程组。对非等温过程联立求解。对等温过程物质衡算式可独立求解。

7.5.2　绝热解和等温解[3,6]

7.5.2.1　绝热过程的解

$K=0$，式（7-65）变为

$$q_V\rho c_p\frac{\mathrm{d}T}{\mathrm{d}z}=Ar_A(-\Delta H) \tag{7-67}$$

式（7-67）与（7-66）联立消去 $Ar_A\mathrm{d}z$，得

$$dT=\frac{q_{V0}C_{A0}(-\Delta H)}{q_V\rho c_p}dX_A$$

积分 $X_A=0\sim X_A$，$T=T_0\sim T$，得：

$$T=T_0+\lambda X_A \tag{7-68}$$

其中 $\lambda\equiv\frac{q_{V0}C_{A0}\ (-\Delta H)}{q_V\rho c_p}$为常数，称为绝热温升。式（7-68）说明绝热过程的温度是转化率的线性函数。

7.5.2.2 等温过程的解

因为 $T\equiv$常数，$\frac{dT}{dz}=0$，由公式（7-65）得：

$$A(-r_A)(-\Delta H)=Ka'(T-T_c) \tag{7-69}$$

当 T 给定时，r_A 仅仅是转化率 X_A 的函数。对式（7-61）或（7-62）可直接积分得到对应于某转化率所需的反应器体积。

7.5.3 活塞流反应器设计计算举例

例 7-5[4] 设有气体物质 A 分解为气体物质 R 和 S

$$4A\rightarrow R+6S$$

反应为一级均相反应，速度方程为 $r_A=kC_A$，$k=10/h$，反应在 460kPa，650℃下进行，纯 A 进入反应器的速度为 1.814kmol・h^{-1}，求转化率 X_A 达到 80%所需反应器的体积。

〔**解**〕 对一级不可逆反应

$$V_R=\frac{q_{A0}}{kC_{A0}}\left[(1+\varepsilon_A)\ln\frac{1}{1-X_A}-\varepsilon_A X_A\right]$$

$$\varepsilon_A=\frac{7-4}{4}=0.75$$

把反应器内 A 的初始浓度记作 C_{A0}，且把气体作理想气体处理，则：

$$C_{A0}=\frac{n_0}{V_0}=\frac{p_0}{RT_0}=\frac{4.6}{0.08206\times(650+273)}$$
$$=0.06074\text{kmol/m}^3$$

于是

$$V_R=\frac{1.814}{10\times0.06074}\left[(1+0.75)\ln\frac{1}{0.2}-0.75\times0.8\right]$$

$= 6.617\text{m}^3$

例 7-6 设在活塞流反应器中进行均相气体反应 A→3R。实验测得在 215℃时反应速度式为$-r_A=10^{-2}C_A^{1/2}$mol/(L·s)。试求含 50%A 和 50%惰性气体的流体注入反应器，在 215℃、507kPa 下操作，转化率 $X_A=0.8$，$C_{A0}=0.0625$mol/L 时的空时。

〔**解**〕 因为有 50%惰性气体加入反应器，所以

$\varepsilon_A=\frac{4-2}{2}=1$。应用式（7-61）

$$\tau = C_{A0}\int_0^{X_{Af}}\frac{dX_A}{-r_A} = C_{A0}\int_0^{X_{Af}}\frac{dX_A}{kC_{A0}^{1/2}\left(\frac{1-X_A}{1+\varepsilon_A X_A}\right)^{1/2}}$$

$$= \frac{C_{A0}^{1/2}}{k}\int_0^{0.8}\left(\frac{1+X_A}{1-X_A}\right)dX_A \qquad (a)$$

积分（a）式的方法有三种：

第一种为图解积分法。令（a）式中 $\phi(X_A)=\left(\frac{1+X_A}{1-X_A}\right)^{½}$。在 X_A 的积分域 0～0.8 间分别给定不同的 X_A 值，计算出 $\phi(X_A)$：

X_A	$\frac{1+X_A}{1-X_A}$	$\phi(X_A)$
0	1	1
0.2	1.5	1.227
0.4	2.3	0.528
0.6	4	2
0.8	9	3

以 $\phi(X_A)$ 与 X_A 为坐标作图（见例 7-6 图）。曲线包围的面积

$$A = \int_0^{0.8}\left(\frac{1+X_A}{1-X_A}\right)^{½}dX_A = (1.7)(0.8) = 1.36$$

$$\tau = (0.0625)^{1/2}\cdot 10^2\cdot(1.36)$$
$$= 34\text{s}$$

第二种是数值积分法。把辛普森法则（Simpson's rule）用于

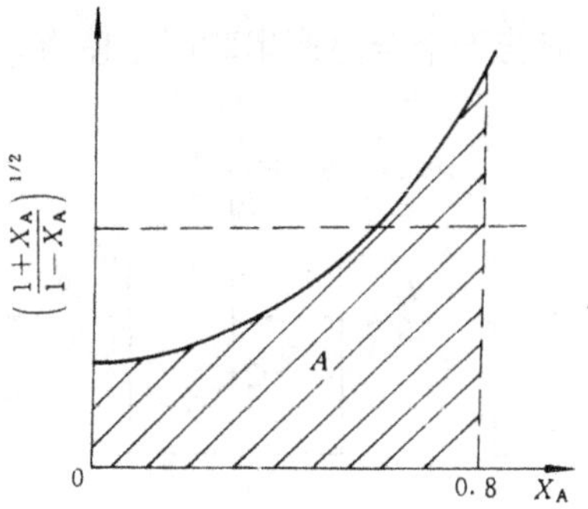

例 7-6 图　图解积分法

X_A 轴取相等间距的情况，采用第一种方法的同样数据，有

$$\int_0^{0.8}\left(\frac{1+X_A}{1-X_A}\right)^{1/2}dX_A$$

$$=\left[\frac{1\times 1+4\cdot(1.227)+2\cdot(1.528)+4\cdot(2)+1\cdot(3)}{12}\right]^{0.8}$$

$$=1.331$$

$$\tau=(0.0625)^{1/2}\cdot(10^2)\cdot(1.331)=33.25\text{s}$$

第三种为解析积分法。

$$\int_0^{0.8}\left(\frac{1+X_A}{1-X_A}\right)^{1/2}dX_A=\int_0^{0.8}\frac{1+X_A}{\sqrt{1-X_A^2}}dX_A$$

$$=\text{arc }\sin X_A-\sqrt{1-X_A^2}\Big|_0^{0.8}$$

$$=1.328$$

$$\tau=(0.0625)^{1/2}\cdot(10^2)\cdot(1.328)=33.2\text{s}$$

7.6 串联全混槽

工业上经常把若干个全混槽串联起来使用，如图 7-12 所示。

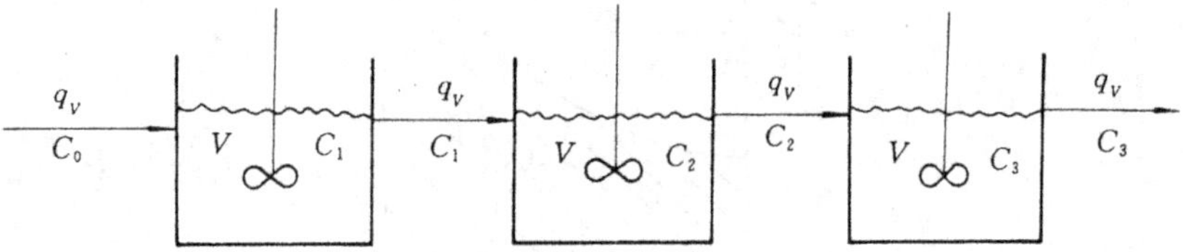

图 7-12 串联全混槽

流体以一定的流量 q_V 流进第一槽→第二槽→第三槽→流出。每个槽都充分搅拌，理想混合。随着串联槽数的增加，反应物浓度也改变。假设各槽中进行的是一级反应，且各槽中反应体系的体积和温度相同，则当流体体积流量恒定时，所有反应槽内完成的转化率 X 是相等的。

7.6.1 只有一种流体的情况

对第一槽有

$$X = \frac{n_0 - n_1}{n_0} = \frac{q_V C_0}{q_V C_0} - \frac{q_V C_1}{q_V C_0} = 1 - \frac{C_1}{C_0}$$

$$C_1 = (1 - X)C_0 \qquad (7\text{-}70)$$

对第二槽，同理有

$$C_2 = (1 - X)C_1 = (1 - X)^2 C_0 \qquad (7\text{-}71)$$

对第三槽，可写出

$$C_3 = (1 - X)^3 C_0 \qquad (7\text{-}72)$$

所有三槽串联后总的转化率为 X_3

$$X_3 = \frac{C_0 - C_3}{C_0} = 1 - \frac{C_3}{C_0} = 1 - \frac{(1 - X)^3 C_0}{C_0}$$

即

$$X_3 = 1 - (1 - X)^3 \qquad (7\text{-}73)$$

若串联 n 个槽，则有

$$C_n = (1 - X)^n C_0 \tag{7-74}$$

$$X_n = 1 - (1 - X)^n \tag{7-75}$$

对不可逆反应，当 $n \to \infty$ 时，$X_n \to 1$。

也可以将式（7-49）应用于串联槽中的任意第 i 槽或最末第 n 槽，对一级不可逆反应，当 $i=n$ 时可导出

$$C_{An} = \frac{C_{A0}}{(1 + k_1\tau_1)(1 + k_2\tau_2)\cdots\cdots(1 + k_n\tau_n)} \tag{7-76}$$

下脚标 1，2，……n 指串联槽的序号。对于等温过程，各槽反应速度常数 k_i 和槽体积 V_i 都相等时，由式（7-76）可得

$$C_A = \frac{C_{A0}}{(1 + k_i\tau_i)^n} \tag{7-77}$$

以 r_A-C_A 或 $1/r_A$-X_A 为坐标作图，可用图解法求出任意第 i 槽的浓度 C_{Ai} 和转化率 X_{Ai} 以及最终槽的 C_{An} 和 X_{An}。若 C_{A0} 和 C_{An} 以及 n 已确定，则可以确定串联槽的容积。串联槽数越多，达到预期反应效果所需的反应器总容积越小[1]。

7.6.2 有两种流体的情况

假设有两种液体甲和乙在串联全混槽中进行反应，我们考查的是甲流体中某组分的转化率，则有两种操作方法：第一种是先将甲置于各串联槽中，之后，把乙从第一槽流入来考查从最后一槽流出或中间任何槽中，甲乙混合物中该组分的变化情况；第二种是把不含甲中待考查组分的乙液体，先置于各串联槽中，而后把甲流入第一槽进入串联槽。考查的组分同第一种操作，如图 7-13 所示。

（1）第一种操作　在第一槽对 i 组分进行衡算得

$$-q_V C_{i1} = V\frac{dC_{i1}}{dt}$$

$$\frac{dC_{i1}}{dt} = -\frac{q_V}{V}C_{i1} = -\frac{C_{i1}}{\bar{t}} \tag{7-78}$$

式中 $\bar{t} = \dfrac{V}{q_V}$ 是各槽内平均停留时间；V 为单槽容积。

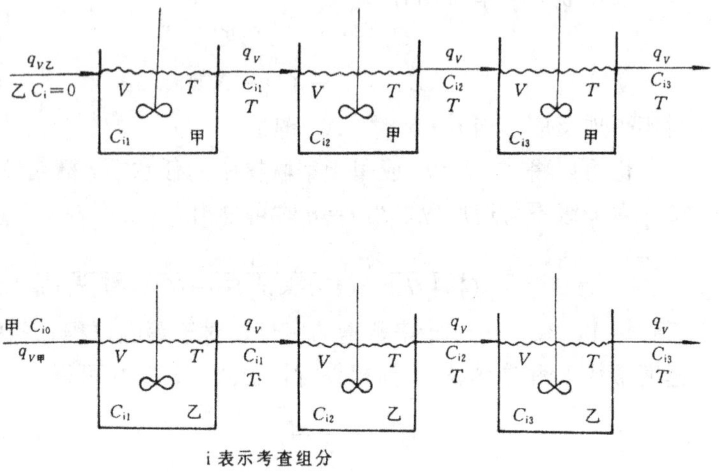

图 7-13　两种不同操作方法

设操作时间为 t，则无因次操作时间为 $\theta=t/\bar{t}$。把式 (7-78) 分离变量积分，积分限 $t=0\rightarrow t$，$C_{i1}=C_{i0}\rightarrow C_{i1}$，得

$$\ln\left(\frac{C_{i1}}{C_{i0}}\right)=-\frac{t}{\bar{t}}=-\theta \qquad 即$$

$$\frac{C_{i1}}{C_{i0}}=\exp(-\theta) \tag{7-79}$$

在第二槽对 i 进行衡算

$$V\frac{dC_{i2}}{dt}=q_V C_{i1}-q_V C_{i2}$$

$$\frac{dC_{i2}}{dt}=\frac{C_{i1}-C_{i2}}{\bar{t}}=\frac{C_{i1}}{\bar{t}}-\frac{C_{i2}}{\bar{t}} \tag{7-80}$$

由式 (7-79) 有 $C_{i1}=C_{i0}e^{-\theta}$ 代入式 (7-80) 得

$$\frac{dC_{i2}}{dt}+\frac{C_{i2}}{\bar{t}}=C_{i0}e^{-\theta}/\bar{t} \tag{7-81}$$

式 (7-81) 是线性常微分方程，先解出通解，而后根据 $t=0$ 时 $C_{i2}=C_{i0}$ 定出积分常数，最后得

$$\frac{C_{i2}}{C_{i0}} = e^{-\theta}(1+\theta) \tag{7-82}$$

用类似的分析法可得到第 n 槽流出的浓度 C_{in} 为

$$\frac{C_{in}}{C_{i0}} = e^{-\theta}\left\{1+\theta+\frac{\theta^2}{2!}+\frac{\theta^3}{3!}+\cdots+\frac{\theta^{n-1}}{(n-1)!}\right\} \tag{7-83}$$

在串联槽中，C_{in}/C_{i0}称为剩余浓度函数，它随串联槽数而变化。对某一定槽数也可称为该槽流出时 i 组分的转化率。

(2) 第二种操作　和第一种操作相反，首先把不含 i 物质的乙液体置于各槽中，而后从第一槽倒入含有 i 物质的甲液体。同样方法，从第一槽起依次作 i 物质衡算。对于等温、等容、稳态流动过程，最后可得

$$1-\frac{C_{in}}{C_{i0}} = e^{-\theta}\left\{1+\theta+\frac{\theta^2}{2!}+\frac{\theta^3}{3!}+\cdots+\frac{\theta^{n-1}}{(n-1)!}\right\} \tag{7-84}$$

7.7 理想反应器的比较[2,3,8]

7.7.1 操作特性的比较

以单一反应 J→P 为例来考察该反应在间歇式全混槽、活塞流反应器和连续式全混槽中的操作特性。

7.7.1.1 反应物浓度变化特性

(1) 间歇式全混槽。C_j 是时间 t 的函数，属于非稳定态，C_j 随时间变化的曲线称为“冲淡曲线”。

(2) 活塞流反应器。C_j 是管长 L 的函数，不是时间的函数，属稳定态。

(3) 连续式全混槽。出口浓度 C_j 等于槽内浓度不随时间改变。

7.7.1.2 反应器内反应速度特性

(1) 间歇式全混槽，r_j 是时间 t 的函数。

(2) 活塞流反应器，r_j 是管长的函数。

(3) 连续式全混槽，r_j 是常数。

7.7.1.3　反应体系物质在反应器内的停留时间

(1) 间歇式全混槽。各流体微元停留时间相同且等于操作时间。

(2) 活塞流反应器。流体流经反应器时，所有流体微元在反应器内的停留时间相等。

(3) 连续式全混槽。流体流经反应器时各流体微元在反应器内的停留时间不相同，服从一定的分布规律。

7.7.2　转化率的比较

表 7-4　等温等容下反应器转化率的比较

反应级数	间歇式全混槽	连续式全混槽	活塞流反应器
0	$kt=C_0X$	$k\tau=C_0X$	$k\tau=C_0X$
1	$kt=-\ln(1-X)$	$k\tau=\dfrac{X}{1-X}$	$k\tau=-\ln(1-X)$
2	$kt=\dfrac{X}{C_0(1-X)}$	$k\tau=\dfrac{X}{C_0(1-X)^2}$	$k\tau=\dfrac{X}{C_0(1-X)}$

可以看出，对 0 级反应三种理想反应器效果是一样的，公式不同处仅在于对间歇式全混槽，式中 t 是反应操作时间，而对另两种反应器，式中 τ 为空时；对一级反应，间歇式全混槽与活塞流反应器效果也一样，仍然只存在公式中 t 与 τ 的区别；对连续操作相同条件下，则活塞流反应器效果优于全混流反应器。

7.7.3　反应器容积的比较

连续式全混槽与活塞流反应器的比较最具有意义。在加料速度 q_{V0} 一定的条件下来考察一定转化率时所需的反应器体积。

(1) 对零级反应　无论对连续式全混槽或活塞流反应器，都有

$$V_R=\frac{q_{Vf}\cdot X_A\cdot C_{A0}}{k_0} \tag{7-85}$$

即两种反应器所需的体积相等。

(2) 对1级反应　连续式全混槽：$\tau=\frac{V_R}{q_{V0}}=\frac{X_A}{k_1\ (1-X_A)}$，所以

$$V_{Rm}=\frac{X_A q_{V0}}{(1-X_A)k_1} \tag{7-86}$$

活塞流反应器：$\tau=\frac{V_R}{q_{V0}}=\frac{1}{k_1}\ln\left(\frac{1}{1-X_A}\right)$，得

$$V_{Rp}=\frac{q_{V0}}{k_1}\ln\left(\frac{1}{1-X_A}\right) \tag{7-87}$$

(3) 对2级反应　连续式全混槽：

$$V_{Rm}=\frac{q_{V0}}{k_2\cdot C_{A0}}\cdot\frac{1}{(1-X_A)^2} \tag{7-88}$$

活塞流反应器：

$$V_{Rp}=\frac{q_{V0}}{k_2\cdot C_{A0}}\cdot\frac{X_A}{1-X_A} \tag{7-89}$$

以上式中，k_0、k_1、k_2代表0级、1级、2级反应的速度常数，下标m、p分别指全混流和活塞流反应器。

现在比较一下零级以外的情况，令η为体积比，η的下标表示反应级数。

$$\eta_1=\frac{V_{Rm}}{V_{Rp}}=\frac{X_A/(1-X_A)}{\ln\left\{\frac{1}{1-X_A}\right\}}=\frac{-X_A}{(1-X_A)\ln(1-X_A)} \tag{7-90}$$

$$\eta_2=\frac{V_{Rm}}{V_{Rp}}=\frac{X_A}{(1-X_A)^2}\cdot\frac{1-X_A}{X_A}=\frac{1}{1-X_A} \tag{7-91}$$

因为$X_A\leqslant 1$，所以无论对1级或2级反应，在相同的转化率和处理量下，连续全混槽所需的体积都比活塞流反应器所需体积要大。例如，当$X_A=0.5$时$V_{Rm}=2V_{Rp}$。

图7-14表示出了达到一定转化率时，连续式全混槽和活塞流反应器的体积比。

从图可见，当转化率较小时，两种反应器体积相差甚小，转化率趋近于零时，$\eta=1$。对零级反应，化学反应速度不受反应物浓度高低影响，因此所需反应器体积不受流动状态的影响。但对于

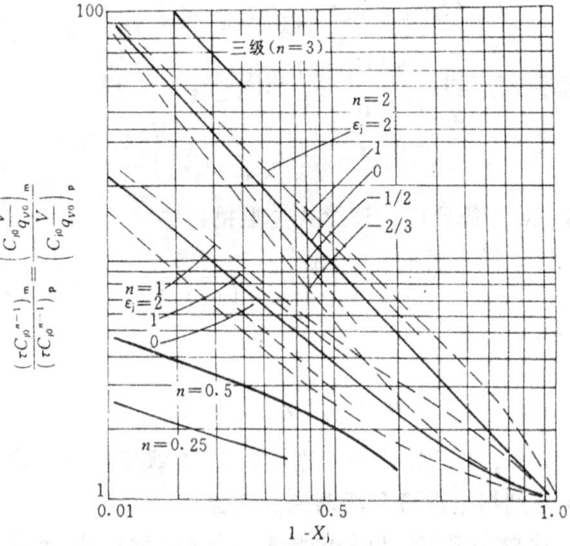

图 7-14　n 级反应在全混槽和活塞流反应器中特性的比较[5]

零级以外的反应，反应速度与浓度有关，而连续全混流反应器和活塞流反应器中，浓度分布状态是不同的，这就对反应效果产生影响，即所谓"浓度效应"。对于单一反应，若反应级数越高，要求转化率越高，则活塞流反应器所需体积比连续式全混槽所需体积越小，即前者反应效果更显得优于后者。

对于复杂反应的反应性能的比较可参看文献［6，9，10］。

7.7.4　理想反应器数学模型的启示

通过对理想反应器数学模型的研究，揭示了一些极其重要的规律，增长了我们的知识。这些规律和知识在冶金热力学、冶金化学动力学和各门冶金工艺学中尚未研究或研究甚少。但是这些规律和知识（包括下面将讨论的非理想反应器模型等）对冶金工程学是十分重要的。

(1) 对间歇式全混槽，其等温等容解和微观动力学的结论是一致的。在等温等容条件下，间歇式全混槽的反应效果不受宏观因素的影响，可以直接应用微观动力学的结论。但是对非等温或非等容情况，工程学的结论与微观动力学的结论是不一样的。

(2) 对活塞流反应器，等温等容条件下反应速度和效果也不受宏观因素的影响，可以直接引用微观动力学结论。不满足上述条件就不能直接由微观动力学得出工程上的结论。

(3) 对间歇式全混槽与活塞流反应器，分别得到的数学模型 $t(或\tau)=C_{A0}\int_0^{X_A}\frac{dX_A}{-r_A}$ 在形式上是类似的，但是两种反应器内的情况有本质的区别。在间歇式全混槽中，一般说刚开始反应时，反应速度最大，以后反应速度逐渐减小，器内物质浓度、反应速度都是时间的函数，是非稳态过程。而对活塞流反应器，反应速度、物质浓度都仅是管长的函数，而不是时间的函数，属于稳态过程。

(4) 对零级反应，连续式全混槽与活塞流反应器效果一样，选择哪种反应器都可以。对其它级数的化学反应，活塞流反应器的反应效果比全混槽为好。

7.8 反应器选择的一般原则[5]

选择反应器类型的主要着眼点是：单位反应器体积的生产能力或称容积效率；目的产物的产率或反应的选择性；同时应考虑反应的特性，生产的规模、可控性和操作的灵活性等因素。选择的一般原则可归纳如下。

7.8.1 单一反应

(1) 对零级反应，三种类型理想反应器可任意选择，选哪一种视具体情况而定。

(2) 对非零级反应，在同样流量和同等转化率要求下，选择活塞流反应器所需反应器体积最小，串联全混槽次之，单一连续全混槽所需体积最大。随反应级数的增加，这种差别也越大。随着串联槽数的增加，串联全混槽的反应效果越接近于活塞流反应器。所以对零级以外的反应，应选择活塞流反应器或串联全混槽。

(3) 对连续操作，化学反应级数高且对转化率的要求也高，则选择活塞流反应器为宜。

(4) 对温度要求严格的反应宜采用槽式反应器，对温度要求范围较宽的反应可选用管式反应器。

(5) 连续式操作适宜于规模大的自动化作业；而间歇式操作灵活性大，对原料组成波动大的情况更为适应。

(6) 在进行实验室研究时，热力学平衡实验可选用间歇操作的搅拌槽形反应器；化学动力学实验可选用管式积分反应器或管式微分反应器。

上述仅是一般原则，应根据具体情况来作出选择。

7.8.2 复杂反应

通常是以选择率和目的产物收率为选择原则。设原料为A，目的产物为R，则

$$\text{选择率}\ S_R=\frac{\text{转化成 R 的 A 的摩尔数}}{\text{反应掉的 A 的摩尔数}} \tag{7-92}$$

$$\text{收率}\ Y_R=\frac{\text{转化成 R 的 A 的摩尔数}}{\text{进料 A 的摩尔数}} \tag{7-93}$$

若原料A可便宜地回收，则选择率是主要的。若原料A价格高又不易回收，则收率是主要的。在有色金属湿法冶金中，这是一个很重要的问题。

影响选择性和收率的主要因素是温度和浓度。求最大收率的典型的温度策略和使目的产物收率最大的进料方式见文献[5，6]。

习　题

1. 含有A和B（$C_{A0}=0.10$mol/L，$C_{B0}=0.01$mol/L）的液体以1L/min的流速流入体积$V_R=1$L的理想混合流反应器。物质完全按化学方程式计算的方法进行反应。从反应器流出的流体中含有A、B、C，其出口浓度分别为

$C_{Af}=0.02mol/L$，$C_{Bf}=0.03mol/L$，$C_{Cf}=0.04mol/L$。试以 A、B、C 的变化求反应器内的反应速度。

2. 在一间歇式理想混合反应器中，进行等温等容一级反应，其动力学方程为 $r_A=0.02C_A min^{-1}$，当 A 的初始浓度为 0.1mol/L 及 0.5mol/L 时，求（1）反应 30min 后，溶液中 A 的浓度各为多少？转化率各为多少？（2）当 $C_A=0.001mol/L$ 时，各需多长反应时间？

3. 在一个有效容积为 $2.5m^3$ 的间歇式全混槽中进行等温液相反应

$$A + B \longrightarrow C$$

已知 $r_A=k\cdot C_A\cdot C_B$，$k=2.78\times10^{-3}m^3/(kmol\cdot s)$，$C_{A0}=C_{B0}=4kmol/m^3$，要求 A 的转化率达 80%时，A 的处理量为 0.684kmol/min。今若改用连续式全混槽处理，转化率和处理量不变，问所需反应器容积多大？若用一个直径为 0.125m 的活塞流反应器处理，反应器有多长？

4. 在一活塞流反应器内进行均相磷化氢气体的分解反应

$$4PH_{3(g)} \longrightarrow P_{4(g)} + 6H_{2(g)}$$

反应为一级反应，在 1200℃时，$-r_{PH_3}=(10/h)\cdot C_{PH_3}$。试求当纯磷化氢加入速度为 1.814kg·mol/h，在 650℃，450.8kPa 下操作，要求磷化氢转化率达到 80%，试设计活塞流反应器。

5. 在全混流反应器中，进行液相反应 A→R，其动力学方程为 $r_A=kC_A^2$，转化率为 50%，问：

1）如果其它条件不变，反应器体积增加 4 倍，问转化率为多少？

2）若条件不变，改用同体积的活塞流反应器，转化率为多少？

6. 用间歇式全混槽进行液相反应 A→R，在绝热条件下操作，反应速度 $r_A=k_0\exp\left(-\frac{E}{RT}\right)C_A^n$，$k_0=1.5\times10^{11}$，$E=64.015kJ/mol$，$R=8314J/(mol\cdot K)$，$T$ 是反应温度 K，$n=1.5$，$C_{A0}=0.2mol/L$，反应液体的比热容为 $c_V\approx c_p=3.975J/(g\cdot K)$，反应液体密度为 $\rho=1.1g/cm^3$，反应热 $(-\Delta H)=14.64kJ/mol$，开始反应温度 $T_0=293K$，求物质 A 转化率达 80%所需要的反应时间。

7. 使用体积为 35.2L 的石英管进行下列均相反应

$$CH_4 + 2S_2 \longrightarrow CS_2 + 2H_2S$$

反应在 600℃，100kPa 下进行，加料中 CH_4 的流量为 0.119mol/h，S_2 的流量为 0.238mol/h，不含任何上列方程中的产物，实验结果是，每 10min 产生 0.1gCS_2。已知反应为二级反应

$$r = k \cdot p_{CH_2} \cdot p_{S2}$$

求该反应的反应速度常数。

8. 气相分解反应 A→R+S 的初始条件为：T_0=300K，p_0=500kPa，V_0=0.5m³。反应热为-6280.5kJ/kmol，A、R、S 的比热容分别为 125.61kJ/(kmol·K)、104.67kJ/(kmol·K) 和 83.74kJ/(kmol·K)，反应速度常数为

$$k = 10^{14}\exp(-\frac{10000}{T}) \cdot h^{-1}$$

1）计算等温条件下的转化率-时间曲线，并确定保持等温条件所要求的换热速度；

2）计算绝热条件下的转化率-时间曲线。

9. 为什么说在实际工程问题中，即使流动是理想流动，也不能完全把微观动力学所得的结论直接加以应用？什么条件下才能直接应用？

10. 在容积为10m³的全混流反应器中进行液相反应A→P，$k=10^{13}\exp(-\frac{12000}{T})\ s^{-1}$，$(-\Delta H)$=20000kJ/kmol，设比热容为常数 c_p=2200J/(kg·K) ρ=850kg/m³，进料体积流量 q_V=0.01m³/s，A 物质初始浓度 C_{A0}=5kmol/m³，反应在绝热情况下进行。试求进料温度分别为 290、300 和 310K 时所能达到的反应温度和相应的转化率。

参考文献

[1] 曲英、刘今，冶金反应工程学导论，冶金工业出版社，1988.

[2] 肖兴国主编，冶金反应工程学，东北工学院出版社，1989.

[3] 谢蕴国编，冶金反应工程学（上、下册），昆明工学院讲义，1986.

[4] O. Levenspiel，Chemical Reaction Engineering，John Wiley，New York，1972.

[5] 陈甘棠，施立才，化学工程手册，第 24 篇化学反应工程，化学工业出版社，1986.

[6] G.F. 弗罗门特，K.B. 比肖夫著，邹仁鋆等译，反应器分析与设计，化学工业出版社，1985.

[7] 鞭岩，森山昭著，蔡志鹏、谢裕生译，冶金反应工程学，科学出版

社，1981.
[8] 梁宁元等编，冶金反应工程学概论，东北工学院讲义，1984.
[9] D·M·Himmelblau,K·B·Bischoff,Process Analysis and Simulation，Deterministic Systems，John Wiley & Sons. New York，1968.
[10]永田进治，混合原理与应用，马继舜等译，化学工业出版社，1984.

8 非理想流动反应器

第 7 章讨论的反应器及其解析，仅限于反应器内是两种理想流动的状态，即活塞流和全混流。这两种流动模式处理简单而且往往是最佳的形式。就流动状态而言，在活塞流反应器中，进入反应器的流体微元在反应器内停留相同的时间，而后流出反应器。在连续式全混槽中，流体各微元的停留时间按一定的规律分布。但是，实际反应器中的流体流动往往不同程度偏离上述的理想流动状态，反应器内流体会发生：(1) 短路，即存在流动阻力特别小的局部区域；(2) 死区，即不流动或流速极小的局部区域；(3) 回流，即在某个区域内产生回旋流动；(4) 反向流动和返混等现象。返混是指逆向混合，它与一般指的混合有不同含义。一般指的混合是对一切物料空间的混合，而返混专指不同停留时间的流体微元间的混合。从返混这个角度看，活塞流就是完全无返混的流动，而全混流是返混达到极大程度的流动。

上述这些现象，当反应器尺寸加大时尤为突出。由于这些现象的存在，进入反应器的流体各分子或流体微元在流入到流出这段过程中，实际经历的路程可以长短不一，从而它们在反应器内的停留时间也就不相同，也不像全混流那样遵循一定的分布规律，这样就偏离了两种理想流动，也带来实际流动反应器与理想反应器反应效果的不同。这种实际情况下的流动称之为非理想流动，相应的反应器称非理想流动反应器，简称非理想反应器。

显然，对非理想反应器的停留时间分布及其对实际反应效果的影响，就成为十分重要的研究课题。

8.1 停留时间分布（RTD）

8.1.1 停留时间分布概念[1,2]

严格地说，如果要精确地知道反应器内所发生的过程，则必须知道反应器内所有微元的速度分布。然而，由于问题的复杂性有时办不到这一点。从工程角度看，事实上也不必要知道那么详细，只需要宏观地了解流动的特性即可。

假设反应物以稳态流经反应器，虽然流量稳定在一定值，但是由于是非理想流动，所以流体各微元在反应器内的停留时间不一样，对整个流体而言，就存在一个停留时间分布问题。

8.1.2 停留时间分布函数[3,4,5]

凡分布总是可以用某种函数加以数学描述。对停留时间分布可以用停留时间分布函数来描述，其常用的分布函数有 E 函数、F 函数和 I 函数。

8.1.2.1 停留时间分布函数 E

它是表征反应器出口处物料在反应器内停留时间分布的函数之一，称为停留时间分布密度函数，或出口寿命分布密度函数，通常就称为停留时间分布函数，以 E 表示。E 是时间的函数，故记作 E（t）。由于时间是连续的，流体流动也是连续的，所以 E（t）是一个连续函数。E（t）的定义是：出口流中，停留时间满足 $t_1 < t < t_2$ 的流体所占的分率为

$$\frac{\Delta N}{N} = \int_{t_1}^{t_2} \mathrm{E}(t)\mathrm{d}t \qquad (8\text{-}1)$$

或者说，E（t）dt 是同一时刻进入反应器的流体总量中，停留时间为 t 到 $t+\mathrm{d}t$ 的那部分所占的分率。显然，同一时刻进入反应器的流体，随着时间的无限延长，总是要全部流出反应器的，用数学式表示，即

$$\int_{0}^{\infty} \mathrm{E}(t)\mathrm{d}t = 1 \qquad (8\text{-}2)$$

式（8-2）称为分布函数的归一化条件。图8-1给出了典型的

E (t) 曲线。

从图可见，停留时间很长和很短的部分都很少，大部分流体微元停留时间在中等长的范围内。由图还可看出，停留时间（或寿命）低于 t_1 的流体所占的分率为 $\int_0^{t_1} E(t)dt$；寿命高于 t_1 的流体所占分率为 $\int_{t_1}^{\infty} E(t)dt$（阴影部分）；而寿命为 t 到 t_1 间的流体所占分率为 $\int_t^{t_1} E(t)dt$。E (t) 曲线以下所包围的面积 A，即为流体分率的总和，等于 1。

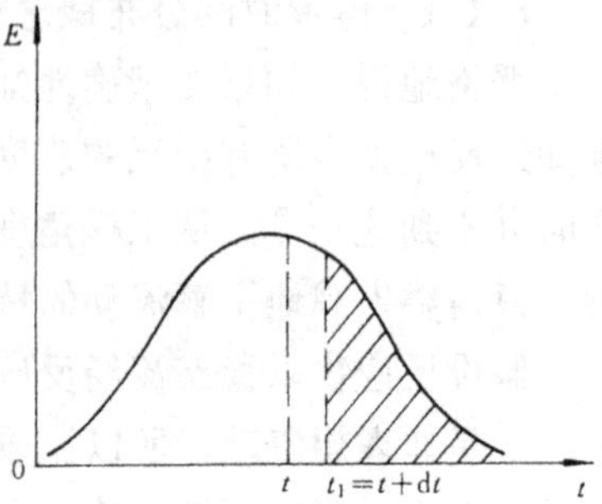

图 8-1 E 分布曲线

如果以流体在反应器内的平均停留时间 $\bar{t}$ 对时间 t 作无因次化处理，$\theta=t/\bar{t}$，则可用无因次时间 θ 作变数来表示停留时间分布函数 E。

$$\frac{\Delta N}{N} = \int_{\theta_1}^{\theta_2} E(\theta)d\theta \tag{8-1a}$$

归一化条件

$$\int_0^{\infty} E(\theta)d\theta = 1 \tag{8-2a}$$

由于 $dt=\bar{t}d\theta$，所以

$$E(\theta) = \bar{t}E(t) \tag{8-3}$$

8.1.2.2 累计停留时间分布函数 F

它的定义是出口流中，在反应器内停留时间小于 t 的流体部分所占的分率

$$F(t) = \int_0^t E(t)dt \tag{8-4}$$

同理，有

$$F(\infty) = \int_0^{\infty} E(t) dt = 1 \tag{8-5}$$

用无因次时间表示时，从定义式（8-4）不难导出

$$F(\theta) = \int_0^{\theta} E(\theta) d\theta \tag{8-4a}$$

$$F(\theta) = F(t) \tag{8-6}$$

在图 8-1 中，F（t）即为 0～t 区间 E（t）曲线以下包围的面积。

8.1.2.3　内部年龄分布函数 I

它的定义是在反应器内部，停留时间为 t 到 $t+dt$ 的流体所占的分率为 I（t）dt。同样有

$$\int_0^{\infty} I(t) dt = 1 \tag{8-7}$$

$$I(\theta) = \bar{t} I(t) \tag{8-8}$$

8.1.2.4　平均停留时间 $\bar{t}$

对于恒容体系，若反应器体积为 V_R，通过反应器的流体体积流量为 q_V，则

$$\bar{t} = V_R / q_V \tag{8-9}$$

对于变容体系，$\bar{t}$ 即为停留时间分布 E 的数学期望值（见 8.2.1 节）。

8.1.2.5　E、F、I 三函数间的关系

（1）E-F 间的关系　从 F 函数定义式（8-4a）已表明 E（θ）与 F（θ）间的关系，也可写为

$$E(\theta) = \frac{dF(\theta)}{d\theta} \tag{8-10}$$

（2）E-I 间关系　E、I 的区别在于，E 是对出口流体而言，I 是对反应器内的流体而言。对同一时刻进入反应器的流体，到另一指定时刻，其流出部分和仍留在反应器的部分必存在一定的关系。因此，通过某一时刻的物质衡算，可以得到

$$E(\theta) = -\frac{dI(\theta)}{d\theta} \tag{8-11}$$

（3）F-I 间的关系　由式（8-4a）和式（8-11）可导出

$$I(\theta) = 1 - F(\theta) \tag{8-12}$$

8.2 停留时间分布函数的数学特征[2,4,5]

为了对分布函数进行定量的描述和对分布函数进行有关运算，必须了解描述分布函数的数学方法和运算中常用的数学工具。

8.2.1 分布的均值 $\bar{t}$

分布的均值是分布函数的数学特征之一，均值又称为分布的矩心、分布的数学期望值。对于停留时间分布，均值就是平均停留时间。

8.2.1.1 均值的数学定义

对于连续变量系统，则其均值定义为

$$\bar{t} = \frac{\int_0^\infty tE(t)dt}{\int_0^\infty E(t)dt} = \int_0^\infty tE(t)dt \tag{8-13}$$

对于离散变量系统，只能测得各时间间隔 Δt_i 所对应的分布函数值，则均值定义为

$$\bar{t} = \frac{\sum_i t_i E(t_i)\Delta t_i}{\sum_i E(t_i)\Delta t_i} \tag{8-14}$$

8.2.1.2 均值的计算

例 8-1　实验已测得某流动反应器出口处 E 函数的离散数据如下：

t/min	0	5	10	15	20	25	30	35
E/min^{-1}	0	0.03	0.05	0.05	0.04	0.02	0.01	0

求分布的均值。

〔**解**〕　按上列数据，以 E-t 为坐标轴可作出例 8-1 图。

由式（8-14）

$\Sigma t_i E(t_i)\Delta t_i$ = 〔5×0.03+10×0.05+15×0.05+20×0.04+25×0.02+30×0.01〕×5

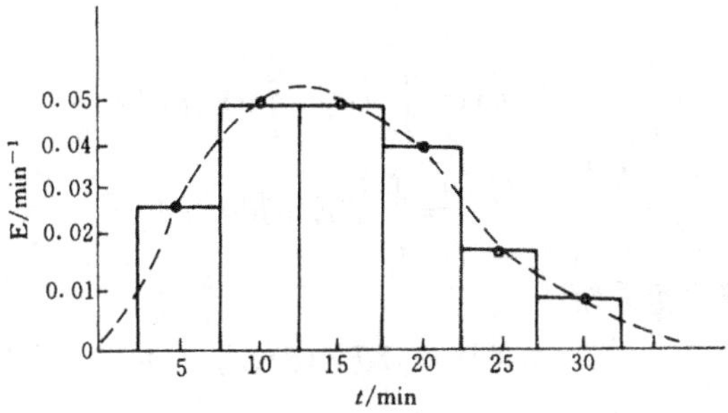

例 8-1 图　t-E 离散关系

$$=3\times5=15$$

$$\Sigma \mathrm{E}(t_i)\Delta t_i=(0.03+0.05+0.05+0.04+0.02+0.01)\times5$$

$$=0.2\times5=1$$

所以

$$\bar{t}=\frac{\sum\limits_i t_i\mathrm{E}(t_i)\Delta t_i}{\sum\limits_i \mathrm{E}(t_i)\Delta t_i}=\frac{15}{1}=15\mathrm{min}$$

8.2.2　分布的方差 σ^2

方差又称离散度、二阶中心矩、对平均值的二次矩。

8.2.2.1　方差的定义

对于连续变量系统

$$\sigma^2=\frac{\int_0^\infty (t-\bar{t})^2\mathrm{E}(t)\mathrm{d}t}{\int_0^\infty \mathrm{E}(t)\mathrm{d}t}=\int_0^\infty t^2\mathrm{E}(t)\mathrm{d}t-\bar{t}^2 \qquad (8\text{-}15)$$

对于离散变量系统

$$\sigma^2=\frac{\sum\limits_i (t_i-\bar{t})^2\mathrm{E}(t_i)\Delta t_i}{\sum\limits_i \mathrm{E}(t_i)\Delta t_i}=\frac{\sum\limits_i t_i^2\mathrm{E}(t_i)\Delta t_i}{\sum\limits_i \mathrm{E}(t_i)\Delta t_i}-\bar{t}^2$$

$$=\sum_i t_i^2-\mathrm{E}(t_i)\Delta t_i-\bar{t}^2 \qquad (8\text{-}16)$$

当采用无因次时间表示时，$\theta=t/\bar{t}$，$\mathrm{d}\theta=\mathrm{d}t/\bar{t}$，则对于连续变量系统

$$\sigma^2(\theta)=\int_0^\infty(\theta-1)^2\mathrm{E}(\theta)\mathrm{d}\theta$$

$$=\int_0^\infty\theta^2\mathrm{E}(\theta)\mathrm{d}\theta-1 \tag{8-17}$$

对于离散变量系统

$$\sigma^2(\theta)=\sum_i\theta_i^2\mathrm{E}(\theta)\Delta\theta_i-1 \tag{8-18}$$

比较式（8-17）与式（8-18），有

$$\sigma^2=\bar{t}^2\sigma^2(\theta) \tag{8-19}$$

方差 σ^2 是表示分布曲线展开宽度特征的定量尺度，其因次是〔时间〕^{2}。方差越大，曲线分布越宽，显得越“胖”；方差越小，曲线分布越窄，显得越“瘦”。当需要对分布曲线作更细的描述时，还可以使用对平均值的三次矩（歪度）和四次矩（尖度）。一个分布曲线的均值和方差确定了，该分布也就确定了。

8.2.2.2 方差和均值的加合性

当流体流过一个分若干段的反应器时，或者流过由若干同截面反应器构成的串联反应器时，其输入分布的均值为 $\bar{t}_{in}$，方差为 σ_{in}^2，输出分布的均值为 $\bar{t}_{out}$，方差为 σ_{out}^2。反应器各段（或串联反应器中各反应器）的分布的均值为 $\bar{t}_a$、$\bar{t}_b$、$\bar{t}_c$…，方差为 σ_a^2、σ_b^2、σ_c^2…，则根据均值和方差的加合性，有

$$\bar{t}_{out}=\bar{t}_{in}+\bar{t}_a+\bar{t}_b+\bar{t}_c+\cdots;$$

$$\sigma_{out}^2=\sigma_{in}^2+\sigma_a^2+\sigma_b^2+\sigma_c^2+\cdots。$$

8.2.3 δ 函数和单位阶梯函数

8.2.3.1 δ 函数

在微积分运算中碰到非连续函数时，常遇到困难。在论及非连续函数的脉冲函数时，常应用一个特殊函数——δ 函数。δ 函数是一个广义函数，它没有普遍意义下的“函数值”，因此不能用“值的对应关系”来定义。δ 函数的定义为一个函数序列的极限，即

$$\delta_\varepsilon(t) = \begin{cases} 0, t < 0 \\ \dfrac{1}{\varepsilon}, 0 \leqslant t \leqslant \varepsilon \\ 0, t > 0 \end{cases}$$

当 ε 趋近于零时的极限就是 δ 函数

$$\delta(t) = \lim_{\varepsilon \to 0} \delta_\varepsilon(t) \tag{8-20}$$

也就是说，δ 函数是这样一个函数：$\delta(t-t_0)$ 是一个分布曲线，除 $t-t_0=0$ 处之外，$\delta(t-t_0)$ 都等于零。假设，$t_0=12$，曲线包围的面积为 1，可记作

$$\delta(t - t_0) \Rightarrow \delta(t - 12)$$

这表示除 $t=12$ 以外，函数值都为零。通常 δ 函数用一个长度为 1 的线段来表示，在数学上可写作

$$\left.\begin{aligned} &\delta(t - t_0) = \infty, t = t_0 \\ &\delta(t - t_0) = 0, t \neq t_0 \\ &\int_{-\infty}^{\infty} \delta(t - t_0) = 1 \end{aligned}\right\} \tag{8-21}$$

引入 δ 函数，一是因为实验测定停留时间分布时常用一种脉冲刺激信号（见 8.3 节），它接近于 δ 函数。二是在数学运算中，δ 函数有一些极重要的性质给计算带来方便。这些性质是：δ 函数和其他任意函数之积在 a,b 区间的定积分有如下可直接得到的结果：

$$\int_a^b \delta(t - t_0) f(t) \mathrm{d}t = f(t_0), a < t_0 < b \tag{8-22}$$

$$\int_a^b \delta(t - t_0) f(t) \mathrm{d}t = 0, t_0 \text{ 在 } a,b \text{ 区间之外} \tag{8-23}$$

例如：

$$\int_2^4 \delta(t - 3) t^2 \mathrm{d}t = t^2 |_3 = 9$$

$$\int_0^2 \delta(t - 3) t^2 \mathrm{d}t = 0$$

$$\int_{-\infty}^{\infty} \delta(t - 3) t^2 \mathrm{d}t = t^2 |_2^0 = 9$$

$$\int_{-\infty}^{\infty}\delta(t)e^{-kt}dt = e^{-kt}|_0 = 1$$

8.2.3.2　单位阶梯函数

单位阶梯函数定义为

$$u(t) = \begin{cases} 0, t < 0 \\ 1, \geqslant 0 \end{cases}$$

在实验测定 F 曲线时将用到此函数。

8.2.4　卷积分（褶积分）

卷积分用于计算研究入口信号浓度 C_{in} 与出口分布 E 和出口浓度 C_{out} 的关系是十分方便的。设有流体连续流过一反应器，其停留时间分布为 E（t）。此时在反应器入口输入一个"短"的示踪信号 C_{in}，C_{in} 虽然短，但还不是脉冲信号，它带有本身的分布，设该分布曲线与 t 坐标轴包围的面积为 1。由于流动的特有的停留时间分布 E（t）使示踪信号分布在通过反应器时变形，在反应器出口处测得输出信号 C_{out}。现来研究 C_{in}，E，C_{out} 之间的关系。图 8-2 中狭长的矩形 B 表示大约 t 时刻离开反应器的示踪剂量，可写成

$$\begin{pmatrix}\text{矩形 } B \text{ 中的} \\ \text{示踪剂量}\end{pmatrix} = \begin{pmatrix}\text{所有比 } t \text{ 早 } t' \text{ 时间内进入反应} \\ \text{器，并停留时间为 } t' \text{ 的示踪剂量}\end{pmatrix} \tag{8-24}$$

由图可知，比 t 早 t' 进入反应器的示踪剂量，正等于矩形 A 中的示踪剂量，于是式（8-24）可以改写为

$$\begin{bmatrix}\text{矩形 } B \text{ 中的示踪} \\ \text{剂量，即离开反} \\ \text{应器的部分}\end{bmatrix} = \Sigma\begin{pmatrix}\text{矩形 } A \text{ 中的} \\ \text{示踪剂量}\end{pmatrix} \cdot \begin{bmatrix}\text{矩形 } A \text{ 中示踪} \\ \text{剂在反应器内停} \\ \text{留时间为 } t' \text{ 的分率}\end{bmatrix} \tag{8-25}$$

式中右侧是对 t 时刻前进入反应器的所有矩形的求和，即 t' 可从 0 变化为 t，把式（8-25）文字表达的公式用数字表达

$$C_{out}(t) = \int_0^t C_{in}(t - t')E(t')dt' \tag{8-26}$$

或

$$C_{out}(t) = \int_0^t C_{in}(t - t')C(t')dt' \tag{8-27}$$

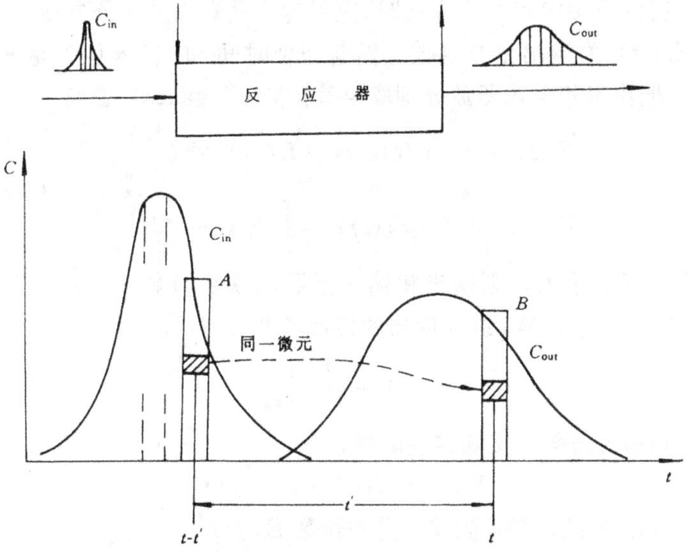

图 8-2　卷积分推导示意图

上面两式，称 C_{out} 是 E（或 C）与 C_{in} 的卷积分，记作

$$C_{out} = E * C_{in} \qquad 或 \ C_{out} = C_{in} * E \tag{8-28}$$

$$C_{out} = C * C_{in} \qquad 或 \ C_{out} = C_{in} * C \tag{8-29}$$

卷积分具有乘积的性质，具有交换律、结合律，所以可以连续卷积，即

若　$C_1 = C_{in} * E_A$（E_A 为 A 反应器的停留时间分布）

　　$C_2 = C_1 * E_B$（E_B 为 B 反应器的停留时间分布）

　　$C_3 = C_2 * E_C$（E_C 为 C 反应器的停留时间分布）

A、B、C 三个反应器串联，则

$$C_{out} = C_{in} * E_A * E_B * E_C$$

只要知道 n 个分布中的任意 $n-1$ 个，则任一未知分布都可以求出。也可以由 C_{in}、E_A…逐个递推出串联反应器中任意反应器的停留时间分布和输出分布。

8.2.5 传递函数

在计算多级串联反应器时，应用传递函数也是十分方便的。假设 $E_i(t)$ 为输出分布函数，提前一个时间 t 的输入认为是 $E_{i-1}(t)$，把输出和输入函数分别取拉普拉斯（Laplace）变换

$$\left.\begin{aligned} F_i(s) &= \mathscr{L}\{E(t)\} = \int_0^{\infty} E(t)e^{-st}dt \\ F_{i-1}(s) &= \mathscr{L}\{E_0(t)\} = \int_0^{\infty} E_0(t)e^{-st}dt \end{aligned}\right\} \tag{8-30}$$

下标 0 表示输入，则输出和输入函数的映象函数 $F_i(s)$、$F_{i-1}(s)$ 之比，称为第 i 级反应器的传递函数 $G(s)$。

$$G(s) = \frac{F_i(s)}{F_{i-1}(s)} \tag{8-31}$$

若已知输入函数，又知传递函数，则

$$F_i(s) = G(s) \cdot F_{i-1}(s) \tag{8-32}$$

求 $F_i(s)$ 的逆，即得到输出分布函数 $E_i(t)$

$$\mathscr{L}^{-1}\{F_i(s)\} = E_i(t) \tag{8-33}$$

8.3 停留时间分布的实验测定[1,6,7]

直接观察流经反应器的流体是无法看出流体在反应器中的停留时间分布的。在科学实验和工业生产中，常采用所谓“刺激—响应”实验或称“刺激—响应”技术来显示和确定停留时间分布曲线。办法是：在反应器的入口输入一个信号，信号常用示踪剂来实现。然后在反应器出口或内部获取该输入信号的输出，即所谓响应，从响应曲线得到流体在反应器的停留时间分布。

8.3.1 刺激-响应实验技术[1,5,6]

8.3.1.1 刺激-响应技术的应用原则

刺激信号相当于给流进反应器的流体微元“染色”，而响应则显示出被“染色”微元流经反应器后从出口流出的先后情况，它表征流体的停留时间分布情况。因此，在应用刺激—响应技术时，应遵循以下原则：

（1）刺激—响应过程必须是线性过程，刺激信号在数量上的

变化导致响应在相应量上的变化是成比例的，这种过程称为线性过程。下式表征了线性过程这一特性

$$\frac{\Delta(\text{响应})}{\Delta(\text{刺激})} = \frac{d(\text{响应})}{d(\text{刺激})} = K = \text{常数} \tag{8-34}$$

积分表达如

$$(\text{响应}) = K_1(\text{刺激}) + K_2 \tag{8-35}$$

如果过程不遵守上述条件，则称为非线性过程；

（2）为了确保刺激—响应过程是线性过程，作为刺激信号的示踪剂不能参与反应器内发生的任何化学反应，即不会因反应导致示踪剂物质的增加或减少，示踪剂对反应是“惰性”的；

（3）输入刺激信号时，即加入示踪剂时，要避免由于加入方式不当造成对流体流动状态的干扰，甚至破坏了原来的流态。如果干扰或破坏了原来的流态，则输出的响应就不能如实反映原来的流体流动特征。

8.3.1.2 示踪剂加入方式及其响应类型

冶金实验研究中常用的示踪剂如：放射性物质，不参与化学反应的其他元素，如铜、金等。在冷态模拟研究中，常使用电解质等。相应的响应则是测量放射强度或示踪物质浓度随时间的变化。通常采用的示踪剂加入方式和得到的相应响应如图 8-3 所示。冶金问题研究中最常用脉冲信号输入和阶跃信号输入。

8.3.1.3 开式、闭式和开闭式、闭开式反应器

所谓开式、闭式、开闭式和闭开式反应器并不是描述反应器结构的，而是描述反应器进出口处流体流动的边界条件。图 8-4 表示出各种不同的边界条件。

图中虚线表示边界，E 表示分布，脚标 c 表示闭式、o 表示开式。

“开式”指流体流经边界时流动不受扰动的情况。“闭式”指在边界外流动是活塞流的情况。在刺激-响应实验中，边界的状况实际取决于示踪剂注入的方法、位置和检测位置以及进出口处流体流动的状态。因为输入信号位置和响应信号检测位置就决定了

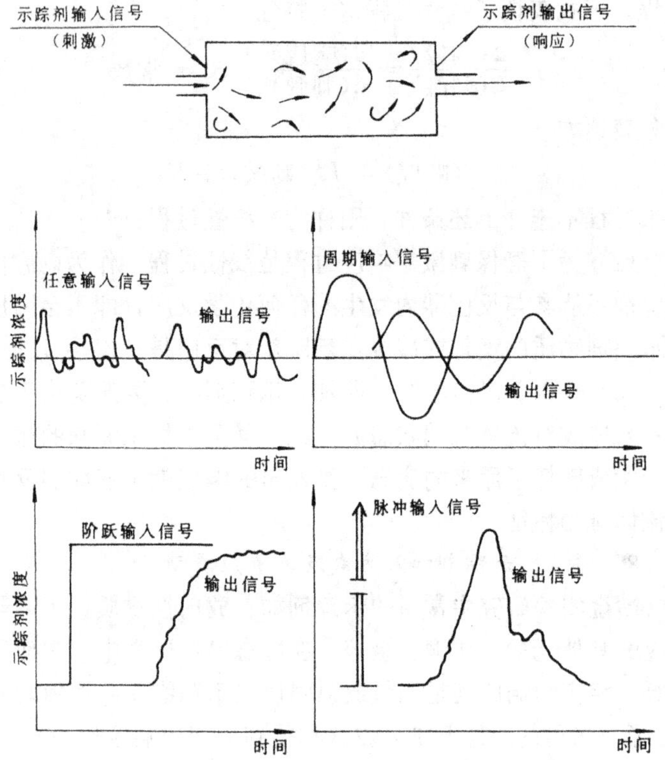

图 8-3　稳态流动下反应器中常用的刺激-响应技术

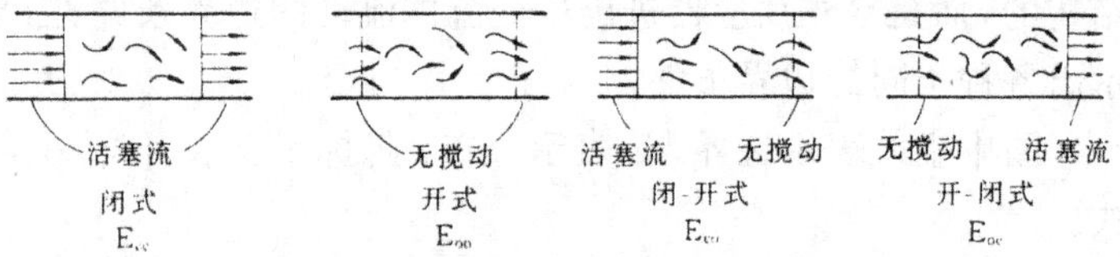

图 8-4　边界条件示意图

流体流动的边界位置，再结合边界以外流体流动的状态，就可以确定边界条件类型。不同边界条件下测试出C曲线、E曲线和F曲线（见本书8.3.2节和8.3.3节）在计算曲线的均值和方差时，情况是不一样的。

8.3.2 C曲线和E曲线[6]

稳态流动下，在时间$t=0$的瞬间于反应器入口处注入一个示踪剂量为M_0的脉冲信号(δ函数)，同时在反应器出口处连续测定示踪剂浓度随时间的变化$C(t)$，所得到的曲线称为C曲线。

当示踪剂注入后，在$t+\mathrm{d}t$时间间隔从出口流出的示踪剂占示踪剂总量M_0的分率为

$$\left(\frac{\mathrm{d}N}{N}\right)_{示踪剂}=\frac{q_V C(t)\mathrm{d}t}{M_0}$$

在注入示踪剂的同时，流入容器内的物质流体若为N，则在容器内停留$t\rightarrow t+\mathrm{d}t$的物料在$N$中所占的分率为

$$\left(\frac{\mathrm{d}N}{N}\right)_{物料}=\mathrm{E}(t)\mathrm{d}t$$

因为示踪剂和物料在同一流动体系中，所以可以认为

$$\left(\frac{\mathrm{d}N}{N}\right)_{示踪剂}=\left(\frac{\mathrm{d}N}{N}\right)_{物料} \qquad 即$$

$$\frac{q_V C(t)\mathrm{d}t}{M_0}=\mathrm{E}(t)\mathrm{d}t \tag{8-36}$$

于是有

$$\mathrm{E}(t)=\frac{q_V}{M_0}C(t) \tag{8-37}$$

实验测得C曲线后即可根据式(8-37)求得E曲线，即E分布函数。当实验中控制$\frac{q_V}{M_0}=1$时，则E$(t)=C(t)$，C曲线即为E曲线。

例8-2 用C^{14}标记的十八烷作示踪剂，测定某固定床中流体相的停留时间分布。在脉冲注入一定量的示踪物后，测定出口物料中十八烷浓度随时间的变化如例8-2图。若十八烷注入总量为

10g，物料流量为 20L/s，求 E（t）。

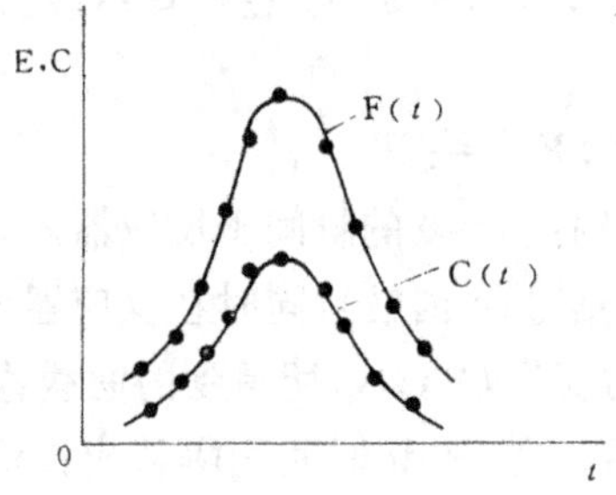

例 8-2 图　E（t）$=\left(\dfrac{q_V}{M_0}\right)C$（$t$）

〔**解**〕　由于实验已得到 C（t）曲线，于是

$$E(t)=\frac{q_V}{M_0}C(t)=\frac{20L/s}{10g}C(t)(g/L)$$
$$=2C(t)(1/s)$$

即把试验求得的 C 曲线放大一倍即得 E 曲线。

8.3.3　F 曲线[5,6]

F 曲线是指数型响应曲线。刺激信号采用阶跃信号输入或称阶梯输入。

在稳态流动反应器入口输入一个阶梯信号，例如从某一时刻起连续输入一定浓度的示踪物质，输入一定时间后切断示踪剂注入。或者从某一时刻起突然切断原来流体，改为相同流动状态的示踪物流，保持一定时间后再切换，恢复原来流体，同时在出口测定示踪物浓度随时间的变化 $C(t)$，此时得到的响应曲线称 F 曲线。

要注意，阶跃输入时，在 t 时刻从出口流出的是停留时间为 0 →t 的示踪物，即凡停留时间小于 t 的示踪物，在 t 时都可以从出口流出，所以在 t 时刻所测定的示踪物浓度 C（t）应为

$$C(t)=\frac{\text{停留时间为 }0\rightarrow t\text{ 的示踪物}}{0\sim t\text{ 时间内加入的物料总量}}$$

$$=\frac{(0\sim t\text{ 时间内进入反应器的示踪物})\cdot(\text{停留时间为 }0\rightarrow t\text{ 的部分分率})}{t\text{ 时间内加入的物料总量}}$$

$$=\frac{q_V C_0 t\times\int_0^t \mathrm{E}(t)\mathrm{d}t}{q_V t}$$

$$=C_0\int_0^t \mathrm{E}(t)\mathrm{d}t \tag{8-38}$$

或

$$\mathrm{E}(t)=\frac{1}{C_0}\frac{\mathrm{d}[C(t)]}{\mathrm{d}t}=\frac{\mathrm{d}\left[\frac{C(t)}{C_0}\right]}{\mathrm{d}t} \tag{8-39}$$

由式（8-4）知，$\mathrm{F}(t)=\int_0^t \mathrm{E}(t)\,\mathrm{d}t$，代入式（8-39）仍得到 $\mathrm{E}(t)=\frac{\mathrm{dF}(t)}{\mathrm{d}t}$，与式（8-10）一致。

用阶跃输入测定 F 曲线时，坐标可取$\frac{C}{C_0}$-$\frac{t}{\bar{t}}$或$\frac{C}{C_0}$-t，如图 8-5。当示踪剂浓度 $C_0=1$ 个单位时，用输出浓度 C 与 t 直接作图就得到 F 曲线，但此时纵坐标仍是$\frac{C}{C_0}$，是无因次浓度值。

8.3.4 闭式反应器中不同流动类型的 F、C 和 E 曲线[6]

对于理想流动，可从其流动特征直接推导出停留时间分布函数。

对活塞流反应器，因无返混，物料在反应器内的停留时间相同。对等密度流体，若体积流量为 q_V，反应器体积为 V_R，则停留时间为 $t=\frac{V_R}{q_V}$，即平均停留时间。在 E-t 坐标图上，函数图像为面积等于 1 的垂直于 t 轴的直线。在 F-t 坐标图上即为一个滞后于阶跃输入信号的阶跃输出。

对全混流反应器，由于反应器内理想混合，所以示踪剂一注入反应器后立即均匀分散到反应器各部位，且任何时刻流出反应器的示踪剂浓度均与该时刻反应器内的浓度相同，但是是随时间变化的。

设流经反应器的物料体积流量为 q_V，在阶跃注入条件下，示踪剂物质衡算式为

$$C_0 q_V \mathrm{d}t - C(t) q_V \mathrm{d}t = V \mathrm{d}C \tag{8-40}$$

将平均停留时间 $\bar{t} = V/q_V$ 代入式（8-40），整理后得

$$\frac{\mathrm{d}C(t)}{C_0 - C(t)} = \frac{1}{\bar{t}}\mathrm{d}t \tag{8-41}$$

在 $t \leqslant 0$，$C=0$ 的初始条件下，积分上式得

$$\frac{C(t)}{C_0} = 1 - \exp\left(-\frac{t}{\bar{t}}\right) \tag{8-42}$$

由式（8-38）有

$$\frac{C(t)}{C_0} = \int_0^t \mathrm{E}(t)\mathrm{d}t = \mathrm{F}(t) \tag{8-43}$$

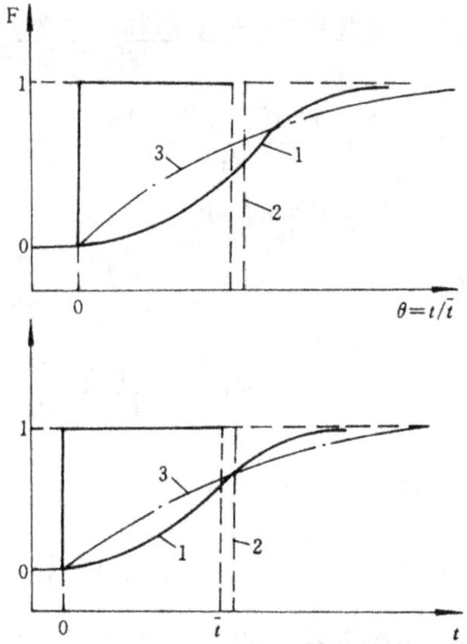

图 8-5　阶跃输入时典型的输出 F 曲线

1—非理想流量；2—活塞流；3—全混流

比较式（8-42）和式（8-43），得

$$\mathrm{F}(t) = 1 - \exp\left(-\frac{t}{\bar{t}}\right) \tag{8-44}$$

微分，得

$$\mathrm{E}(t) = \frac{1}{\bar{t}}\exp\left(-\frac{t}{\bar{t}}\right) \tag{8-45}$$

令 $\theta = t/\bar{t}$，则式（8-44）和（8-45）的无因次时间表达式为

$$\mathrm{F}(\theta) = 1 - \exp(-\theta) \tag{8-46}$$

$$\mathrm{E}(\theta) = \exp(-\theta) \tag{8-47}$$

在闭式条件下，C 曲线、E 曲线的均值 $\bar{t}_C$ 和 $\bar{t}_E$ 就等于流体的平均停留时间 $\bar{t}$，即

$$\bar{t}_C = \bar{t}_E = \bar{t} \tag{8-48}$$

因此，上述无因次化处理十分方便。若不满足闭式边界条件，例如是开式，则

$$\bar{t} \neq \bar{t}_C \overset{?}{=} \bar{t}_E \tag{8-49}$$

图 8-6 表示出闭式条件下的分布曲线。

8.4 停留时间分布信息的应用[2,3,8,9]

8.4.1 利用分布的方差判断流动类型

方差是分布曲线展开程度的定量描述。对 E (θ) 分布而言，活塞流方差最小，分布最集中；全混流方差最大，分布最分散。因此，只要计算出某流动反应器停留时间分布的方差，并与活塞流、全混流的方差比较，就可以估计出该流动与理想流动的偏差。

8.4.1.1 全混流反应器停留时间分布的方差

将式 (8-47) 代入式 (8-17) 就可以求出全混流反应器停留时间分布的方差：

$$\sigma_m^2 = \int_0^\infty \theta^2 E(\theta) d\theta - 1$$

$$= \int_0^\infty \theta^2 e^{-\theta} d\theta - 1 = 1 \tag{8-50}$$

下标 m 表示全混流反应器。

8.4.1.2 活塞流反应器停留时间分布的方差

活塞流反应器的停留时间分布密度函数可用 δ 函数表示

$$E(t) = \delta(t - \bar{t}) = \begin{cases} 0, t \neq \bar{t} \\ \infty, t = \bar{t} \end{cases} \tag{8-51}$$

或

$$E(\theta) = \delta(\theta - 1) = \begin{cases} 0, \theta \neq 1 \\ \infty, \theta = 1 \end{cases} \tag{8-52}$$

停留时间分布函数 F (t)、F (θ) 可用单位阶梯函数 U 来表示

$$F(t) = U(t - \bar{t}) = \begin{cases} 0, t < \bar{t} \\ 1, t \geq \bar{t} \end{cases} \tag{8-53}$$

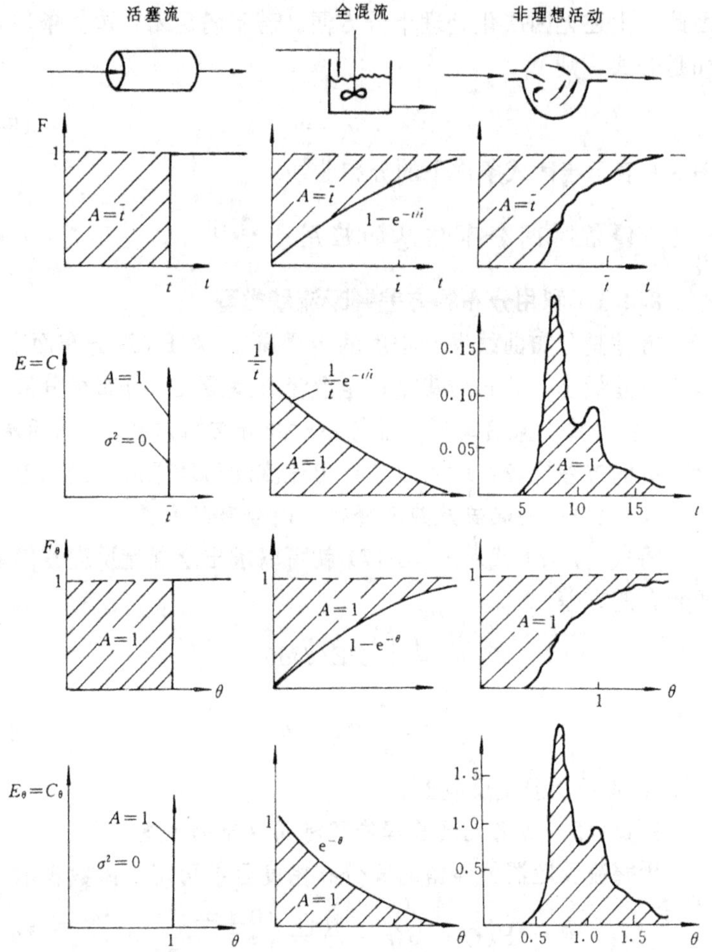

图 8-6 闭式边界条件下不同类型流动的停留时间分布

$$F(\theta)=U(\theta-1)=\begin{cases}0,\theta<1\\1,\theta\geqslant 1\end{cases}\qquad(8\text{-}53a)$$

把式（8-52）代入式（8-17）同样可算出方差 σ_p^2。下标 p 表示活塞流反应器。

$$\sigma_p^2 = \int_0^\infty \theta^2 \delta(\theta - 1) d\theta - 1 = 0 \tag{8-54}$$

8.4.1.3 非理想流动反应器停留时间分布方差

方差的大小是返混程度的一个量度。方差等于零，表示无返混。方差等于1，表示返混程度最大。已知 $\sigma_p^2=0$，$\sigma_m^2=1$，那么非理想流动反应器停留时间分布的方差 σ_n^2（下标 n 表示非理想流动反应器）必有

$$\sigma_p^2 < \sigma_n^2 < \sigma_m^2 \tag{8-55}$$

或

$$0 < \sigma_n^2 < 1 \tag{8-56}$$

例 8-3 试求例 8-1 分布函数的方差 $\sigma^2(\theta)$

〔**解**〕 根据例 8-1 的试验数据，可以计算出

t_i/min	0	5	10	15	20	25	30	35
θ_i	0	1/3	2/3	1	4/3	5/3	2	7/3
$E_i(\theta)$	0	0.45	0.75	0.75	0.60	0.3	0.15	0

把上面数据代入式（8-18）

$$\begin{aligned}\sigma^2(\theta) &= \sum_i \theta_i^2 E(\theta)\Delta\theta_i - 1 \\ &= \left[\left(\frac{1}{3}\right)^2 \times 0.45 + \left(\frac{2}{3}\right)^2 \times 0.75 + (1)^2 \times 0.75 \right. \\ &\quad + \left(\frac{4}{3}\right)^2 \times 0.60 + \left(\frac{5}{3}\right)^2 \times 0.30 \\ &\quad \left. + (2)^2 \times 0.15\right] \times \frac{1}{3} - 1 \\ &= 0.211\end{aligned}$$

从方差的计算结果可判断，该流动与全混流偏离更大，而与活塞流较接近，但是偏离也不小。

8.4.2 利用分布曲线分析流体流动状态[5]

人们关心的一个问题是，如何探测和诊断流动反应器中的一些不正常流动现象并采取措施消除这些现象。诸如：死区的存在相当于反应器的容积减小，实际生产能力降低；沟流的存在使一

部分反应物只停留很短的时间就流出了反应器，从而降低了反应物的转化率；强烈的内循环一方面浪费了反应器的体积，若内循环区内反应物浓度高，则转化率低，整体上也影响反应的效果。

从停留时间分布曲线的形状就可以直观地诊断出反应器内这些不正常的流动情况。图 8-7 表示出用 E 分布诊断流况的情况。

如果用强度函数 $\Lambda(\theta)$ 的图形，可以更直观地判断流体的流况，见图 8-8。定义

$$\Lambda(\theta) = \mathrm{E}(\theta)/\mathrm{I}(\theta) \tag{8-57}$$

强度函数 $\Lambda(\theta)$的物理意义是流体微元从容器中逸出概率的量度。对活塞流反应器，当 $\theta=1$ 时，在 $\theta=\theta_+$时同时进入反应器的流体微元都同时从反应器出口流出。因此，$\Lambda(\theta)$是 $\theta=1$ 处平行纵轴的直线。对全混流反应器，因 $\mathrm{E}(\theta)=\exp(-\theta)$，$\mathrm{E}(\theta)=-\mathrm{dI}(\theta)/\mathrm{d}\theta$，于是，$\mathrm{I}(\theta)=\mathrm{E}(\theta)$，代入式(8-57)有 $\Lambda(\theta)=1$。对无死区、无沟流的系统 $\Lambda(\theta)$直线上升。而有死区有沟流的系统，$\Lambda(\theta)$总是随 θ 上升到某值后又下降，当降到最低谷后又无限上升。因此，通过式(8-57)求出 $\Lambda(\theta)$，用 $\Lambda(\theta)$与 θ 作图，从曲线就可以直观地判断系统有无沟流和死区。

8.4.3 利用分布函数预测反应的效率[2,4,5]

化学动力学中描述反应速度的微分方程表明时间由 t 到 $t+\mathrm{d}t$ 反应物浓度（或产物浓度）的变化。若假定 $t=0\sim t$，$C_A=C_{A0}\sim C_A$，一般说，化学反应速度方程可解。例如对任意一个动力学速度方程

$$-\frac{\mathrm{d}C_A}{\mathrm{d}t} = kC_A^n \tag{8-58}$$

在 $t=0\sim t$，$C_A=C_{A0}\sim C_A$下积分，可得

$$\int_{C_{A0}}^{C_A}\frac{\mathrm{d}C_A}{C_A^n} = \int_0^t k\mathrm{d}t \tag{8-59}$$

由式（8-59）求得 C_A，再根据转化率 X_A的定义式可得到 X_A与时间的函数关系。例如对一级不可逆反应，积分结果可得到

$$X_A = 1 - \mathrm{e}^{-kt} \text{ 或 } \frac{C_A}{C_{A0}} = \mathrm{e}^{-kt} \tag{8-60}$$

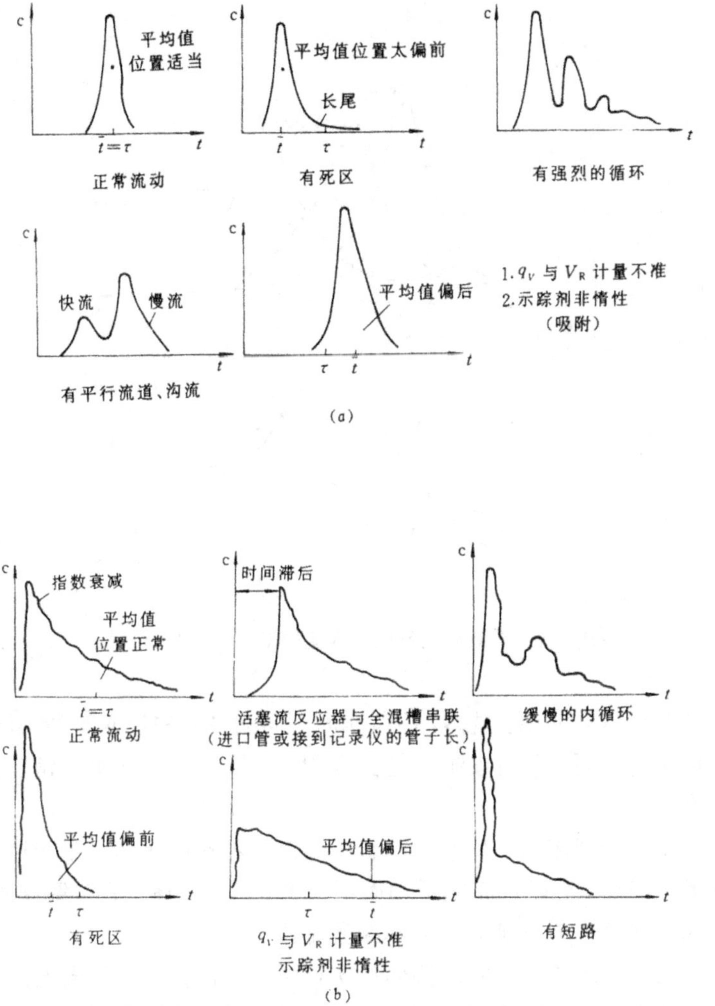

图 8-7　停留时间分布曲线的诊断[5]

(*a*) 接近活塞流的流动；(*b*) 接近全混流的流动

可见，只要动力学微分方程已知，则化学反应的转化率可以由该微分方程在反应时间区间积分求出。但是要注意，用上述方法求得的结果并没有考虑到流体各微元在反应器中的停留时间可能存

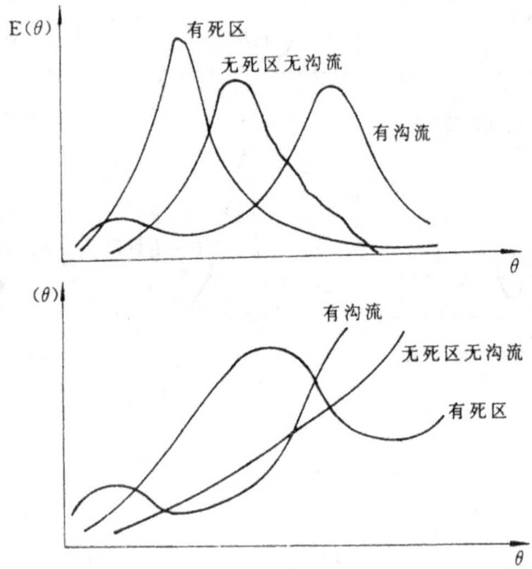

图 8-8　具有或无死区和沟流的 E（θ），Λ（θ）[2]

在着一个分布问题。显然，停留时间不同的微元的反应时间不同，转化率也不同。下面按流体混合的"细节"，分两种极端的情况来讨论。

（1）微观流体　微观流体指微观混合状态的流体，混合达到分子级混合，分子都独立运动而不相属。例如气体、非粘稠液体。微观流体又称非凝聚流体或非凝絮流体。

（2）宏观流体　宏观流体指宏观混合态流体，又称凝聚流体或凝絮流体。在宏观流体中，所有分子以微元（或微团）状态存在。每一微元内部成分是相对均匀的，但微元与微元之间完全不混合。这样就可以把每个微元看作一个微小的间歇全混槽，其转化率可用间歇全混槽的公式

$$X_A = \begin{cases} kt/C_{A0} & n = 0 \\ 1 - e^{-kt} & n = 1 \\ C_{A0}kt/(1 + C_{A0}kt) & n = 2 \end{cases} \tag{8-61}$$

每个小间歇全混槽的反应时间 t，就是相应微元在反应器中的停留时间，服从 E（t）分布。因此，反应器出口流中物质的转化率是各微元转化率的统计平均值

$$\overline{X}_A = \frac{\Sigma X_A(t)\Delta N}{N} = \Sigma X_A(t)\frac{\Delta N}{N} \tag{8-62}$$

或

$$\overline{X}_A = \int_0^\infty X_A(t)\frac{dN}{N} = \int_0^\infty X_A(t)E(t)dt \tag{8-63}$$

式（8-63）是一个极重要的公式，它是从宏观混合概念导出的。微观混合的效应原则上是重要的，但对粘度不大或“稀”的流体和不太敏感的反应，宏观混合的影响比微观混合的影响大，所以对处于微观流体与宏观流体中间状态的流体，仍可用式（8-63）来估计转化率。从式（8-63）可见，平均转化率受 X_A（t）和 E（t）的影响，前者取决于化学动力学方程，而后者就是停留时间分布函数。

（3）理想流动反应器中微观流体和宏观流体的转化率　表 8-1 列出理想流动反应器中两种流体转化率的计算结果：

表 8-1 中

$$ei(\alpha) \equiv \int_0^\infty \frac{e^{-t}}{t}dt（指数积分） \tag{8-64}$$

从表可以看出：

（1）对于活塞流反应器的任何级数的反应，微观流体和宏观流体的反应效果是一样的，也就是说，流体凝聚与否对反应效果没有影响。

（2）对于连续全混槽中进行的一级反应，微观流体和宏观流体反应效果也是一样的，流体凝聚与否对反应效果也没有影响。在本节中应用了 *RTD* 得出的结果和 7.3.2 节中未考虑 *RTD*，仅从物质衡算得到的结果是一样的，都是$\frac{C_A}{C_{A0}} = \frac{1}{(1+kt)}$。这是因为，一级反应是线性反应的缘故。关于这两种近似方法的物理含意将在（4）中进一步阐明。

表 8-1　理想流动反应器中微观流体与宏观流体的转化率[5]

反应级数	活塞流	连续式全混槽	
	微观及宏观流体	微观流体	宏观流体
0	$kt/C_{A0}\leqslant 1$ $C_A/C_{A0}=1-(kt/C_{A0})$ $kt/C_{A0}\geqslant 1$ $C_A/C_{A0}=0$	$kt/C_{A0}\leqslant 1$ $C_A/C_{A0}=1-(kt/C_{A0})$ $kt/C_{A0}\geqslant 1$ $C_A/C_{A0}=0$	C_A/C_{A0} $=1-\frac{kt}{C_{A0}}(1-\exp(-C_{A0}/kt)$
½	$kt/C_{A0}^{1/2}=2(1-\sqrt{1-X_A})$	$\frac{kt}{C_{A0}^{1/2}}=\frac{1}{\sqrt{1-X_A}}$	$X_A=\frac{kt}{C_{A0}^{1/2}}-\frac{1}{2}\frac{k^2t^2}{C_{A0}}+\frac{1}{2}\frac{k^2t^2}{C_{A0}}\cdot$ $\exp(-2C_{A0}^{1/2}/kt)$ $0\leqslant kt/C_{A0}^{1/2}\leqslant 2$
1	$C_A/C_{A0}=e^{-kt}$	$C_A/C_{A0}=\frac{1}{1+kt}$	$C_A/C_{A0}=1/(1+kt)$
2	$\frac{C_A}{C_{A0}}=\frac{1}{1+kC_{A0}t}$	$C_A/C_{A0}=$ $\frac{-1+\sqrt{1+4kC_{A0}t}}{2kC_{A0}t}$	$\frac{C_A}{C_{A0}}=\alpha e^{\alpha}ei(\alpha)$ $\alpha\equiv\frac{1}{kC_{A0}t}$ $ei(\alpha)=\int_0^{\infty}\frac{e^{-t}}{t}dt$
n	$C_A/C_{A0}=[1+(n-1)$ $\cdot C_{A0}^{n-1}kt]^{1/(1-n)}$	$\left(\frac{C_A}{C_{A0}}\right)^n C_{A0}^{n-1}kt+\frac{C_A}{C_{A0}}-1$ $=0$	$C_A/C_{A0}=\frac{1}{\bar{t}}\int_0^{\infty}[1+(n-1)$ $\cdot C_{A0}^{n-1}kt]^{\frac{1}{1-n}}\cdot e^{t/\bar{t}}dt$

(3) 对连续全混槽，除一级反应以外的任何级数的反应，都是非线性反应，微观流体和宏观流体的反应效果是不一样的。也就是说，流体凝聚与否对反应效果有影响，应用 RTD 得出的结果和不考虑 RTD 仅从物质衡算得到的结果是不一样的。以二级反应为例，表 8-1 中得

$$\frac{C_A}{C_{A0}}=\alpha e^{\alpha}\int_0^{\infty}\frac{e^{-t}}{t}dt \tag{8-65}$$

在 7.3.2 节中，从物质衡算并未考虑 RTD 时得到

$$\frac{C_A}{C_{A0}}=\frac{-1+\sqrt{1+4ktC_{A0}}}{2C_{A0}kt} \tag{8-66}$$

可见两种近似方法的结果完全不一样。

（4）两种近似计算方法结果不同的物理含意可从下面两个例中看出。

例 8-4 在全混流反应器中进行某一级反应，其动力学方程为

$$X_A(t) = 1 - e^{-kt}$$

在等温等容下测得出口流体的停留时间分布密度为

$$E(t) = \frac{1}{\bar t} e^{-t/\bar t}$$

试求反应物 A 的转化率与反应时间的关系。

〔**解**〕 根据式（8-63）有

$$\begin{aligned}
\overline{X}_A &= \int_0^\infty X_A(t)E(t)dt \\
&= \int_0^\infty (1 - e^{-kt}) \cdot \left(\frac{1}{\bar t} e^{-t/\bar t} \right) dt \\
&= \int_0^\infty \frac{1}{\bar t} e^{t/\bar t} dt \cdot \int_0^\infty \frac{1}{\bar t} e^{-(k-\frac{1}{\bar t})} dt \\
&= 1 - \frac{1}{k\bar t + 1} \\
&= \frac{k\bar t}{1 + k\bar t} \qquad 或
\end{aligned}$$

$\frac{C_A}{C_{A0}} = \frac{1}{1+k\bar t}$，这结果与 7.3.2 节的结果是一样的。

例 8-5[5] 现考虑一个平均停留时间为 $\bar t_1$ 的活塞流反应器，在其后串联一个平均停留时间为 $\bar t_2$ 的连续全混槽。此组合系统的 *RTD* 只不过是把连续全混槽的 *RTD* 推迟了一段时间，造成全混槽 *RTD* 的时滞，此时

$$E(t) = \frac{1}{\bar t_2} U(t - \bar t_1) e^{-(t-\bar t_1)/\bar t_2} \qquad (a)$$

如果把上述两个反应器的串联次序加以颠倒，所得的 *RTD* 仍相同，只是后者的时滞是在混合之后而不是混合之前。

对一级反应，不管哪一种排列，出口浓度都是

$$\frac{C_A}{C_{A0}}=\frac{e^{-k\bar{t}_1}}{1+k\bar{t}_2} \tag{b}$$

对二级反应，克拉梅斯和韦斯特托普[10]得到：

当活塞流反应器在前，全混流反应器在后时

$$\frac{C_A}{C_{A0}}=\frac{-1+\sqrt{1+4\left(\dfrac{kC_{A0}\bar{t}_2}{1+kC_{A0}\bar{t}_1}\right)}}{2kC_{A0}\bar{t}_2} \tag{c}$$

当全混流反应器在前，活塞流反应器在后时

$$\frac{C_A}{C_{A0}}=\frac{-1+\sqrt{1+4kC_{A0}\bar{t}_2}}{2kC_{A0}\bar{t}_2+kC_{A0}\bar{t}_1\left(-1+\sqrt{1+4kC_{A0}\bar{t}_2}\right)} \tag{d}$$

在 $kC_{A0}\bar{t}_1=1$，$\bar{t}_2/\bar{t}_1=4$ 时，转化率 $X_A=1-\dfrac{C_A}{C_{A0}}$ 其值计算结果如下：

活塞流—全混流　　$X_A=75\%$

全混流—活塞流　　$X_A=72\%$

用 $\overline{X}_A=\int_0^\infty X_A(t)E(t)\mathrm{d}t$ 公式计算，则 $X_A=77\%$。

由上述二例可以看出，对于一级反应这样的线性过程，混合发生的早晚对反应结果没有影响，这表明其反应效果原则上只取决于微元在反应器内的停留时间，而与逗留期间它们处于何处无关。但对于二级反应这样的非线性过程，无论混合的早晚还是在微元间完全不混合的假定下，按式(8-63)计算的反应结果均不相同。这说明对于非线性反应过程，反应效果不仅与微元在反应器中停留时间有关，而且与停留位置和停留时“遇到了什么”有关，而 *RTD* 只能提供微元停留时间的信息而不能反映流体中混合的“细节”。可见，对于非线性反应过程，在处理上一定要慎重。

8.5　非理想流动反应器数学模型

在 8.4 节中讨论了宏观流体和微观流体这两种极端的混合状态可以由其停留时间分布或衡算的方法计算反应的转化率。但是，实际的非理想流动，其混合状态往往处于两种极端的中间状态，很难搞清楚其混合“细节”，因此无法求解。在工程技术上常采用模型法来解决这一问题，即构造或选择一个能描述实际非理想流动的模型，来导出表征该非理想流动反应器有关变量间函数关系的数学表达，并引入所谓模型参数来衡量其与理想流动的偏差。正如对溶液热力学的研究方法一样，为了研究实际溶液，引入了活度这一概念，它既解决了实际溶液的计算问题，且活度也是表征实际溶液与理想溶液偏差的量度。

已发表的非理想流动反应器数学模型有许多种，但是常用的是三种：

(1)扩散模型　它是一种基于伴有轴向扩散的活塞流模型。这种模型形式上类似扩散方程，所以可以应用扩散方程的一系列经典数学解。该模型的模型参数是贝克来数（Pe），它与被等效地认为的有效扩散系数 D_e（也称混合分散系数）有关。

(2)槽列模型　它是用假想的 N 个等容积的全混槽串联来描述非理想反应器的模型，模型参数是虚拟的串联槽数 N，N 可为任意正实数。

(3) 组合模型　该类模型又称复合模型。它们是把一个非理想流动反应器看作若干不同类型的理想反应器和死区、短路等的组合而构成。复合模型的各单元，如各类理想反应器，其数学模型是已知的。

8.5.1　扩散模型[3,5,6]

8.5.1.1　*扩散模型的基本构思和数学表达式*

(1) 模型构思　把流经管式反应器的非理想流动看作是一个活塞流叠加上一个轴向（与流动同方向）的扩散过程，这个扩散是当量意义上的扩散，它由分子扩散和紊流扩散引起，其量度用当量的扩散系数 D_e表示。扩散模型的物理基础实际上是一个虚拟的扩散过程。

(2) 数学模型的建立　通过对管式反应器内取一个微元体来进行物质衡算和能量衡算，就可以建立起模型的数学表达式。现以等温过程说明之。

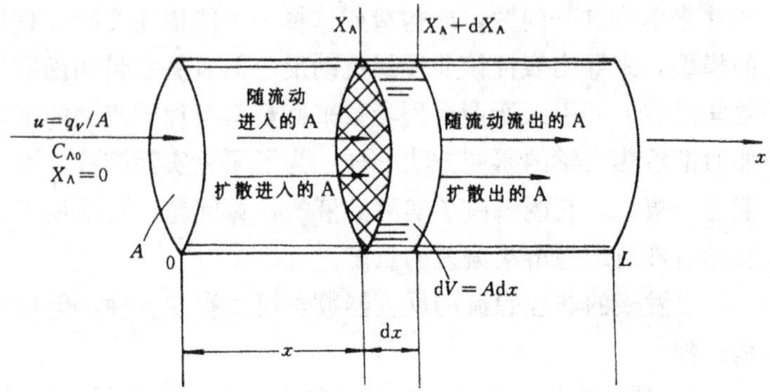

图 8-9　扩散模型微元分析图

图 8-9 表示出闭式边界条件的管式反应器，其截面积为 A。有浓度为 C_{A0} 的物质 A 以 q_V 体积流量进入反应器。在反应器内取微元体 dV，对 dV 进行物质衡算：

流入微元体 dV 的物质流为

$$\left[uC_A + \left(-D_e\frac{\partial C_A}{\partial x}\right)\right]\cdot A \tag{a}$$

流出微元体 dV 的物质流为

$$\left\{u\left(C_A + \frac{\partial C_A}{\partial x}dx\right) + \left[-D_e\frac{\partial}{\partial x}\left(C_A + \frac{\partial C_A}{\partial x}\right)dx\right]\right\}\cdot A \tag{b}$$

(a) 和 (b) 两式中，第一项为流体流动输运项，第二项为“扩散”传递项；

微元体内化学反应消耗或产生的 A 物质为

$$r_A dV \quad (r_A \text{ 为反应速度 / 单位体积}) \tag{c}$$

微元体内物质 A 的积累为

$$\frac{\partial C_A}{\partial t}\cdot dV \tag{d}$$

把 (a)、(b)、(c)、(d) 代入衡算式 (1-1)，得

$$\left[uC_A + \left(-D_e\frac{\partial C_A}{\partial x}\right)\right]\cdot A - \left\{u\left(C_A + \frac{\partial C_A}{\partial x}dx\right)\right.$$

$$+\left[-D_e\frac{\partial}{\partial x}\left(C_A+\frac{\partial C_A}{\partial x}\right)dx\right]\Big\}\cdot A$$

$$-r_A dV=\frac{\partial C_A}{\partial t}dV \tag{8-67}$$

整理后得

$$D_e\frac{\partial^2 C_A}{\partial x^2}-u\frac{\partial C_A}{\partial x}-r_A=\frac{\partial C_A}{\partial t} \tag{8-68}$$

式(8-68)就是等温条件下扩散模型的数学表达式。在不同情况下，式（8-68）可以简化，例如：

若不考虑化学反应项，只考虑非理想流动引起的物质分布时，有

$$D_e\frac{\partial^2 C_A}{\partial x^2}-u\frac{\partial C_A}{\partial x}=\frac{\partial C_A}{\partial t} \tag{8-69}$$

若是稳态，但保留 r_A项，此时$\frac{\partial C_A}{\partial t}=0$，有

$$D_e\frac{d^2 C_A}{dx^2}-u\frac{dC_A}{dx}-r_A=0 \tag{8-70}$$

若又是活塞流，则 $D_e=0$，有

$$-u\frac{dC_A}{dx}=r_A \tag{8-71}$$

同乘以截面积 A，得

$$-q_V dC_A=r_A dV \tag{8-72}$$

这与过去导出的活塞流反应器的数学模型一样。

为了便于分析管式反应器中非理想流动的特征，先假设 $r_A=0$，把式（8-69）作无因次化处理，就可以导出扩散模型的无因次数学表达式和扩散模型的模型参数，即表征非理想流动与理想流动偏差的 Pe 数。取各无因次量如下：

$x^*=x/L$　L 为反应器长度，x^* 为无因次长度坐标；

$dx^*=dx/L$ 或 $\partial x^*=\partial x/L$；

$C_A^*=C_A/C_{A0}$　C_{A0}为 A 物质入口浓度，C_A^* 为无因次浓度；

$\theta=t/\bar{t}$　$\bar{t}$ 为平均停留时间，$\bar{t}=L/u$，θ 为无因次时间；

$dt=\frac{L}{u}d\theta$。

把以上关系式代入式（8-69），得

$$D_e\frac{\partial^2 C_A^*}{L^2\partial x^{*2}}-\frac{u}{L}\cdot\frac{\partial C_A^*}{\partial x^*}=\frac{u}{L}\frac{\partial C_A^*}{\partial\theta}$$

同除 u，整理后得

$$\frac{\partial C_A^*}{\partial\theta}=\left(\frac{D_e}{uL}\right)\frac{\partial^2 C_A^*}{\partial x^{*2}}-\frac{\partial C_A^*}{\partial x^*}\tag{8-73}$$

式中 D_e的因次为 L^2t^{-1}；u 的因次为 Lt^{-1}；L 的因次为 L。可见 $\left(\frac{D_e}{uL}\right)$ 为无因次数，称为 Pe'数。有的写成

$$Pe=\frac{uL}{D_e}\tag{8-74}$$

Pe 数与 Re 数和 Sc 数存在以下关系

$$\frac{1}{Pe'}=Pe=Re\cdot Sc\tag{8-75}$$

有的又称 Pe'为 Bodenstein's number。于是，式（8-73）可写成

$$\frac{\partial C_A^*}{\partial\theta}=Pe'\frac{\partial^2 C_A^*}{\partial x^{*2}}-\frac{\partial C_A^*}{\partial x^*}\tag{8-76}$$

由式（8-76）可见：

当 $Pe'=\frac{D_e}{uL}=0$ 时，相当于活塞流；当 $Pe'=\frac{D_e}{uL}=\infty$时，相当于全混流；

对非理想流动，$0<Pe'<\infty$。

Pe'（或 Pe）表征了返混的程度或非理想流动与理想流动的偏差。只要求出 Pe'，则微分方程可解。

Pe'数可以通过刺激-响应实验求得的停留时间分布函数曲线来确定。

8.5.1.2 Pe'的求法

(1) 返混不大的情况　Pe'小时（$Pe'<0.01$），即返混不大时，式（8-73）的曲线接近于高斯正态分布曲线，求解方程并不困难。所得近似解为

$$E(\theta) = \frac{1}{2\sqrt{\pi(D/uL)}}\exp\left[-\frac{(1-\theta)^2}{4(D/uL)}\right] \tag{8-77}$$

或

$$E(\theta) = \frac{1}{2\sqrt{\pi Pe'}}\exp\left[\frac{(1-\theta)^2}{4Pe'}\right] \tag{8-78}$$

现在与高斯正态分布曲线作一对比，正态分布函数曲线如图 8-10，函数是

$$j = \frac{1}{\sqrt{2\pi\sigma}}\exp\left[-\frac{x^2}{2\sigma^2}\right] \tag{8-79}$$

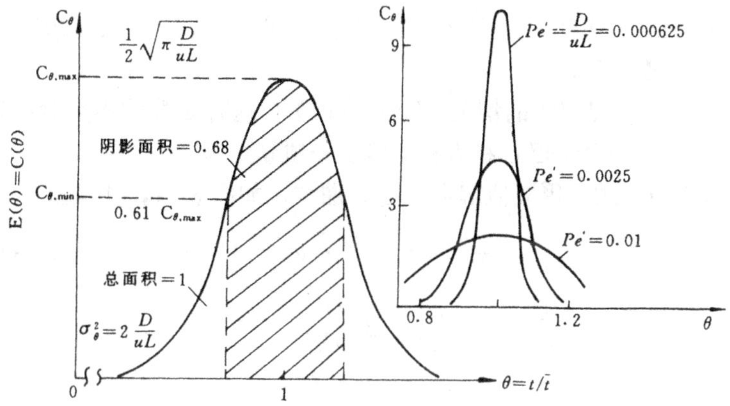

图 8-10 正态分布曲线与 Pe' 小的 C 曲线

从式 (8-78)、(8-79) 可看出，$\sqrt{2\frac{D}{uL}}=\sqrt{2Pe'}$ 就相当于正态分布的标准离差 σ，$(1-\theta)$ 就相当于正态分布中的随机样本值 x。由于 Pe' 小时曲线接近于正态分布，所以我们可以用求正态分布的均值和方差的方法来确定 Pe' 或 Pe 数。按图 8-10 左边正态分布曲线，均值为 $\bar{t}$，$\theta=t_c/\bar{t}=1$，无因次方差为

$$\sigma_\theta^2 = \frac{\sigma^2}{\bar{t}^2} = \left(\sqrt{2\frac{D_e}{uL}}\right)^2 = 2\frac{D_e}{uL} = 2Pe' \tag{8-80}$$

只要求得 $\bar{t}$ 和 σ^2，Pe' 可求出。

当返混不大时，给反应器入口流体一个脉冲刺激，则反应器各段所得的响应曲线的均值和方差可根据加合性计算。

$$\bar{t}_{\text{整个反应器}} = \bar{t}_a + \bar{t}_b + \bar{t}_c + \cdots + \bar{t}_n \tag{8-81}$$

$$\Delta\sigma^2 = \sigma_{\text{out}}^2 - \sigma_{\text{in}}^2 \tag{8-82}$$

$$\sigma_{\text{整个反应器}}^2 = \sigma_a^2 + \sigma_b^2 + \sigma_c^2 + \cdots + \sigma_n^2 \tag{8-83}$$

a，b，$c \cdots n$ 表示反应分段的脚标。

当 Pe' 数小的时候，用与正态分布同样的计算方法不致带来大的误差。如当 $Pe'<0.01$ 时，最大误差<5%；$Pe'<0.001$ 时，最大误差<0.5%。

(2) 返混较大的情况（$Pe'>0.01$） 这时 E 曲线不是对称分布，留了一个尾巴，在方程中多了一项修正项。

“闭”式：用数值解可作出 E 曲线，如图 8-11，并得出

$$\bar{t}_E = \bar{t} = \frac{V}{q_V} \qquad \theta_E = 1 \tag{8-84}$$

$$\sigma_\theta^2 = \frac{\sigma_t^2}{\bar{t}^2} = 2\left(\frac{D_e}{uL}\right) - 2\left(\frac{D_e}{uL}\right)^2 \cdot \left(1 - e^{-uL/D_e}\right) \tag{8-85}$$

或
$$\sigma_\theta^2 = 2Pe' - 2Pe'\ (1 - e^{-Pe}) \tag{8-86}$$

“开-闭”或“闭-开”式，得

$$\bar{t}_{oc} = \bar{t}_{E,co} = \frac{V}{q_V}\left(1 + \frac{D_e}{uL}\right) \tag{8-87}$$

$$\theta_{E,co} = \theta_{E,oc} = 1 + \frac{D_e}{uL} \tag{8-88}$$

$$\sigma_{\theta,oc}^2 = \sigma_{\theta,co}^2 = \frac{\sigma_{toc}^2}{\bar{t}^2} = \frac{\sigma_{toc}^2}{(V/q_V)^2} = 2\left(\frac{D_e}{uL}\right) + 3\left(\frac{D_e}{uL}\right)^2 \tag{8-89}$$

或
$$\sigma_{\theta,oc}^2 = \sigma_{\theta,co}^2 = 2Pe' + 3Pe' \tag{8-90}$$

“开”式，解析解为

$$E_{t,oo} = \frac{u}{2\sqrt{\pi D_e t}} \exp\left[-\frac{(L - ut)^2}{4D_e t}\right] \tag{8-91}$$

$$E_{\theta,\infty}=\frac{1}{2\sqrt{\pi\theta\left(\frac{D_e}{uL}\right)}}\exp\left[\frac{(1-\theta)^2}{4\theta\left(\frac{D_e}{uL}\right)}\right] \tag{8-92}$$

$$\bar{t}_{E,\infty}=\frac{V}{q_V}\left(1+2\frac{D_e}{uL}\right) \tag{8-93}$$

$$\theta_{E,\infty}=1+2\left(\frac{D_e}{uL}\right) \tag{8-94}$$

$$\sigma^2_{\theta,\infty}=\frac{\sigma^2_{t,\infty}}{\bar{t}^2}=2\left(\frac{D_e}{uL}\right)+8\left(\frac{D_e}{uL}\right) \tag{8-95}$$

或

$$\sigma^2_{\theta,\infty}=2Pe'+8Pe' \tag{8-96}$$

“闭”式容器的E曲线如图8-11，其他情况下的曲线图形见文献［5］。

管内流体流动时的D_e与Re数、Sc数的关系可用下面公式描述：

$$Re<2000\text{ 时},\frac{D_e}{uL}=\frac{1}{Re\cdot Sc}+\frac{Re\cdot Sc}{192} \tag{8-97}$$

$$Re>2000\text{ 时},\frac{D_e}{uL}=\frac{3.0\times10^7}{(Re)^{2.1}}+\frac{1.35}{(Re)^{1/8}} \tag{8-98}$$

这里长度因子用的管径d_t，故

$$\frac{D_e}{uL}=\frac{D_e}{uL}\cdot\frac{L}{d_t} \tag{8-99}$$

又

$$Re\equiv d_t u\rho/\mu,\qquad Sc\equiv\frac{\mu}{\rho D} \tag{8-100}$$

例8-6 流体流经一“闭”式反应器，试验测得输出分布的数据同例8-1，应用扩散模型求Pe'。

〔**解**〕 由例8-1和例8-3知，$\bar{t}=15\text{min}$，$\sigma^2_\theta=0.211$，可直接代入式（8-86）求出Pe'，计算采用迭代法：式（8-86）中，令$x=\frac{D_e}{uL}$，则式子变为

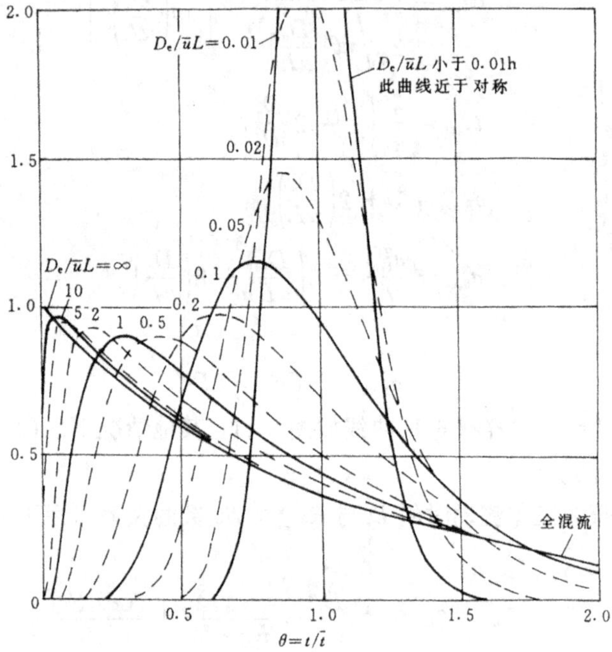

图 8-11　“闭”式容器的 E 曲线

$$x = x^2\left(1-\frac{1}{e^{1/x}}\right)+0.1055$$

取第一近似根为 $x^{(1)}=0.1$，经 7 次迭代可得

$$x = Pe' \approx 0.12$$

8.5.1.3　用扩散模型求反应的转化率

人们关心的一个问题是非理想流动反应器的效果如何？反应效果受哪些因素影响？它与理想反应器比较如何？现在讨论这些问题。

设某管式反应器长度为 L，截面积为 A，沿管长的坐标用 l 表示，当扩散模型适用时，根据式 (8-68)，用管长坐标 l 替代 x 坐标，得

$$D_e \frac{\partial^2 C_A}{\partial l^2} - u \frac{\partial C_A}{\partial l} - r_A = \frac{\partial C_A}{\partial t} \qquad (8\text{-}101)$$

对于稳态过程 n 级反应，有

$$D_e \frac{d^2 C_A}{dl^2} - u \frac{dC_A}{dl} - kC_A^n = 0 \qquad (8\text{-}102)$$

令 $z=l/L$，$\tau=\bar{t}=L/u=V/q_V$，上式变为

$$\frac{D_e}{uL} \frac{d^2 C_A}{dz^2} - \frac{dC_A}{dz} - k\tau C_A^n = 0 \qquad (8\text{-}103)$$

以转化率替代浓度，得

$$\frac{D_e}{uL} \frac{d^2 X_A}{dz^2} - \frac{dX_A}{dz} + k\tau C_{A0}^{n-1}(1-X_A)^n = 0 \qquad (8\text{-}104)$$

上式表明，转化率 X_A受三个无因次数的影响，它们是反应速度无因次组合 $k\tau C_{A0}^{n-1}$、扩散无因次组合$\frac{D_e}{uL}$和反应级数 n。

对一级恒容反应，有

$$D_e \frac{d^2 C_A}{dl^2} - u \frac{dC_A}{dl} - kC_A = 0 \qquad (8\text{-}105)$$

边界条件：

$$\left.\begin{aligned} &l=0, uC_{A0} - uC_{A+0} - \left(-D_e \frac{dC_A}{dl}\right)_{+0} = 0 \\ &l=L, \frac{dC_A}{dl} = 0, \frac{C_{A(L)}}{C_{A0}} = 1 - X_{A(L)} \end{aligned}\right\} \qquad (8\text{-}106)$$

“+0”脚标表示反应器入口处内侧，由于存在返混，在入口处 $C_{A+0} \neq C_{A0}$。式（8-105）的特征方程为

$$D_e r^2 - ur - k = 0$$

特征根 $r_1=\frac{u}{2D_e}(1+a)$，$r_2=\frac{u}{2D_e}(1-a)$

$$a = \sqrt{1+\frac{4kD_e}{u^2}} = \sqrt{1+4k\tau\left(\frac{D_e}{uL}\right)}$$

通解为 $C_A = Ae^{r_1 L} + Be^{r_2 L}$

把通解代入式（8-106）

$$\begin{cases} uC_{A0} - u(A+B) + D_e(Ar_1 + Br_1) = 0 \\ Ar_1 e^{r_1 L} + Br_2 e^{r_2 L} = 0 \end{cases}$$

由上式可确定待定常数 A 和 B，可得到出口处 A 物质的未转化率

$$\frac{C_A}{C_{A0}} = 1 - X_A$$

$$= \frac{4a\exp\left(\frac{1}{2}\frac{uL}{D_e}\right)}{(1+a)^2\exp\left(\frac{a}{2}\cdot\frac{uL}{D_e}\right) - (1-a)^2\exp\left(-\frac{a}{2}\frac{uL}{D_e}\right)} \tag{8-107}$$

式中 C_{A0} 及 C_A 分别为着眼组分的进口与出口浓度；X_A 为转化率；k 为反应速度常数；$\tau=\bar{t}=L/u$ 为平均停留时间。上式也可写为

$$\frac{C_A}{C_{A0}} = 1 - X_A = \frac{4a\exp\left(\frac{1}{2}Pe\right)}{(1+a^2)\exp\left(\frac{a}{2}Pe\right) - (1-a)^2\exp\left(-\frac{a}{2}Pe\right)} \tag{8-108}$$

根据式（8-108）可得图 8-12。

当流动对活塞流偏离小时，Pe' 变得小，E 曲线接近高斯分布，于是可把式（8-107）指数项展开后并略去高阶项，得

$$\frac{C_A}{C_{A0}} = \exp\left[-k\tau + (k\tau)^2\frac{D_e}{uL}\right]$$

$$= \exp\left[-k\tau + \frac{k^2\sigma^2}{2}\right] \tag{8-109}$$

把式（8-107）的计算结果与活塞流时的计算结果加以比较，可作出图 8-13。

在相同转化率下，与活塞流反应器同等截面积的非理想反应器的大小（长度 L 和体积 V），与活塞流反应器大小（L_p、V_p）之比为

$$\frac{L}{L_p} = \frac{V}{V_p} = 1 + (k\tau)\frac{D_e}{uL} \tag{8-110}$$

当 $P'e$ 趋近于零时，$L\approx L_p$，$V\approx V_p$。当有返混，$Pe'>0$ 时，$L>L_p$，$V>V_p$。

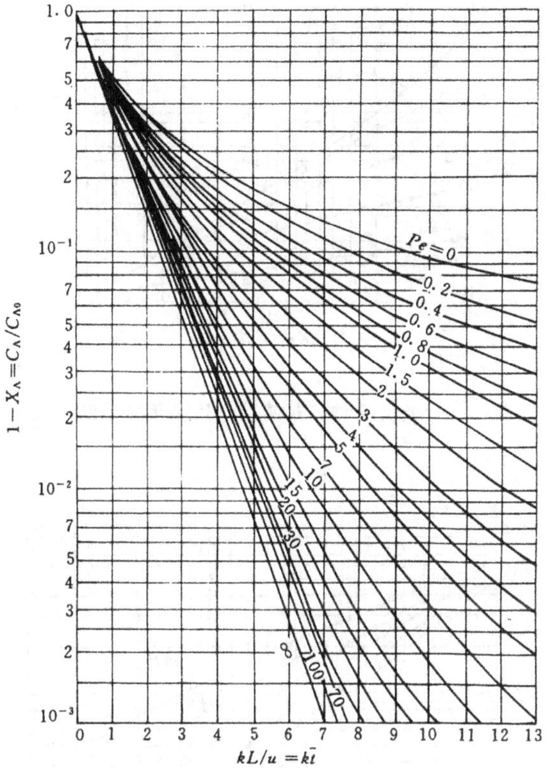

图 8-12　扩散模型一级反应的未转化率

在非理想流动反应器与活塞流反应器尺寸相等情况下，两种反应器出口浓度之比为

$$\frac{C_A}{C_{A,p}}=1+(k\tau)^2\frac{D_e}{uL} \tag{8-111}$$

可见，当 Pe' 大时，$C_A>C_{A,p}$，即非理想反应器反应效率不如活塞流反应器好。当 Pe' 趋近于零时，两种反应器效果接近。

对于二级反应，用数值法求解，其结果如图 8-14、图 8-15 所示。

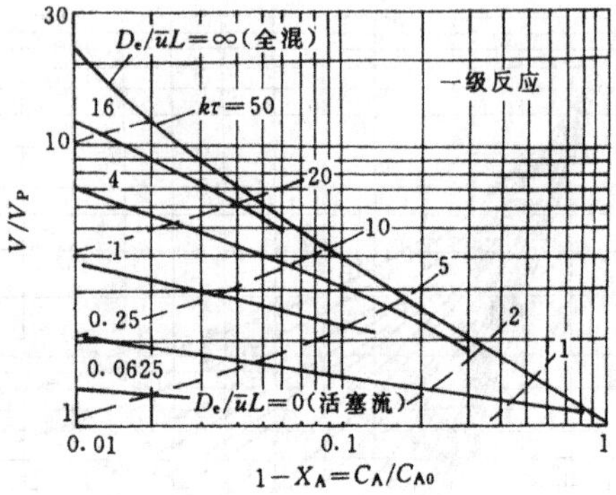

图 8-13　一级反应时扩散模型与活塞流结果的比较

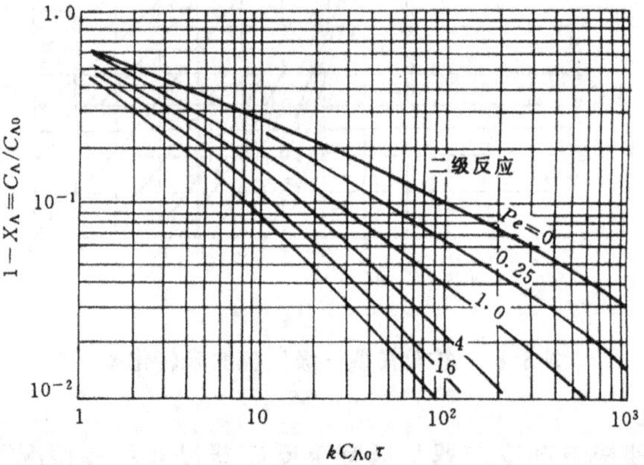

图 8-14　扩散模型二级反应

对于偏离活塞流不大的非理想流动反应器中的任何级数反应，泊士宽和邓特[6]（1962）得到

$$C_A - C_{A,p} = \frac{D_e}{uL} r_{A,p} \tau \ln \frac{r_{A,p}}{r_{A0}} \tag{8-112}$$

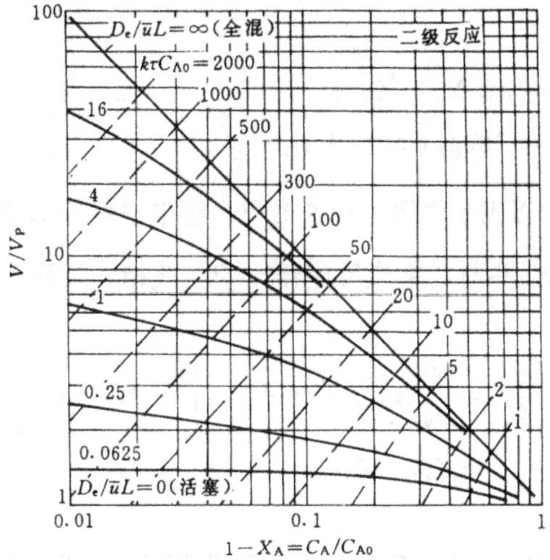

图 8-15　二级反应时扩散模型与活塞流结果的比较

式中 C_A、$C_{A,p}$为非理想流动反应器和活塞流反应器的出口浓度；r_{A0}、$r_{A,p}$是与非理想流动反应器同样长度或同样平均停留时间的活塞流反应器入口和出口处的化学反应速度。

对 n 级反应，表达式如下：

$$\frac{C_A}{C_{A0}}=1+n\left(\frac{D_e}{uL}\right)\cdot\left(kC_{A0}^{n-1}\tau\right)\ln\frac{C_{A0}}{C_{A,p}}\text{[6]} \tag{8-113}$$

对于零级反应，返混不影响反应特性，因此，非理想流动反应器效果与活塞流反应器效果相同。

例 8-7　题意同例 8-6，但考虑化学反应，反应速度常数 $k=0.307\text{min}^{-1}$，试求：

(1) E 曲线；(2) 反应器出口处的转化率 X_A，并与同尺寸同条件的活塞流反应器比较；(3) 用扩散模型计算$\frac{D_e}{uL}$和未转化率，并与 (2) 计算结果作比较。

〔解〕

(1) 求E曲线以 C-t 作图得到C曲线。曲线以下面积等于示踪剂总量 M_0

$$M_0 = \Sigma C_i \Delta t_i = (3+5+5+4+2+1)\times 5$$
$$= 100\text{g}/(\text{min}\cdot\text{L})$$

由 $E=\frac{q_V}{M_0}C$，以 E-t 作图得例 8-1 图。图中虚线即E曲线。

(2) 求 X_A 并与活塞流反应器比较　液相一级反应 $X_A=e^{-kt}$，于是

$$\frac{\overline{C}_A}{C_{A0}} = \int_0^\infty X_A(t)E(t)dt = \int_0^\infty e^{-kt}E(t)dt$$
$$\approx \Sigma e^{-kt}E(t_i)\Delta t_i$$

计算如下：

t	E	kt	e^{-kt}	$e^{-kt}E\ (t_i)\ \Delta t_i$
5	0.03	1.53	0.2154	(0.2154)·(0.03)·(5)=0.0323
10	0.05	3.07	0.0464	(0.0464)·(0.05)·(5)=0.0116
15	0.05	4.60	0.0100	(0.0100)·(0.05)·(5)=0.0025
20	0.04	6.14	0.0021	(0.0021)·(0.04)·(5)=0.0004
25	0.02	7.68	0.0005	(0.0005)·(0.02)·(5)≈0.0001
30	0.01	9.21	0.0001	(0.0001)·(0.01)·(5)≈0

$\frac{\overline{C}_A}{C_{A0}}=\Sigma e^{-kt}E\ (t_i)\ \Delta t_i=0.0469$，即出口时A的未转化率为4.69%，$X_A=95.31\%$。

如果该反应器内为活塞流，则所有微元有相同的停留时间，此时

$$\bar{t} = \tau = \frac{\Sigma t_i C_i \Delta t_i}{\Sigma C_i \Delta t_i} = \frac{1500}{10} = 15\text{min}$$

$\bar{t}$ 即为C曲线的均值，由公式

$$\bar{t} = \tau = C_{A0}\int_0^{X_A}\frac{dX_A}{r_A} = -\frac{1}{k}\int_{C_{A0}}^{C_A}\frac{dC_A}{C_A} = \frac{1}{k}\ln\frac{C_{A0}}{C_A}\ 得$$

$$\frac{C_A}{C_{A0}} = e^{-k\bar{t}} = e^{-(0.307)\times 15} = e^{-4.6} = 0.01$$

即未转化率 $1-X_A=1\%$，转化率 $X_A=99\%$。两者比较知，实际反应器的转化率比活塞流时为低，$\Delta X_A=0.99-0.9531=3.69\%$。

(3) 用扩散模型计算　由于 $k\bar{t}=4.6$，在例 8.6 中已算出同样分布曲线时 $Pe'=\frac{D_e}{uL}=0.12$。由图 8-14 用内插法查得 $Pe'=0.12$ 与 $k\bar{t}=4.6$ 线的交点处 $\frac{C_A}{C_{A0}}\approx 0.035$，即 $1-X_A=0.035$，($X_A=0.965$)此值小于 0.0469。把实测 E 曲线和用扩散模型计算所得的曲线作于同一坐标图上，如例 8-7 图。由图可见，扩散模型的曲线除了有一个长尾巴外，中间部分比实测曲线高一些。从图还看出，实测曲线中有更多的停留时间较短的微元。因此，实测结果计算的未转化率略高于用扩散模型计算的结果。

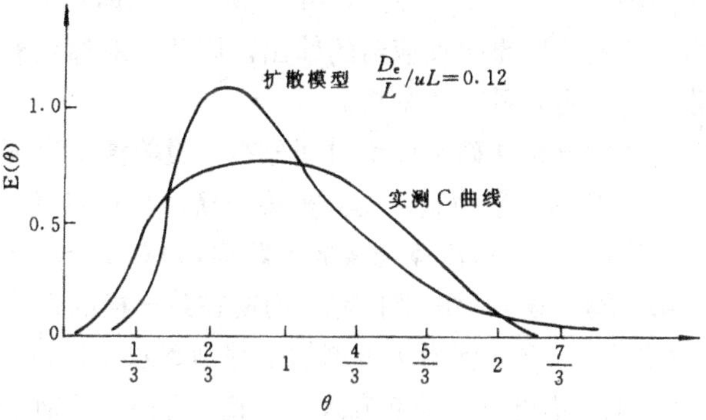

例 8-7 图　扩散模型与实测曲线的比较

8.5.2　槽列模型[2,4,5,6]

8.5.2.1　槽列模型的构思

槽列模型假设实际反应器中的流动可以用虚拟的若干个等容积的全混槽串联来表示，如图 8-16 所示。

图中虚线表示出虚构的互相串在一起的等容积全混槽。设虚

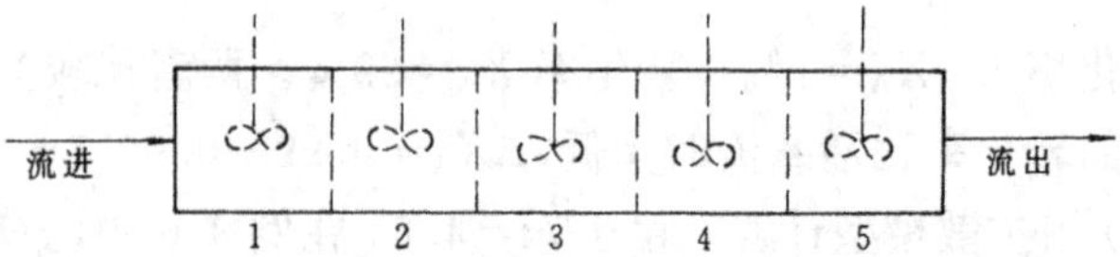

图 8-16　槽列模型示意图

拟槽数为 N，实际反应器体积为 V，则每个全混槽体积为 $V_i=V/N$。流体在单槽的平均停留时间 $\bar{t}_i=\bar{t}/N$，在恒容下，$\tau_i=\tau/N$，$\bar{t}$ 和 τ 为整个反应器的平均停留时间和空时。

8.5.2.2　槽列模型的停留时间分布

从图 8-16 可看出其特点：第一槽的入口就是整个反应器的入口，其输入信号也是整个反应器的输入信号；第一槽的出口信号即第 2 槽的输入信号，以此类推，第 N 槽的输入即第 $N-1$ 槽的输出，而它的输出即整个反应器的输出。因此，对槽列模型的停留时间分布可采用几种方法分析。

（1）用逐槽分析法确定停留时间分布　设等温恒容下流体体积流量为 q_V，摩尔流量为 q_0。先分析第一槽：在 $t=0$ 到 $t=\mathrm{d}t$ 这一短暂的时间区间内，将流体切换成示踪剂，则有 $n_0=q_0\mathrm{d}t$ 量的示踪剂流入第一槽。设以后的某时刻 t 仍留在第一槽的示踪剂量为 n_1，则其浓度为 n_1/V_i，流出第一槽的示踪剂摩尔流量为 q_Vn_1/V_i。因为在该时刻 t，不再有示踪剂流入第一槽，另外示踪剂不参与任何化学反应，于是 t 时刻第 1 槽的示踪剂衡算式为

$$-\frac{\mathrm{d}n_1}{\mathrm{d}t}=q_Vn_1/V_i \tag{8-114}$$

在 $t=0\sim t$，$n_1=n_0\sim n_1$ 区间积分式（8-114）

$$\int_{n_0}^{n_1}\frac{\mathrm{d}n_1}{n_1}=\int_0^t-\frac{q_V}{V_i}\mathrm{d}t$$

整理后得

$$n_1=n_0\mathrm{e}^{-q_Vt/V_i} \tag{8-115}$$

由于$\frac{V_i}{q_V}=\bar{t}_1$，所以

$n_1=n_0e^{-t/\bar{t}_1}$，令 $\theta_1=t/\bar{t}_1$ 则

$$\frac{n_1}{n_0}=e^{-t/\bar{t}_1}=e^{-\theta_1} \tag{8-116}$$

出口 F 曲线 $F_1=\frac{n_0-n_1}{n_0}$，所以

$$F_1=1-e^{-\theta_1} \tag{8-117}$$

根据 F、E、C 函数的关系，控制流速和示踪剂的加入量，可使

$$E_1=C_1=\frac{dF_1}{dt}=\frac{1}{\bar{t}_1}e^{-t/\bar{t}_1} \tag{8-118}$$

改写为

$$\bar{t}_1E_1=e^{-\theta_1} \qquad \theta_1=t/\bar{t}_1 \tag{8-119}$$

这就是第一槽出口的停留时间分布函数。

因为第 1 槽的流出就是第 2 槽的流入，对第 2 槽内示踪剂作类似的物质衡算，可得到

$$\bar{t}_2E_2=\frac{t}{\bar{t}_2}e^{-t/\bar{t}_2} \tag{8-120}$$

如此类推，对第 3 槽得

$$\bar{t}_3E_3=\left(\frac{t}{\bar{t}_3}\right)^{3-1}\frac{1}{(3-1)!}e^{-t/\bar{t}_3} \tag{8-121}$$

对第 N 槽，有

$$\bar{t}_NE_N=\left(\frac{t}{\bar{t}_N}\right)^{N-1}\frac{1}{(N-1)!}e^{-t/\bar{t}_N} \tag{8-122}$$

对任意第 i 槽，有

$$\bar{t}_iE_i=\left(\frac{t}{\bar{t}_i}\right)^{i-1}\frac{1}{(i-1)!}e^{-t/\bar{t}_i} \tag{8-123}$$

令 $\bar{t}_iE_i=E(\theta)_i$则有

$$E(\theta)_i=\left(\frac{t}{\bar{t}_i}\right)^{i-1}\frac{1}{(i-1)!}e^{-t/\bar{t}_i} \tag{8-124}$$

由于每槽的平均停留时间 $\bar{t}_i$不好确定，只能测到整个反应器的平均停留时间 $\bar{t}$，根据模型假设有

$$\bar{t} = N\bar{t}_i$$

注意到 $\theta=\frac{t}{N\bar{t}_i}$，$\frac{t}{\bar{t}_i}=\theta_i$，所以 $\theta_i=N\theta$，于是式（8-124）可写成

$$E(\theta) = (N\bar{t}_i)E = \frac{N^N\theta^{N-1}}{(N-1)!}e^{-N\theta} \tag{8-125}$$

用 F 曲线表示

$$F_N(\theta) = F(\theta) = 1 - e^{-N\theta}\left[1 + N\theta + \frac{(N\theta)^2}{2!} + \cdots + \frac{(N\theta)^{N-1}}{(N-1)!}\right] \tag{8-126}$$

根据式（8-125）和（8-126），当取不同的 N 值，计算 E（θ）或 F（θ）并与 θ 作图，可得到相应的分布曲线。图 8-17 表示出 E 函数曲线。

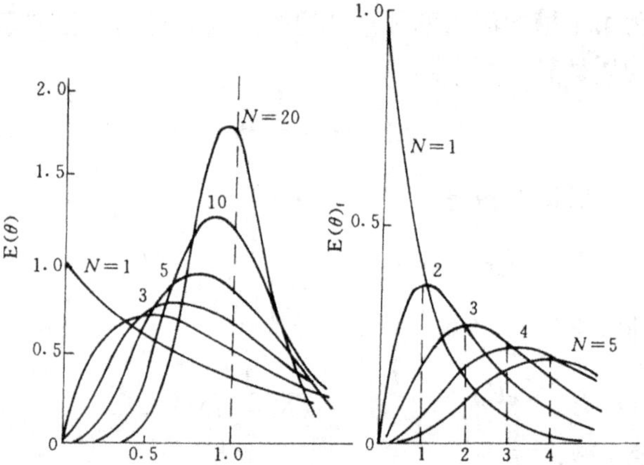

图 8-17　槽列模型的 E 曲线

由图可见，当虚拟槽数 N 越多，流动就越接近于活塞流，当 $N\Rightarrow\infty$，就是活塞流。N 越小流动偏离活塞流越远而向全混流接近，当 $N=1$ 时就是全混流。因此，从 N 就可以判断实际流动对理想流动

的偏差。对于非理想流动反应器

$$1 < N < \infty \tag{8-127}$$

问题是如何求出 N 值？对同体积、同截面串联全混槽，其停留时间分布曲线的均值和方差如下：

$$\bar{t} = N\bar{t}_i \quad \sigma^2 = N\bar{t}_i^2 = N\left(\frac{\bar{t}}{N}\right)^2 = \frac{\bar{t}^2}{N} \tag{8-128}$$

$$\bar{\theta}_i = \frac{\bar{t}}{\bar{t}_i} = \frac{N\bar{t}_i}{\bar{t}_i} = N \quad \sigma_{\theta_i}^2 = \frac{\sigma^2}{\bar{t}_i^2} = N \tag{8-129}$$

$$\bar{\theta} = \frac{\bar{t}}{N\bar{t}_i} = \frac{N\bar{t}_i}{N\bar{t}_i} = 1 \quad \sigma_\theta^2 = \frac{\sigma^2}{\bar{t}^2} = \frac{1}{N} \tag{8-130}$$

用刺激-响应实验测出实际反应器的 E（θ）曲线，然后由曲线求出各特征参数。

从式（8-125）知，E（θ）与 N 和 θ 有关。可以由分布曲线的最高点来导出 E（θ）$_{max}$对 N 和 θ_{max}的关系。计算方法如下：

由 $E(\theta)=\dfrac{N(N\theta)^{N-1}}{(N-1)!}e^{-N\theta}$，令$\dfrac{dE(\theta)}{dt}=0$，应用格林公式

$$\frac{dE(\theta)}{dt} = \frac{N^2(N-1)(N\theta)^{N-2}}{(N-1)!}e^{-N\theta} - \frac{N^2(N\theta)^{N-1}}{(N-1)!}e^{-N\theta}$$

$$= \frac{N^2(N\theta)^{N-2}}{(N-1)!} \cdot e^{-N\theta}[(N-1) - N\theta]$$

$$= \frac{N^2(N\theta)^{N-2}}{(N-1)!}(N-1-N\theta) \cdot e^{-N\theta} = 0$$

解得　$\theta_{max}=\dfrac{N-1}{N}$代回式（8-125），得

$$E(\theta)_{max} = \frac{N\left[N\left(\frac{N-1}{N}\right)^{N-1}\right]}{(N-1)!} \cdot e^{-N\left(\frac{N-1}{N}\right)}$$

$$= \frac{N(N-1)^{N-1}}{(N-1)!} \cdot e^{-(N-1)}$$

对于 N 较大时，可用斯特林公式求（$N-1$）！的近似值

$$(N-1)! = \sqrt{2\pi(N-1)} \cdot N^{N-1} \cdot e^{-(N-1)}$$

代入 E（θ）$_{max}$式，得

$$E(\theta)_{max}=\frac{N(N-1)^{N-1}}{(N-1)!}\cdot e^{-(N-1)}$$

$$=\frac{N(N-1)^{N-1}}{\sqrt{2\pi(N-1)}\cdot N^{N-1}\cdot e^{-(N-1)}}\cdot e^{-(N-1)}$$

$$=\frac{N}{\sqrt{2\pi(N-1)}} \tag{8-131}$$

只要从实验曲线求得 σ^2 并测出 $\bar{t}$，则 σ_θ^2 可计算出来。已知 $E(\theta)_{max}$〔式（8-131)〕和 σ_θ^2，将它们代回式（8-130）和（8-131），联立解出槽数 N。例如解出 $N=6.7$，说明该实际流动反应器相当于 6.7 个全混槽串联的效果。

（2）应用卷积分确定停留时间分布　应用逐槽分析的方法计算较繁琐。用卷积分确定停留时间分布时，对第 1 槽仍然应用物质衡算的方法。

$N=1$ 时　$$E_1=\frac{1}{\bar{t}_1}e^{-\theta} \tag{8-132}$$

$N=2$ 时，其输入　$$E_{in,2}=E_1=\frac{1}{\bar{t}_1}e^{-\theta} \tag{8-133}$$

第 2 槽的输出 $E_{out,2}$ 就等于第 3 槽的输入 $E_{in,3}$，不用进行质量衡算而由卷积分直接求出

$$E_{in,3}=E_{out,2}*E_1$$

写成积分形式，则两槽串联时总的输出为

$$E_{out}(t)=\int_0^t E_{in}(t')E(t-t')dt' \tag{8-134}$$

式中 $E(t-t')$ 是第 2 槽的分布。根据式（8-133)

$$E_{in}(t)=\frac{1}{\bar{t}_i}e^{-t/\bar{t}_i}$$

类似地有

$$E_{in}(t')=\frac{1}{\bar{t}_i}\cdot e^{-t'/\bar{t}_i} \tag{8-135}$$

根据式（8-132），类似地有

$$E(t-t')=\frac{1}{\bar{t}_i}e^{-(t-t')/\bar{t}_i} \tag{8-136}$$

把式 (8-136)、(8-135) 代入式 (8-134)

$$\begin{aligned}E_{out}(t) &= \int_0^t E_{in}(t')E(t-t')dt' \\ &= \int_0^t \frac{1}{\bar{t}_i}e^{-t'/\bar{t}_i} \cdot \frac{1}{\bar{t}_i}e^{-(t-t')/\bar{t}_i}dt' \\ &= \frac{1}{\bar{t}_i^2}\int_0^t e^{-t/\bar{t}_i}dt' \\ &= \frac{e^{-t/\bar{t}_i}}{\bar{t}_i^2}\int_0^t dt' \\ &= \frac{t}{\bar{t}_i^2}e^{-t/\bar{t}_i}\end{aligned}$$

于是有

$$\bar{t}_i E_{out}(t) = \left(\frac{t}{\bar{t}_i}\right)e^{-t/\bar{t}_i} \tag{8-137}$$

如此类推，反复积分可得到第 N 槽，即整个反应器的输出分布

$$\bar{t}_N E = \left(\frac{t}{\bar{t}_N}\right)^{N-1}\frac{1}{(N-1)!}\exp\left(-\frac{t}{\bar{t}_N}\right) \tag{8-138}$$

因为用卷积分处理是关于 e 的积分，计算十分方便。

8.5.2.3 槽数 N 与转化率的关系

在等温恒容稳态条件下，假设物料的体积流量为 q_{V0}，反应器总的有效容积为 V_R，虚拟的各全混槽有效容积相等且都为 V_i，物料在反应器总的平均停留时间 $\bar{t}=\tau=V_R/q_{V0}$，在一个虚拟槽的平均停留时间为 $\bar{t}_i=\tau_i=V_i/q_{V0}$。对任意第 i 槽物料流中的 A 物质进行物质衡算，可得

$$q_{V0}(C_{A,i-1}-C_{A,i})-r_{A,i}V_i=0$$

同除以 q_{V0}，得

$$C_{A,i-1}-C_{A,i}-k\tau_i C_{A,i}^n=0 \tag{8-139}$$

式中　$C_{A,i}$为第 i 槽中物质 A 的浓度；$C_{A,i-1}$为第 $i-1$ 槽中 A 的浓度；

$r_{A,i}=kC_A^n$为第 i 槽的化学反应速度。只要知道进料初始浓度 C_{A0}，反应速度常数 k 以及反应级数 n，则按式 (8-139) 一槽一槽

计算下去，就可以求得不同串联槽数时的出口物流中的浓度$C_{A,i}$，推算顺序如下：

$$C_{A,0} \to C_{A,1} \to C_{A,2} \to \cdots \to C_{A,i-1} \to C_{A,i} (i = 3,4,5\cdots N)$$

串联反应器总的转化率为

$$X_A = \frac{C_{A,0} - C_{A,N}}{C_{A,0}} = 1 - \frac{C_{A,N}}{C_{A,0}} \tag{8-140}$$

只要$C_{A,N}$可求出，又知$C_{A,0}$，则X_A可求出。但是，$C_{A,N}$不仅与虚拟槽数N有关，还与反应级数n有关。

对一级不可逆反应，$r_A = kC_{A,i}$，由式（8-139）得

$$C_{A,i} = \frac{C_{A,i-1}}{1 + k\tau_i} \tag{8-141}$$

显然，当$N=1$，2，3$\cdots N$时，有

$$C_{A,1} = \frac{C_{A,0}}{1+k\tau_1}，C_{A,2} = \frac{C_{A,1}}{1+k\tau_2} = \frac{C_{A,0}}{(1+k\tau_1)^2}，C_{A,3} = \frac{C_{A,0}}{(1+k\tau_1)^3}$$

$$\cdots C_{A,N} = \frac{C_{A,0}}{(1+k\tau_1)^N}$$

单槽的转化率为

$$X_{A,i} = 1 - \frac{C_{A,i}}{C_{A,i-1}} = 1 - \frac{1}{1 + k\tau_i} \tag{8-142}$$

串联槽总的转化率为

$$X_A = 1 - \frac{C_{A,N}}{C_{A,0}} = 1 - \frac{1}{(1 + k\tau_i)^N} = 1 - (1 - X_{A,i})^N \tag{8-143}$$

按模型构思，$\tau_i = \frac{1}{N}\tau$。τ为对整个反应器的空时。当反应为n级反应时，由式（8-139）得

$$C_{A,i-1} - C_{A,i} = \tau_i k C_{A,i}^N \tag{8-144}$$

上式可改写为

$$1 - \frac{C_{A,i}}{C_{A,i-1}} = \frac{2k}{2}\tau_i C_{A,i-1}^{n-1}\left(\frac{C_{A,i}}{C_{A,i-1}}\right)^n \tag{8-145}$$

令$\phi_i = 2k\tau_i C_{A,i-1}^{n-1}$；$\omega_i = C_{A,i}/C_{A,i-1}$

则式（8-145）变为

$$f(\omega)=\frac{\phi}{2}\omega^{n}+\omega-1=0 \tag{8-146}$$

确定每槽的未转化率相当于求式（8-146）的根。用牛顿迭代法求解式（8-146），从第 1 槽开始，依次可以求出各槽的 ω_i，总的转化率 X_A为

$$X_A=1-\omega=1-\omega_1\cdot\omega_2\cdots\omega_{N-1}\cdot\omega_N=1-\frac{C_{A,N}}{C_{A,0}} \tag{8-147}$$

如果动力学式 $r_A=kC_A^n$比较复杂，或者 $r_A=f(C_A)$ 的关系由曲线图形给出，则可以采用图解法求解。将式（8-139）写成

$$r_A(C_A)=\frac{1}{\tau_i}(C_{A,i-1}-C_{A,i})$$

若已知 $C_{A,0}$和 τ_i，求 $C_{A,N}$或 X_A可先根据 $r_A=f(C_A)$ 的关系，以 $f(C_A)$ 对 C_A作图，而后在横坐标上从 $C_{A,0}$点作斜率为$\left(1-\frac{1}{\tau_i}\right)$的直线与 $f(C_A)$ 曲线相交，再以交点对应的横坐标点为起点反复作斜线直至第 N 级，即可得到第 N 槽出口浓度 $C_{A,N}$。图 8-18 给出了 $N=3$ 的情况。

例 8-8[2]　在体积 $V=200$L 的全混槽中进行反应，其动力学方程为 $r_A=1.6C_A^{0.76}$mol/min·L，混合物的进料速度 $q_V=400$L/min，初始浓度 $C_{A,0}=1.2$kmol/L，求反应物的转化率。如果反应是在两个串联的反应器（体积都为 200L）中进行，其他条件不变，求反应物的转化率。

〔**解**〕　首先按式（8-146）的关系求根，可计算出单级全混槽的未转化率。求根用的迭代公式为

$$\omega_{k+1}=\omega_k-\frac{f\ (\omega_k)}{f'\ (\omega_k)}$$
$$=\omega_k-\frac{(\phi\omega_k^n/2)\ +\omega_{k-1}}{(n\phi\omega_k^{n-1}/2)\ +1}$$

式中 $k=1，2\cdots$，为迭代次数。对于每次迭代，上式右侧所有量都是已知的，或是能够计算的。因为式（8-146）的根在 0 和 1 之间，作为粗略的近似，可以取 $\omega_k=1$。参数 ϕ 的值为

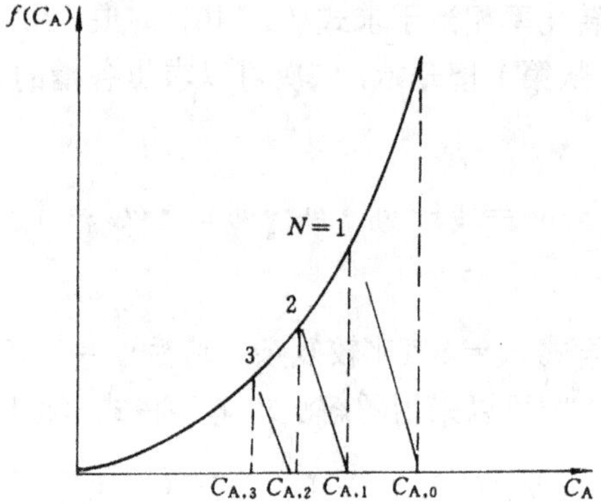

图 8-18 作图法求解方程

$$\phi = 2k\left(\frac{V}{q_V}\right)C_{A,0}^{n-1} = (2)\cdot(1.6)\left(\frac{200}{400}\right)(1.2)^{0.76-1} = 1.53$$

于是，

$$\omega_{k+1} = 1 - \frac{(1.53)(1)^{0.76}/2 + 1 - 1}{(0.76)\cdot(1.53)(1)^{0.76-1}/2 + 1} = 0.53$$

因为一次迭代就得到了方程的解，由此得到转化率 X_A 为（1－0.53）＝47%。

两个反应器串联时，$\phi_1=1.53$，$\omega_1=0.53$，对两个反应器可求出 $\phi_2=1.783$，$\omega_2=0.485$。由式（8-147）可算出

$$X_A = 1-\omega = 1-\omega_1\cdot\omega_2 = 1-(0.53)\cdot(0.485) = 74.3\%$$

可见，由两个反应器串联时，反应效率更高。

8.5.2.4 槽列模型与活塞流反应器的比较

现以一级反应为例。从式（8-143）可得

$$\tau_i = \frac{1}{k}[(1-X_A)^{-1/N} - 1]$$

因为 $\tau = N\tau_i$，所以

$$\tau=\frac{N}{k}[(1-X_A)^{-1/N}-1] \tag{8-148}$$

这是串联槽反应器的空时。

在同样体积流量 q_V 和同样转化率 X_A 条件下，活塞流反应器的停留时间为

$$\tau_p=\frac{1}{k}\ln\left(\frac{C_{A,0}}{C_A}\right)=-\frac{1}{k}\ln(1-X_A)$$

令 η 为同样 q_V、同样 X_A 时槽列模型描述的反应器与活塞流反应器的容积比，称为槽列模型的容积效率，则有

$$\eta=\frac{V_{Rp}}{V_R}=\frac{\tau_p}{\tau}=\frac{\ln(1-X_A)}{N[1-(1-X_A)]^{-1/N}} \tag{8-149}$$

当 $N\to\infty$ 时，由式（8-149）得

$$\begin{aligned}\lim_{N\to\infty}\tau&=\frac{1}{k}\lim_{N\to\infty}\frac{[(1-X_A)^{-1/N}-1]}{(1/N)}\\&=\frac{1}{k}\lim_{1/N\to 0}[-(1-X_A)^{-1/N}\ln(1-X_A)]\\&=-\frac{1}{k}\ln(1-X_A)\end{aligned}$$

此式与活塞流反应器的式子一样。可见，当 N 趋近于无穷大时，实际反应器就相当于活塞流反应器，此时 $\eta=1$。以虚拟槽数 N 为参数，用 η 与 X_A 作图如图 8-19。从图可见，单槽（$N=1$）时效果最差，随着串联槽数 N 的增加，反应效果显著增加。但当 N 的数值较大时，再增加其数值反应效果的增加就不显著了。

槽列模型和扩散模型都是用于描述实际管式反应器的模型，下面比较一下两个模型的关系。

对槽列模型

$$\bar{\theta}=1 \qquad \sigma_\theta^2=1/N$$

对扩散模型，当返混较大时

$$\bar{\theta}_c=1 \qquad \sigma_\theta^2=2Pe'-2(Pe')(1-e^{-1/Pe'})$$

假设用两个模型描述的效果相同，则当返混不大时将上式的第二项略去，于是得

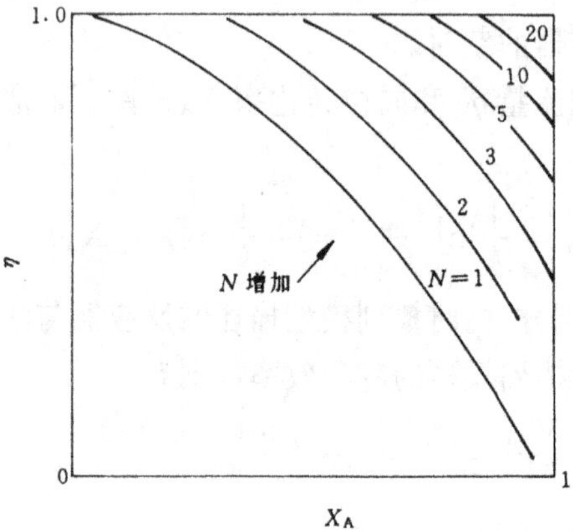

图 8-19　串联槽数与反应效率的关系

$$\frac{1}{N}=2Pe' \qquad N=\frac{1}{2Pe'}=\frac{1}{2}Pe \tag{8-150}$$

即槽列模型串联槽数 N 的值等于扩散模型参数 $Pe\left(\frac{uL}{D_e}\right)$ 的一半。

8.5.3 组合模型[4,5,6,11]

扩散模型和槽列模型的共同点是：把非理想流动反应器看作是理想流动反应器情况下加一个修正，引出了模型参数 Pe' 和 N。但是，实际的反应器有时复杂到不能仅仅依靠扩散模型或槽列模型来描述和解析。另外，上述两个模型也没有考虑到通常可能存在的"短路"、"死区"等情况。组合模型的构思是把实际反应器看作理想反应器的并、串联，同时可以把"短路"、"死区"等因素组合进模型之中。一个组合模型可能是相当复杂的，但是它总是可以由基本模型或基本模型的典型组合而构成。

8.5.3.1　*以活塞流为主的组合模型*

（1）有"死区"的情况　反应器中流动为活塞流，同时由于器壁的吸附作用或其他原因，反应器内的流体会存在某些停滞区而造成"死区"。假设反应器体积为 V_R，"死区"体积为 V_d，则活

塞流区实际体积为

$$V_p = V_R - V_d$$

相当于反应器体积减小了。因此，可以把反应器看作体积为 V_p 的活塞流反应器和体积为 V_d 的“死区”的并联，或 $V_p=\alpha V_R$，即

$$\frac{V_p}{V_R} = \alpha < 1$$

如图 8-20。

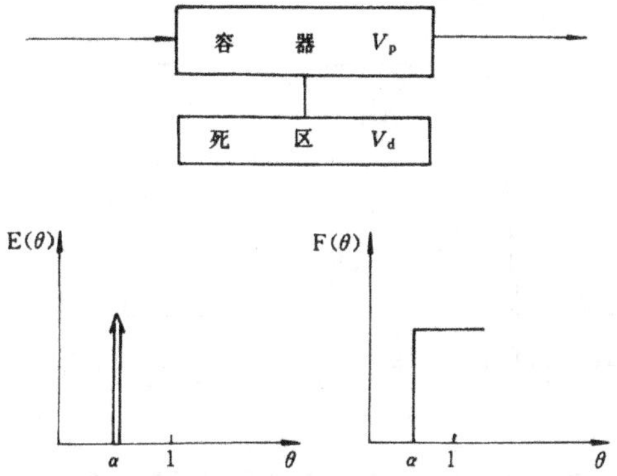

图 8-20 有“死区”时的停留时间

若令 $\tau=V_R/q_{V0}$，而实际停留时间为

$$t = \frac{\alpha V_R}{q_{V0}} = \alpha\tau \tag{8-151}$$

则无因次时间为

$$\theta = \frac{t}{\tau} = \alpha \tag{8-152}$$

即停留时间比较短一些，停留时间分布函数为

$$E(\theta) = \delta(\theta - \alpha) \qquad F(\theta) = f(\theta - \alpha)$$

此时，α 即为模型参数。

(2) 有“短路”的情况　“短路”相当于有一部分流体以极快的速度通过反应器流出去，这部分流体来不及反应或转化率极

低，这等于减少了流入反应器的物质流量，见图 8-21，实际停留时间就相对地增长了。若 $q_{V1}=\beta q_V$，$q_{V2}=(1-\beta)q_V$，分率为 β 的流体停留时间为

$$t=\frac{V_R}{\beta q_V}=\frac{\tau}{\beta} \qquad \theta=\frac{t}{\tau}=\frac{1}{\beta} \tag{8-153}$$

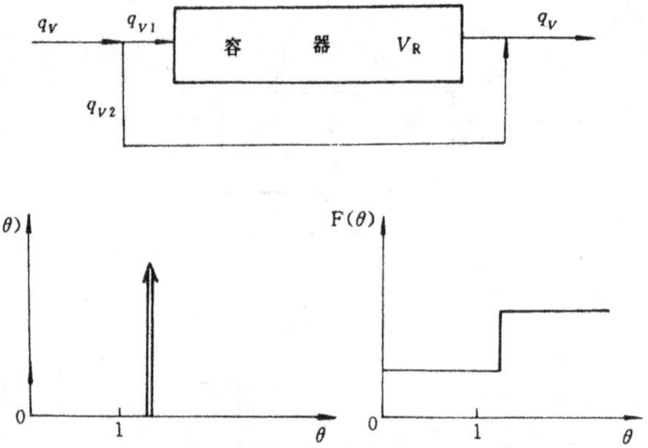

图 8-21 有“短路”时的停留时间分布

分率为（1−β）的流体短路，其停留时间可视为零。所以反应器的停留时间分布函数为

$$E(\theta)=(1-\beta)\delta(\theta)+\beta\delta\left(\theta-\frac{1}{\beta}\right) \tag{8-154}$$

$$F(\theta)=(1-\beta)f(\theta)+\beta f\left(\theta-\frac{1}{\beta}\right) \tag{8-155}$$

此时，β 为模型参数。

（3）两个活塞流反应器并联 如图 8-22。假设第一个反应器体积为 V_{p1}，第二个反应器体积为 V_{p2}，则 $V=V_{p1}+V_{p2}$。流入第 1 个反应器的体积流速为 q_{V1}，流入第二个反应器的体积流量为 q_{V2}，则 $q_V=q_{V1}+q_{V2}$。可以认为整个反应器由两个体积不同、流速也不同的反应器并联构成。显然，其停留时间分布函数将由两个函数

组成。

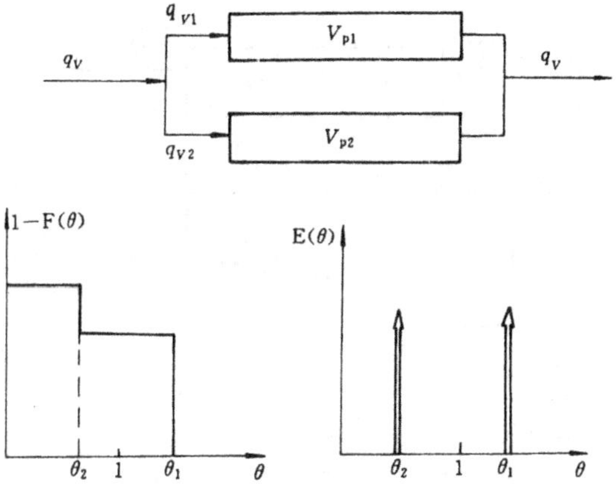

图 8-22 两个活塞流反应器并联的停留时间分布

对第一个反应器，有

$$\left.\begin{aligned}\bar{t}_1 &= \frac{V_{p1}}{q_{V1}} = \frac{V - V_{p2}}{q_V - q_{V2}} \\ \bar{\theta}(E)_1 &= \frac{\bar{t}_1}{\tau} = \frac{V_{p1}/q_{V1}}{V/q_V} = \frac{V_{p1}q_V}{q_{V1}V}\end{aligned}\right\} \tag{8-156}$$

对第二个反应器，有

$$\left.\begin{aligned}\bar{t}_2 &= \frac{V_{p2}}{q_{V2}} = \frac{V - V_{p1}}{q_V - q_{V1}} \\ \bar{\theta}(E)_2 &= \frac{V_{p2}q_V}{q_{V2}V}\end{aligned}\right\} \tag{8-157}$$

当 q_{V1}和 q_{V2}以及 V_{p1}、V_{p2}搭配比例不同时，可能比同样体积、同样流量的单一活塞流反应器的停留时间长或短。

(4) 有循环流的情况 如图 8-23 所示，假设在反应器中有 Rq_V 的流体循环，R 是循环流体的流量分数，称为循环比。为了分析方便，设流量 q_V 等于 1 个单位，则反应器内的流体总流量应为 $(1+R)$，其中 R 部分是循环流，这样循环流占总流体的分数为

$$R/(1+R)=a$$

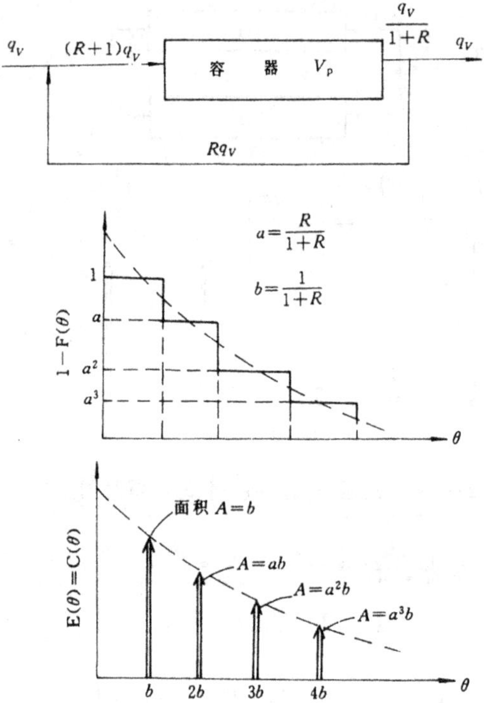

图 8-23 有循环流时的停留时间分布

流出流体占总流体的分数为

$$1-\frac{R}{1+R}=\frac{1}{1+R}=b=1-a$$

这样，伴随第一次流出的流体，其分数为

$\frac{1}{1+R}=b=1-a$，停留时间和无因次停留时间分别为

$$t=\frac{V}{(1+R)q_V}=\frac{\bar{t}}{1+R},\theta=\frac{1}{1+R}=b$$

第一次循环流体的分数为$\frac{R}{1+R}=a$。

分数为 a 的一次循环流，第二次流出的流体，其无因次停留时间为 $2b$，分数为 $ab=a-a^2$，第二次循环流体的分数为 a^2。

分数为 a^2 的二次循环流，第三次流出的流体，其无因次停留时间和分数分别为 $3b$ 和 $a^2b=a^2-a^3$，第三次循环流体的分数为 a^3。

如此类推，可得

停留时间	流出流体分数
$\frac{1}{1+R}=b$	$b=1-a$
$\frac{2}{1+R}=2b$	$ba=a-a^2$
$\frac{3}{1+R}=3b$	$ba^2=a^2-a^3$
$\frac{4}{1+R}=4b$	$ba^3=a^3-a^4$
$\vdots$	$\vdots$
$\frac{n}{1+R}=nb$	$ba^{n-1}=a^{n-1}-a^n$

因为 $a=\frac{R}{1+R}<1$ $(0<R<1)$，所以，n 越大 a^n 越小，说明参加多次循环的流体是越来越少的，大部分流体总是经过有限次循环后即流出反应器，这种有循环流存在的模型的停留时间分布为

$$\mathrm{E}(\theta)=\sum_{n=1}^{\infty}\frac{a^n}{R}\delta\left(\theta-\frac{na}{R}\right) \tag{8-158}$$

$$\mathrm{F}(\theta)=\sum_{n=1}^{\infty}\frac{a^n}{R}f\left(\theta-\frac{na}{R}\right) \tag{8-159}$$

8.5.3.2 以全混流为主的模型

(1) 有"死区"的情况　图 8-24 示出，由于有"死区"存在，反应器的一部分容积 V_d 不起作用。对 V_m 进行物质衡算

$$q_V C_{A0}-q_V C_A=V_m\frac{dC_A}{dt}=(V-V_d)\frac{dC_A}{dt}$$

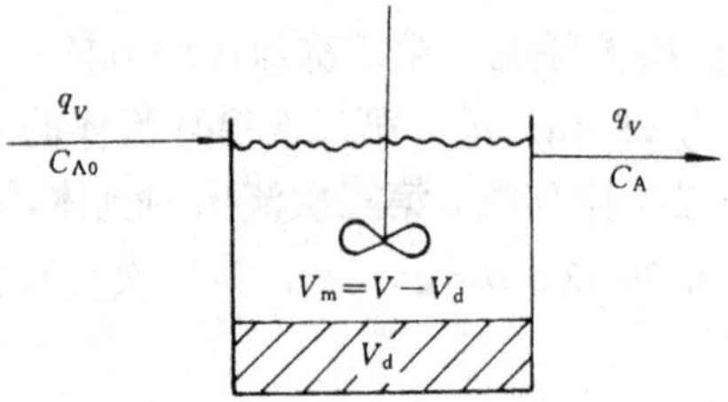

图 8-24 有“死区”的情况

在 $t=0\sim t$，$C_A=0\sim C_A$区间积分，

$$\int_0^{C_A}\frac{dC_A}{C_{A0}-C_A}=\frac{q_V}{V_m}\int_0^t dt$$

$\ln\left(1-\frac{C_A}{C_{A0}}\right)=-\frac{q_V}{V_m}t=-\frac{q_V}{V_m}\cdot\frac{V}{V}t=-\frac{V}{V_m}\frac{t}{\bar{t}}$，$\bar{t}=\frac{V}{q_V}$令 $V_m/V=\alpha$，$\theta=t/\bar{t}$，得

$$\frac{C_A}{C_{A0}}=1-\exp(-\theta/\alpha)$$

由于是在阶跃注入示踪剂条件下推导的，所以有

$$F(\theta)=1-\exp\left[\left(-\frac{V}{V_m}\right)\frac{t}{\bar{t}}\right]=1-\exp\left(-\frac{1}{\alpha}\theta\right) \tag{8-160}$$

由于 $1-F(\theta)=I(\theta)$，所以

$$I(\theta)=\exp\left(-\frac{1}{\alpha}\theta\right) \tag{8-161}$$

又因 $E(\theta)=\frac{dF(\theta)}{d\theta}$，所以

$$E(\theta)=\frac{dF(\theta)}{d\theta}=\frac{1}{\alpha}\exp\left(-\frac{1}{\alpha}\theta\right) \tag{8-162}$$

(2) 有“短路”的情况　如图 8-25 所示，假设流体中有 q_{V2} 部分“短路”流出反应器，只有 $q_V-q_{V2}=q_{V1}$，部分流体流经全混流反应器。令 $\beta=q_{V1}/q_V$，则“短路”部分流体流出时，停留时间

为 0，流量分数为 1－β，流经全混流反应器部分的流出浓度为

$$C_{A1}=C_{A0}[1-\exp(-\beta\theta)] \quad (a)$$

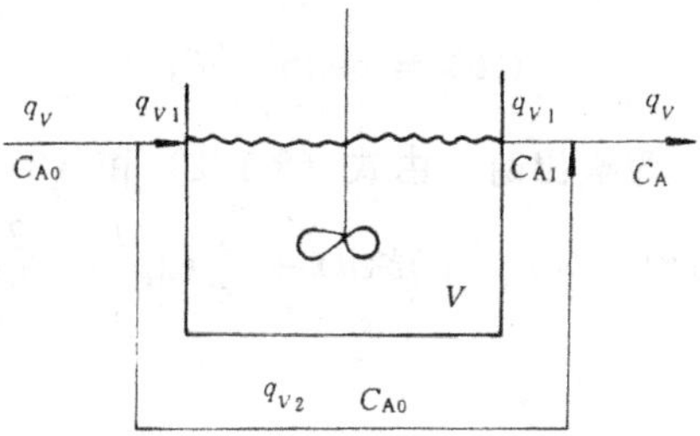

图 8-25 有“短路”的情况

总的流出反应器的流体中 A 的浓度可计算如下

$$\begin{aligned}C_A&=(q_{V1}C_{A1}+q_{V2}C_{A0})/q_V\\&=\frac{q_{V1}C_{A1}+(q_V-q_{V1})C_{A0}}{q_V}\\&=\frac{q_{V1}}{q_V}C_{A1}+C_{A0}-\frac{q_{V1}}{q_V}C_{A0}\\&=C_{A0}\left[1-\left(1-\frac{C_{A1}}{C_{A0}}\right)\beta\right]\end{aligned} \quad (b)$$

由于 $$\mathrm{F}(\theta)=\frac{C_A}{C_{A0}}=1-\left(1-\frac{C_{A1}}{C_{A0}}\right)\beta \quad (c)$$

把式（a）代入式（c），得

$$\begin{aligned}\mathrm{F}(\theta)&=1-\left\{1-\frac{C_{A0}[1-\exp(-\beta\theta)]}{C_{A0}}\right\}\beta\\&=(1-\beta)+\beta[1-\exp(-\beta\theta)]\\&=1-\beta\exp(-\beta\theta)\end{aligned} \quad (8\text{-}163)$$

由 $1-\mathrm{F}(\theta)=\mathrm{I}(\theta)$，有

$$\mathrm{I}(\theta)=\beta\exp(-\beta\theta) \quad (8\text{-}164)$$

由 $\mathrm{E}(\theta)=\frac{\mathrm{dF}(\theta)}{\mathrm{d}\theta}$，E（$\theta$）函数可写成

$$E(\theta) = (1-\beta)\delta(\theta) + \beta^2 \exp(-\beta\theta) \qquad (8\text{-}165)$$

（3）有“死区”又有“短路”的情况　此情况相当于 1)，2）两种情况的组合。把式（8-161）和式（8-164）组合起来

$$I(\theta) = \beta \exp\left(\frac{\beta}{\alpha}\theta\right) \qquad (8\text{-}166)$$

不考虑“短路”流输出时，由式（8-162）和（8-165）得

$$E(\theta) = (1-\beta)\delta(\theta) + \frac{\beta^2}{\alpha}\exp\left(-\frac{\beta}{\alpha}\theta\right) \qquad (8\text{-}167)$$

同样方法可得

$$F(\theta) = 1 - \beta\exp\left(-\frac{\beta}{\alpha}\theta\right) \qquad (8\text{-}168)$$

8.5.3.3　全混流与活塞流反应器的并、串联

（1）全混流反应器与活塞流反应器的并联　如图 8-26 所示，现在在入口处给予一个阶跃刺激信号来推导该组合模型的数学模型。

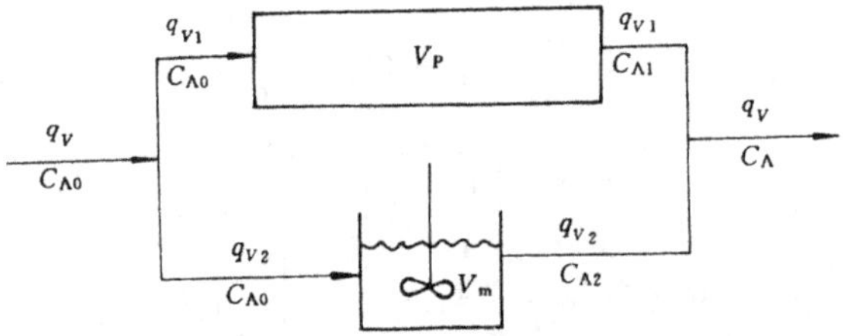

图 8-26　并联情况

$$q_V = q_{V1} + q_{V2} \qquad t = V/q_V = \tau(\text{空时})$$

活塞流部分：

当无因次时间 θ 小于流体在活塞流部分的无因次停留时间时，出口流无因次浓度为零。当无因次时间大于或等于无因次停留时间时，出口流示踪剂浓度为 C_{A0}，其无因次浓度为 1。于是可写出

$$\left.\begin{array}{ll}0\leqslant\theta<\dfrac{V_p/q_{V1}}{V/q_V}=\dfrac{q_V V_p}{q_{V1}V}\text{时} & \dfrac{C_{A1}}{C_{A0}}=0\\ \theta\geqslant\dfrac{q_V\cdot V_p}{q_{V1}V}\text{时} & \dfrac{C_{A1}}{C_{A0}}=1\end{array}\right\}\tag{8-169}$$

其中 $V_p/q_{V1}=\tau_p$是活塞流部分的空时；V/q_V 是整个系统的空时。

完全混合流部分：

$$\frac{C_{A2}}{C_{A0}}=1-\exp\left(-\frac{q_{V2}V}{q_V V_m}\theta\right)\tag{8-170}$$

两部分流体混合后，出口流体浓度为

$$\frac{C_A}{C_{A0}}=\left(q_{V1}\cdot\frac{C_{A1}}{C_{A0}}+q_{V2}\frac{C_{A2}}{C_{A0}}\right)/q_V\tag{8-171}$$

由$\dfrac{C_A}{C_{A0}}=\mathrm{F}(\theta)$，根据式（8-169）的条件，分为两种情况：

当 $0\leqslant\theta<q_V V_p/q_{V1}V$ 时，$C_{A1}/C_{A0}=0$，把式（8-170）代入式（8-171），得

$$\mathrm{F}(\theta)=\frac{q_{V2}}{q_V}\left[1-\exp\left(-\frac{q_{V2}V}{q_V V_m}\theta\right)\right]\tag{8-172}$$

当 $\theta\geqslant q_V V_p/q_{V1}V$ 时，$C_{A1}/C_{A0}=1$，把式（8-170）代入式（8-171），得

$$\begin{aligned}\mathrm{F}(\theta)&=\frac{q_{V1}+q_{V2}\left[1-\exp\left(-\dfrac{q_{V2}V}{q_V V_m}\theta\right)\right]}{q_V}\\&=1-\frac{q_{V2}}{q_V}\exp\left(-\frac{q_{V2}V}{q_V V_m}\theta\right)\end{aligned}\tag{8-173}$$

因 1－F（θ）＝I（θ），所以，当 $0\leqslant\theta<\dfrac{q_V V_p}{q_{V1}V}$时，由式（8-172）有

$$\mathrm{I}(\theta)=\frac{q_{V1}}{q_V}+\frac{q_{V2}}{q_V}\exp\left(-\frac{q_{V2}V}{q_V V_m}\theta\right)\tag{8-174}$$

当 $\theta\geqslant q_V V_p/q_{V1}V$ 时，则有

$$\mathrm{I}(\theta)=\frac{q_{V2}}{q_V}\exp\left(-\frac{q_{V2}V}{q_V V_m}\theta\right)\tag{8-175}$$

当 $\theta\geqslant0$，且 $\theta\neq\dfrac{q_V V_p}{q_{V1}V}$时，对式（8-173）求导，得

$$E(\theta)=\left(\frac{q_{V2}}{q_V}\right)^2\frac{V}{V_m}\cdot\exp\left(-\frac{q_{V2}V}{q_VV_m}\theta\right) \tag{8-176}$$

(2) 全混流反应器与活塞流反应器的串联　在两种反应器进行串联时，存在谁在先谁在后的问题，即涉及到物料混合先后的问题。混合先与后，其效果是不一样的。

第一种组合：活塞流反应器在前，全混流反应器在后。仍以阶跃输入信号为例。认为信号一流出活塞流反应器立即进入全混流反应器。在活塞流反应器中的停留时间为

$$\tau_p=\frac{V_p}{q_V}\qquad \theta_p=\frac{V_p/q_V}{V/q_V}=\frac{V_p}{V}$$

在全混流反应器中的平均停留时间为

$$\tau_m=\frac{V_m}{q_V}=\frac{V_m}{V}\cdot\frac{V}{q_V}=\frac{V_m}{V}\cdot\tau$$

τ 为在整个组合反应器中的空时。当 $0\leqslant\theta<\frac{V_p}{q_V}$时，示踪剂还未流出活塞流反应器部分，此时全部示踪剂都在组合反应器内，所以

$$I(\theta)=1,\qquad E(\theta)=0$$

当 $\theta\geqslant V_p/V$ 时，示踪剂流出活塞流反应器进入全混流反应器，总的无因次停留时间为

$$\theta=\theta_p+\theta_m$$

对组合反应器有

$$I(\theta)=\exp\left[-\frac{V}{V_m}\left(\theta-\frac{V_p}{q_V}\right)\right] \tag{8-177}$$

由于$\frac{d[I(\theta)]}{d\theta}=-E(\theta)$ 有

$$E(\theta)=-\frac{d[I(\theta)]}{d\theta}=\frac{V}{V_m}\exp\left[-\frac{V}{V_m}\left(\theta-\frac{V_p}{q_V}\right)\right] \tag{8-178}$$

第二种组合：全混流反应器在前，活塞流反应器在后。第一种组合时，组合系统的 *RTD* 只不过是把全混流反应器的 *RTD* 推迟了一段时间。第二种情况也是同样，所以一、二两种组合的 *RTD* 是一样的，但是混合的先后不一样会产生不同的反应效果，这一点在 8.4.3 节中已讨论过。

（3）有串联又有“死区”和“短路”的模型　如图 8-27 所示。仿照上面的分析方法，考虑到“死区”中的流体与“短路”部分流体对 *RTD* 无影响，可以导出

$$\mathrm{I}(\theta)=\frac{q_{V1}}{q_V}\qquad\left(0\leqslant\theta<\frac{q_V V_p}{q_{V1}V}\right)\tag{8-179}$$

$$\mathrm{E}(\theta)=0\qquad\left(0\leqslant\theta<\frac{q_V V_p}{q_{V1}V}\right)\tag{8-180}$$

$$\mathrm{I}(\theta)=\frac{q_{V1}}{q_V}\cdot\exp\left[-\frac{q_{V1}V}{q_V V_m}\left(\theta-\frac{q_V V_p}{q_{V1}V}\right)\right]\qquad\left(\theta\geqslant\frac{q_V V_p}{q_{V1}V}\right)\tag{8-181}$$

$$\mathrm{E}(\theta)=\left(\frac{q_{V1}}{q_V}\right)^2\cdot\frac{V}{V_m}\cdot\exp\left[-\frac{q_{V1}V}{q_V V_m}\left(\theta-\frac{q_V V_p}{q_{V1}V}\right)\right]\qquad\left(\theta\geqslant\frac{q_V V_p}{q_{V1}V}\right)\tag{8-182}$$

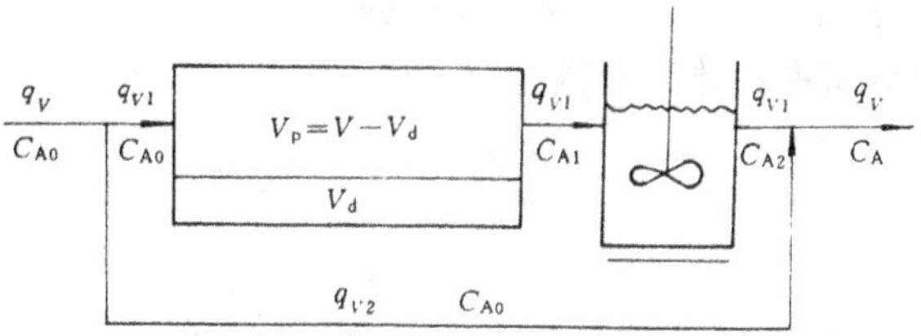

图 8-27　有串联“死区”和“短路”的情况

（4）实际管式反应器的模型　对实际的一些管式反应器。测出的 *RTD* 曲线往往带有很长的尾巴，如图 8-28，其原因是流体在反应器内被阻止了。阻止的原因可以是流体分子被吸附在固体表面，例如器壁上或停留在器壁的孔隙之中，或固-液接触区中的小的滞留区。对这种情况可以用图 8-28 右上方的模型来描述，即把实际管式反应器看作若干全混槽串联，同时把流体受阻情况用若干小反应器（体积为 V_d）来描述。这里讲的阻止区中的流体和

“死区”中的流体不一样。阻止区中的流体是进进出出的，可看作存在横向流或径向流，看作活动的“死水段”。设 N 为串联系统中存在的“死水段”数，x 为每个小反应器横向流所占流体的分数。

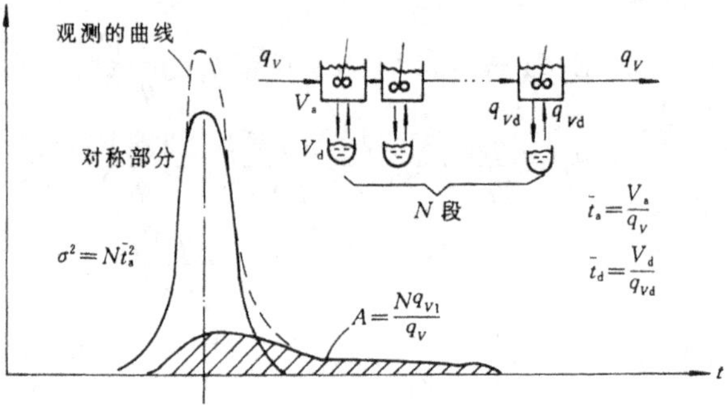

图 8-28 实际反应器的 E 分布

$$x = q_{Vd}/q_V$$

阻止区部分所占的体积分数为

$$\frac{V_d}{V}=\frac{V_d}{V_a+V_d} \qquad \text{则有}$$

$$\overline{t_a}=V_a/q_V \qquad \overline{t_d}=V_d/q_{Vd}$$

$\overline{t_a}$和$\overline{t_d}$分别为每个活动段总的平均停留时间和进入滞止段每个入口处的平均滞留时间。流经反应器的流体可以被阻止 1 次、2 次以至更多次。假设 f_i 为流体第 i 次被滞留的分数，E_i 为第 i 次滞留的停留时间分布，则

$$E = f_0E_0 + f_1E_1 + f_2E_2 + \cdots + f_iE_i + \cdots \tag{8-183}$$

因为流体不管被滞留多少次，总是要流经 N 个活动段，于是，E_i 是 N 活动段与 i 滞留段停留时间分布的卷积分，即

$$E_i = E_{N,a} * E_{i,d} \tag{8-184}$$

式中，下标 a 表示活动段，d 表示滞留段，$E_{N,a}$和 $E_{i,d}$可以用串联槽模型计算，即

$$\bar{t}\,E_i = \left(\frac{t}{\bar{t}_i}\right)^{N-1} \cdot \frac{1}{(n-1)!} e^{-t/\bar{t}_i} \qquad \text{或}$$

$$E(\theta)_i = \frac{\theta_i^{N-1}}{(n-1)!} e^{-\theta}$$

式中 t_i 分别用 $\bar{t}_a$ 和 $\bar{t}_d$ 代替。式（8-183），（8-184）就是上述组合结构的一般数学模型。当横向流很小时（$Nq_{Vd} \ll q_V$），绝大部分流体将不被滞留，或者很少部分只被滞留 1 次，被滞留 1 次的流体所占的分数小到可忽略不计，则式（8-183）可简化为

$$E = f_0 E_{N,a} + f_1 [E_{N,a} * E_{i,d}] \qquad (8\text{-}185)$$

式(8-185)描述了一个 N 段串联槽的分布曲线和一个带长尾巴的曲线的叠加。当 N 足够大时，活动部分分布曲线可以用高斯曲线来估计，而用指数衰减曲线来估计横向流。但当横向流大时，求精确的数学模型是困难的。

8.5.4 示踪剂法测定技术和非理想流动模型在冶金中的应用举例[1,6,12,13,14]

例 8-9 一个固定床反应器，内装直径为 0.625cm 的催化球，如例 8-9 图所示。催化球随意地放置在一个隔板之上，装球高度为 120cm，流体从上而下流经这个填料层，在填充床上部加入放射性物质作为示踪剂，在床层高度为 90cm 处，用 Geiger 放射性计数器测定放射强度。已知，床层孔隙率为 0.4，流体表观流速（相当于空管中的流速）为 1.2cm/s，进出口附近两个截面上分布曲线的方差分别为 $\sigma_1^2 = 39s^2$，$\sigma_2^2 = 64s^2$，试求 Pe' 数（D_e/uL），并分析该流动与活塞流的偏差。

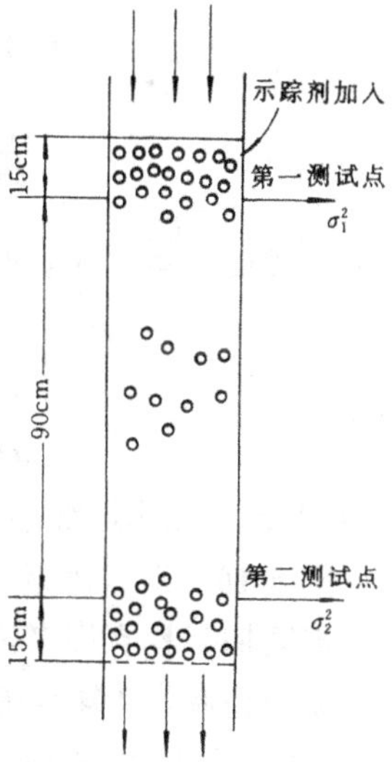

例 8-9 图　固定床

〔**解**〕 高温冶金中催化反应很少见，本例是一个化工方面的问题。但在冶金研究中，例如研究炼铁高炉中物料流的下降，竖炉焙烧中物料运动等过程，也可采用放射性物质示踪的方法来研究物料流的停留时间分布。

本例中由于进口和出口附近的测量点都在料层之中，可视为开式反应器。由两个测量点的方差可求出床层内流动的方差

$$\Delta\sigma^2 = \sigma_2^2 - \sigma_1^2 = 64 - 39 = 25\text{s}^2$$

无因次化，得

$$\Delta\sigma_\theta^2 = \frac{\Delta\sigma^2}{\bar{t}^2} = \frac{\Delta\sigma^2}{(V/q_V)^2} = \Delta\sigma^2\left(\frac{q_V}{V}\right)^2$$

$$= (25\text{s}^2)\left[\frac{1.2\text{cm/s}}{(90\text{cm})\cdot(0.4)}\right]^2$$

$$= \frac{1}{36} = 0.0278$$

应用开式反应器公式（8-95）并略去修正项 $8\left(\frac{D_e}{uL}\right)^2$，得

$$\Delta\sigma_\theta^2 = 2Pe'$$

$$Pe' = \frac{D_e}{uL} = \frac{\Delta\sigma_\theta^2}{2} = \frac{1}{72} = 0.0139$$

Pe'数不大，说明返混小，流动接近于活塞流。

例 8-10 连续炼钢炉混合特性的测定

连续炼钢具有许多优点，例如生产率高，建设投资少，操作稳定易于控制，消耗少等，是正在开发的炼钢新技术。例 8-10 图 1 是日本金属材料技术研究所研究的 NRIM 式连续炼钢炉的示意图。

该炉配置了喷嘴直径为 $\phi6$ 的氧气喷枪 4 支，供氧量 4.4m^3/min，脱碳量 2.79%，铁水流量大约为 130kg/min。炼钢炉分为两段，第一段主要用于脱硅，当金属液流出第一段区域时，硅含量都已降到 0.01%以下，同时在第一段碳被脱除 20%～25%，磷被脱除 60%～90%。炉子第二段主要任务是把碳脱除到钢水规定的范围，同时把磷脱到 0.01%以下。铁水流进炉子，操作 30～40min

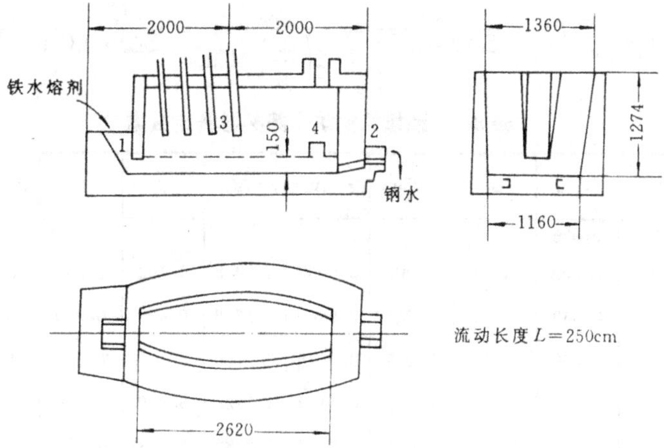

例 8-10 图 1　船形连续炼钢炉

后达到稳定态。考查混合特性时，把金属相作为一个反应器，渣相也作为一个反应器。本例中考虑金属相反应器的混合特性。考虑到炉子第二段中脱碳反应十分激烈，气体产物对金属液强烈搅拌，可认为第二段的响应曲线很接近于理想混合流的情况。所以，重点是研究炉子第一段的混合特性。

为了研究金属相的流动特性，福泽[12]等用铜屑和钛铁粉作为示踪剂，测定金属和熔渣流动的停留时间分布。测定工作在操作稳定后进行。投入铜屑 0.62kg，投入时间小于平均停留时间的 5%，可认为是脉冲注入。在出口处用石英管每隔 1～3min 取样分析金属液中铜的含量，得到 E 曲线，并对实测数据进行处理计算，得到分布的各特征参数。表 8-2 列出了某次测定的数据。

根据下表：

平均停留时间 $\bar{t}$

$$\bar{t}=\frac{\Sigma t\cdot\Delta Cu}{\Sigma\Delta Cu}=\frac{1.8185}{0.237}=7.67\text{min}$$

停留时间分布 E (θ)

$$E(\theta) = \frac{\Delta Cu}{\Sigma \Delta\theta \cdot \Delta Cu} = \frac{\Delta Cu}{\Sigma\left(\frac{\Delta t}{\bar{t}}\right)\Delta Cu} = \frac{\Delta Cu \cdot \bar{t}}{\Sigma \Delta t \cdot \Delta Cu}$$

表 8-2　连续炼钢炉示踪实验测定数据

t/min	Cu%	Δt	ΔCu	$\Delta t \cdot \Delta Cu$	$t \cdot \Delta Cu$	θ	E	$t^2 \cdot \Delta Cu$
0	0.026							
1.25	0.029	1.25	0.003	0.0038	0.0038	0.163	0.064	0.005
3.25	0.069	2.00	0.043	0.0860	0.1398	0.424	0.930	0.454
5.5	0.065	2.25	0.039	0.0878	0.2145	0.717	0.843	1.180
6.75	0.059	1.25	0.033	0.0413	0.2228	0.880	0.714	1.504
8.08	0.053	1.33	0.027	0.0359	0.2182	1.053	0.584	1.763
9.25	0.05	1.17	0.024	0.0281	0.2220	1.206	0.519	2.054
10.33	0.043	1.08	0.021	0.0227	0.2169	1.346	0.454	2.241
11.53	0.043	1.17	0.017	0.0199	0.1955	1.500	0.368	2.248
12.25	0.042	0.75	0.016	0.0120	0.1960	1.597	0.346	2.401
13.50	0.040	1.25	0.014	0.0170	0.1890	1.760	0.303	2.552
Σ			0.237	0.3545	1.8185			16.402

而

$$E(t) = \frac{\Delta Cu}{\Sigma \Delta t \cdot \Delta Cu}$$

方差 σ_θ^2

$$\sigma_\theta^2 = \int_0^\infty (\theta - 1)^2 \cdot E(\theta) d\theta = \int_0^\infty \left(\frac{t}{\bar{t}} - 1\right)^2 \cdot E(t) \cdot dt$$

$$= \frac{1}{\bar{t}^2}\int_0^\infty (t - \bar{t})^2 \cdot E(t) dt = \frac{1}{\bar{t}^2}\left[\int_0^\infty t^2 E(t) dt - \bar{t}^2\right]$$

$$\approx \left(\frac{1}{\bar{t}^2}\right) \Sigma t^2 \frac{\Delta Cu}{\Sigma \Delta t \cdot \Delta Cu} \cdot \Delta t - 1$$

把 Δt 近似看作相等，则

$$\sigma_\theta^2 = \left(\frac{1}{\bar{t}^2}\right)\frac{\Sigma t^2 \cdot \Delta Cu}{\Sigma \Delta t \cdot \Delta Cu}\Delta t - 1$$

$$= \frac{1}{(7.67)^2} \cdot \frac{16.4}{0.237} - 1 = 0.176$$

若偏差活塞流不大，用扩散模型处理时，可用 $\sigma_\theta^2 = 2\frac{D_e}{uL}$ 计算，但这里返混较大，严格讲应该应用式（8-96）计算，在此采用近似公式

$$\frac{uL}{2D_e} = \frac{1}{\sigma_\theta^2} - \frac{1}{\sigma_\theta^{0.3}}$$ 于是

$$\frac{D_e}{uL} = 0.098 \qquad u = \frac{L}{\bar{t}} = \frac{262}{7.67 \times 60} = 0.5693$$

$$D_e = uL \times 0.098 = 14.61\text{cm}^2/\text{s}$$

若用槽列模型处理，$N = 1/\sigma_\theta^2 = 5.67$

若按扩散模型得到的 Pe' 数，按其与槽列模型串联槽数 N 的关系计算，$N = \frac{1}{2Pe'} = \frac{1}{2} \times \frac{1}{0.098} = 5.10$。例 8-10 图 2 示出炉子第一、二段的分布曲线。第一段的曲线接近带长尾巴的高斯分布；第二段由于强烈搅拌，分布近似全混流。经证明：实验测定值和模型计算值吻合较好。

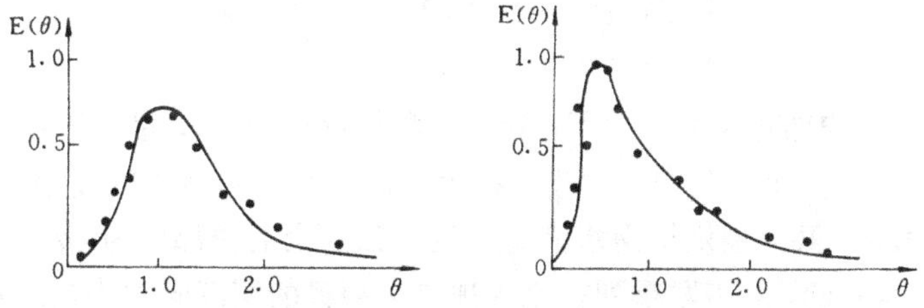

例 8-10 图 2 连续炼钢炉的 *RTD* 曲线

(*a*) 第一段；(*b*) 第二段

例 8-11 连续铸钢机中间包的流动模型[13]

连续铸钢机中的中间包起到分流钢液、稳定浇注等重要作用，中间包内钢液的流动对各结晶器的工作、钢的凝固坯壳生成、钢坯的质量都有影响。大井浩[13]等人应用组合模型研究中间包内的流动，以控制中间包各水口流出钢液的温度。

该模型把中间包接受盛钢桶注流的区域看作是一个独立的全混槽，四个水口区看作四个串联的全混槽，串联槽又与独立全混槽并联，见例 8-11 图 1。

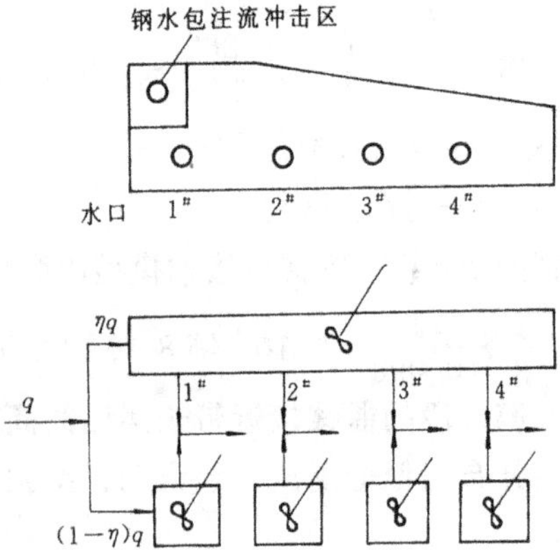

例 8-11 图 1　中间包及中间包组合模型

设中间包总容积为 V；独立全混槽容积为 ηV；串联槽列容积为（$1-\eta$）V，其中，每槽容积为（$1-\eta$）$V/4$，$\eta<1$；钢流总流量为 q（盛钢桶供给钢水流量，流入独立全混槽部分为 ηq，其余（$1-\eta$）q 流入串联槽列；流入独立全混槽的钢液同时均匀地从 4 个水口流出，每个水口的钢水流量为 $\eta q/4$。流入串联槽列的钢水全部通过第 1 槽（1#水口区），其中（$1-\eta$）$q/4$ 从第 1 号水口流出，其余 3（$1-\eta$）$q/4$ 流向第 2 槽（2#水口区）。有（$1-\eta$）$q/4$ 的钢水从 2#号水口流出，其余流向第 3 槽（3#水口区）。有（$1-\eta$）$q/4$ 的钢水从 3 号水口流出，其余（$1-\eta$）$q/4$ 钢水流向第 4 槽

并从 4 号水口流出。各水口流出钢水的流量都是 $q/4$。η 称为分配比，$\eta=0$ 时，相当于串联槽模型。$\eta=1$ 时，相当于全混槽模型。在 $t=0$ 时，从盛钢桶水口注流中用脉冲法加入示踪剂，例如 Au^{198}、Sn、Cu 等。示踪剂总量为 M（公斤摩尔），则进入独立全混槽部分为 ηM，进入串联槽列部分为（$1-\eta$）M。

设独立全混槽内示踪剂浓度为 C_0，对槽中示踪剂作物质衡算，得

$$-\eta q C_0 = \eta V \frac{dC_0}{dt}$$

令 $\tau=\bar{t}=V/q$，$\theta=t/\tau$，上式简化为

$$\frac{dC_0}{C_0} = -d\theta$$

在 $\theta=0\sim\theta$，$C_0=\frac{M}{V}\sim C_0$ 范围内积分，则

$$C_0 = \frac{M}{V}e^{-\theta}$$

所以

$$E(\theta)_0 = \tau E(t)_0 = \tau \frac{q}{M} C_0 = e^{-\theta} \qquad (a)$$

设串联槽列中第 1 槽中示踪剂浓度为 C_1，同样作物质衡算，得

$$-(1-\eta) q C_1 = \frac{1}{4}(1-\eta) V \frac{dC_1}{dt}$$

$$\frac{dC_1}{C_1} = -4d\theta$$

在 $\theta=0\sim\theta$，$C_1=4\frac{M}{V}\sim C_1$ 范围内积分，得

$$C_1 = 4\frac{M}{V}e^{-4\theta}$$

$$E(\theta)_1 = \tau E(t)_1 = \tau \frac{q}{M} C_1 = 4e^{-4\theta} \qquad (b)$$

同样方法对第 2、3、4 槽进行物质衡算，得

$$E(\theta)_2 = 12(e^{-3\theta} - e^{-4\theta}) \qquad (c)$$

$$E(\theta)_3 = 12(e^{-2\theta} - 2e^{-3\theta} + e^{-4\theta}) \qquad (d)$$

$$E(\theta)_4 = 4(e^{-\theta} - 3e^{-2\theta} + 3e^{-3\theta} - e^{-4\theta}) \qquad (e)$$

由于每个水口流出的钢水来自于独立全混槽和串联全混槽中的一个，因此从水口流出的钢水在整个系统中的停留时间分布是由式（a）分别与式（b）、（c）、（d）、（e）的合成，具体结果如

1#水口 $E(\theta)_{\mathrm{I}} = \eta E(\theta)_0 + (1-\eta)E(\theta)_1$

$= \eta e^{-\theta} + 4(1-\eta)e^{-4\theta}$

2#水口 $E(\theta)_{\mathrm{II}} = \eta E(\theta)_0 + (1-\eta)E(\theta)_2$

$= \eta e^{-\theta} + 12(1-\eta)(e^{-3\theta} - e^{-4\theta})$

3#水口 $E(\theta)_{\mathrm{III}} = \eta E(\theta)_0 + (1-\eta)E(\theta)_3$

$= \eta e^{-\theta} + 12(1-\eta)(e^{-2\theta} - 2e^{-3\theta} + e^{-4\theta})$

4#水口 $E(\theta)_{\mathrm{N}} = \eta E(\theta)_0 + (1-\eta)E(\theta)_4$

$= \eta e^{-\theta} + 4(1-\eta)(e^{-\theta} - 3e^{-2\theta} + 3e^{-3\theta} - e^{-4\theta})$

根据上述诸停留时间分布，并对中间包内衬及覆盖渣进行传热计算，可以算出各水口钢水温度随时间的变化，如例 8-11 图 2 所示。

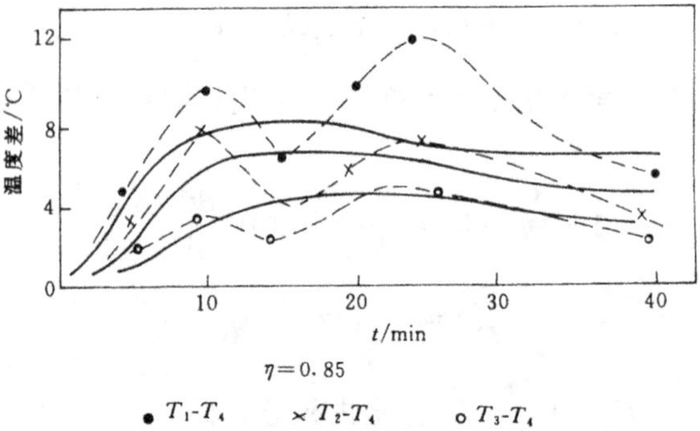

例 8-11 图 2　中间包各水口钢水温度变化

----实际测温线；——计算温度线

图中都以 4#水口温度变化为比较参考系。实线为数学模型计算的数据。虚线为实际测温数据。三条线从上到下分别为

$T_1 - T_4$，$T_2 - T_4$，$T_3 - T_4$。从图可看出，1#水口和 4#水口距

盛钢桶浇注区的距离相差较大，所以钢流温度差变化也大，而 2#、3#水口与 4#水口钢水温度差就较小。图上实测温度（虚线）起伏较大是由于受盛钢桶水口开闭的影响。当稳定浇注时，可看出实测值与计算值吻合得较好。

习　题

1. 停留时间分布函数 E、C、F、I 的物理意义是什么？它们之间的关系如何？

2. 流体流经一封闭反应器，在进口处给一个脉冲刺激信号，实验测得出口流中示踪剂浓度如下：

时间/min	0	5	10	15	20	25	30	35
浓度/$g \cdot L^{-1}$	0	3	5	5	4	2	1	0

试用 C 曲线求该流动的 Pe' 数。

3. 一个闭式管式反应器，已测得流动的参数 $D_e/uL=0.2$，若用槽列模型描述该系统，问相当于多少个等体积全混槽串联？

4. 在某流动反应器中进行均相一级反应，在进口处给一个脉冲刺激信号，出口处测得示踪剂浓度如下：

时间/min	1	2	3	4	5	6	8
浓度/$mg \cdot L^{-1}$	9	57	81	90	90	86	77
时间/min	10	15	20	30	41	52	67
浓度/$mg \cdot L^{-1}$	67	47	32	15	7	3	1

如果是活塞流，其转化率为 99%，按上述实验数据

1）用扩散模型描述时，转化率为多少？

2）用槽列模型描述时，转化率为多少？

3）用 *RTD* 曲线直接计算时，转化率为多少？

比较分析，用哪一种方法计算的结果更为可靠？

5. 若题 4 中进行的是二级反应，应该采用哪种方法计算？为什么？

6. 在某催化反应塔的底部注入一个脉冲放射性示踪信号，然后在反应塔不同高度上测量放射强度，得如下数据：

时间 t/min	（计数/min）$\times 10^{-3}$（圆整到等间距点上）	时间 t/min	（计数/min）$\times 10^{-3}$（圆整到等间距点上）
0	0	4.0	10
0.5	5	4.5	7
1.0	22	5.0	4
1.5	27	5.5	3
2.0	26	6.0	3
2.5	22	6.5	(1)
3.0	19	7.0	(0)
3.5	15		
		Σ	164

试求平均停留时间 $\bar{t}$，并按计算得到的 E（t）数值分析塔内流动类型的型态[14]。

7. 在建立扩散模型时，由微元衡算可得

$$\frac{\partial C}{\partial t}=D_e\frac{\partial^2 C}{\partial x^2}-u\frac{\partial C}{\partial x}$$

令 $C^*=C/C_0$，$\theta=t/\bar{t}$，$\bar{t}=L/u$，试推导 $x=L$ 处 F（θ）$=\dfrac{C}{C_0}$的具体数学表达式。

8. 推导下图所示的组合模型出口 E（t）分布。

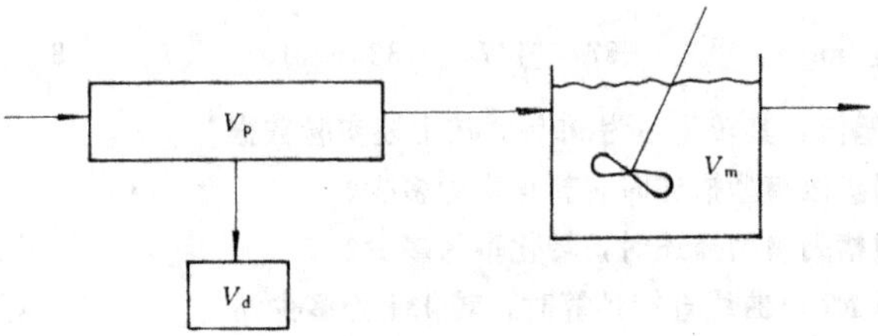

习题 8-8 图示

9. 试举一例说明非理想流动反应器模型在钢铁冶金新工艺开发或有色金属冶金新工艺开发中的应用。

参考文献

[1] 曲英，刘今，冶金反应工程学导论，冶金工业出版社，1988。

[2] 肖兴国主编，冶金反应工程学，东北工学院出版社，1989。

[3] G.F. 弗罗门特，K.B. 比肖夫，反应器分析与设计，邹仁鋆等译，化学工业出版社，1985。

[4] 谢蕴国编，冶金反应工程学，昆明工学院讲义，1986。

[5] 陈甘棠、施立才，化学反应工程（化学工程手册第24篇），化学工业出版社，1986。

[6] O. Levenspiel, Chemical Reaction Engineering, John Wiley, New York, 1972.

[7] C. G. Hill, Jr, An Introduction to Chemical Engineering Kinetics and Reactor Design, John Wiley & Sons, New York, 1977.

[8] D. M. Himmelblau, K. B. Bischoff, Process Analysis and Simulation, Deterministic Systems, John Wiley & Sons, New York, 1968.

[9] Wen. C. Y., L. T. Fan, Metels for Flow System and Chemical Reactors, Dekker, 1975.

[10] Kramers. H., Weterterp. K. R., Elements of Chemical Reactor Design and Operation, Academic Press, New York, 1963.

[11] 梁宁元等编，冶金反应工程学，东北工学院讲义，1984。

[12] 福泽章，金材技研式连续制鋼炉の混合特性，日本金属材料技术研究所报告，1977。

[13] 大井浩等，鉄と鋼，1971，No.10，p.1645～1653。

9 搅拌和反应器内液体的混合

9.1 搅拌对冶金反应的意义

对于连续操作的反应器，活塞流是理想的流动形式，因为活塞流返混极小，而返混降低连续操作反应器反应效率。对于间歇操作的反应器或反应产物在操作结束后才放出的半间歇操作反应器，应力求器内成分和温度均匀以提高反应速度和效率，器内流动以理想混合流为最佳，此时液体的混合均匀时间最短。在实践中，要实现器内液体瞬间混合均匀是不可能的，只能采取工艺措施尽可能地缩短混合均匀时间。用各种方式加强液体搅拌，是达到此目的的唯一途径。另外，对于非均相反应体系和金属液浇注凝固过程，搅拌也具有重要意义。

衡量反应器内液体搅拌混合程度的一个极重要、最直观的参数称为混合均匀时间（τ_m），简称混合时间，它对液体成分和温度的均匀，提高反应速度，金属液中夹杂物的排除等有重要影响。不同类型的反应器采用的搅拌方式不同，混合时间也不同。以炼钢用的氧气吹炼转炉为例，顶吹时 τ_m 约为 90～120s，底吹时约为 10～20s，而顶底复吹时约为 20～50s[1]。

在金属液浇注，特别是钢的连铸过程中，对钢液的搅拌有利于凝固传热和铸坯质量的提高。总言之，搅拌是冶金工作者极为重视的研究领域。

9.2 冶金中应用的搅拌方式

冶金中应用的搅拌方式有气体搅拌、机械搅拌和电磁搅拌三种。

气体搅拌广泛应用于火法冶金过程，尤其是金属液的二次精炼。它最初是为了使金属液成分和温度迅速均匀化，以后人们又研究了在气体喷射下冶金过程的各种现象和规律，提出了“气泡冶金”，“气动冶金”，“喷射冶金”等概念和理论，发展了多种多样的炉外精炼技术和装置。传统的冶金熔炼炉逐步改变了功能，成了“熔化的机器”或“粗炼的工具”，而金属液的精炼则放到了各种精炼炉中去完成。

机械搅拌在火法冶金中由于受到搅拌桨叶寿命等因素的制约，应用很少，但是在科学研究和湿法冶金中应用广泛。

电磁搅拌最初用于大容量电炉熔池的搅拌和大钢锭的浇注过程以及自然伴有电磁搅拌的感应电炉中。连续铸钢和炉外精炼技术的发展大大推动了电磁搅拌技术的发展和应用。

9.3 气体搅拌[1,2,3]

9.3.1 气体搅拌的类型

气体喷向或喷入熔池造成金属液的运动，形成金属液环流，从而给冶金带来多方面的好处：

(1) 环流使液体产生混合作用，达到成分和温度均匀；

(2) 环流提高了熔化固体料（如废钢、铁合金等）时固-液相间的传热系数和传质系数，加快了熔化或溶解速度；

(3) 若反应器内金属液面上存在熔渣，环流改善了渣与金属液面的物质交换与热交换条件，提高了渣-金反应速度；

(4)环流有利于把金属液内的夹杂物或反应生成物带到渣-金界面而为熔渣吸收；

(5) 若向金属液喷入参与化学反应的气体反应物，由于反应气体在金属液中高度弥散，提高了反应速度；若喷入不参与化学反应的惰性气体，则惰性气体气泡的存在可改变某些反应或过程（如扩散）在气-液相界面上的热力学平衡条件，促使某些反应，如脱氢、脱氮、脱氧等向有利方向进行，起到净化金属液作用；

(6) 若气体夹带固体颗粒（如渣料）喷入金属液，由于改变了渣与金属的接触方法和增大了渣-金属接触界面，有利于提高反应速度和改善最终冶金效果。若气体夹带所需的合金元素（如铁合金粉）喷入，可提高和稳定元素收得率。可见，气体喷射已不限于其搅拌功能，但上述各方面的有益效果，在某种意义上都反映到混合均匀问题上。

起到熔池液体搅拌作用的气源可来自外部供给的气体和熔池内反应产生的气体。而用于搅拌的外部气体射流可分两种：

(1) 冲击式气体射流：指射流射到固体表面或液体表面上，其特点是气体喷嘴距固体表面或液体表面有一定的距离。冲击式气体射流在与金属液面接触之前，可近似地看作自由射流，与液体接触后，情况就变得复杂了。气体射流中轴线与液面的夹角可以是 90°，如炼钢的 LD 转炉；也可以是其他角度，如 Kaldo 炉、Rotor 炉以及正开发的连续炼钢炉、连续炼铅炉等。

(2) 浸没式气体射流：指气体喷嘴或孔口淹没在液体中的射流，属于限制射流。根据射流方向可分为垂直浸没射流，水平浸没射流和倾斜浸没射流。

本节只讨论外部供惰性气体的浸没式气体射流对液体的搅拌。由于供入气体不参加化学反应且一般供气量不很大，可以近似地看作间歇式反应器气体搅拌混合问题。

9.3.2 混合时间的实验测定

9.3.2.1 实验测定方法概述

混合时间与供给液体的搅拌功率密度 ε 有关，也与液体在反应器内的循环流动状态有关。混合时间常由实验确定，搅拌功率密度则采用分析计算法确定。采用刺激-响应实验测定混合时间时，与第 8 章所述的不同点是示踪剂的注入和响应的测试点都没有固定的“入口”和“出口”。

在高温冶金反应器中，常采用放射性同位素（如 Au^{198}）或某些金属（如 Sn、Cu 等）作为示踪剂。响应信息的测定多采用在反应器内某点间断地取出金属样，测定其放射强度或示踪剂浓度随时间变化的关系曲线，从曲线来确定混合时间。在湿法冶金或冷态模拟实验中，可以用不参与化学反应的电解质溶液，如 KCl 溶

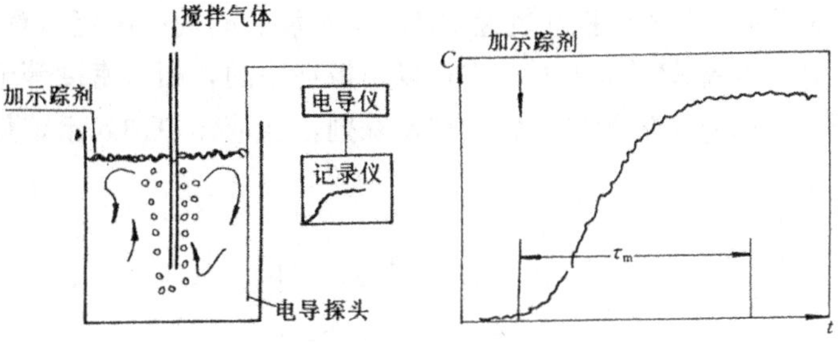

图 9-1　冷态模拟示踪法测定混合均匀时间 τ_m

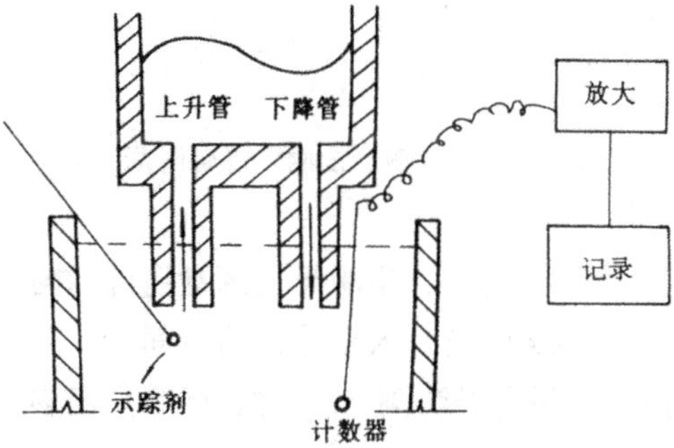

图 9-2　RH 装置混合均匀时间 τ_m 的测定

液作示踪剂，在响应测试点用电导探头连续测量溶液电导值随搅拌时间的变化，经电导值与示踪剂浓度值转换后在记录仪上适时地作出示踪剂浓度随时间的变化曲线，由曲线确定混合时间。设 C_∞ 为混合均匀后示踪剂的浓度，C 为混合过程中示踪剂的浓度，则达到混合均匀时，$\frac{C}{C_\infty}=1$，此时对应的时间即为混合均匀时间

τ_m。实际测试时，一般允许有5%的误差，即当$C=C_\infty\pm5\%C_\infty$时，就认为混合均匀了。图9-1是钢水包吹氩搅拌冷态模型测定混合时间，图9-2为真空脱气装置（RH）钢水混合时间的测定示意图。

进行冷态模拟试验时，也可以用极细小的，相对密度等于或接近于液体介质的第二相物质作示踪剂，当液体中加入示踪剂并

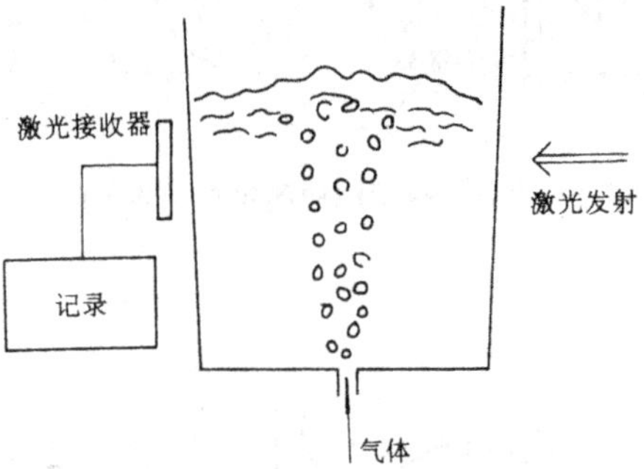

图 9-3　激光法测定混合时间

搅拌混合后，体系呈乳状，用激光法测量混合均匀时间，当激光接受器接受激光稳定时与加入示踪剂的时间差，即为混合均匀时间τ_m，见图9-3。用电导法测定τ_m时，要事先经多次实验找出所谓“呆滞区”，即混合均匀最慢的区域，将电导探头置于该“呆滞区”。而用激光法测定勿需考虑这一问题，而且判断混合均匀时间比较容易，也较准确。

9.3.2.2　实验研究举例

谢蕴国等[4]以某炼钢厂25t小型钢包吹氩搅拌为实型对象，用水模型法研究钢包吹氩混合均匀时间。模型实验装置如图9-4。

根据相似原理（见第10章）来设计模型。

影响钢包吹氩搅拌混合现象的物理量有：喷嘴直径d_0，气体喷出速度u_0，气体密度ρ_g，液体密度ρ_L，钢包直径D_L，重力加速

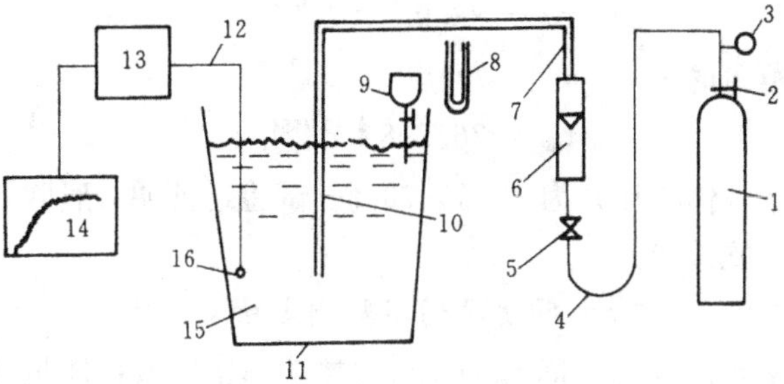

图 9-4 模型装置简图

1—气瓶；2—阀门；3—压力表；4—软管；5—进气阀；6—流量计；7—软管；8—压力计；9—示踪剂加入杯；10—气体喷枪；11—有机玻璃钢水包；12—电线；13—电导仪；14—记录仪；15—水；16—探头

度 g，液体表面张力 σ，液体粘度 μ，液面高度 H，喷枪插入液体深度 h，喷枪中心线与钢包中心线偏心距 r。用因次分析法得出该现象有关的 9 个特征数，即无因次混合均匀时间与其他 8 个特征数有关

$$K_{\tau} = f(Fr, Re, We, Kg, Ko, Kn, Kh, Kr) \tag{9-1}$$

经简化后，取几何准数相等和修正弗劳德数相等来设计模型。采用多因素多水平正交设计安排试验。搅拌功率密度计算采用中西[5]的公式❶。

$$\dot{\varepsilon} = \frac{0.0285Q_{Ar}T}{M_m}\lg(1 + \frac{h}{1000})〔W/t〕 \tag{9-2}$$

实验采用了单孔喷头及三孔喷头，用饱和 KCl 溶液作示踪剂，用油模拟熔渣，水模拟钢液，对比了从顶部插入喷枪吹氩和从包底用透气砖吹氩的效果。从顶部插入喷枪时，混合时间 τ_m〔S〕与搅

❶ 该式是考虑了气泡上浮过程的浮力功和膨胀功导出的，学术界对此式有不同看法。有人认为两种功是一回事，计算的搅拌功率增加了一倍。

拌功率密度$\dot{\varepsilon}$〔W·t^{-1}〕的关系为：

有渣覆盖时

$$\tau_m = 88.953\,\dot{\varepsilon}^{-0.3676} \qquad (9\text{-}3)$$

无渣覆盖时

$$\tau_m = 76.398\,\dot{\varepsilon}^{-0.4554} \qquad (9\text{-}4)$$

气体抽引比（体积比）为17%～70%。试验还证明，底吹效果比顶部插枪喷吹效果好。

9.3.2.2 τ_m与$\dot{\varepsilon}$之间关系的实验测定结果[1,3,6]

许多学者对混合时间τ_m〔s〕与搅拌功率密度或称能量耗散率$\dot{\varepsilon}$〔W·t^{-1}〕的关系进行了实验研究，得到如下共同规律：

$$\tau_m \propto \dot{\varepsilon}^{-n} \quad 或 \quad \tau_m = a\,\dot{\varepsilon}^{-n} \qquad (9\text{-}5)$$

中西恭二[5]最先总结了不同搅拌方式时的混合时间，认为不论用什么搅拌方式，混合时间只与单位功率有关，得到

$$\tau_m = 800\,\dot{\varepsilon}^{-0.4} \qquad (9\text{-}6)$$

这个关系式发表后受到冶金界重视，但在不同实验条件下，也存在不少分歧。例如谢蕴国的结果式（9-3）和式（9-4）与拜田（Haida）的实验结果

$$\tau_m = 58\,\dot{\varepsilon}^{-0.3} \quad （有渣） \qquad (9\text{-}7)$$

$$\tau_m = 100\,\dot{\varepsilon}^{-0.4} \quad （无渣） \qquad (9\text{-}8)$$

较接近。梁云[7]用水模型实验得

$$\tau_m = 86\,\dot{\varepsilon}^{-0.255} \quad （有渣） \qquad (9\text{-}9)$$

$$\tau_m = 125\,\dot{\varepsilon}^{-0.289} \quad （无渣） \qquad (9\text{-}10)$$

尽管各作者得到的方程系数和指数不尽相同，但都符合式(9-5)表示的共同规律。

9.3.3 τ_m与$\dot{\varepsilon}$之间关系的理论分析[1,3,6,8,9]

从 Navier-Stokes 方程出发，应用因次分析原理可以导出τ_m与$\dot{\varepsilon}$的一般关系。

9.3.3.1 流速和搅拌功率密度的关系

液体流动是作用于液体的力所引起的，可以用 Navier-Stokes

方程来描述。

$$\rho\left[\frac{\partial \boldsymbol{u}}{\partial t}+(\boldsymbol{u}\cdot\nabla)\boldsymbol{u}\right]=-\nabla p+\mu_e\nabla^2\boldsymbol{u}+\boldsymbol{F}_b \tag{9-11}$$

式中有效粘度系数为

$$\mu_e=\mu+\mu_t \tag{9-12}$$

μ 为粘度系数，μ_t 紊流粘度系数。按照不同的力起主要作用时，式（9-11）可以简化。

（1）粘性力起主要作用时，

$\mu_e=\mu$，由式（9-11）可得

$$\mu\nabla^2\boldsymbol{u}=-\boldsymbol{F}_b \tag{9-13}$$

因为算符 ∇的因次与特征长度 L 成反比，取特征速度 U，由因次分析从式（9-13）可得

$$U\propto(\boldsymbol{F}_bL^2/\mu) \tag{9-14}$$

（2）惯性力起主要作用时，由式（9-13）得

$$\rho(\boldsymbol{u}\cdot\nabla)\boldsymbol{u}=\boldsymbol{F}_b \tag{9-15}$$

用因次分析得

$$U\propto(\boldsymbol{F}_bL/\rho)^{1/2} \tag{9-16}$$

（3）紊流粘性力起主要作用时，$\mu_e=\mu_t$，由式（9-13）得

$$\mu_t\nabla^2\cdot\boldsymbol{u}=-\boldsymbol{F}_b \tag{9-17}$$

按 Boussinesq 和 Prandtl 的假说，紊流粘度系数可表示为

$$\mu_t=\rho l^2|\mathrm{grad}U| \tag{9-18}$$

l 为 Prandtl 混合长度。把式（9-18）代入式（9-17），并由因次分析得

$$U\propto(\boldsymbol{F}_bL^3/\rho l^2)^{1/2} \tag{9-19}$$

根据牛顿定律，$\dot{\varepsilon}$正比于流速和体积力 $\boldsymbol{F}_b$，即

$$\dot{\varepsilon}\propto U\boldsymbol{F}_b \tag{9-20}$$

把式（9-20）分别代入式（9-14），（9-16）和（9-19），可得到三种情况下流速和搅拌功率密度的关系，即

分子粘性力支配流动时

$$U \propto (L^2 \dot{\varepsilon}/\mu)^{1/2} \tag{9-21}$$

惯性力支配流动时

$$U \propto (L \dot{\varepsilon}/\rho)^{1/3} \tag{9-22}$$

紊流粘性力支配流动时

$$U \propto (L^3 \dot{\varepsilon}/\rho l^2)^{1/3} \tag{9-23}$$

9.3.3.2 混合均匀时间与流速的关系

对容器内流动着的流体微元体作物质衡算，可得

$$\frac{\partial C}{\partial t} + \boldsymbol{u} \cdot \nabla C = D_e \nabla^2 C \tag{9-24}$$

式中 D_e 为有效扩散系数，

$$D_e = D + D_t \tag{9-25}$$

D 为扩散系数，D_t 为紊流扩散系数。用类似的办法分三种情况来简化式（9-24）。

（1）分子扩散起主要作用时，式（9-24）可简化为

$$\frac{\partial C}{\partial t} = D \nabla^2 C \text{ 或 } \frac{dC}{dt} = -kDC/L^2 \tag{9-26}$$

积分得

$$C \propto \exp(-kDt/L^2) \tag{9-27}$$

式中　k 为比例常数；L 为特征长度。显然，混合均匀时间 τ_m 就是浓度 C 变为恒值时所需的时间，即式（9-27）右侧指数幂为常数，所以，

$$\tau_m \propto (L^2/D) \tag{9-28}$$

（2）对流传质起主要作用时，式（9-24）可简化为

$$\frac{\partial C}{\partial t} = -\boldsymbol{u} \cdot \nabla C \tag{9-29}$$

同样分析，有

$$\frac{dC}{dt} = -kUC/L \tag{9-30}$$

积分得

$$C \propto \exp(-kUt/L) \tag{9-31}$$

$$\tau_m \propto (L/U) \tag{9-32}$$

（3）紊流扩散起主要作用时，把式（9-26），（9-28）中的 D

以 D_t 代替，有

$$\tau_m \propto (L^2/D_t) \tag{9-33}$$

$$D_t = l^2|\text{grad}U| \tag{9-34}$$

$$\tau_m \propto (L^3/l^2U) \tag{9-35}$$

9.3.3.3 物理性质和操作参数对 τ_m 的影响

把上述三种不同力起主要作用的情况与三种不同传质起主要作用的情况组合（不能组合的情况除外），便可以看出物性和操作参数对 τ_m 的影响，如表 9-1 所示。

表 9-1 物理性质和操作参数对 τ_m 的影响

$$\tau_m \propto \dot{\varepsilon}^{-n} L^r l^{\xi} \rho^{\alpha} \mu^{\beta} D^{\chi}$$

	粘性力	惯性力	紊流粘性力
分子扩散	$n=0$，$r=2$，$\xi=0$，$\alpha=0$，$\beta=0$，$\chi=-1$，		
对流扩散	$n=0.5$，$r=0$，$\xi=0$，$\alpha=0$，$\beta=0.5$，$\chi=0$，	$n=1/3$，$r=2/3$，$\xi=0$，$\alpha=1/3$，$\beta=0$，$\chi=0$，	$n=1/3$，$r=0$，$\xi=2/3$，$\alpha=1/3$，$\beta=0$，$\chi=0$，
紊流扩散		$n=1/3$，$r=8/3$，$\xi=-2$，$\alpha=1/3$，$\beta=0$，$\chi=0$，	$n=1/3$，$r=2$，$\xi=-4/3$，$\alpha=1/3$，$\beta=0$，$\chi=0$，

从表 9-1 可看出：越向右，流动的紊乱性越大；越向下，物料混合越好。指数 n 表示了混合均匀时间 τ_m 对搅拌功率密度 $\dot{\varepsilon}$ 的依存关系，即

$$\tau_m \propto \dot{\varepsilon}^{-n} \tag{9-36}$$

这与上述的各实验结果得到的规律是一致的。

森一美[9]用因次分析也得到

$$\tau_m \propto \left[\dot{\varepsilon}\left(\frac{M_L}{\rho_L}\right)^{-2/3}\right]^{-1/3} \tag{9-37}$$

以 τ_m 和 $\dot{\varepsilon}$ $(M_L/\rho_L)^{-2/3}$ 为坐标作图，把各作者的实验结果标在图上，也可看出规律是一致的。

9.3.3.4 τ_m 与液体循环流的关系

T·Lehner[10]较系统地用循环流分析了钢包喷吹气体时的钢液混合过程。他假设 i 为未混合均匀的流体占钢包中流体总量的分率，τ_i 表示混合到某种程度所需的时间，混合过程被看作各部分流体分率 i 在钢包内通过多次循环达到均匀的过程。当以 $C/C_\infty=1\pm0.05$ 为考核混合均匀的标准时，得到

$$\tau_i/t_c=\ln\left(\frac{100}{i}\right) \tag{9-38}$$

式中　t_c 为循环时间，可以用模拟实验来测定或由循环流率来计算。例如，200tLD 转炉的循环流率 $\dot{M}_i$ 大约为 320t/min；150tRH 炉的循环流率 $\dot{M}_i$ 大约为 36t/min。当钢包总流体质量为 M_L 时

$$t_c=M_L/\dot{M}_i \tag{9-39}$$

曲英等[1]认为，混合不仅仅靠流体循环来达到，如果把钢包中钢液的循环流看作是环形管式反应器，并用扩散模型来描述其混合过程，有

$$\frac{\partial C}{\partial t}=\left(\frac{D_e}{uL}\right)\frac{\partial^2 C}{\partial z^2}-\frac{\partial C}{\partial z} \tag{9-40}$$

在钢液循环条件下，得到解析解

$$\frac{C(\theta)}{C_\infty}=1+2\sum_{n=1}^{\infty}\exp\left[-(2\pi n)^2\frac{\theta}{Pe}\right]\cos[2\pi n(z_0+\theta)] \tag{9-41}$$

式中　$C(\theta)$ 为时间 θ 时示踪剂的浓度；C_∞ 为混合均匀后示踪剂的浓度；$\theta=t/t_c$，t_c 为循环周期；$z_0=X/L$，X 为示踪剂加入位置坐标，L 为循环一次所经过的距离；$Pe=uL/D_z$；n 为相应的串联全混槽槽数。

$$Pe=2(n-1)^2/n \tag{9-42}$$

梁云[7]用水模型研究求得 $Pe=22$，并取 $z_0=0.5$，$L=30\text{cm}$，代入式（9-41）求出 $C(\theta)/C_\infty$ 并与实验数据对照吻合较好。这说明混合不仅仅决定于循环流，循环流和紊流扩散二者对混合都有贡献。在强烈循环区，循环流对混合的贡献大；而在相对滞流区，则紊流扩散对混合的贡献大。

9.3.4 气体搅拌功率的计算[1,3,6,9,13,14]

无论是冲击式气体射流还是浸没式气体喷射，都将对熔池中的液体给予搅拌力，形成液体的循环流动。现以从容器底部喷入气体为例，介绍气体搅拌功率密度的计算。由于分析方法的不同，所得计算公式也不尽相同。

9.3.4.1 热力学循环系统估算法[1]

如图 9-5 所示，当喷入气体离开喷嘴后，形成成串的群体气泡

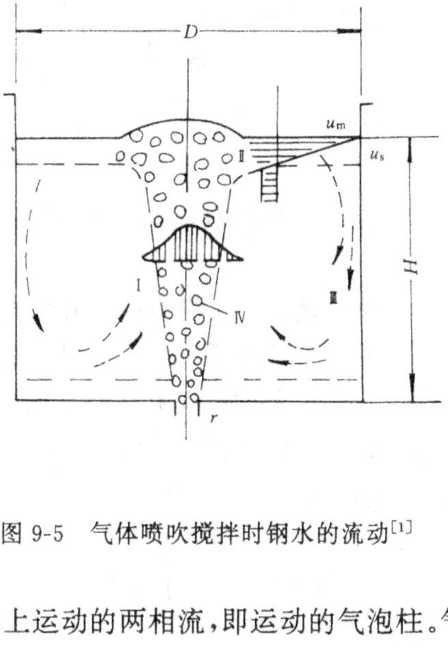

图 9-5 气体喷吹搅拌时钢水的流动[1]

与液体构成的向上运动的两相流，即运动的气泡柱。气泡柱周围的液体不断卷入气泡柱区，以补充被气泡柱抽引向上流动的液体，这样一些液体被气泡柱抽引向上运动，远离气泡柱边沿的液体则向下、向中心运动以补充被抽引向上运动的液体，这一现象称为气泡泵现象。当不断地喷入气体，容器内液体就不断地形成循环流达到搅拌混合作用。

设想如图 9-6 所示的热力学循环系统来估算气体抽引液体的能力。在 A 点，气体以等压绝热状态压入液体，其状态参数为 p_1，

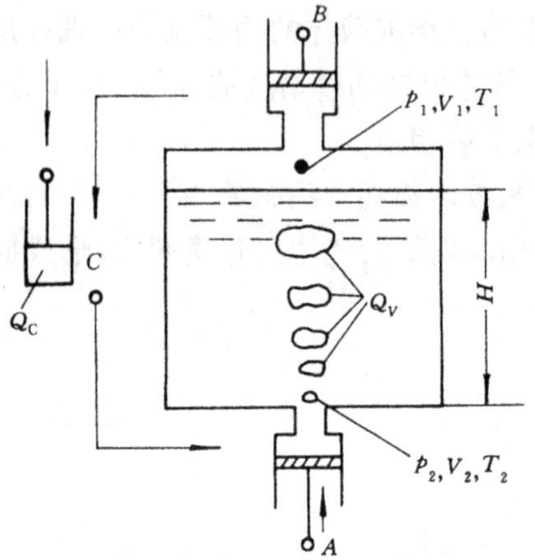

图 9-6　气泡搅拌热力学循环[1]

V_1，T_1；在 B 点，用活塞以等压绝热状态由液面回收气泡；在 C 点，又从 p_2，V_2，T_2 状态压缩到 p_1，V_1，T_1 状态，这就形成一个热力学闭路系统。A 点活塞做功为 $W_A=p_1V_1$；B 点做功为 $W_B=-p_2V_2$；在气体被压缩时有热量 Q_C 放出，在 C 点需外加机械功为 $\int_{V_2}^{V_1}p\mathrm{d}V$，所以 C 点的功为

$$W_C = Q_C - \int_{V_2}^{V_1}p\mathrm{d}V$$

由热力学知

$$\mathrm{d}Q = nc_V(T_1 - T_2)$$

所以对液体、气体体系而言，所做的总功为 W_t

$$\begin{aligned} W_t &= W_A + W_B + W_C \\ &= nc_V(T_1 - T_2) + (p_1V_1 - p_2V_2) \\ &= H_1 - H_2 \end{aligned} \tag{9-43}$$

即外界对搅拌槽所做的功 W_t，等于状态 1 和 2 的焓的差值。

搅拌液体的推动力，除了外界对系统所做的功外，还有气泡上浮过程中从液体吸收的热 Q_V。根据 $dQ=dH-Vdp$，有

$$Q_V=\int_1^2 dQ_V=\int_1^2 dH-\int_1^2 Vdp \tag{9-44}$$

于是，液体从气泡上浮所获的总功为

$$W_T=(H_1-H_2)+Q_V=-\int_1^2 Vdp \tag{9-45}$$

由式(9-45)可见，由热力学关系液体得到的总搅拌功等于运动力学所得出的浮力功 $\int_1^2 Vdp$。在等温膨胀下，浮力功可写为

$$W_T=\int_2^1 Vdp=\int_{p_2}^{p_1}(nRT_1/p)dp$$

$$=nRT_1\ln(p_1/p_2) \tag{9-46}$$

除此之外，当气体喷入液体时，还对液体作如下功：(1) 气体受温度突然升高而膨胀所作的功 $W_1=nR(T_2-T_1)$；(2) 喷入气体本身的动能转化为对液体做功，$W_2=\frac{1}{2}\rho_g u^2 V_g$；(3) 喷嘴出口压力变化引起的膨胀功，$W_3=nRT\ln(p_n/p_1)$。这三项功只在喷嘴附近起作用。森一美[11]认为，对混合而言，这三项功作用极小可忽略。但根据生产经验，W_1 仍起一定作用，所以总功为 $W=W_T+\eta W_1$，η 根据经验确定。

在喷入气体的体积流量为 q_V 时，将气体的摩尔体积和气体常数 $R=8.314$ 代入，最后可导出搅拌功率密度的计算式

$$\dot{\varepsilon}=\frac{371q_VT_1}{m_L}\left\{\ln\left(1+\frac{9.81\rho_L H}{p_2}\right)+\eta\left(1+\frac{T_n}{T_L}\right)\right\}(\mathrm{W/t}) \tag{9-47}$$

式中　m_L 为液体金属的质量（t）；q_V 为体积流量（m^3/s）；T_L 为金属温度（K）；T_n 为喷入气体温度（K）；p_2 为液面上方气相压力（Pa）；H 为熔池深度（m）。式（9-47）可用于计算各种金属液的底吹气搅拌功率密度。

对顶吹冲击式氧气射流，可用[12]

$$\dot{\varepsilon} = 2.718 \times 10^{-6} q_{O_2} u_0^2 d_0 \cos\theta / (m_L \cdot L_H) \qquad (9\text{-}48)$$

式中 q_{O_2}为顶吹气流量（m^3/s）；u_0 为喷嘴出口气体流速（m/s）；d_0 为喷嘴直径（m）；θ 为喷嘴扩张角；m_L 为金属液质量（t）；L_H 为喷枪枪位（m）。式（9-48）未考虑化学反应产生的CO的搅拌作用。

9.3.4.2 能量分析计算法

喷入容器的气体对液体所作的功可包括5项：(1) 气体喷入时的动能；(2) 气体在喷嘴附近因温度升高作的膨胀功；(3) 气泡群上浮过程中由于静压变化而作的膨胀功；(4) 气体浮力功；(5) 高压气在出喷口时的膨胀功。(1)、(2)、(5) 三项功都产生在喷嘴附近，除如底吹转炉及AOD炉的底吹气量大、压力大，这几项不能忽略外，在其他底吹气冶金装置中它们在总功中所占比例不大，可以忽略。其计算可采用下列各式[13]：

$$W_{(1)} = \frac{1}{2} V_N \rho_N u_N^2 = \frac{nRT}{p_N} \left(\frac{1}{2} \rho_N u_N^2\right) \qquad (9\text{-}49)$$

$$W_{(2)} = \int_{T_N}^{T_1} p \mathrm{d}V = \int_{T_N}^{T_1} nR \mathrm{d}T = nR(T_1 - T_N) \qquad (9\text{-}50)$$

$$W_{(5)} = \int_{V_N}^{V_1} p \mathrm{d}V = \int_{V_N}^{V_1} \frac{nRT_N}{V} \mathrm{d}V = nRT_N \ln \frac{p_N}{p_1} \qquad (9\text{-}51)$$

式中 下标N表示喷嘴出口处。

对大多数气体搅拌冶金装置，第 (1)、(4) 项是搅拌功的主要项。对一个气泡作功为

$$\mathrm{d}W = \rho V g \mathrm{d}z + p \mathrm{d}V \qquad (9\text{-}52)$$

根据气体状态方程

$$V = \frac{nRT}{p}, \qquad \mathrm{d}V = \frac{-nRT}{p^2} \mathrm{d}p \qquad (9\text{-}53)$$

液体的静压力

$$p = p_0 + \rho g (z - z_0), \qquad \mathrm{d}p = -\rho g \mathrm{d}z \qquad (9\text{-}54)$$

将式（9-53），（9-54）代入式（9-52）

$$\mathrm{d}W = -V \mathrm{d}p + p \mathrm{d}V = nRT\left(-\frac{\mathrm{d}p}{p} + \frac{\mathrm{d}V}{V}\right) \qquad (9\text{-}55)$$

按 $p_0 \sim p_1$，$V_0 \sim V_1$ 积分

$$W = nRT(\ln\frac{p_1}{p_0} + \ln\frac{V_0}{V_1}) \tag{9-56}$$

由于 $p_1V_1 = p_0V_0$，所以

$$W = 2nRT\ln\frac{p_1}{p_0} \tag{9-57}$$

因为 $p_1 = p_0 + \rho gz$

$$W = 2nRT\ln(1 + \frac{\rho gz}{p_0}) \tag{9-58}$$

若把吹入钢液氩气流量 q_V（L/min）看作产生相同大小的 N 个气泡，则搅拌功率为

$$NW = \frac{2q_VRT}{22.4 \times 60}\ln\left(1 + \frac{7 \times 981 \times z}{101325}\right) \tag{9-59}$$

单位搅拌功率（搅拌功率密度）则为

$$\dot{\varepsilon} = NW/m_L \qquad [\mathrm{W \cdot t^{-1}}]$$

$$\dot{\varepsilon}_V = NW/V_L \qquad [\mathrm{W \cdot m^{-3}}]$$

代入式（9-59）

$$\dot{\varepsilon} = 0.0285\frac{q_VT}{m_L}\lg\left(1 + \frac{z}{148}\right) \tag{9-60}$$

式中因次：$\dot{\varepsilon}$〔$\mathrm{W \cdot t^{-1}}$〕；m_L 钢水质量〔t〕；q_V 氩气体积流量〔$\mathrm{L \cdot min^{-1}}$〕；$z$ 钢液深度〔cm〕。

森一美，F. öters 认为[13,14]，浮力功和膨胀功是一回事，第（3），（4）项计算重覆，可取上述计算值的一半。

T. Lehner[10]采用下式：

$$\dot{\varepsilon} = (0.014q_VT/m_L)\lg(1 + \frac{z}{1.48}) \tag{9-61}$$

式中因次，$\dot{\varepsilon}$〔$\mathrm{W \cdot t^{-1}}$〕；m_L〔t〕；q_V〔$\mathrm{m^3 \cdot min^{-1}}$〕；$z$〔m〕。

Y. Sandberg[15]则采用下式：

$$\dot{\varepsilon} = (0.0062q_VT/m_L)\left[1 - \frac{273}{T} + \ln\left(1 + \frac{p}{p_0}\right)\right] \tag{9-62}$$

式中因次，q_V 为〔$\mathrm{L \cdot min^{-1}}$〕；$p$ 为钢水静压力〔atm，≈

0.1MPa〕；p_0 为大气压力〔atm〕。

对于钢包吹氩的水模型，中西[5]采用

$$\dot{\varepsilon} = (0.0285 q_V T / m_1) \lg(1 + \frac{2}{1000}) \tag{9-63}$$

此式与式（9-60）区别在于液体介质密度不同。以上搅拌功率密度计算均未考虑脱碳反应产生 CO 的搅拌能力，仅适用于用惰性气体搅拌。

9.4 机械搅拌[16,17,18]

机械搅拌是通过浸入到液体中的旋转的搅拌器（桨）来实现液体的循环流动、混合均匀，加快反应速度提高反应效率。在化学工业中，机械搅拌对槽式（釜）反应器至为重要。在火法冶金中，铁水预脱硫的 KR 法就是应用机械搅拌的例子。由于搅拌器在熔融金属中旋转，所以它需用特殊的耐火材料制成，以承受高温和液体金属的冲刷。与化工中应用的搅拌器相比，火法冶金应用的桨叶型式较简单且转速也较慢。在湿法冶金中，机械搅拌是广为应用且效果很好的方法。例如拜耳（Karl Josef Bayer）法生产氧化铝中的关键工序—晶种分解，就是在不断搅拌的反应槽中进行的，机械搅拌是常用的方法。酸浸电极法炼铜工艺中浸出液的萃取和反萃取又是连续流体体系机械搅拌槽型反应器的例子。湿法冶金中的机械搅拌与化工中没有大的区别。

机械搅拌的分类常以搅拌器（桨）的类型来划分，不同粘度范围的液体选用不同的桨型[16]。

9.4.1 搅拌器的主要参数

搅拌槽内流动的模式取决于流体的性质、槽的几何形状、搅拌器的类型以及安装位置、转速等。表征搅拌器作用的参数有：

（1）泵送能力 Q_R（m^3/s）　也就是搅拌桨的吐出流量，通常以无因次泵送准数 $\frac{Q_R}{nd^3}$ 表示。其中 n 为桨的转速，d 为桨的直径。泵送准数与搅拌器叶轮的雷诺数 Re' 有关。图 9-7 表示出涡轮桨的泵

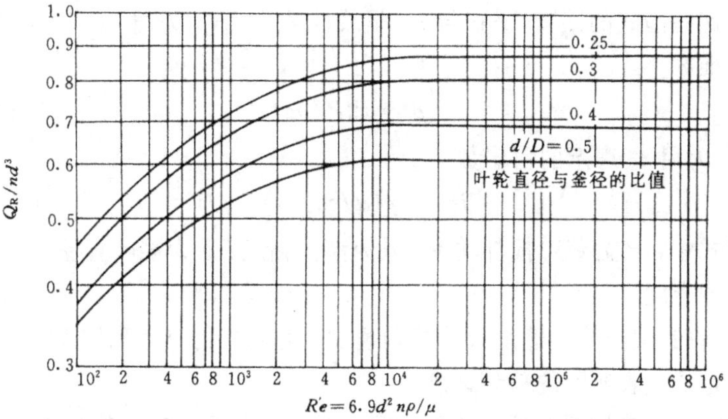

图 9-7　泵送准数与叶轮雷诺数的关系[16]

送准数与叶轮 Re' 数的关系。图中单位：d—m；n—r/min；μ—N·s/m^2；ρ—kg/m^3；Q_R—m^3/s。

（2）混合均匀时间 τ_m　混合均匀时间可分两种情况来讨论：

1）连续操作搅拌槽的混合均匀时间 τ'_m 可用如下经验公式计算

$$\frac{1}{\tau'_m}=\frac{1}{\tau_m}+\frac{1}{\tau_f}+\frac{0.5}{(\tau_m\cdot\tau_f)^{1/2}} \tag{9-64}$$

式中　τ_m 为间歇操作时的混合均匀时间；τ_f 为无搅拌情况下流动时所需的混合均匀时间。通常用 $\tau'_m\approx\tau_m$ 已相当准确，τ_m 可以实验测定。当进料流量为 q_F 时，连续式搅拌槽中的平均停留时间 $\bar{t}$ 为

$$\bar{t}=\frac{V}{q_F}=\frac{Q_R}{q_F}\cdot\tau'_m \tag{9-65}$$

一般当

$$\frac{Q_R}{q_F}=\frac{\bar{t}}{\tau'_m}\geqslant 5 \text{ 时}$$

可认为槽内处于全混流状态。

2）间歇式操作搅拌槽的混合时间 τ_m 可用实验测定。若在层流

区，可用 Np' 和 Re' 的实验曲线来确定某些型式桨叶搅拌时的 τ_m，对这些型式的桨叶，Np' 与 Re' 呈线性关系。Np' 为用 τ_m 表示的功率准数

$$N'p = \tau_m^2 P / \mu d^3 \tag{9-66}$$

Re' 为用 τ_m 表示的雷诺数

$$Re' = \rho(d/\tau_m)d/\mu \tag{9-67}$$

两式中，P 为桨叶搅拌功率；μ 为液体粘度；d 为桨叶直径；ρ 为液体密度。

(3)桨的周边速度或称桨端速度　它与桨的直径和转速有关，但它是代表实际的剪切速度。

(4) 搅拌器的搅拌功率　搅拌器所需功率是搅拌槽设计的一个重要参数。因为对给定体系所需搅拌器功率还不能由理论分析得出，所以采用试验的经验关系来确定。搅拌器功率 P 与所谓功率准数 Np 和搅拌雷诺数 Re 有关。搅拌器功率准数定义如下：

$$Np = \frac{P}{\rho n^3 d^5} \tag{9-68}$$

式中　P 为功率〔W〕；ρ 为流体密度〔kg/m^3〕；n 为桨的转速〔1/s〕；d 为桨的直径〔m〕。可见，搅拌器的功率是由功率准数来表达的。搅拌雷诺数定义如下：

$$Re = \frac{\rho n d^2}{\mu} \tag{9-69}$$

槽内流动状态可以用 Re 来估计。当 $Re<10$ 时，槽内为层流；当 $Re>10000$ 时，槽内为紊流；当 $10<Re<10000$ 时，槽内为过渡流，此时在搅拌器处的流动为紊流，远离搅拌器的其他部分为层流。搅拌器功率 P 为流体密度 ρ、粘度 μ、转速 n、桨叶直径 d 有关，其关系隐含在 Np-Re 关系之中。文献［18］举出了有关计算图和估算多种形状搅拌桨功率准数的公式。

9.4.2　机械搅拌的功率密度

加到单位质量或单位体积物料上的搅拌功率称为搅拌的功率密度 $\dot{\varepsilon}$〔W/t 或 W/m^3〕，功率密度是标志混合程度的参数。通过实

验可以求得各种不同情况下物料混合均匀时间与功率密度的关系

$$\tau_m = f(\dot{\varepsilon}) \tag{9-70}$$

功率密度是放大设计的重要依据。

例 9-1[18] 如例 9-1 图所示，一个扁平涡轮搅拌器安装在槽内，槽的直径为 $D=1.83\text{m}$；涡轮直径 $d=0.61\text{m}$；宽度 $b=0.122\text{m}$；挡板宽度 $J=0.15\text{m}$（四块）。涡轮转速 $n=90\text{r/min}$；槽内液体粘度 $\mu=10\text{cP}$（$10\text{mPa}\cdot\text{s}$），密度 $\rho=929\text{kg/m}^3$。

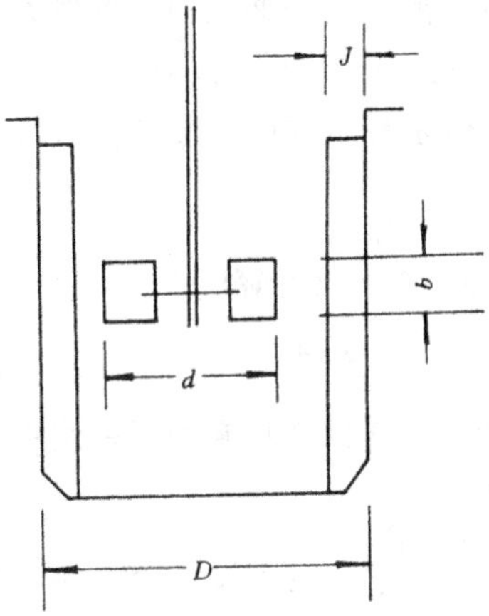

例 9-1 图

（1）计算搅拌器所需功率；

（2）其他条件不变，液体粘度改为 10^5cP（$10^5\text{mPa}\cdot\text{s}$），计算搅拌器所需功率。

〔解〕

（1）已知数据：$d=0.61\text{m}$，$b=0.122\text{m}$，$D=1.83\text{m}$，$J=0.15\text{m}$，$n=90/60=1.5\text{r/s}$，$\rho=929\text{kg/m}^3$。

$\mu=10.0\text{cP}=0.01\text{Pa}\cdot\text{s}$，利用式（9-6）

$$Re=\frac{\rho nd^2}{\mu}=\frac{929\times1.5\times0.61^2}{0.01}=51850$$

因为，$d/b=5$，$D/J=12$，查图[18]，当 $Re=51850$ 时 $Np=5$。将已知数据代入式（9-68）

$$\begin{aligned}P&=Np\rho n^3d^5=5\times929\times1.5^3\times0.61^5\\&=1324\text{J/s}=1.324\text{kW}\end{aligned}$$

（2）当 $\mu=10^5\text{cP}=100\text{Pa}\cdot\text{s}$ 时

$$Re=\frac{929\times1.5\times0.61^2}{100}=5.185$$

这属于层流，由文献[18]的曲线图可查得 $Np=14$，于是

$$P=14\times929\times1.5^3\times0.61^5=3707\text{J/s}=3.71\text{kW}$$

由此可见，液体粘度增加 10000 倍，功率仅仅从 1.324kW 增加到 3.71kW。

9.5 电磁搅拌[19~23]（*EMS*）

9.5.1 概述

从流体力学已知运动方程有如下表达式：

对于层流流动

$$\rho\frac{D\boldsymbol{u}}{Dt}=\mu\nabla^2\boldsymbol{u}-\nabla P+\rho\boldsymbol{F}'_{\mathrm{b}}\tag{9-71}$$

对于湍流流动

$$\rho\frac{D\boldsymbol{u}}{Dt}=\nabla\cdot(\mu_{\mathrm{eff}}\nabla\boldsymbol{u})-\nabla P+\rho\boldsymbol{F}'_{\mathrm{b}}\tag{9-72}$$

上两式中 $\boldsymbol{F}'_{\mathrm{b}}$ 指作用于流体的体积力。一般情况下，体积力只考虑了重力。但是，在电磁场作用下，驱动金属液流动的力主要是作用于金属整个体积的电磁力，称为洛仑兹力 $\boldsymbol{F}_{\mathrm{b}}$，它可表示为

$$\boldsymbol{F}_{\mathrm{b}}=\boldsymbol{J}\times\boldsymbol{B}=-\nabla\left(\frac{1}{\mu_{\mathrm{m}}}\frac{\boldsymbol{B}^2}{2}\right)+\frac{1}{\mu_{\mathrm{m}}}(\boldsymbol{B}\cdot\nabla)\boldsymbol{B}\tag{9-73}$$

式中　$\boldsymbol{F}_{\mathrm{b}}$ 为洛仑兹力，N；$\boldsymbol{J}$ 为电流密度，A/m^2；$\boldsymbol{B}$ 为磁通密度，T；μ_{m} 为磁导率，H/m。

式（9-73）右边第一项是磁压强梯度，它本身不使金属液产生

运动，而右边第二项是产生运动的因素。但是，$\boldsymbol{J}\times\boldsymbol{B}$ 已不再是一个标量的梯度的标志，而是电磁搅拌力的量度了。

考虑到电磁力作用下的流体运动，则运动方程（9-72）中的体积力项应加上洛仑兹力，变为

$$\rho\frac{D\boldsymbol{u}}{Dt}=\nabla\cdot(\mu_{\text{eff}}\ \nabla\boldsymbol{u})-\nabla P+\rho\boldsymbol{g}+\boldsymbol{J}\times\boldsymbol{B} \quad (9\text{-}74)$$

当电磁力大，惯性力占支配地位时，重力项可略去。但较之于式（9-72）体积力仅考虑重力的 N-s 方程，求解联立方程的难度大大增加了。

电磁搅拌不同于气体搅拌和机械搅拌，它是一种非接触式搅拌。

9.5.2 电磁搅拌的类型

根据直流电动机原理、感应电动机原理、直线电动机原理和固定磁场下运动导体感应受力的原则，电磁搅拌力相应地分为四种类型：

（1）移动磁场产生的电磁感应搅拌　移动磁场也称运动磁场。它主要应用于连续铸钢机的结晶器和液芯部分的搅拌，或者以金属熔体搅拌为主要目的的熔炼装置，例如 ASEA-SKF 炉。

（2）固定磁场产生的电磁搅拌　在以金属料加热为主要目的的电磁感应熔炼设备，例如感应电炉，采用单相线圈装置，于是产生一个静止的场。在连铸坯外面围以直流线圈，也产生沿铸坯方向的静磁场。若通过夹辊向铸坯液芯通以电流，则液芯在磁场作用下产生运动。

（3）行波磁场电磁搅拌　行波磁场搅拌器即展平的旋转感应搅拌器，它将引起钢水作直线运动。

（4）加电后产生的电磁搅拌　许多熔炼设备的能源是电能，例如电弧炉、自耗电极电渣炉等。此时电流从金属熔池中通过或通过导体熔渣，也会产生一个电磁场并引起熔渣和金属液的运动。

在冶金工业中电磁驱动的例子如图 9-8 所示。

本节着重讨论冶金熔池电磁搅拌。在金属铸锭、连续铸坯领

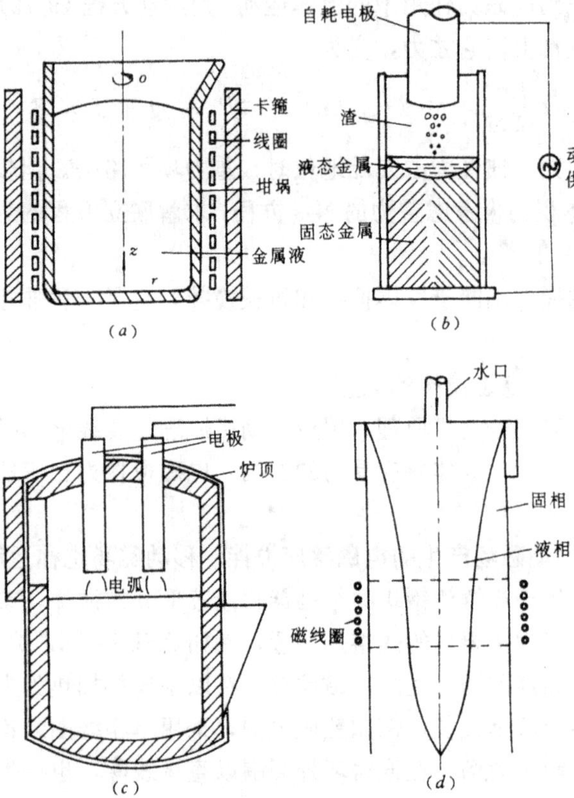

图 9-8 电磁驱动流动有重要意义的系统举例[19]

域的电磁搅拌详见文献[22，23]。

9.5.3 电磁搅拌的基本理论分析

9.5.3.1 电磁感应流动的基本方程

欲分析电磁力引起的液体流动，就必须把描述电磁场的麦克斯韦尔方程、欧姆方程与描述液体流动的连续性方程，纳维尔-斯托克斯方程联立求解。方程组是通过洛仑兹力表达式而沟通结合的。联立方程加上单值条件，就构成了电磁感应流动的完整数学模型。显然，要求解这样的方程组十分复杂。现作一定条件的简化。

如果用电磁流体近似时，麦克斯韦尔方程可写为

$$\nabla\times \boldsymbol{E} = -\mu_m \frac{\partial \boldsymbol{H}}{\partial t} \tag{9-75}$$

$$\nabla\times \boldsymbol{H} = \boldsymbol{J} \tag{9-76}$$

$$\nabla\cdot \boldsymbol{B} = 0 \tag{9-77}$$

流体流动时，欧姆方程为

$$\boldsymbol{J} = \sigma(\boldsymbol{E} + \mu_m \boldsymbol{u} \times \boldsymbol{H}) \tag{9-78}$$

非压缩流体的连续方程为

$$\nabla\cdot \boldsymbol{u} = 0 \tag{9-79}$$

在定常状态下，略去重力项，式（9-74）为

$$\rho(\boldsymbol{u}\cdot\nabla) = -\nabla P + \mu_{eff}\nabla^2\boldsymbol{u} + \boldsymbol{F}_b \tag{9-80}$$

在以上各式中，

$\boldsymbol{J}$ ——液体（或液芯）电流密度，A/m^2；

$\boldsymbol{E}$ ——液体（或液芯）电场强度，V/m；

$\boldsymbol{H}$ ——磁场强度，T・m/H；

σ ——液体（或液芯）电导率，S/m；

$\boldsymbol{B}$ ——磁流密度，T；

μ_m ——磁导率，H/m；

$\boldsymbol{F}_b$ ——液体（或液芯）受的体积力，即洛仑兹力，N/m；

μ_{eff} ——液体的有效粘度系数；

$\boldsymbol{u}$ ——液体（或液芯）运动速度，m/s。

式(9-78)中，$\mu_m\cdot\boldsymbol{u}\times\boldsymbol{H}$ 是液体在磁场中流动产生的反电场强度，它与 E 方向相反。洛仑兹力定义为

$$\boldsymbol{F}_b = \mu_m\cdot\boldsymbol{J}\times\boldsymbol{H} = \boldsymbol{J}\times\boldsymbol{B} \tag{9-81}$$

求解式(9-75)，(9-78)求得电流密度 $\boldsymbol{J}$ 和磁场强度 $\boldsymbol{H}$，并代入式(9-81)可求出洛仑兹力 $\boldsymbol{F}_b$。将 $\boldsymbol{F}_b$ 代入式（9-80），并与式（9-79）联立，就可解出流体流动速度 $\boldsymbol{u}$。注意到，在式（9-78）右边

也包含了速度 $\boldsymbol{u}$，说明速度也影响电流密度 $\boldsymbol{J}$，所以在求解时若不知道流场，则电场和磁场也确定不了，即流场和电场、磁场是相互影响的。解决的办法是，考虑到冶金流体的流动速度较慢，因此，认为流场对电场、磁场几乎没有影响，即式（9-78）可以简化为

$$\boldsymbol{J} = \sigma \cdot \boldsymbol{E} \tag{9-82}$$

在许多实际应用中，可以用磁流密度 $\boldsymbol{B}$ 来改写式（9-75），得

$$\nabla \times \boldsymbol{E} = -\frac{\partial \boldsymbol{B}}{\partial t} \tag{9-83}$$

$$\frac{\partial \boldsymbol{B}}{\partial t} = \nabla \times (\boldsymbol{u} \times \boldsymbol{B}) + \eta_m \nabla^2 \boldsymbol{B} \tag{9-84}$$

式中　$\eta_m = 1/(\sigma \cdot \mu_m)$ 称为磁扩散系数。把式（9-84）与对流扩散方程对比，可这样理解，磁流密度的通量（$Wb/m^2 \cdot s$）是由磁流密度对流传输项 $\nabla \times (\boldsymbol{u} \times \boldsymbol{B})$ 和磁流密度扩散传递项 $\eta_m \nabla^2 \boldsymbol{B}$ 组成。所以式（9-84）也可称为感应方程或磁通强度传输方程。把方程无因次化，可导出一个无因次数—磁雷诺数 Rm

$$Rm = u_0 l_0 \sigma \mu_m = u_0 l_0 / \eta_m \tag{9-85}$$

它表征磁对流和磁扩散之比。式中 u_0 和 l_0 为系统的特征速度和特征尺寸。当 Rm 很小时，式（9-84）可简化为

$$\frac{\partial \boldsymbol{B}}{\partial t} = \left(\frac{1}{\sigma \mu_m}\right) \cdot \nabla^2 \boldsymbol{B} \tag{9-86}$$

此时，磁通强度传输方程与运动方程无关，整个计算大大简化。

例 9-2[19]　计算一个盛有钢水的感应炉内的磁雷诺数。已知特征速度为 0.1m/s；特征长度为 0.5m；$\mu_m = 1.26 \times 10^{-6}$H/m；$\sigma = 1.4 \times 10^6$S/m。

〔**解**〕　从式（9-85）有

$$Rm = 0.1 \times 0.5 \times 1.26 \times 10^{-6} \times 1.4 \times 10^6 \approx 0.09$$

事实上，许多感应电炉中，Rm 都小于 1。

9.5.3.2　*电磁感应流场分析*

不同电磁搅拌类型下磁场的情况、体积力的分布、感应流场

的情况是不一样的。但是，其分析方法大同小异。现在以连续铸钢中应用的移动磁场产生的电磁搅拌为例，分析电磁搅拌下金属液流动的流场问题。

图 9-9 表示连铸钢坯时，在结晶器以下的液芯区域加移动磁场对液芯钢液搅拌的情况。这个区域是连铸机的二冷区，所以称为二冷段电磁搅拌（S-EMS）。

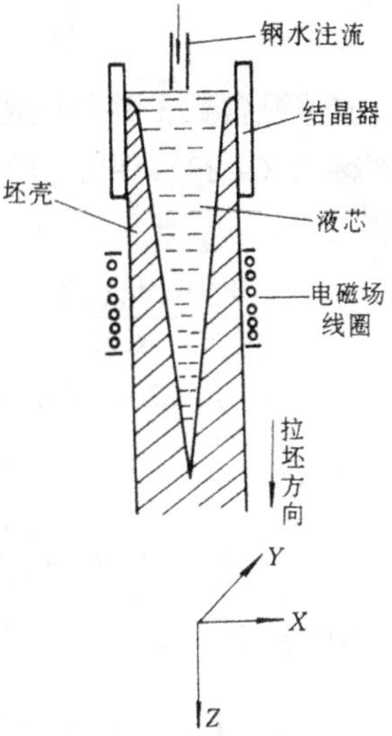

图 9-9　S-EMS

（1）电磁搅拌力 F_b 的计算

类似上述情况，由式（9-75）至（9-78），可以导出磁场强度传输方程

$$\nabla^2 \boldsymbol{H} + \mu_m \sigma \nabla x (\boldsymbol{u} \times \boldsymbol{H}) = \mu_m \sigma \frac{\partial \boldsymbol{H}}{\partial t} \tag{9-87}$$

交变磁场是时间 t 和位置 x 的函数，即 $H(t, x)$，可表示为

$$H(t,x) = h(x)\exp(j\Omega t)$$

代入式（9-87）得

$$\nabla^2 h + \mu_m \sigma \nabla x (\boldsymbol{u} \times h) = \mu_m \sigma j \Omega h \tag{9-88}$$

式中　μ_m 是磁导率，H/m；σ 是电导率，S/m；$j=\sqrt{-1}$；Ω 是角频率 $2\pi f$，rad/s；f 是频率，Hz。

式（9-88）中包含了速度 $\boldsymbol{u}$，而 $\boldsymbol{u}$ 需要由式（9-79）和（9-80）联立求解，这样就太复杂且计算量很庞大。针对所讨论的问题，可以作这样的简化：设 h 是坯厚度 x 方向的分布，不是宽度 y 的函数，而是以传播常数 r 在 z 方向传播的磁场强度，于是可表示为

$$h(x)=\begin{cases}h_x=h_x(x)\exp(-jrz) & (9\text{-}89)\\ h_y=0 & (9\text{-}90)\\ h_z=h_z(x)\exp(-jrz) & (9\text{-}91)\end{cases}$$

另外设流速是常数，并与连铸坯拉坯方向平行。在这些假设条件下来求解式（9-88）。将式（9-89）～（9-91）代入式（9-88），整理后得

$$\left.\begin{aligned}&\frac{\mathrm{d}^2h_z(x)}{\mathrm{d}^2x}-\beta^2h_z(x)=0\\&\beta^2=r^2j\mu_{\mathrm{m}}\sigma\Omega(1-ruz/\Omega)\end{aligned}\right\} \qquad (9\text{-}92)$$

边界条件为：$x=x_0,h_z=h_0$ (9-93)

$$x=0,\frac{\partial h_z}{\partial x}=0(\text{对称性}) \qquad (9\text{-}94)$$

解式（9-92）得

$$H_z=h_0\frac{\cosh\beta x}{\cosh\beta x_0}\exp[j(\Omega t-r_z)] \qquad (9\text{-}95)$$

由式（9-77）可得

$$\frac{\partial H_x}{\partial x}+\frac{\partial H_z}{\partial z}=0 \qquad (\frac{\partial H_y}{\partial y}=0) \qquad (9\text{-}96)$$

把式（9-95）代入式（9-96），并以式（9-97）

$$x=0,h_x=0 \qquad (\text{对称性}) \qquad (9\text{-}97)$$

为基础，求解可得：

$$H_x=jrh_0\beta\frac{\sinh\beta x}{\cosh\beta x_0}\exp[j(\Omega t-r_z)] \qquad (9\text{-}98)$$

把式（9-95），（9-98）代入式（9-76）就可求得电流密度

$$\boldsymbol{J}=\begin{cases}J_x=0 & (9\text{-}99)\\ J_y=h_0(r^2-\beta^2)\dfrac{\sinh\beta x}{\beta\cosh\beta x_0}\exp[j(\Omega t-r_z)] & (9\text{-}100)\\ J_z=0 & (9\text{-}101)\end{cases}$$

最后将式（9-95），（9-98），（9-99）～（9-101）代入式（9-81）求出洛仑兹力 F_{b}：

$$F_{b,x}=\frac{h_0^2\mu_m^2\Omega\sigma[1-(ru_z/\Omega)]}{2\sqrt{r^4+\{\Omega\mu_m\sigma[1-(ru_z/\Omega)]\}^2}}\cdot\frac{-\beta i\sinh 2\beta_r x+\beta r\sin 2\beta_i x_0}{\cosh 2\beta_r x_0+\cos 2\beta_i x_0}\tag{9-102}$$

$$F_{b,y}=0\tag{9-103}$$

$$F_{b,z}=\frac{h_0^2\mu_m^2\Omega\sigma r[1-(ru_z/\Omega)]}{2\sqrt{r^4+\{\Omega\mu_m\sigma[1-(ru_z/\Omega)]\}^2}}\cdot\frac{\cosh 2\beta_r x-\cos 2\beta_i x}{\cosh 2\beta_r x_0+\cos 2\beta_i x_0}\tag{9-104}$$

其中　β_r 和 β_i 为 β 的实部和虚部。

（2）电磁感应流速度场基本方程　在二维直角坐标系中，式（9-79）可写成

$$\frac{\partial u_x}{\partial x}+\frac{\partial u_z}{\partial z}=0\qquad\left(\frac{\partial u_y}{\partial y}=0\right)\tag{9-105}$$

运动方程可写成

x 方向

$$\rho\left(u_x\frac{\partial u_x}{\partial x}+u_z\frac{\partial u_x}{\partial x}\right)=-\frac{\partial P}{\partial x}+\mu_{\text{eff}}\left(\frac{\partial^2 u_x}{\partial x^2}+\frac{\partial^2 u_x}{\partial z^2}\right)+F_{b,x}\tag{9-106}$$

z 方向

$$\rho\left(u_z\frac{\partial u_z}{\partial x}+u_z\frac{\partial u_z}{\partial z}\right)=-\frac{\partial P}{\partial z}+\mu_{\text{eff}}\left(\frac{\partial^2 u_z}{\partial x^2}+\frac{\partial^2 u_z}{\partial z^2}\right)+F_{b,z}\tag{9-107}$$

定义涡量强度 ω 和流函数 Ψ 如下：

$$\omega=\frac{\partial u_x}{\partial z}-\frac{\partial u_z}{\partial x}\tag{9-108}$$

$$u_x=-\left(\frac{1}{\rho}\right)\frac{\partial\Psi}{\partial z}\tag{9-109}$$

$$u_z=\left(\frac{1}{\rho}\right)\cdot\frac{\partial\Psi}{\partial x}\tag{9-110}$$

将式（9-109），（9-110）代入式（9-108）得

$$\left(\frac{1}{\rho}\right)\cdot\left(\frac{\partial^2\Psi}{\partial z^2}+\frac{\partial^2\Psi}{\partial x^2}\right)+\omega=0\tag{9-111}$$

把式（9-106）对 z 求导，（9-107）式对 x 求导，所得两式相减消去 P 项，得到一个式了，再把式（9-108），（9-109），（9-110）代

入该式，即以 ω 和 Ψ 替代 u_x、u_z 后，整理得：

$$\left[\frac{\partial}{\partial z}\left(\omega\frac{\partial\Psi}{\partial x}\right)-\frac{\partial}{\partial x}\left(\omega\frac{\partial\Psi}{\partial z}\right)\right]-$$

$$\left[\frac{\partial^2}{\partial z^2}(\mu_e\omega)+\frac{\partial^2}{\partial x^2}(\mu_e\omega)\right]\left(\frac{\partial F_{b,z}}{\partial x}-\frac{\partial F_{b,x}}{\partial z}\right)=0 \qquad (9\text{-}112)$$

式中
$$\mu_e=\mu+\mu_t \qquad (9\text{-}113)$$

其中　μ 为分子粘度系数；μ_t 为紊流粘度系数。当研究对象为层流时，$\mu_t=0$；当紊流时，可采用 K-W 模型求 μ_t，也可采用他人研究数据。

在以 ω 和 Ψ 给出边界条件下，用数值解法可求出 ω 和 Ψ 的分布。再利用其定义式，可以求得 u（u_x，u_z）的分布，即某条件下，在洛仑兹力推动下流体的流场。

9.5.4　电磁搅拌在冶金中的应用举例

9.5.4.1　感应电炉的电磁搅拌

冶金中应用的感应电炉分为有芯感应电炉和无芯感应电炉两大类。前者多用于有色金属熔炼，后者主要应用于钢铁冶炼。

无芯感应电炉的感应线圈，通常为单相电源。当金属炉料熔化后，在电磁场作用下，金属液产生循环流动，如图 9-10 所示。对于感应电炉，可以凭经验和通过计算按感应线圈的布置情况来估计炉内金属的流动情况。当线圈对称布置时，采用多相绕组会产生一个移动波。当采用一个单相线圈时，则会产生驻波。图 9-11 示出感应电炉内理想的流动图像。

磁场产生的电磁搅拌力（洛仑兹力）可用下式计算：

$$F_b=K\frac{P_z}{\sqrt{f}} \qquad (9\text{-}114)$$

式中　P_z 为钢液吸收的功率，W；f 为电流频率，Hz；K 为常数，$K=6\times10^{-4}\times\dfrac{1}{S\sqrt{\rho_z}}$；$S$ 为钢液柱侧面积，cm^2；ρ_z 为钢液的电阻率，$\Omega\cdot cm$。由上式可知，低频率比高频率搅拌力大。因此主要功能是加热时，采用较高的电流频率；而主要功能在于搅拌时，则

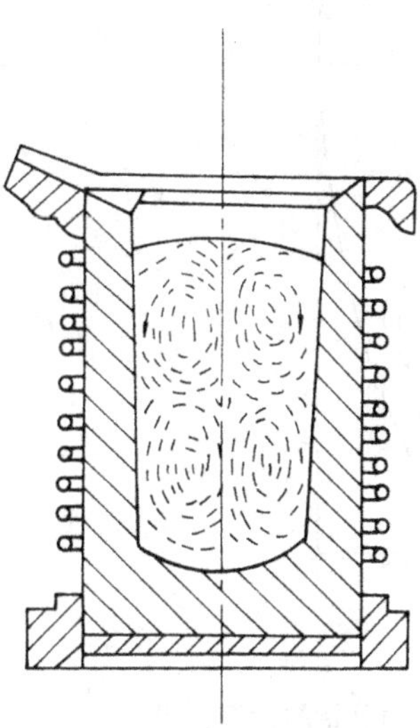

图 9-10　无芯感应电炉内金属的流动[7]

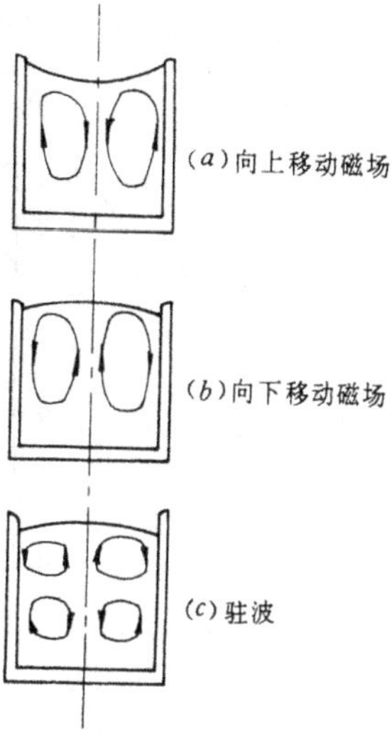

图 9-11　感应炉内理想的流动图像[19]

采用较低的电流频率。

9.5.4.2　ASEA-SKF 法的电磁搅拌

ASEA-SKF 炉是一种钢包精炼设备，其工艺过程是在炼钢炉出钢时，将钢水放在特殊设计的钢水包中，将钢水包吊入搅拌器内，进行电磁搅拌，同时进行造渣操作，用电弧加热，钢水温度符合要求时，盖上真空盖进行真空脱气处理。脱气后经料槽加入铁合金调整钢液成分，最后调温加热，待成分、温度符合要求后，将钢包从电磁搅拌器中吊出，送去浇注。此法加热是靠电弧，电磁感应器的唯一功能是进行搅拌，因此选用低的电流频率。

选用钢包轴向坐标为纵坐标 z，径向坐标为 r，并认为是以中心线（$r=0$）为对称分布计算体积力和流场。结果如下：

（1）轴向体积力分量是离壁距离的函数，如图 9 12 所示。由

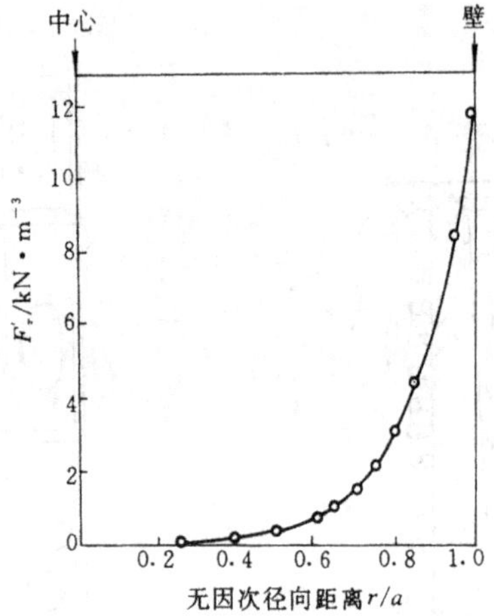

图 9-12　ASEA-SKF 炉中轴向体积力分量的计算值[24]

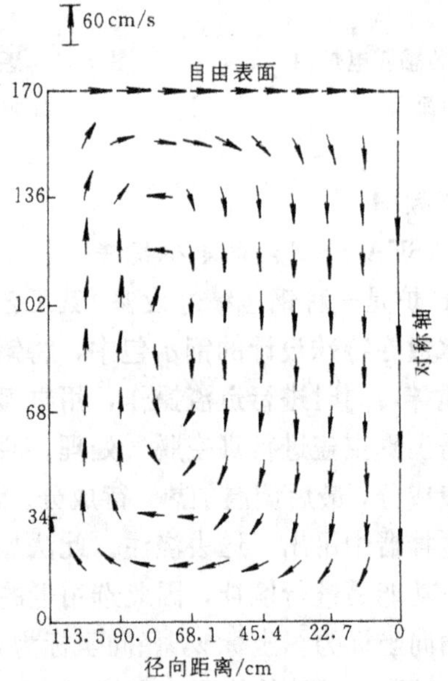

图 9-13　ASEA-SKF 炉中计算的流体速度场[24]

图可见，体积力向钢包中心方向穿进了相当的距离，在离包壁较短的距离范围内，体积力的衰减很快。

(2) 计算得到的流体速度场如图 9-13 所示。计算得到速度的最大值为 0.5～0.6m/s。

以上理论计算结果虽未经实验验证，但仍不失其价值和意义。

习　题

1. 简述搅拌在冶金中的意义。在钢铁冶金和有色金属冶金中各举一个应用间歇式搅拌槽的例子，并对其搅拌混合效果或冶金反应效果进行分析。

2. 为了进行铁水的预脱硫，向容量为 350t 的鱼雷罐车中喷射 Na_2CO_3 系的细粉合成渣料，为了使渣料尽快与铁水混合均匀，在渣料加入的某时刻(短时间间隔)同时加入 Cu 作示踪剂，同时每间隔一定时间取铁水样分析 Cu

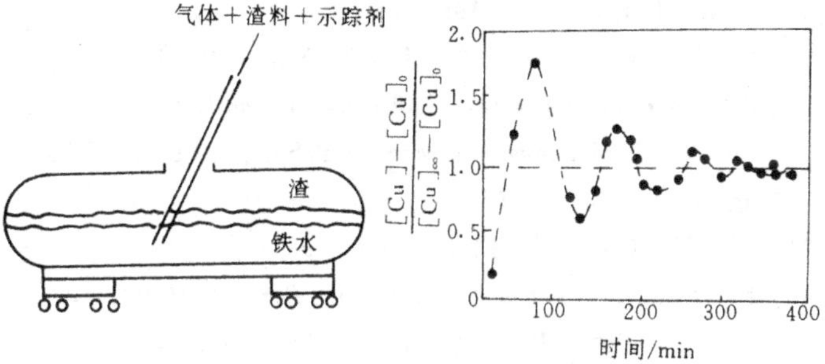

图 9-14　习题 9-2 的图示

的含量，得出图 9-14 所示的曲线。设 $[Cu]_0$ 为铁水中初始含铜量，$[Cu]$ 为 t 时间的含铜量，$[Cu]_\infty$ 为时间无穷长时的含铜量。令 $\frac{[Cu]-[Cu]_0}{[Cu]_\infty-[Cu]_0}=0.90$ 时的时间为混合均匀时间。试从曲线估计混合均匀时间为多少？铁水经过了几次循环流才达到混合均匀。

3. 用惰性气体搅拌钢水进行精炼，给冶金过程带来哪几方面的优点？

4. 试分析连铸中结晶器电磁搅拌和二冷区电磁搅拌对钢的凝固传热和凝固结晶过程的影响。

参考文献

[1] 曲英，刘今，冶金反应工程学导论，冶金工业出版社，1988。

[2] 谢蕴国编，冶金反应工程学，昆明工学院讲义，1986。

[3] 肖兴国主编，冶金反应工程学，东北工学院出版社，1989。

[4] 谢蕴国等，小型钢包吹氩搅拌混合现象研究，昆明工学院学报，**14** (1989)，No.1。

[5] K. Nakanishi，T. Fujii，J. Szekely，*Ironmaking and Steelmaking*，1975，No.2.

[6] 曲英编，冶金反应工程学概论，北京钢铁学院讲义，1981，9。

[7] 梁云，硕士学位论文，北京钢铁学院，1982。

[8]S. Asai，T. Okamoto，I. Muchi，The 3rd Japan-Sweden Symp. on Process Metallurgy，May，1981.

[9] 浅井滋生等，鉄と鋼，**68**，(1982)，No.3，426-434.

[10] T. Lehner，Homogeniza，Desulfurization and Deoxidation of Liquid Steel by Powder Injection，Mcmaster，Symp. on Iron and Steelmaking. No.7，May，1979.

[11] 森一美，佐野正道，鉄と鋼，**67** (1981)。

[12] K. Nakanishi，T. Emi，*Steelmaking Proc*，**65** (1982) .

[13] 森一美，佐野正道，鉄と鋼，**67** (1981)，No.6。

[14] F. Oeters，冶金中的反应技术和热工技术，北京钢铁学院，1982。

[15] Y. Sandberg，*Scand. J. Met.*，1978.

[16]陈甘棠，施立才，化学工程手册—化学反应工程，化学工业出版社，1986。

[17] 丁绪淮，周理著，液体搅拌，化学工业出版社，1983。

[18] J. 金克普利斯，传递过程与单元操作，清华大学出版社，1985。

[19] J. 舍克里著，彭一川，徐匡迪，樊养颐译，冶金中的流体流动现象，冶金工业出版社，1985。

[20] 韩至成，电磁冶金，反应工程和有色金属冶金学术会议论文集，北京，1993.12。
[21] 陈家祥主编，《钢铁冶金学》炼钢部分，冶金工业出版社，1990.5。
[22] 蔡开科主编，连续铸钢，科学出版社，1991。
[23] M. Wolf，现代连铸理论与实践，中国金属学会连续铸钢学会，1986.9。
[24] J. Szekely *and* K. Nakanishi，*Metall. Trans.*，**6**B (1977)，245.

第三篇
典型冶金反应器的操作特性及解析方法

应用数学模型化的方法，借助于计算机数值技术，研究和解析冶金反应器和系统操作过程特性，无论在新工艺、新流程或新型反应器的开发过程中进行其特性预测及优化设计，还是对现有流程或反应器的技术革新及优化操作，都能提供大量信息和依据，因而是冶金反应工程学的主要任务。本书第二篇中作为反应器的基础理论，已详细讨论了均相理想反应器和非理想流动反应器的一些数学模型及其解析。但是，实际应用和正在开发中的冶金反应器种类繁多，操作特性各异。大多数冶金反应是多相反应，研究冶金多相反应器的操作特性、数学模型及解析方法是冶金反应工程学的更重要任务。在这类反应器内，其共性是体系中存在相界面，但是，气-固、液-固、气-液及液-液等两相间传输和反应行为又都遵循各自的规律，并有相应的理论解析方法。由各种金属的提取冶炼过程可以发现，以气-固过程为主的冶金反应器主要应用于干燥、焙烧和还原等冶炼原料的准备或初始冶炼阶段，以气-液过程为主的冶金反应器主要应用于各类金属的精炼阶段，以液-液过程为主的冶金反应器则贯穿冶炼过程的始终（如溶剂萃取、渣金处理和喷粉精炼等），以液-固过程为主的冶金反应器主要应用于过程的开始（如浸出等）或最终（如浇注等）阶段。因此，本篇将在讨论冶金反应器的一般物理模拟（包括相似准数的确定和物理模型实验）和数学模型化方法后，按主要反应相态分类讨论不同的冶金反应器操作特性及解析方法。

10 冶金过程的物理模拟

10.1 概　　述

10.1.1 模化法——人类认识自然的一种科学的研究方法[1,2]

10.1.1.1 模化法（或模型法）

人类对自然现象规律是从量和质两个方面来认识的。对自然现象规律的认识，分为直接的方法和间接的方法两种。

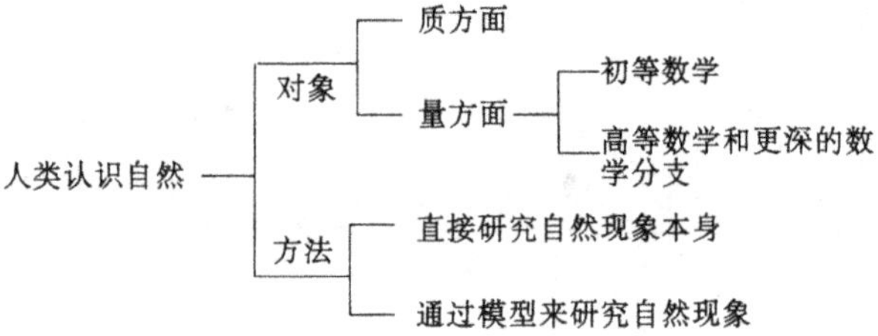

图 10-1　人类认识自然的途径

人们研究自然现象往往首先从直接研究某一客观存在的现象或过程（称为实型）开始。随着生产力和科学技术的发展，才出现了不直接研究现象或过程本身，而是研究与这些现象或过程相似的模型——模化法或模型法。这里所指的模型，就是所研究对象有关性质的模拟物。

10.1.1.2 冶金反应工程学研究的模型

广义地讲，模型是真实事物（实型）的形态、工作规律或信息传递规律在特定条件（一般指科学的、不失真的简化）下的一种相似再现。模型可分为参观性模型、定性分析用模型和定量研究用模型等种。冶金反应工程学研究的模型属定量研究用模型，它又可分为数学模型和物理模型两大类。

物理模型是建立在相似原理基础上的模型，它是保持模型的工作规律与实型的工作规律相似的模型。模型与实型的各物理量大小不同，而现象的物理本质一般不变，模型与实型的物理特性，一般来说是同类的。

10.1.2 物理模拟实验的意义[3,4,5]

数学模拟一般要求对研究的对象有一正确的物理形象，但是有时有的物理现象无法直接观测，或者没有合适的物理形象；有的现象和过程，虽然可以建立起描述它们的数学表达——微分方程或方程组，但是由于方程太复杂或者其边界条件无法确定，事实上方程无法求解；有时对某研究对象的规律的数学模型可建立，也可求解，但对模型正确性、可靠性的检验还必须依靠实践数据或物理模拟。典型的例子如描述某流动状态的数学模型的检验就得依靠物理模拟的观察和测定。鉴于上述原因，物理模拟在科学研究中是必不可少的，对某些特定的现象或过程，物理模拟还可能是最现实、最方便的研究手段。

物理模拟可以解决如下几方面的问题：

(1) 从物理模型实验得到的无因次参数（或无量纲参数）之间的规律，可以推广到与之相似的相似现象群，可以推广解释模拟对象（实型）的某些规律；

(2) 通过物理模型实验，可以得到在实际装置中未曾发现或无法直接观察到的信息或规律；

(3) 物理模型实验的结果，可以用于所谓比例放大；

(4) 应用物理模型可研究已操作的实型的最佳操作参数，消除不利因素。

由于物理模拟是建立在相似原理基础上的一种研究方法，它必然也具有一定的局限性，例如：

(1) 只有描述现象的方程式（假设已知）可以通过相似变换得到相似准数的所谓“相似函数”，才能做到模型和实型相似。对从函数式得不到相似准数的所谓“非相似函数”，则做不到现象相似，也就无法进行物理模拟。

（2）对较复杂的一些现象，物理模拟常常是无法实现的。例如，对于必须保证三个决定性准数各自等于不变数的流体力学问题，模型的实现实际上已不可能。又如，对于冶金过程，要同时满足流动、传热、传质、化学反应都相似，也是办不到的。

（3）对随机过程的物理模拟是十分困难的。

10.1.3 物理模拟的一般原则

（1）一般说，模型的现象和实型的现象应当是同类现象，即它们都可以用同一微分方程式描述。但是对于所谓“数学相似”，可以是例外。简单地说，数学相似是指两现象不是同类现象，但是描述它们的基本方程形式上是相似的，例如下面三种现象的基本方程式为

粘性流动

$$\vec{\tau}_{xy} = -\mu \frac{\partial u_y}{\partial x} \tag{10-1}$$

传热过程

$$\Phi_x = -\lambda \frac{\partial T}{\partial x} \tag{10-2}$$

传质过程

$$J_{Ax} = -D_A \frac{\partial C_A}{\partial x} \tag{10-3}$$

它们是不同类现象，但是描述它们的基本微分方程形式上相似，这就是数学相似。在数学相似下，不同类现象是可以相互模拟的。

（2）模型和原型的基本微分方程中的同名物理参数和因次参数必须相似，即对应地各自成比例。

（3）任何现象都发生在一定空间，所以模型和实型在几何上应相似，即对应线量成比例。

（4）在模型和实型的对应空间和对应时间上，决定性特征数相等。

（5）模型与实型的边界条件相似。

实际模拟时，往往不能全面满足上述原则，在某些情况下，保证了几何相似就破坏了物理相似。例如作河床流水流动模拟，河

床很宽，当要作浅水流动模型时，势必造成模型中水只有很薄一层，而破坏了物理相似的条件，这种情况下可以舍弃几何相似条件，做成所谓“扭形模型”，以保证物理相似。

10.1.4 冶金研究中物理模型的分类[3,4,5]

冶金研究中极少作化学方面的模拟，主要是对冶金反应器中的传输现象进行模拟。由于传热、传质都与流动有关，所以模拟冶金反应器中的流动现象的研究尤为活跃。

从热状态看，冶金物理模拟（型）分为冷态模拟和热态模拟。从建立模型的角度看，又可分为严格的物理模型、半严格的物理模型和针对某一问题的探索性实验。

（1）严格的物理模型　它是完全按相似原理来构成模型，并考虑到一切主要的相似条件。这类模型研究的结果，一般可以用于比例放大。

（2）半严格的物理模型　要想使模型和实型所有相似特征数一一对应相等，有时是办不到的或是很困难的。例如要同时满足$Re_{(实型)}=Re_{(模型)}$，$Fr_{(实型)}=Fr_{(模型)}$，就必须严格地选择系统的介质条件，否则就不能满足上述要求。鉴于满足所有相似条件有困难，事实上，我们也没有必要一定要满足所有的要求，往往只抓住主要的关键现象进行模拟实验，而略去次要的影响因素，这样构造的模型称为半严格模型。冶金中大量应用的是这类模型。

（3）针对某一现象进行探索性实验　这大多数是针对具体问题的特定实验，以获得所需的感性知识。此类实验并不一定要求建立某一经验数学模型，而侧重于获得系统内过程（多是流动过程）的特性知识和信息，它也可以作为数学模型的一种直观的检验手段。

10.2 相似特征数的求法

10.2.1 相似原理——物理模拟的理论基础[1,3]

10.2.1.1 相似的本质

相似概念来自初等几何学。例如两个三角形，对应边分别为

a、a'，b、b'，c、c'，对应角为 α、α'，β、β'，γ、γ'。若两个三角形相似，则必有对应角相等，对应边成比例，即

$$\frac{a}{a'}=\frac{b}{b'}=\frac{c}{c'}=C_{\mathrm{L}} \tag{10-4}$$

显然，两三角形面积之比为

$$\frac{A_{\mathrm{A}}}{A_{\mathrm{B}}}=\frac{\frac{1}{2}a\cdot b\cdot\sin\alpha}{\frac{1}{2}a'\cdot b'\cdot\sin\alpha'}=\frac{a\cdot b}{a'\cdot b'}=C_{\mathrm{L}}^2 \tag{10-5}$$

C_{L} 称为模型（例如三角形 A）与实型（例如三角形 B）的增减比、比例常数或相似倍数。由式（10-4）可得

$$\frac{a}{b}=\frac{a'}{b'},\frac{a}{c}=\frac{a'}{c'},\frac{b}{c}=\frac{b'}{c'} \tag{10-6}$$

式（10-4）说明，两三角形相似，则同名坐标（或同名参数）之比相等。式（10-6）说明，两三角形相似，则任一三角形内的异名坐标（或参数）之比与另一三角形内对应的异名坐标之比相等，这称为内在比相等。

我们知道，凡圆皆相似，就因为圆无论大小，其周长 L 与直径 $2R$ 之比（内在比）都等于 π

$$\frac{L_1}{2R_1}=\frac{L_2}{2R_2}=\cdots\cdots=\frac{L_n}{2R_n}=\pi \tag{10-7}$$

进一步分析几何相似，可以得出共同的规律。例如两个圆，一个半径为 R_1，另一个半径为 R_2，如果选择 R_1 作为测量尺度去测量第一个圆的半径，而选择 R_2 作测量尺度去测量第二个圆的半径，则测量结果发现，两个圆可以重合，其半径都为 1。又如，两个立方体相似，其棱长分别为 a_1、b_1、c_1 和 a_2、b_2、c_2。选择 a_1、b_1、c_1 和 a_2、b_2、c_2 作为测量尺度，分别对应地去测量两个立方体的棱长，则两个立方体也可以重合为棱长为 1、1、1 的立方体。可见对相似图形的不同坐标，选用数值不同而性质相同的比例尺去测量，则一切几何相似图形都可以重合。正由于这个道理，研究一个图形性质所得到的结论，可以推广到与之相似的所有图形

（群）。

实际上，几何相似只是物理现象相似的特例。在物理相似的条件下，若把相似的物理现象中的各物理量，例如空间坐标、时间坐标、温度、速度、密度、浓度等坐标，看作是一个假想的多维坐标系，这些坐标的一定数值描述一定的物理现象，而另一些数值描述另一与之相似的物理现象，如果我们找出一些变数或每一坐标“固有的”比例尺去对应地测量各变数或坐标，则引入这些比例尺后，相似的物理现象也可以重合。因此，对于个别物理现象研究的结果，同样可以推广到与之相似的物理现象群，这就是相似理论在实践和理论方面最重要的性质。相似理论的价值也在于此。

10.2.1.2　相似三定理

相似三定理说明了现象相似的必要和充分条件。

（1）相似第一定理　“彼此相似的现象，必定具有相同的相似特征数”。以两传热现象相似来说明第一定理。以上标“′”代表传热现象甲，或称模型；而不带上标“′”的代表传热现象乙，或称原型。描述该两个现象的方程分别为

$$\frac{\partial T}{\partial t}+\frac{\partial T}{\partial x}u_x+\frac{\partial T}{\partial y}u_y+\frac{\partial T}{\partial z}u_z=\alpha\left(\frac{\partial^2 T}{\partial x^2}+\frac{\partial^2 T}{\partial y^2}+\frac{\partial^2 T}{\partial z^2}\right) \tag{10-8}$$

$$\frac{\partial T'}{\partial t'}+\frac{\partial T'}{\partial x'}u'_x+\frac{\partial T'}{\partial y'}u'_y+\frac{\partial T'}{\partial z'}u'_z=\alpha'\left(\frac{\partial^2 T'}{\partial x'^2}+\frac{\partial^2 T'}{\partial y'^2}+\frac{\partial^2 T'}{\partial z'^2}\right) \tag{10-9}$$

因为二现象相似，于是有：

$$\frac{T'}{T}=C_{\mathrm{T}},\ \frac{t'}{t}=C_{\mathrm{t}},\ \frac{x'}{x}=\frac{y'}{y}=\frac{z'}{z}=C_{\mathrm{L}}$$

$$\frac{u'_x}{u_x}=\frac{u'_y}{u_y}=\frac{u'_z}{u_z}=C_{\mathrm{u}},\ \frac{\alpha'}{\alpha}=C_\alpha$$

或者

$$T'=TC_{\mathrm{T}},\ t'=tC_{\mathrm{t}},\ x'=xC_{\mathrm{L}},\ y'=yC_{\mathrm{L}},\ z'=zC_{\mathrm{L}},$$

$$u'_x=u_xC_{\mathrm{u}},\ u'_y=u_yC_{\mathrm{u}},\ u'_z=u_zC_{\mathrm{u}},\ \alpha'=\alpha C_\alpha$$

把上述关系式代入式（10-9），得

$$\frac{C_T}{C_t}\cdot\frac{\partial T}{\partial t}+\frac{C_u C_T}{C_L}\left(\frac{\partial T}{\partial x}u_x+\frac{\partial T}{\partial y}u_y+\frac{\partial T}{\partial z}u_z\right)$$

$$=\frac{C_\alpha C_T}{C_L^2}\alpha\left(\frac{\partial^2 T}{\partial x^2}+\frac{\partial^2 T}{\partial y^2}+\frac{\partial^2 T}{\partial z^2}\right) \tag{10-10}$$

比较式（10-10）与（10-8），要保证方程的不变性，必须保证方程（10-10）中各项系数相等，于是有

$$\frac{C_T}{C_t}=\frac{C_u C_T}{C_L}=\frac{C_\alpha C_T}{C_L^2} \tag{10-11}$$

移项

$$\frac{C_L}{C_t C_u}=1,\frac{C_t C_\alpha}{C_L^2}=1,\frac{C_u C_L}{C_\alpha}=1 \tag{10-12}$$

式（10-12）说明，两现象相似，它们的相似倍数中的某些的组合数必等于1。把式（10-12）中各相似倍数代换回去，得

$$\left.\begin{aligned}\frac{t'u'}{L'}&=\frac{tu}{L}=\pi_1(\text{不变数})\\ \frac{t'\alpha'}{L'^2}&=\frac{t\alpha}{L^2}=\pi_2(\text{不变数})\\ \frac{u'L'}{\alpha'}&=\frac{uL}{\alpha}=\pi_3(\text{不变数})\end{aligned}\right\} \tag{10-13}$$

π_1、π_2、π_3 都是由因次量组成的无因次数，即相似特征数。式（10-13）说明，两现象相似则它们的同名特征数相等，这就是相似第一定理的结论。

（2）相似第二定理　“凡同类现象，若单值条件相似，且由单值条件的物理量组成的相似特征数相等，则这些现象是相似的”。第二定理是相似现象的必要和充分条件。由第一定理知，若两现象相似，它们必有相同的特征数，其中由单值条件包括的物理量组成的特征数称为决定性特征数，而包括未知物理量的特征数称待定特征数。因为待定特征数相等仅是决定性特征数相等的必然结果，所以只要保证了决定性特征数相等，就保证了所有特征数相等。

（3）相似第三定理　“描述现象的各种量之间的关系，可以

表示成它的相似特征数 π_1，π_2，$\pi_3 \cdots\cdots \pi_n$ 之间的函数关系”。

$$f(\pi_1, \pi_2, \pi_3 \cdots\cdots \pi_n) = 0 \tag{10-14}$$

或

$$\pi_1 = \phi(\pi_2, \pi_3 \cdots\cdots \pi_n) \tag{10-15}$$

根据第三定理，一方面可以把描述现象的因次方程变换为相应的无因次方程，另一方面，当已找出该现象的所有特征数（起码是找出主要特征数）时，就可以由特征数来构成描述该现象的无因次方程，且无因次方程揭示的规律，可以推广到与所讨论现象相似的相似现象群。因此，从某种意义上讲，无因次方程更具有广泛意义。

每个特征数都是由因次量构成的，所以只要给出了特征数方程的具体形式，就可以把它变换成因次方程。这给我们一个启示：若要求得描述某现象的具体的可供应用的因次方程，方法之一是根据给定的单值条件去求解描述该现象的微分方程。但是，若单值条件特别是边界条件难以给出时，用上述求解方法就难以实现。方法之二是应用相似第一、二、三定理，把描述现象的微分方程变换为特征数方程，用实验的方法去确定特征数方程中的系数、指数……。得到具体形式的特征数方程，再经变换，代之以有关因次量，就可以得到描述该特定现象的具体的因次方程。可见，应用特征数方程来解决问题，可以绕过麻烦的确定边界条件问题，同样可以得到微分方程的一个特解。

10.2.2 相似特征数的求法

从以上分析可知，要作到模型与实型相似，首要的问题是要找出实型现象包含着哪些特征数。求特征数的方法有三种，即方程分析法、因次分析法和机理比法。

10.2.2.1 方程分析法[3,5,6]

已知描述现象的微分方程，从分析方程来求出特征数。此法可分为相似转换法（比例尺转换法）和积分类比法。

(1) 相似转换法　其步骤如下：1) 写出数学上描述现象的微分方程式（组）和全部单值条件；2) 写出各物理量的相似倍数式，把微分方程（组）中的所有变数，包括各参数，都用与之成比例的量来代替，即各量乘以相应的相似倍数 C_i；3）使方程中各项的相似倍数组合数彼此相等而得到一组确定的公式；4）把得到的每一公式用一端除另一端，得到几个分别由若干相似倍数组成的组合数，且等于 1，然后用相似变换求出由有因次量组成的无因次数，即相似特征数；5）除由基本方程求得的相似特征数外，还有一些相似特征数由单值方程按上述方法求得。

例 10-1 求无限平板非稳态传热的相似特征数。

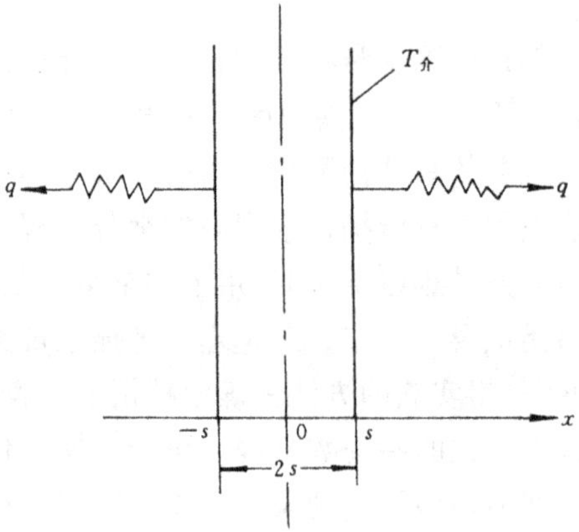

例 10-1 图

〔**解**〕 已知描述该传热过程的基本微分方程为

$$\frac{\partial T}{\partial t} = \alpha \frac{\partial^2 T}{\partial x^2} \tag{10-16}$$

单值条件：

空间条件：平板厚 $2s$，半厚 s；

时间条件：$t=0$，$T=T_0$；

边界条件：介质温度 $T_{介}$ 是恒定的。

且当 $x=s$ 时，平板与介质换热规律为

$$q = -\lambda \frac{\partial T}{\partial x}\bigg|_{x=\pm s} = \pm\, \alpha (T_{表} - T_{介})$$

式中α为平板的散热系数；$T_{表}$为平板表面温度。为简化起见，令$T_{介}=0$。取温标$\theta=T-T_{介}$，则$d\theta=dT$，式（10-16）变成

$$\frac{\partial \theta}{\partial t}=\alpha\frac{\partial^2\theta}{\partial x^2} \tag{10-17}$$

相应的边界条件为

$$x=\pm s, q=-\lambda\frac{\partial \theta}{\partial x}\bigg|_{x=\pm s}=\pm\alpha\theta \tag{10-18}$$

各量的相似倍数式为

$$C_T=\frac{T'}{T}, C_t=\frac{t'}{t}, C_L=\frac{x'}{x}, C_\alpha=\frac{\alpha'}{\alpha}$$

把式（10-17）中各量用相应的相似倍数乘之，得

$$\frac{C_T}{C_t}\cdot\frac{\partial \theta}{\partial t}=\frac{C_\alpha C_T}{C_L^2}\alpha\cdot\frac{\partial^2\theta}{\partial x^2} \tag{10-19}$$

保证方程与原方程不变，必有

$$\frac{C_T}{C_t}=\frac{C_\alpha C_T}{C_L^2} \tag{10-20}$$

式（10-20）一端除另一端，得到由相似倍数组成的组合数，且等于1，即$\frac{C_\alpha C_t}{C_L^2}=1$。进行相似变换，便得到由因次量组合的无因次数—相似特征数

$$\frac{\frac{\alpha'}{\alpha}\cdot\frac{T'}{T}}{\frac{L'^2}{L^2}}=1, 即\frac{\alpha t}{L^2}=\frac{\alpha' t'}{L'^2}=不变数$$

因$L=s$，所以求得第1个特征数π_1

$$\pi_1=\frac{\alpha t}{L^2}=\frac{\alpha' t'}{L'^2} \quad 或 \quad \pi_1=\frac{\alpha t}{s}=\frac{\alpha' t'}{s'}$$

从边界条件相似，有

$$\frac{\lambda\frac{\partial \theta}{\partial x}}{\alpha\theta}=\frac{\lambda'\frac{\partial \theta'}{\partial x'}}{\alpha'\theta'}, 根据积分类比, 有$$

$$\pi_2=\frac{\lambda\frac{\theta}{s}}{\alpha\theta}=\frac{\lambda'\frac{\theta'}{s'}}{\alpha'\theta'}$$

对半厚为 s 的无限平板非稳态传热，有两个相似特征数，即 $\pi_1=\frac{\alpha t}{s^2}$，$\pi_2=\frac{\alpha s}{\lambda}$。

例 10-2 求不可压缩流体流动现象的相似特征数。

〔**解**〕 描述该现象的基本方程是由连续性方程和 Navier-Stokes 方程（简称 N-S 方程）构成。

连续性方程

$$\frac{\partial u_x}{\partial x}+\frac{\partial u_y}{\partial y}+\frac{\partial u_z}{\partial z}=0 \tag{10-21}$$

为简化，对 N-S 方程只考虑 x 方向

$$\frac{\partial u_x}{\partial t}+u_x\frac{\partial u_x}{\partial x}+u_y\frac{\partial u_x}{\partial y}+u_z\frac{\partial u_x}{\partial z}$$
$$=-\frac{1}{\rho}\cdot\frac{\partial p}{\partial x}+\frac{\mu}{\rho}\left(\frac{\partial^2 u_x}{\partial x^2}+\frac{\partial^2 u_x}{\partial y^2}+\frac{\partial^2 u_x}{\partial z^2}\right)+F_b \tag{10-22}$$

写出方程中各量的相似倍数式，并把带上标“′”的方程中的量用乘以相应的相似倍数的量来代替，得：

$$u'_x=C_u u_x,\quad t'=C_t t,\quad u'_y=C_u u_y,\quad u'_z=C_u u_z,$$
$$t'=C_t\cdot t,\quad F'_b=C_g F_b,\quad \mu'=C_u\mu,\quad \rho'=C_\rho\rho,$$
$$x'=C_L x$$

用上面各等式右边，代替与式（10-22）对应的带上标“′”的方程中各代上标“′”的量（该方程未写出），得

$$\frac{C_u}{C_t}\frac{\partial u_x}{\partial t}+\frac{C_u^2}{C_L}\left(u_x\frac{\partial u_x}{\partial x}+u_y\frac{\partial u_x}{\partial y}+u_z\frac{\partial u_x}{\partial z}\right)$$
$$=C_g F_b-\frac{C_P}{C_\rho C_L}\cdot\frac{1}{\rho}\cdot\frac{\partial p}{\partial x}+\frac{C_u C_\mu}{C_\rho C_L^2}\left(\frac{\mu}{\rho}\right)\left(\frac{\partial^2 u_x}{\partial x^2}+\frac{\partial^2 u_x}{\partial y^2}+\frac{\partial^2 u_x}{\partial z^2}\right) \tag{10-23}$$

同样方法处理式（10-21），得

$$\frac{C_u}{C_L}\left(\frac{\partial u_x}{\partial x}+\frac{\partial u_y}{\partial y}+\frac{\partial u_z}{\partial z}\right)=0 \tag{10-24}$$

使方程中各系数相等，以保证方程的不变性，由式（10-23）得

$$\frac{C_u}{C_t}=\frac{C_u^2}{C_L}=C_g=\frac{C_P}{C_\rho C_L}=\frac{C_u C_\mu}{C_\rho C_L^2} \tag{10-25}$$

由式（10-24）得

$$\frac{C_{\mathrm{u}}}{C_{\mathrm{L}}}=\text{任意数} \tag{10-26}$$

由式（10-25）得

$$\frac{C_{\mathrm{u}}C_{\mathrm{t}}}{C_{\mathrm{L}}}=1,\frac{C_{\mathrm{g}}C_{\mathrm{L}}}{C_{\mathrm{u}}^2}=1,\frac{C_{\mathrm{P}}}{C_{\rho}C_{\mathrm{u}}^2}=1,\frac{C_{\rho}C_{\mathrm{u}}C_{\mathrm{L}}}{C_{\mu}}=1$$

对以上各式进行相似变换，有

$$\frac{ut}{L}=\frac{u't'}{L'}=\text{不变数},\text{即}:\frac{ut}{L}=Ho(\text{谐时性数})$$

$$\frac{gL}{u^2}=\frac{g'L'}{u'^2}=\text{不变数},\text{即}:\frac{u^2}{gL}=Fr(\text{弗劳德数})$$

$$\frac{p}{\rho u^2}=\frac{p'}{\rho' u'^2}=\text{不变数},\text{即}:\frac{p}{\rho u^2}=Eu(\text{欧拉数})$$

$$\frac{\rho uL}{\mu}=\frac{\rho' u' L'}{\mu'}=\text{不变数},\text{即}:\frac{\rho uL}{\mu}=Re(\text{雷诺数})$$

这样可以求得不可压缩流体流动有 4 个特征数。每个特征数都有其明确的物理意义：Ho 可理解为速度为 u 的流体质量流经系统中某一距离所需的时间与流经整个系统的时间的比值；Fr 数表征单位流体位能与动能的比值，因为位能与重力成正比，动能与惯性力成正比，所以 Fr 数也表征重力与惯性力之比；Eu 数表征流体的压力差与惯性力之比，若两流体 Eu 数相等，说明两流体的压力场是相似的；Re 数可改写为$\frac{\rho u^2}{\mu u/L}$，它表征流体的惯性力与粘性力之比，Re 数相等说明速度场是相似的。

（2）积分类比法　积分类比法的原理是：由于彼此相似的现象由完全相同的完整方程（组）描述，所以描述该二现象的两个方程中的任一方程中的任意两项之比，应与另一方程中对应的两项之比相等，由于物理方程中各项是同因次的，所以这个比值是无因次的。另外，根据相似变换，任何物理量的任意阶导数，可以用相应的积分类比来代替。

根据以上原理，用积分类比法求特征数的方法如下：1）写出描述现象的完整方程式（组）和全部单值条件；2）方程中所有物理量的各阶导数，用相应的积分类比来代替；3）方程中所有矢量沿坐标轴的分量，都用矢量的绝对值代替，各几何坐标用系统的特征尺寸（如 L）代替。如 $\frac{\partial u_x}{\partial x}$ 写成 $\frac{u}{L}$，$\frac{\partial^2 u_x}{\partial x^2}$ 写成 $\frac{u}{L^2}$……；4）方程中“＋”、“－”、“＝”号用比例号∝代替；5）用所得比例式中任何一项去除另外其他项，就可求出相似特征数。

例 10-3 题意同例 10-1。

〔**解**〕 基本方程 $\frac{\partial \theta}{\partial t}=\alpha\frac{\partial^2\theta}{\partial x^2}$

边界条件：$x=\pm s$，$-\lambda\frac{\partial \theta}{\partial x}=\mp\alpha\theta$，

用比例号∝代替＋、－、＝号，特征尺寸 s 代替 x，用积分类比代替各阶导数，从基本方程可得

$$\frac{\theta}{t}\propto\frac{\alpha\theta}{s^2},\frac{\lambda\theta}{s}\propto\alpha\theta \tag{10-27}$$

用比例式左端除右端，得

$$\frac{\alpha t}{s^2}=\pi_1(\text{不变数}),\frac{\alpha s}{\lambda}=\pi_2(\text{不变数})$$

π_1、π_2 即为所求的特征数。

例 10-4 求不可压缩粘性流体稳态等温有压流动的相似特征数。

〔**解**〕 这类流动多是在管道内或暗沟内由泵或风机驱动的流体。若只考虑 x 方向，则描述该流动的微分方程为

$$u_x\frac{\partial u_x}{\partial x}+u_y\frac{\partial u_x}{\partial y}+u_z\frac{\partial u_x}{\partial z}=g_x-\frac{1}{\rho}\frac{\partial p}{\partial x}+\frac{\mu}{\rho}\left(\frac{\partial^2 u_x}{\partial x^2}+\frac{\partial^2 u_x}{\partial y^2}+\frac{\partial^2 u_x}{\partial z^2}\right) \tag{10-28}$$

$$\frac{\partial u_x}{\partial x}+\frac{\partial u_y}{\partial y}+\frac{\partial u_z}{\partial z}=0 \tag{10-29}$$

对等截面，L 长的管子，其单值条件如下：

几何条件：管长 L，管径 d，管壁粗糙度 Δ；

物理条件：ρ，μ 的数值；

边界条件：出口流速 u 或速度分布，管壁处 $u=0$。

去掉微分符号，以相应的积分类比代替，并引入比例符号和

特征长度，式（10-28）变为

$$u\frac{u}{d}\propto g\propto\frac{1}{\rho}\frac{p}{d}\propto\frac{\mu}{\rho}\frac{u}{d^2} \tag{10-30}$$

式（10-29）变为

$$\frac{u}{d}\propto 0 \tag{10-31}$$

由式（10-30）用第一项作为除数，可得三个特征数

$$\frac{gd}{u^2}=Fr,\frac{\Delta p}{\rho u^2}=Eu,\frac{\rho ud}{\mu}=Re \tag{10-32}$$

由单值条件得

$$\frac{\Delta}{d}=\text{不变数},\frac{L}{d}=\text{不变数} \tag{10-33}$$

所以该流动共包括 5 个特征数：Fr，Eu，Re，$\frac{\Delta}{d}$，$\frac{L}{d}$。

当微分方程中出现算符▽、∇^2 时，它们的积分类比分别是$\frac{1}{L}$和$\frac{1}{L^2}$。

10.2.2.2 因次分析法

当所讨论的现象找不出合适的方程来描述，但是能确切地知道所有可能进入方程的变量时，确定相似特征数的重要方法是因次分析法，也称为量纲分析法。因次分析法的基础是因次和谐原理，即任何一个描述物理现象的方程中，各项的因次必须是和谐的。用因次分析法确定特征数时，必须事先列出影响该现象的所有物理量以及带有因次的常量。若遗漏了某些量，特别是影响大的物理量，将导致特征数减少和重要特征数的遗漏，影响模拟试验的可靠性。

(1) 因次分析 π 定理（白金汉定理） 首先要确定影响一物理现象的特征数有多少个，然后再去求出是哪些个特征数。因次分析 π 定理指出："某现象有 n 个物理量描述（包括因次常数），组成这些物理量的基本因次（或量纲）有 m 个，则通过因次分析可以得到 $i=m-n$ 个特征数。" 但是上述说法可能导致特征数减少，

后来艾兰根对该定理作了修正："一个现象由 n 个物理量描述，其中 r 个物理量的因次是不同的，k 个物理量具有独立的因次，则有简单形式的无因次特征数最多为 $n-r$ 个，有复杂形式的无因次特征数最少为（$n-k$）－（$n-r$）$=r-k$ 个，所以应有的无因次特征数总数为（$n-r$）＋（$r-k$）$=n-k$ 个。"

（2）用因次分析法求特征数　可分为两种方法，但实质上是一样的，只是计算技巧上有所差别。

1）瑞利指数法：这是一种代数运算方法。假设影响某一现象的物理量（包括因次常量）有 n 个，分别为 x_1，x_2，x_3……x_n。则描述该现象的方程为

$$\phi(x_1,x_2,x_3\cdots\cdots x_n)=0 \tag{10-34}$$

上式中，右边是无因次项。把 x_i（$i=1$，2，3……n）的因次全部列出，用因次来改写方程（10-34），可得

$$x_1^{\alpha}\cdot x_2^{\beta}\cdot x_3^{\gamma}\cdots\cdots x_n^{\omega}=(\text{基本因次})^0=\pi \tag{10-35}$$

把所设定的各物理量的因次代入式（10-35），并按指数进行整理，就可以得到所求的特征数。

例 10-5　求粘性等温流动的相似特征数。

〔**解**〕　根据我们的知识或经验，假设影响该流动的物理量有

流体流速	u	〔Lt^{-1}〕
长度	L	〔L〕
力	F	〔MLt^{-2}〕
流体密度	ρ	〔ML^{-3}〕
流体粘度	μ	〔$ML^{-1}t^{-1}$〕
流体表面张力	σ	〔Mt^{-2}〕
重力加速度	g	〔Lt^{-2}〕

对于等温流动，温度影响因素可以不考虑。选择 SI 制，基本因次有：L、t、M。相似特征数个数

$$i=7-3=4$$

描述该流动的方程可写为

$$\phi(u,L,\rho,\mu,\sigma,g,F)=0 \tag{10-36}$$

写成指数形式

$$(u)^{\alpha}\cdot(L)^{\beta}\cdot(\rho)^{\gamma}\cdot(\mu)^{\delta}\cdot(\sigma)^{\varepsilon}\cdot(g)^{\theta}\cdot(F)^{\lambda}=\pi \tag{10-37}$$

代入各量的因次

$$(\mathrm{Lt}^{-1})^{\alpha}\cdot(\mathrm{L})^{\beta}\cdot(\mathrm{ML}^{-3})^{\gamma}\cdot(\mathrm{ML}^{-1}\mathrm{t}^{-1})^{\delta}\cdot(\mathrm{Mt}^{-2})^{\varepsilon}\cdot(\mathrm{Lt}^{-2})^{\theta}\cdot(\mathrm{MLt}^{-2})^{\lambda}=(\mathrm{LMt})^{0} \tag{10-38}$$

按基本因次整理上式，得

$$\mathrm{M}^{(\gamma+\delta+\varepsilon+\lambda)}\cdot\mathrm{L}^{(\alpha+\beta-3\gamma-\delta+\theta+\lambda)}\cdot\mathrm{t}^{(-\alpha-\delta-2\varepsilon-2\theta-2\lambda)}=1 \tag{10-39}$$

只有当指数为零时，才能得到右边无因次数 1，所以必有

$$\begin{cases}\gamma+\delta+\varepsilon+\lambda=0\\ \alpha+\beta-3\gamma-\delta+\theta+\lambda=0\\ -\alpha-\delta-2\varepsilon-2\theta-2\lambda=0\end{cases} \tag{10-40}$$

方程中有 7 个未知量，系数矩阵的秩为 3，有三个线性无关的不定解

$$\begin{cases}\alpha=-\delta-2\varepsilon-2\theta-2\lambda\\ \beta=-\alpha-\varepsilon+\theta-2\lambda\\ \gamma=-\delta-\varepsilon-\lambda\end{cases} \tag{10-41}$$

根据式（10-41），用 δ、ε、θ、λ 代替一切量，把式（10-41）代入式（10-37），并按指数符号 δ、ε、θ、λ 整理，得

$$\left[\frac{uL\rho}{\mu}\right]^{-\delta}\left[\frac{\rho u^2}{\sigma}\right]^{-\varepsilon}\left[\frac{u^2}{Lg}\right]^{-\theta}\left[\frac{F}{\rho u^2L^2}\right]^{\lambda}=\pi \tag{10-42}$$

〔 〕中都是无因次数，即特征数。按通常名称，分别是

$$\left[\frac{uL\rho}{\mu}\right]=Re,\left[\frac{\rho u^2L}{\sigma}\right]=We,$$

$$\left[\frac{u^2}{Lg}\right]=Fr,\left[\frac{F}{\rho u^2L^2}\right]=Eu$$

其中 u、L、ρ、μ、σ、g 都是单值条件确定的物理量，所以 Re、We、Fr 均为决定性特征数。F 是待定物理量，所以 Eu 是待定特征数。于是式（10-42）可写成

$$Re^{-\delta}\cdot We^{-\varepsilon}\cdot Fr^{-\theta}\cdot Eu^{-\lambda}=\pi \qquad (10\text{-}43)$$

或者

$$Eu=KRe^{-\delta/\lambda}\cdot We^{-\varepsilon/\lambda}\cdot Fr^{-\theta/\lambda} \qquad (10\text{-}44)$$

令 $a=-\delta/\lambda$，$b=-\varepsilon/\lambda$，$c=-\theta/\lambda$，则

$$Eu=KRe^{a}\cdot We^{b}\cdot Fr^{c} \qquad (10\text{-}45)$$

通过实验来确定 K、a、b、c，则可得到具体形式的特征数方程。如果再把各特征数包含的因次量换入，并整理，可得到一特定条件下的因次方程。

2）应用无量纲（因次）矩阵求特征数：用此法，在计算上不易产生错误。仍以例 10-5 为例，先列出有关物理量和因次常量，然后按基本因次列出所谓无量纲矩阵写出指数式

基本因次 \ 物理量	u	L	F	ρ	μ	σ	g
M	0	0	1	1	1	1	0
L	1	1	1	−3	−1	0	1
t	−1	0	−2	0	−1	−2	−2

$$u^{\alpha}L^{\beta}\rho^{\gamma}\mu^{\delta}\sigma^{\varepsilon}g^{\theta}F^{\lambda}=\pi$$

按无量纲矩阵标明数代入各指数，例如，u^{α} 代入矩阵数字后为 $L^{\alpha}t^{-\alpha}$，如此类推，得

$$L^{-\alpha}t^{-\alpha}L^{\beta}M^{\gamma}t^{-\gamma}M^{\delta}L^{-\delta}t^{-\delta}M^{\varepsilon}t^{-2\varepsilon}L^{\theta}t^{-2\theta}M^{\lambda}L^{\lambda}t^{-2\lambda}=1$$

按基本因次 L、M、t 整理，得

$$M^{(\gamma+\delta+\varepsilon+\lambda)}L^{(\alpha+\beta+\theta-3\gamma-\delta+\lambda)}t^{(-\alpha-\delta-2\varepsilon-2\lambda)}=1 \qquad (10\text{-}46)$$

以下处理方法同瑞利指数法。

3）直接分析因次得出特征数：对某些影响因素很少的现象，可以直接分析其因次得出特征数。

例 10-6 如图所示，求单摆运动的摆动时间现象的特征数。

〔**解**〕 据分析可知，摆动时间 t 与角度 ϕ、摆长 l、摆球质量 m、重力加速度 g 有关。所以可写出如下关系式

$$t=\Phi\ (l,\ g,\ m,\ \phi) \qquad (10\text{-}47)$$

式中只有质量 m 包含基本因次 M，所以把 m 去掉不影响方程，得

$$t=\Phi\ (l,\ g,\ \phi) \qquad (10\text{-}48)$$

上式中 l、g 都包含有〔L〕因子，而式左端不含〔L〕因子，只要用 l/g，则〔L〕因子可消掉，于是

$$t=\Phi(l/g,\phi) \qquad (10\text{-}49)$$

把 l/g 开方，因子为 t，于是有

$$t=\Phi\left(\sqrt{\frac{l}{g}},\phi\right)=\sqrt{\frac{l}{g}}\Phi(\phi) \qquad (10\text{-}50)$$

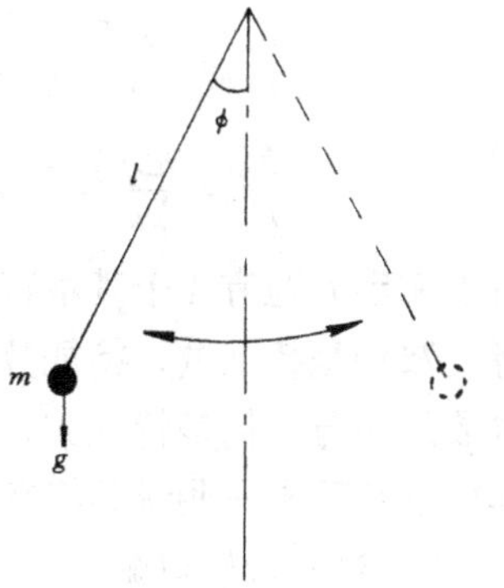

例 10-6 图

当角度 ϕ 很小时，$\Phi\ (\phi)\ \approx 4\pi=$常数，所以有

$$\frac{t^2g}{l}=\text{不变数}=\pi$$

即所求的特征数。

10.2.2.3　**机理比法**

机理比法的基础是：系统内同性质量的内在比得无因次数，即特征数。

(1) 流动问题　流动是流体受力作用的结果，流体中可能受的力有：

力	公　式	因次式
惯性力	$F_\rho=ma=\frac{1}{2}\rho u^2A$	ρu^2L^2
摩擦力	$F_\mu=\mu A\frac{\mathrm{d}u}{\mathrm{d}x}$	μuL
重　力	$F_g=g\rho V$	ρgL^3
压　力	$F_p=\Delta p\cdot F$	ΔpL^2
表面张力	$F_\sigma=\sigma L$	σL

每两种力之比为内在比，可得出一个特征数。

$$\frac{F_\rho}{F_\mu}=\frac{\rho uL}{\mu}=Re,\qquad \frac{F_\rho}{F_g}=\frac{u^2}{gL}=Fr,$$

$$\frac{F_p}{F_\rho}=\frac{\Delta p}{\rho u^2}=Eu,\qquad \frac{F_\rho}{F_\sigma}=\frac{\rho u^2 L}{\sigma}=We$$

所以流动问题有 4 个基本特征数。根据特征数的性质：特征数乘特征数仍是特征数；特征数的和与差仍是特征数；特征数与任一常数的和与差仍是特征数；特征数的倍数仍是特征数。可以由基本特征数导出一些诱导特征数，例如：

1）对于自然对流

$$\frac{F_\rho\cdot F_g}{F_\mu^2}=\frac{g\beta\Delta TL^2\rho^2}{\mu^2}=Gr\text{（格拉晓夫数）}$$

它表征上浮力/粘性力。$\beta=\frac{1}{\rho}\frac{\Delta\rho}{\Delta T}$称膨胀系数。但这里的 F_ρ 与通常指的由于速度引起的惯性力不同，它是由于温度差造成密度差，密度小的部分上浮引起的速度导致的惯性力。

2）对非自然对流

$$\frac{F_\rho F_g}{F_\mu^2}=\frac{gL^3\rho^2}{\mu^2}=Ga\text{（伽利略数）}$$

它表征$\frac{\text{惯性力}\times\text{重力}}{(\text{粘性力})^2}$。$Ga$ 与 Gr 的区别在于 F_ρ 的含义不同，表示的公式也不一样。Ga 常用于渗流，例如炼铁高炉中铁水穿过炽热焦炭层的流动。

3）对于气体和液体作相对运动

$$\frac{F_\rho}{F_g}=\frac{u^2\rho_g}{gL(\rho_L-\rho_g)}=F'r\,\frac{\rho}{\Delta\rho}=Ar\text{（阿基米德数）}$$

它用于有密度差的等温双相系统流动。Ar 也称为修正 Fr 数。在炼钢转炉模型、钢包吹氩模型中常应用。

（2）传热问题　系统内各种传热形式如下

传热方式	公　式	因次式
传导传热	$q_\lambda=\lambda\frac{\partial T}{\partial x}$	$\frac{\lambda T}{L}$
对流传热	$q_h=h\cdot\Delta T$	$h\cdot\Delta T$
流体流动携带热	$q_u=u\rho c_p T$	$u\rho c_p T$
辐射传热	$q_{\sigma_0}=\sigma_0\ (T_1^4-T_2^4)$	$\sigma_0 T^4$

1）对单相系统

$$\frac{q_h}{q_\lambda}=\frac{hL}{\lambda}=Nu \qquad \text{（努塞尔数）}$$

它表征 $\frac{\text{总传热速度}}{\text{传导传热速度}}$。

2）对两相系统

$$\frac{q_h}{q_\lambda}=\frac{hL}{\lambda}=Bi \qquad \text{（毕欧数）}$$

它表征 $\frac{\text{固体表面散热速度}}{\text{表面热传导速度}}$。

$$\frac{q_u}{q_\lambda}=\frac{uL}{\alpha}=Pe \qquad \text{（贝克来数）}$$

它表征 $\frac{\text{流动带走热的速度}}{\text{传导传热速度}}$。$Pe=Re\cdot Pr$。

$$\frac{q_h}{q_u}=\frac{h}{\rho c_p u}=St \qquad \text{（斯坦顿数）}$$

它表征 $\frac{\text{总传热速度}}{\text{流体的焓变速度}}$。$St=Nu\cdot Pe^{-1}$。

$$\frac{q_{\sigma_0}}{q_u}=\frac{\sigma_0 T^3}{u\rho c_p}=Bo \qquad \text{（玻耳兹曼数）}$$

它表征 $\frac{\text{辐射传热速度}}{\text{焓变速度}}$。

$$\frac{q_{\sigma_0}}{q_\lambda}=\frac{\sigma_0 L T^3}{\lambda}=Th \qquad \text{（余因数）}$$

它表征 $\frac{\text{辐射传热速度}}{\text{传导传热速度}}$。

若再考虑热容量 q_c

$$q_c = c_p \cdot m \cdot \Delta T$$

因次式为 $c_p \rho L^3 T$，则

$$\frac{q_\lambda}{q_c} = \frac{\lambda t}{c_p \rho L^2} = \frac{at}{L^2} = Fo \qquad \text{（付立叶数）}$$

（3）传质问题

传质方式	公　　式	因 次 式
扩　　散	$J_D = -D\frac{dc}{dx}$	$\frac{DC}{L}$
对流扩散	$J_f = k_f \Delta C$	$k_f C$
流体流动带走物质	$J_u = uC$	uC

传质的有关准数如下：

$$\frac{J_f}{J_D} = \frac{k_f L}{D} = Sh \qquad \text{（舍伍德数）}$$

它表征 $\frac{\text{总传质速度}}{\text{扩散速度}}$。

$$\frac{J_u}{J_D} = \frac{uL}{D} = Bd \qquad \text{（波登斯坦数）}$$

它表征 $\frac{\text{流动传质速度}}{\text{扩散速度}}$。$Bd = Pe' = Re \cdot Sc$。

$$\frac{J_f}{J_u} = \frac{k_f}{D} = St' \qquad \text{（斯坦顿数）}$$

$$(L_{扩散}/L_{容器})^2 = \frac{Dt}{L^2} = Fi \qquad \text{（菲克数）}$$

（4）物性特征数　这类特征数只与物质的属性有关，如：

$$Sc = \frac{\mu}{\rho D} \qquad \text{（施密特数）}$$

它表征 $\frac{\text{动量传输系数}}{\text{扩散系数}}$。

$$Pr = \frac{\mu c_p}{\lambda} \qquad \text{（普朗特数）}$$

它表征 $\frac{\text{动量传输系数}}{\text{传热系数}}$。

$$Le=\frac{\rho c_p D}{\lambda}=\frac{D}{a} \qquad \text{（路易斯数）}$$

它表征 $\frac{\text{扩散系数}}{\text{导温系数}}$。

$$Mo=\frac{g\mu^4}{\rho\sigma^3} \qquad \text{（摩顿数）}$$

它表征 $\frac{\text{粘性力}}{\text{表面张力}}$。

常用无因次特征数见附录Ⅱ。

10.2.3 无因次方程的获得

进行物理模拟实验时，往往希望得到一个无因次方程（特征数方程）来描述所讨论现象的内在规律。获得无因次方程的方法有如下几种：

10.2.3.1 已知微分方程求无因次方程

（1）微分方程可求解析解 在此情况下，求解微分方程的全部单值条件已经给出，且求解析解并不困难。求相应的特征数方程的主要目的在于把结果能推广到与之相似的现象群，或者出于实验测定方便。

求无因次方程的方法是：先根据单值条件解出微分方程的解析解（精确解或近似解）根据方程解包含的物理量和因次常量，确定特征数的个数，引入相似变换，通过变换把方程解整理成无因次方程形式。

（2）直接把微分方程无因次化 此法勿需求解微分方程，而是直接引入有关测量尺度，对方程无因次化处理，得出无因次方程或应用方程分析法得出全部特征数，再根据相似第三定理来建立无因次方程。

1）选择适当的测量尺度将微分方程无因次化：测量尺度也称为特征尺度，通常由所讨论问题的特殊单值条件或边界条件给出。

例 10-7 把流动、传热、传质的三个基本微分方程无因次化。

〔**解**〕 三个基本微分方程是

流动方程

$$\rho\left(\frac{D}{Dt}\boldsymbol{u}\right)=-\ \nabla p+\mu\,\nabla^2\boldsymbol{u}+\rho\boldsymbol{g} \tag{10-51}$$

传热方程

$$\rho c_p\frac{D}{Dt}T=\lambda\,\nabla^2 T \tag{10-52}$$

传质方程

$$\frac{D}{Dt}C_i=D_i\,\nabla^2 C_i \tag{10-53}$$

选择特征尺度：

线性特征长度L,可选择所讨论现象中的某一特征尺寸，例如管子直径、水力学直径、扩散深度、喷嘴直径、管长等；特征速度$\bar{u}$，例如可选择来流速度等；特征压力，可选择某基准压力、进口压力；特征温度，如T_1-T_0，T_1、T_0可为两个已知的温度；特征浓度，如C_1-C_0，C_1、C_0为两个已知的浓度。

选好特征尺度后，用它们作为特征量度对应地去测量各物理量，就可以得到对应的由无因次量表示的无因次方程。

本例中，选择：

$$u^*=u/\bar{u},\qquad t^*=\frac{t}{\bar{t}}=\frac{t}{L/\bar{u}},\quad p^*=\frac{(p-p_0)}{\rho\bar{u}^2},$$

$$T^*=\frac{(T-T_0)}{(T_1-T_0)},\quad C_i^*=\frac{C_i-C_{i0}}{C_{i1}-C_{i0}},\quad x^*=x/L,$$

$$y^*=y/L,\qquad z^*=z/L\cdots\cdots。$$

上标“*”表示无因次。

把以上各变换式代入式（10-51）、(10-52)、(10-53）即可得到相应的无因次方程。以（10-51）式为例，可得

$$\frac{\bar{u}}{L/\bar{u}}\cdot\frac{D}{Dt^*}\boldsymbol{u}^*=-\frac{1}{\rho}\frac{\rho\bar{u}^2}{L}\ \nabla^*p^*+\frac{\mu}{\rho}\frac{\bar{u}}{L^2}\ \nabla^{*2}\boldsymbol{u}^*+\frac{\boldsymbol{g}}{g}\cdot g$$

$$\frac{\bar{u}^2}{L}\cdot\frac{D}{Dt^*}\boldsymbol{u}^*=-\frac{\bar{u}^2}{L}\ \nabla^*p^*+\frac{\mu\bar{u}}{\rho L^2}\ \nabla^{*2}\boldsymbol{u}^*+\frac{\boldsymbol{g}}{g}\cdot g$$

$$\frac{D\boldsymbol{u}^*}{Dt^*}=-\ \nabla^*p^*+\left(\frac{\mu}{\rho L\bar{u}}\right)\nabla^{*2}\boldsymbol{u}^*+\left(\frac{gL}{\bar{u}^2}\right)\frac{\boldsymbol{g}}{g}$$

即

$$\frac{D\boldsymbol{u}^*}{Dt^*} = -\nabla^* p^* + \frac{1}{Re}\nabla^{*2}\boldsymbol{u}^* + \frac{1}{Fr}\boldsymbol{g}^* \quad (10\text{-}54)$$

同样方法可得

$$\frac{DT^*}{Dt^*} = \frac{1}{Re \cdot Pr}\nabla^{*2}T^* \quad (10\text{-}55)$$

$$\frac{DC_i^*}{Dt^*} = \frac{1}{Re \cdot Sc}\nabla^{*2}C_i^* \quad (10\text{-}56)$$

2）应用方程分析法建立无因次方程：即用方程分析法求出特征数，再根据相似第三定理构成无因次方程，通过实验确定方程中的系数、指数等，最后得到具体形式的方程。见例 10-1 和例 10-2。

3）由微分方程根据因次和谐原理求无因次方程。

例 10-8 将 N-S 方程（x 方向）无因次化。

〔**解**〕 N-S 方程为

$$\rho\frac{\partial u_x}{\partial t} + \rho\left(u_x\frac{\partial u_x}{\partial x} + u_y\frac{\partial u_x}{\partial y}\right) = \rho g \cdot \cos\theta x - \frac{\partial p}{\partial x} + \mu\left(\frac{\partial^2 u_x}{\partial x^2} + \frac{\partial u_x}{\partial y^2}\right) \quad (10\text{-}57)$$

上式的因次为

$$\left[\rho\frac{u}{t}\right] + \left[\rho\frac{u^2}{L}\right] = [\rho g] + \left[\frac{\Delta p}{L}\right] + \left[\frac{\mu u}{L^2}\right] \quad (10\text{-}58)$$

$$\text{I} \qquad \text{II} \qquad \text{III} \qquad \text{IV} \qquad \text{V}$$

任意两项之比得一特征数

$$\frac{\text{II}}{\text{I}} = \frac{ut}{L} = Ho, \qquad \frac{\text{II}}{\text{III}} = \frac{u^2}{Lg} = Fr,$$

$$\frac{\text{II}}{\text{V}} = \frac{\rho u L}{\mu} = Re, \qquad \frac{\text{IV}}{\text{II}} = \frac{\Delta p}{\rho u^2} = Eu,$$

无因次方程为

$$\phi(Ho, Fr, Re, Eu) = 0 \quad (10\text{-}59)$$

或 $$Eu = f(Ho, Fr, Re) \quad (10\text{-}60)$$

或 $$Eu = KHo^{\alpha} \cdot Fr^{\beta} \cdot Re^{\gamma} \quad (10\text{-}61)$$

10.2.3.2 不知微分方程求无因次方程

通常采用因次分析法求出有关特征数，根据相似第三定理写出特征数方程，而后通过实验确定方程中的系数、指数，最后得到确定的无因次方程。见例 10-5。

10.3 物理模拟实验

10.3.1 探索性实验

例 10-9 小方坯连铸机中间包及结晶器内钢液流态的水模型研究[11]。

连铸过程中，中间包起到储存钢水、分配钢水、减小钢水静压力、稳定中间包注流、促进中间包钢液夹杂物上浮等作用。中间包的几何形状、液面高度、包内流动状态、中间包水口注流的形状和稳定性，结晶器内液面高度，结晶器断面形状、大小以及钢水包注流都对结晶器内钢液流动状态有重要影响，从而影响结晶器内钢液凝固传热和铸坯质量。用水模型法研究上述诸因素对结晶器内流况的影响就是典型的探索性实验。目的是取得定性的认识，采取适当的措施改善结晶器内流动状况和铸坯质量，并不需要求得有关的定量描述。

10.3.1.1 实验装置和实验方法

以某厂小方坯连铸机中间包和结晶器为实型。按一定几何相似比用有机玻璃制成模型，见图 10-2。以水模拟钢液。应用因次分析法得到该现象有关的三个独立特征数：Re、Fr 和 We。以修正 Fr 数相等确定实验参数。以潜入水中的固体高锰酸钾和调整相对密度后的染银粉聚乙烯微粒作示踪剂，肉眼观察描绘中间包和结晶器中流动状态，并拍摄照片。用压力探针测量各结晶器中中间包水口注流的冲击压力，以冲击压力接近零的深度来标示冲击深度。同时测定钢水包水口注流对中间包冲击堆的冲击压力。

10.3.1.2 实验结果

（1）钢水包停浇，中间包液面下降对结晶器内流态的影响

实验得到三个回归方程：

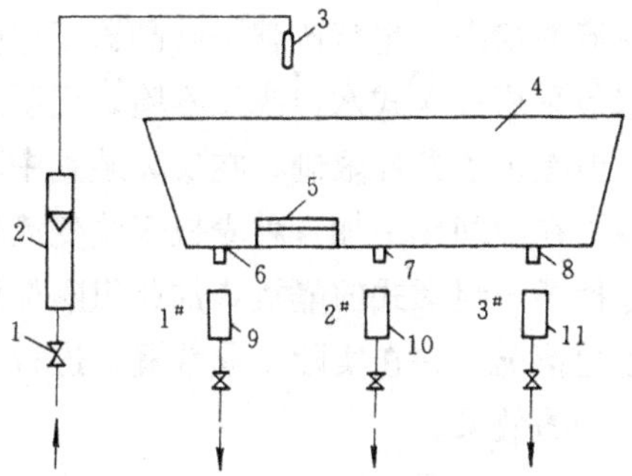

图 10-2　实验装置示意图

1—阀门；2—流量计；3—钢水包水口；4—中间包；
5—冲击堆；6，7，8—1#2#3#结晶器水口；9～11—结晶器

结晶器断面 (mm×mm)	方　　程	相关系数
150×150	$h_{冲}=259.74+21.92\ln H$	0.94
90×90	$h_{冲}=143.61+20.66\ln H$	0.96
70×70	$h_{冲}=207.90+0.18H$	0.96

实验表明：小断面结晶器中，注流冲击深度 $h_{冲}$ 与中间包液体深度 H 呈线性关系；而断面增大后，该关系呈对数函数关系；结晶器内流况稳定，卷入气体极少；中间包水口注流稳定，无明显变形。

(2) 钢水包连续浇注时结晶器内流态　当钢水包浇注时，中间包的 1# 和 2# 水口上方出现明显的回流区，水口注流不稳定，变形频繁从而影响 1#、2# 结晶器内钢液流态，卷入气体多，注流冲击深度变浅且不稳定。而 3# 水口上方无明显回流，3# 注流和 3# 结晶器工作均相对稳定。可见，钢水包注流对中间包内流场有很大影响，从而影响结晶器工作的稳定。实验操作中，钢水包水口是时开时闭的，可见对中间包流场干扰很大，从而影响结晶器中流

况，影响凝固传热过程。因此，减小对中间包内流场的干扰就可改善中间包注流的状态，也就改善了结晶器工作的稳定性。

又对钢水包采用浸入式水口浇注实验，证明这是达到上述目的的好方法。但是由于条件限制，在实际装置中不可能安装长水口。于是实验了在中间包中加各种隔板来改变流场，稳定结晶器工作。最后选择了一组形式的隔板，加此组隔板后，效果接近浸入式水口浇注的情况，并在实际工业装置上进行了加隔板工业实验，取得了良好的效果。

10.3.2 确定物理模型实验条件[4,5]

例 10-10 钢水通过直径为 0.05m 的浸入式水口，以流速 0.5m/s 的线速度浇注到 $0.15\times0.15\text{m}^2$ 的方坯结晶器中。如果要制作一个相当于原型尺寸二倍的水模型，试确定制造这个模型要满足哪些条件？

〔**解**〕 由于流动仅是重力引起的，故只考虑以下规则：1）模型和原型几何相似；2）模型和原型 Fr 数相等；3）在模型和原型的水口内，流体呈紊流。

在此例中，几何相似倍数 $C_L=2$，表明模型比实型大，则要满足第 1 条规则，只需保证

$$\frac{L'_i}{L_i}=C_i=2 \qquad i=1,2,3,\cdots\cdots n$$

规则 2 可表示为

$$\frac{u'^2}{gL'}=\frac{u^2}{gL}$$

所以

$$\frac{u'}{u}=\sqrt{L'/L} \tag{10-62}$$

故模型液体流出水口的速度为

$$u'=\sqrt{2}\,u\approx0.71\text{m/s}$$

当流速为 $u'=0.71\text{m/s}$，$u=0.5\text{m/s}$ 时，要检验水口内是否是紊流。

在原型中

$$Re = \frac{0.5 \times (7.1 \times 10^3) \times (5 \times 10^{-2})}{5 \times 10^{-3}} = 3.55 \times 10^4$$

在模型中

$$Re' = \frac{0.71 \times 10^3 \times 0.1}{10^{-3}} = 7.1 \times 10^4$$

二者都属紊流，满足第3条规则。

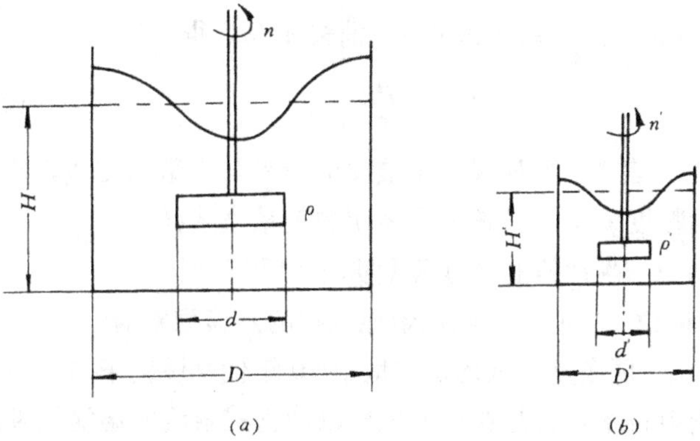

例 10-11 图

(*a*) 原型；(*b*) 模型

例 10-11 在设计辉钼矿精矿浸出设备时，需要计算高压釜中涡流的形状（例 10-11 图）。为此，要在小的流动模型中模拟工业高压釜中流动的条件，希望模型中产生的涡旋与工业釜中产生的涡旋相似，试确定模型实验的条件。

〔**解**〕 选择搅拌螺旋桨的直径和它的线速度为系统的特征长度和特征速度。几何相似条件如下

$$\frac{D}{d} = \frac{D'}{d'}, \qquad \frac{H}{d} = \frac{H'}{d'} \tag{10-63}$$

作用于液体的力有：搅拌桨旋转造成的惯性力，液体粘性力，重力。采用机理比法可求得如下特征数：

$$Re = \frac{d'^2 n' \rho'}{\mu'} = \frac{d^2 n \rho}{\mu} \tag{10-64}$$

$$Fr=\frac{d'n'^2}{g}=\frac{dn^2}{g} \tag{10-65}$$

式中 nd、$n'd'$ 相当于速度项。选择模型和实型搅拌桨直径之比 $d'/d=C_L$ 作为几何相似倍数来设计模型的几何尺寸。由式(10-65)计算出模型桨的转速

$$n'=\sqrt{\frac{d}{d'}}n \tag{10-66}$$

把式（10-66）代入式（10-64），消去 n'/n，得

$$\frac{\mu'}{\rho'}=\frac{\mu}{\rho}\left(\frac{d'}{d}\right)^{3/2} \tag{10-67}$$

式（10-67）表明，要使模型中液体的旋涡与实型的相似，模型液体的运动粘度 μ/ρ 应该按上式表明的关系来选择。

10.3.3 半严格的物理模型实验[1,5,7,9,10,11]

例 10-12 顶底复合吹炼熔池搅拌的水模型实验[7]。

〔**解**〕 顶底复合吹炼是本世纪 70 年代发展起来的一项氧气转炉炼钢新技术，它是在顶吹氧枪以冲击式射流向熔池供氧的同时，通过 1 支或 1 支以上的喷枪，从熔池底部向熔池供入少量惰性气体（Ar、N_2）进行熔池搅拌。由于增加了底吹气体的搅拌，加快了炼钢反应的速度，熔池过氧化程度降低，更接近于热力学平衡状态，给炼钢带来了许多优于顶吹转炉（LD）的冶金特点。顶底复吹转炉熔池的搅拌混合，混合均匀时间及其影响因素是重要的研究课题。

10.3.3.1 相似条件的确定

顶底复吹时，熔池的搅拌既决定于顶吹部分又决定于底吹部分，为了考查加底吹气以后的搅拌效果，水模型研究中把顶枪条件固定，只考虑底吹条件相似。

若以熔池混合均匀时间 τ_m 作为混合效果的量度，τ_m 与重力、液体粘性力、喷入气体的功等有关。由于不知道描述该现象的微分方程式，所以采用因次分析法来确定相似特征数，并通过实验来求得描述混合均匀时间的经验方程。

通过因次分析，可得如下无因次关系式：

$$\frac{\tau_m u}{D}=f\left(\frac{u^2}{gD},\frac{\rho_g}{\rho_L-\rho_g},\frac{\rho_L uD}{\mu},\frac{h}{D}\right) \tag{10-68}$$

式中　τ_m ——混合均匀时间，s；

u ——底枪喷嘴处的气体流速，cm/s；

D ——熔池直径，cm；

h ——熔池深度，cm；

ρ_g ——底枪出口处气体密度，g/cm³；

ρ_L ——液体密度，g/cm³；

μ ——液体粘度，0.1Pa·s；

$\frac{\tau_m u}{D}$ ——“混合指数”相似特征数；

$\frac{u^2}{gD}\cdot\frac{\rho_g}{\rho_L-\rho_g}$ ——修正弗劳德数 Fr'；

$\frac{\rho_L uD}{\mu}$ ——表观出口雷诺数 Re。

在此考虑到惯性力起主要作用，且不考虑碳-氧反应生成CO的搅拌作用，选择模型（标以上标“′”）和实型修正弗劳德数相等为相似条件之一来确定模型与实型底吹气体质量流 F_m 的关系

$$Fr'=Fr \tag{10-69}$$

即

$$\frac{u'^2}{gD'}\cdot\frac{\rho'_g}{\rho'_L-\rho'_g}=\frac{u^2}{gD}\cdot\frac{\rho_g}{\rho_L-\rho_g} \tag{10-70}$$

$$q'_m=\sqrt{\left(\frac{D'}{D}\right)^5\cdot\frac{\rho_g'}{\rho_g}\left(\frac{\rho'_L-\rho'_g}{\rho_L-\rho_g}\right)}\cdot q_m \tag{10-71}$$

式中　q'_m 和 q_m 为模型和实型底气质量流量。模型实验装置和顶底复吹转炉模型内型如例10-12图1所示。

10.3.3.2　实验方法

对6.5t转炉，模型几何相似倍数 $C_L=1/4$，每吨钢水耗氧50m³，吹氧时间16min，则供氧速度为1200m³/h。用水和空气作模拟介质，水深（熔池深）分别为120，160，200mm。

τ_m 测定方法是在熔池的某处以接近脉冲信号的方式加入

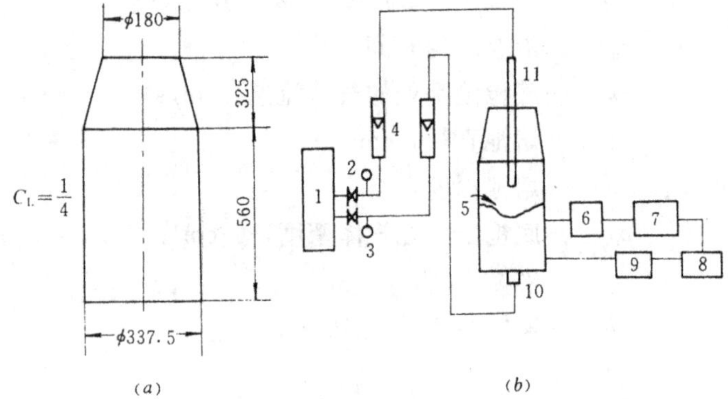

例 10-12　图 1

(a) 转炉模型尺寸图；(b) 模拟装置示意图

1—气源；2—阀门；3—压力表；4—流量计；5—示踪剂加入点；6—传感器；7—应变仪；8—记录仪；9—电导仪；10—底枪；11—顶枪

KCl 溶液作示踪剂，在另一侧测定液体电导率变化，待电导率稳定后，计算到此状态的时间，即认为是熔池混合均匀时间。

实验还用应变仪和压力传感器等测定了炉体炉壁所受的冲击压力。

模型底吹喷枪出口面积为 0.09cm²，顶枪采用单孔喷头，出口直径 0.45cm，喷枪嘴到静止液面距离（枪位）为 31.5，35.5，39.5cm。

实验对比了顶吹、底吹和顶底复吹的情况，探讨了熔池深度和顶枪位置对混合均匀时间的影响，以及求出不同情况下 τ_m 的经验公式。

10.3.3.3　实验结果

(1) 无顶吹小气量底吹搅拌　底吹气喷枪采用 5 种布置，如例 10-12 图 2 所示。

在所有实验中，底吹气体体积流量 q_V 和混合均匀时间 τ_m 的

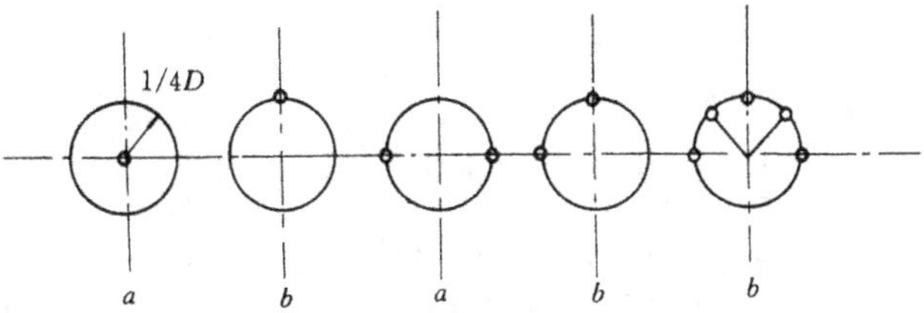

例 10-12 图 2　底吹喷嘴布置

a—对称布置；*b*—非对称布置

关系大体一致，q_V-τ_m 曲线有共同的形状，如例 10-12 图 3 所示。当 q_V 较小时，τ_m 随 q_V 增加而减小；当 q_V 达到一定数值后，τ_m 下降减慢。对于这种曲线可作这样解释：底吹气体带给熔池的能量消耗于熔池搅拌、熔池晃动和熔池喷溅。当气体带入能量（包括动能、膨胀功、上浮功等）大于搅拌熔池所需要的能量时，则发生熔池晃动，甚至喷溅，严重时会发生气体射流穿透熔池的现象。例 10-12 图 3 表明底部布置 1 支喷枪时，q_V 与 τ_m 的关系。例 10-12 图 4 示出熔池晃动给器壁的压力与 q_V 的关系。

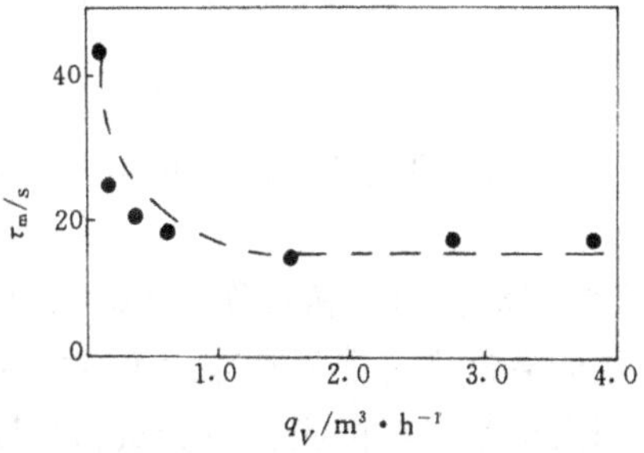

例 10-12 图 3　单枪底吹的 q_V-τ_m 关系

（2）不同条件下无顶吹小气量底吹搅拌　例 10-12 图 5 和例

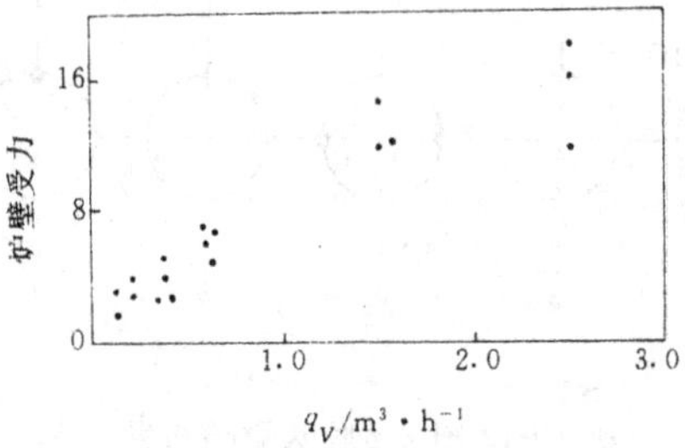

例 10-12 图 4　炉壁压力与 q_V 的关系

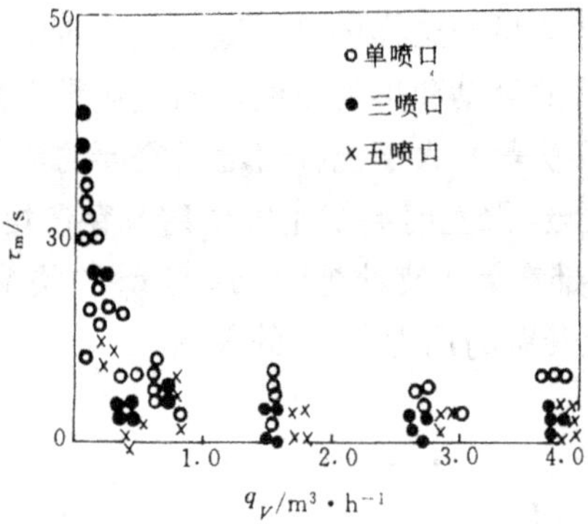

例 10-12 图 5　喷枪非对称布置的 q_V-τ_m 关系

10-12 图 6 表明底枪非对称布置和对称布置时 q_V 与 τ_m 的关系。

从图可见，实验条件下，非对称布置混合均匀时间较对称布置时为短，且不同底枪数目时的实验数据点相当接近，说明枪数对搅拌效果没有明显影响。在熔池中加入反光性好，跟随性好的示踪物质（如细铝粉），拍出熔池内循环流的照片也表明：对称布置喷嘴时，熔池内形成分区域环流；非对称布置时，整个熔池处于整体环流状态，这也许是非对称布置时混合均匀时间较短的缘

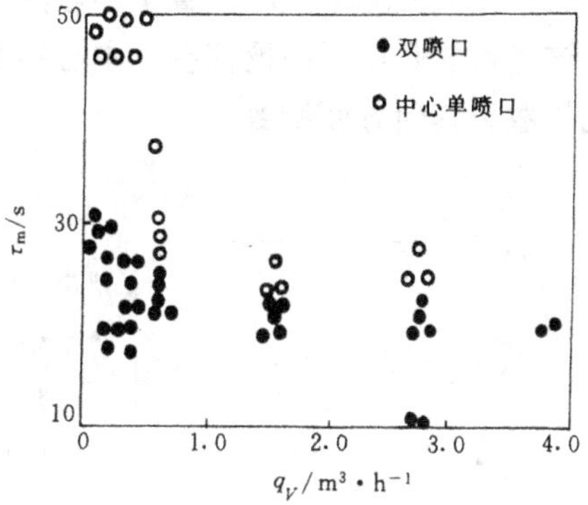

例 10-12 图 6　喷枪对称布置的 q_V-τ_m 关系

故。根据例 10-12 图 5 所示，要用较小的供气速度达到较好的搅拌效果，底气流量约为 $0.6m^3/h$。按该数值换算到 6.5t 转炉时，相当于底气供气强度为 $0.15m^3/min \cdot t$。

（3）单顶吹搅拌　当不供给顶气，完全靠熔池自然对流，示踪剂浓度均匀时间测定为 6min。供给顶气后，测定结果如下：

$q_V/m^3 \cdot h^{-1}$	12	11	9
τ_m/s	48	51	56

与第 1 种情况对比，在单纯顶吹条件下，搅拌效果不如底部供给少量气体好。

（4）顶底复吹搅拌　顶底复吹时，q_V-τ_m 的关系见例 10-12 图 7。从图可见，q_V-τ_m 曲线与单独小量气体底吹时形状类似，且底枪数目对搅拌效果也无明显影响。但顶底复吹时看出一个特点，即底枪两支对称布置时与 1、3、5 支底枪非对称布置时，混合均匀时间相差不多，这说明顶底复吹时介于只底吹时底枪非对称布置和对称布置之间，这是由于顶部气体射流冲击熔池，形成环流的影响所致。实验还发现，顶底复吹时，底枪非对称布置时的流体搅动与顶吹搅拌的搅动是互相干扰的；而底枪对称布置时，在某种程度上，顶底气流对熔池的搅动是一致的。所以，前者混合均匀时间较后者要长；当底枪为1支时，置于中心的搅拌效果远不如偏心布置好，这也可能是由于两枪都在一中心线上时，环流互相抵消，搅拌能耗散于其他方面所致。

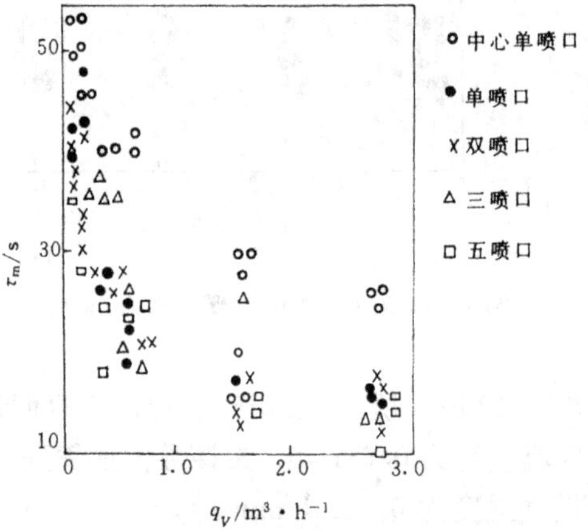

例 10-12 图 7　顶底复吹的 q_V-τ_m 关系

（5）熔池深度和顶枪枪位的影响　例 10-12 图 8 和例 10-12 图 9 是单独底吹或单独顶吹时，不同熔池深度和不同枪位的实验结果。

由图可见，在单枪底吹时，熔池深度对混合时间的影响不明显。在顶吹情况下，枪位对熔池混合均匀时间影响明显。

(6)顶底复吹混合均匀时间的经验公式　当固定顶吹条件时，底吹对混合时间的影响可用无因次方程描述

$$\frac{\tau_m u}{D} = f(Re, Fr', \frac{h}{D}) \tag{10-72}$$

由于在实验范围内 h/D 对 τ_m 影响不大，于是有

$$\frac{\tau_m u}{D} = f(Re, Fr') \tag{10-73}$$

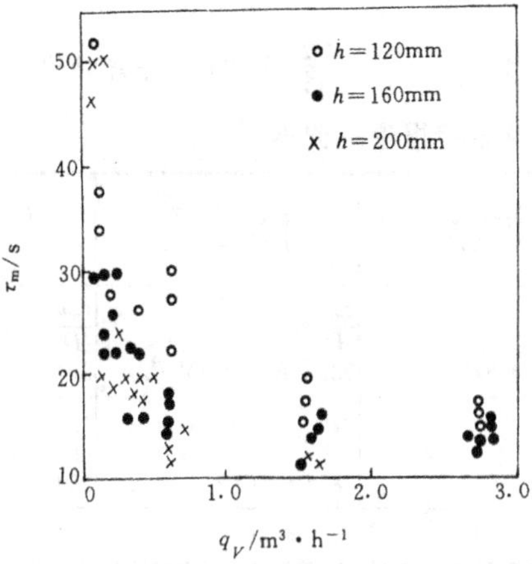

例 10-12 图 8　单枪底吹时熔池深度的影响

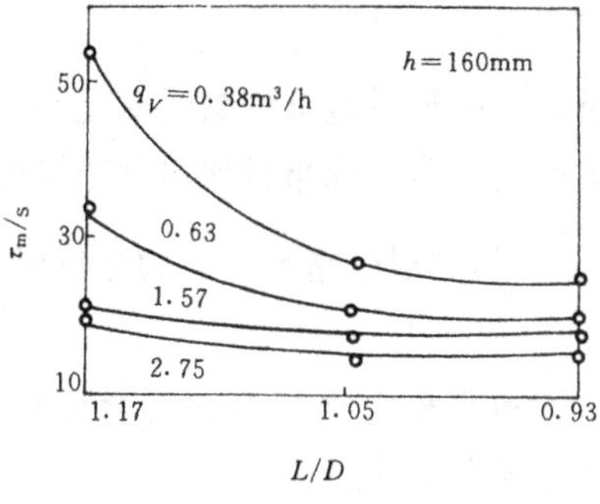

例 10-12 图 9　枪位与熔池直径之比与 τ_m 的关系

当转炉容量大，雷诺数达到一定值时，Re 与 τ_m 无关，于是

$$\frac{\tau_m u}{D} = f(Fr') \tag{10-74}$$

实验结果得到：

$$\left.\begin{aligned} &\text{6.5t 转炉} \qquad \frac{\tau_m u}{D}=158\ (Re \cdot Fr')^{0.26} \\ &\text{120～200t 转炉} \qquad \frac{\tau_m u}{D}=2511\ (Fr')^{0.416} \end{aligned}\right\} \tag{10-75}$$

下表列出一些文献报道的结果：

转炉 (t)	$h/D=0.35$, $L/D=1.17$	$h/D=0.47$, $L/D=1.05$	$h/D=0.59$, $L/D=0.93$
6.5	$\frac{\tau_m u}{D}=616\ (Re \cdot Fr')^{0.23}$	$\frac{\tau_m u}{D}=239\ (Re \cdot Fr')^{0.23}$	$\frac{\tau_m u}{D}=204\ (Re \cdot Fr')^{0.23}$
120	$\frac{\tau_m u}{D}=3981 \cdot Fr'^{0.357}$	$\frac{\tau_m u}{D}=2818 \cdot Fr'^{0.357}$	$\frac{\tau_m u}{D}=2344 \cdot Fr'^{0.357}$
200	同　上	同　上	

10.3.3.4　实验的主要结论

（1）顶底复吹或小气量底吹的熔池混合均匀时间，主要取决于底气供气强度，底吹搅拌气的供气强度一般以 $0.15m^3/(min \cdot t)$ 为好；

（2）单底吹时，底枪数对混合均匀时间无明显影响，但底枪布置方式则有明显影响，非对称布置比对称布置搅拌效果要好；

（3）炉子大小不同，“混合指数”的相似特征数 $\frac{\tau_m u}{D}$ 的经验公式不同；

（4）熔池深与熔池直径之比 h/D 对混合均匀时间影响不大，但顶枪枪位对混合时间影响明显。

谢蕴国、施哲[9]研究了 15t 小型顶底复吹转炉熔池搅拌现象，得到：

$$\tau_m=1.6838\,\frac{H_B}{v_B}\cdot\left(\frac{H_B}{H_T}\right)^{0.459}\cdot\left(\frac{q'_B}{q'_T}\right)^{0.9}\cdot\left(\frac{L}{K_s}\right)^{0.089} \tag{10-76}$$

式中　τ_m——熔池混合均匀时间，s；

v_B——底枪气体出口速度，m/s；

H_T——顶枪枪位，m（流量恒定）；

H_B——底枪间距，m（两支枪对称布置）；

q'_B、q'_T——模型底气、顶气流量，m^3/h；

L——熔池深度，m；

K_s——顶枪气体射流穿透熔池深度，m。

例 10-13 蔡志鹏等[10]用水模型研究氧气连续炼铅新工艺中氧化段底枪合理布置问题。用有机玻璃制成半圆筒形模型，圆筒半径 $R=386$mm，长 486mm，实验装置如例 10-13 图所示。

（1）实验有关数据确定

喷嘴直径 d，mm：1，3，4，5，6

枪间距离 w，mm：50，100，150，200，250，300，400

水深度 H，mm：40，60，80，100，120，140，160

底气流量$_V$，m^3/h：0.05，0.1，0.15，0.2，0.25，0.30，0.35，0.40

液体粘度用甘油和水配合，以适宜模拟要求。

（2）相似特征数的确定 对于牛顿流体，假设操作中流体的粘度、密度变化不大，可用 N-S 方程描述。

$$\rho\left\{\frac{\partial \boldsymbol{u}}{\partial t}+(\boldsymbol{u}\cdot\nabla)\boldsymbol{u}\right\}=-\nabla p+\mu\nabla^2 u+\boldsymbol{F}_b \qquad (10\text{-}77)$$

Ⅰ Ⅱ Ⅲ Ⅳ Ⅴ

在本系统内，体积力只有重力 $\rho\cdot g$。上式对应的因次方程为

$$\left[\frac{\rho u}{t}\right]+\left[\frac{\rho u^2}{L}\right]=-\left[\frac{\Delta p}{L}\right]+\left[\frac{\mu u}{L^2}\right]+[\rho g] \qquad (10\text{-}78)$$

Ⅰ Ⅱ Ⅲ Ⅳ Ⅴ

因为是常压稳态连续操作，可忽略Ⅰ、Ⅲ两项。L 是特征长度，取 L 等于底枪喷嘴直径 D_0。用机理比法求特征数，得

$$\frac{\text{Ⅱ}}{\text{Ⅳ}}=\frac{\rho u L}{\mu}=Re, \qquad \frac{\text{Ⅱ}}{\text{Ⅴ}}=\frac{u^2}{gL}=Fr$$

对喷射下流体运动，认为 Re 数影响不大，考虑到两相流中浮力的作用，采用修正弗劳德数。

$$Fr'=\frac{u_0^2}{gD_0}\cdot\frac{\rho_g}{\rho_L}$$

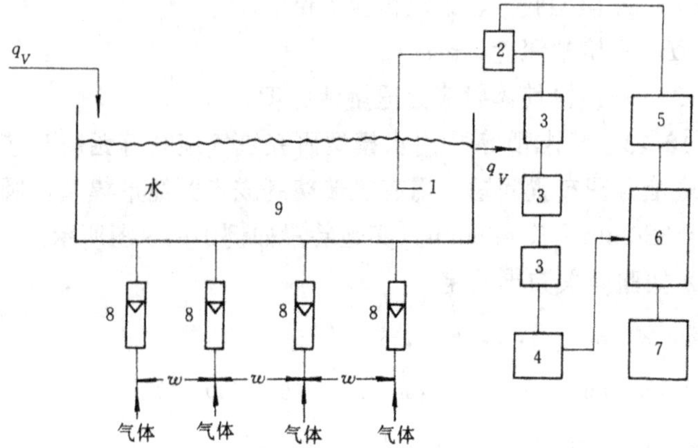

例 10-13 图 1　连续炼铅工艺氧化段水模型实验装置示意图

1—热线探头；2—同步电机；3—热线测速仪；4—电子电压表；

5—接口；6—微机；7—打印机；8—流量计；9—水池

几何相似特征数有

$$\frac{s}{w},\frac{w}{D_0},\frac{H}{D}$$

见例 10-13 图 2。

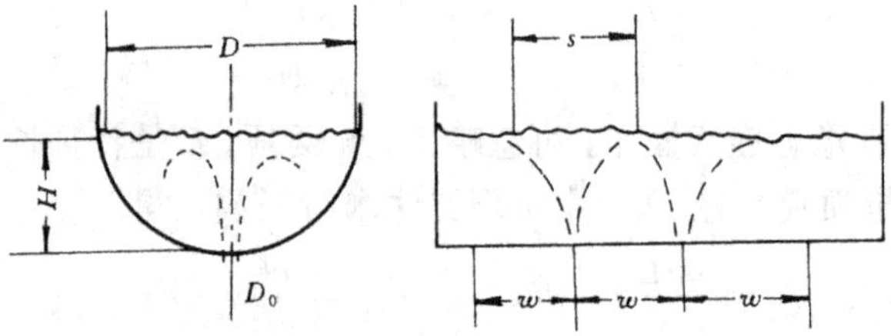

例 10-13 图 2　几何关系图

设$\frac{s}{w}$为考查底枪合理布置的指标，当

$$\frac{s}{w}<1 \text{ 时,枪距过大;}$$

$$\frac{s}{w}>1 \text{ 时,枪距过小;}$$

$$\frac{s}{w}=1 \text{ 时,枪距合适。}$$

以$\frac{s}{w}$为待定特征数，得无因次方程

$$\frac{s}{w}=f(Fr',\frac{H}{D},\frac{w}{D_0}) \tag{10-79}$$

根据模型（带上标“′”）和实型（不带上标“′”）修正弗劳德数相等，可得模型底枪气体流量q'

$$q'=\sqrt{q^2\left(\frac{D_0}{D}\right)^5\left(\frac{\gamma'_L}{\gamma_L}\right)\left(\frac{\gamma'_g}{\gamma_g}\right)\left(\frac{p'}{p}\right)\left(\frac{T'}{T}\right)} \tag{10-80}$$

（3）实验方法及数据处理　用多元逐次回归法，微机直接处理实验数据，实现实时处理，得到回归方程

$$\frac{s}{w}=26.224\left(\frac{w}{D_0}\right)^{-0.629}(Fr')^{0.122}\left(\frac{H}{D}\right)^{0.523} \tag{10-81}$$

该方程相当于$A=B\cdot C$型方程。为了证实粘性的影响是否显著，要求$Re=Re'$和$Fr=Fr'$，要选择模拟介质粘度才能满足以上要求。由$Re=Re'$有

$$\frac{D_0u_0}{\nu}=\frac{D'_0u'_0}{\nu'},\qquad \nu=\frac{\mu}{\rho}$$

写成相似倍数式

$$\frac{C_uC_l}{C_\nu}=1\quad C_u=\frac{C_\nu}{C_l}\qquad l \text{ 即特征尺寸 } D_0$$

由$Fr=Fr'$得

$$\frac{u_0^2}{gD_0}=\frac{u_0'^2}{gD'_0}$$

写成相似倍数式

$$C_u = \sqrt{C_l}$$

比较两个 C_u 式子，得

$$C_\nu = C_l^{3/2}$$

模型介质的运动粘度应比实型的小 $C_l^{3/2}$ 倍，即可保证 $Fr=Fr'$ 和 $Re=Re'$。根据这一原则配制模型溶液，并对模型内在底枪供气下用热线测速仪测试二维速度场，合成速度如例 10-13 图 3 所示。

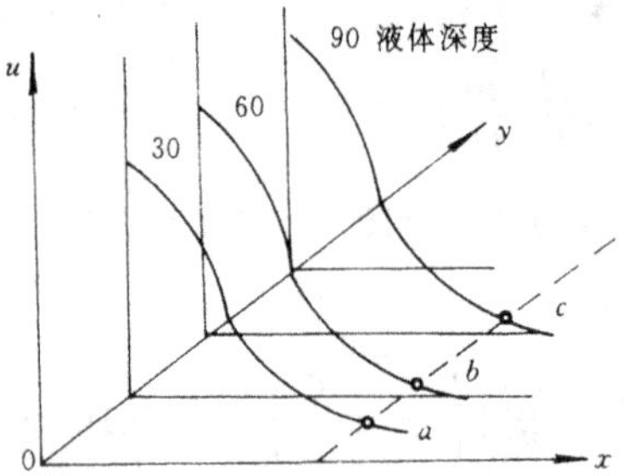

例 10-13 图 3　沿炉体纵向各深度上速度分布

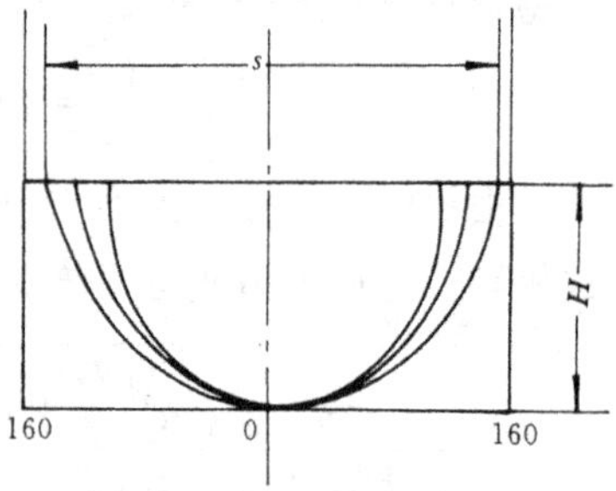

例 10-13 图 4　搅拌有效边界范围曲线

以图中速度下降的拐点 a、b、c 为搅拌强度下限，认为速度下降到此值时，搅拌已微弱。以测得的速度曲线拐点对熔池深度作图，可得到最低搅拌强度范围的曲线。将此曲线延伸到液面，可得到每支底枪的搅拌区 s，例 10-13 图 4 所示。

（4）模型检验　在液面上撒上塑料粒子，在供底气时，由于液体受搅拌，液体表面浮着的塑料粒子将被向四周排开，用照相法拍下塑料粒子被排开的范围，与模型计算数值相比较，证明是符合得较好的。

在放大设计时，为消除熔池中的死区（未搅拌到的区域）并考虑到氧被吸收，因此取 $s/w=1.2\sim1.5$ 为宜。

10.3.4　1∶1 几何相似比的应用

欲使两个流动状态相似，必须保证两个流动的雷诺数和弗劳德数同时相等。在冶金中物理模拟时，常以水来模拟金属液体。因

此要保证水模型和实际冶金反应器中流动现象相似，就要满足

$$Fr' = Fr \qquad Re' = Re \tag{10-82}$$

如果取反应器尺寸作为特征长度，取金属液面流速作为特征速度，则当 Fr 数相等时，有

$$\frac{u'^2}{gL'} = \frac{u^2}{gL} \tag{10-83}$$

所以

$$\frac{u'}{u} = \left(\frac{L'}{L}\right)^{1/2} \tag{10-84}$$

当 Re 数相等时，有

$$\rho uL/\mu = \rho' u' L'/\mu' \tag{10-85}$$

因为对于钢液而言，它和水具有相似的物理性质，即

$$\rho/\mu \approx \rho'/\mu' \tag{10-86}$$

所以

$$u'/u = L/L' \tag{10-87}$$

从式（10-84）和（10-87）可见，只有取 $L'/L=1:1$，才能从两式都得到 $u'=u$，即可以满足 Re 数和 Fr 数同时相等。但若几何相似比不为 1∶1，在以水模拟钢液时，就不能保证 Re 数和 Fr 数同时相等。若要求两个特征数相等，则必须调整水的粘度，但此项工作，特别在作流动系统水模拟时，是很麻烦且花钱的事。因此，近年来在冶金水模拟研究时，越来越广泛地应用 1∶1 的几何相似比例，这样，模型和实型的相似性是较理想的，因为在此情况下，在水模型上测得的速度就是金属熔池中的速度。模型几何尺寸作成 1∶1，也减小了由于模型小造成边界状态的误差。边界状态对流动有影响，容器越小，这种影响越突出，这就是所谓“边界效应”。

10.3.5 流动显示和测试技术简介

在做水模型实验时，观察流动状态和测量流动的速度场是研究流动的重要手段。用加入示踪剂显示出来的流动图形便于观察，并可拍照片或采用普通摄影机或高速摄影机摄下来，以供分析之用。流动速度（场）的测试，可分为接触式测试和非接触式测试。

前者广泛应用的仪器如三孔或五孔速度探针、热线（膜）测速仪，后者如采用多普勒激光测速仪（LDA）。有关流动显示和流动速度的测试，文献[1]作了简介。

习　题

1. 针对某炼钢厂钢水包吹氩（顶部插入喷枪），试设计一套钢包吹氩水模型装置，并确定物理模拟的条件。

2. 用因次分析法确定描述气泡在液体中上升的无因次方程一般式子。

3. 用因次分析法导出影响氧气顶吹转炉氧枪射流对熔池冲击时，熔池冲击坑深度的数学表达式。

4. 试导出传热和传质的无因次基本方程。

传热方程为

$$\rho c_p \frac{DT}{Dt} = \lambda \nabla^2 T$$

传质方程为

$$\frac{DC_i}{Dt} = D_i \nabla^2 C_i$$

5. 用积分类比法推导描述非稳态对流传热的特征数方程。描述非稳态传热的微分方程如下：

$$\rho c_p \frac{\partial T}{\partial t} = -\rho c_p \left(u_x \frac{\partial T}{\partial x} + u_y \frac{\partial T}{\partial y} \right) + \lambda \left(\frac{\partial^2 T}{\partial x^2} + \frac{\partial^2 T}{\partial y^2} \right)$$

6. 在均相流动反应器中进行伴有质量传输和热量传输的某化学反应。已得到：

物质衡算方程

$$\frac{DC_{\mathrm{A}}}{Dt} - D_{\mathrm{A}} \nabla^2 C_{\mathrm{A}} = r_{\mathrm{A}}$$

热量衡算方程

$$\rho c_p \frac{DT}{Dt} - \lambda \nabla^2 T = (\Delta H) r_{\mathrm{A}}$$

试从以上两衡算式找出该现象的相似特征数。

7. 描述粘性不可压缩流体在定常和等温条件下流动的物理量有：速度 u，长度 L，压力 p，密度 ρ，粘度 μ，重力加速度 g。试用因次分析法导出有关特征数。

8. 试用因次分析法确定对流扩散现象的特征数及描述该现象的无因次方程。

参考文献

[1] П. К. 科纳科夫著，李德桃，贺道德译，相似理论及其在热工上的应用，科学出版社，1962。

[2] 李之光编著，相似与模化（理论及应用），国防工业出版社，1982。

[3] 谢蕴国编，冶金反应工程学（上、下册），昆明工学院讲义，1986。

[4] 曲英、刘今，冶金反应工程学导论，冶金工业出版社，1988。

[5] 肖兴国，冶金反应工程学，东北工学院出版社，1989。

[6] 梁宁元等编，冶金反应工程学概论，东北工学院讲义，1984。

[7] 张荣生，陈龙根，周渝生，顶底复合吹炼熔池搅拌的水力学研究，《转炉复合吹炼技术》，冶金部转炉复合吹炼技术攻关专家组，《钢铁》编辑部，北京，1986。

[8] K. Nakanishi，T. Fujii，I. Szekely：*Ironmaking and Steelmaking*，1975，No. 3，193。

[9] 施哲、谢蕴国，15t 顶底复吹转炉熔池搅拌现象水模型研究，第四届冶金过程动力学和反应工程学学术会议论文集，1988，马鞍山。

[10] 蔡志鹏等，化工冶金，**6**（1985），No. 4，113～122。

[11] 谢蕴国、施哲等，小方坯连铸机中间包及结晶器内钢液流态水模拟初步研究，第四届冶金过程动力学和反应工程学学术会议论文集，1988，马鞍山。

11 数学模拟和数学模型化方法

所谓数学模拟就是用数学语言表述物理化学现象[1]。从广义上讲，表达现象的部分或全部的基本方程或表示自然规律的方程式都是数学模拟。然而，狭义地说，数学模拟主要指数值模拟，即不仅把所研究的现象用数学方程式表示出来，而且要在计算机上进行数值解析。对复杂过程的数学模拟通常包括以下环节：(1) 模拟问题的提出，现象的物理化学本质的分析；(2) 建立或选取描述现象的数学方程式；(3) 对现象进行数值模拟及模拟结果分析；(4) 数学模型的识别、验证或修正。建立或选取数学模型是数学模拟的核心，数学模型的正确性及边界条件的合理性是模拟成功的关键。当然，对于冶金高温体系，有关物性系数或反应动力学常数等的确定常常成为模拟成功的难关。在本书的绪论中，已就冶金反应工程学中的数学模型做过初步介绍，本章将就数学模型本身的一些有关问题作进一步讨论。

11.1 数学模型的分类

用数学语言描述现象特征的数学关系式（包括完整的方程组及全部单值条件）称为数学模型。由于对现象的观察方法或认识程度不同，数学描述也不同，从而产生了对数学模型的不同分类方式[2,3]。

11.1.1 按对现象认识程度的数学模型分类

建立和求解数学模型的过程可以看成是由已知现象（输入）求出另一现象（输出）的过程。通常把控制对象看作输入和输出之间的一个“箱子”，若箱子内机理完全清楚，称为“白箱”模型；若箱子内的机理全然不清，则称为“黑箱”模型；介于二者之间的，称为“灰箱”模型。

11.1.1.1 “白箱”模型

“白箱”模型又称机理模型，是根据物理的和（或）化学的基本原理直接建立的模型。例如，热传导问题、电磁场的计算及层流流动问题等属于这个范畴。这类模型中，描述现象的数学式大多是常微分或偏微分方程，与相应的边界或（和）初始条件一起可用数值法求解。模型中的某些参数或系数可能是未知的，但可从系统的数据中计算出来。

11.1.1.2 “灰箱”模型

“灰箱”模型是以物理和化学的定律为基础，同时包含一定的经验假定或参数的模型，故又称半经验模型。第二篇中，针对非理想流动提出的扩散模型、槽列模型和组合模型中，其模型参数，如混合扩散系数 D_e、串联槽数 N、各区体积或不同流动方式的分数等，均需通过停留时间分布实验确定，因此，都属于这一类模型。由于冶金体系复杂，过程涉及因素多，又多为高温体系，在求解所建立的方程时，形状复杂的边界条件和变化不定的某些物性参数难以确定，为此不得不提出简化假定或使用一些经验测定参数。因此，本篇将要讨论的许多冶金反应工程的数学模型也多为这类模型。

11.1.1.3 “黑箱”模型

在分析一些复杂的体系时，如果缺乏有关的过程性质和内部构造的信息，则可把体系看成一个“黑箱”，并设法用数学公式描述体系的输入和输出参数之间的关系，这就是“黑箱”模型。由于这类模型不是以基本的物理或化学定律为基础，而是过程的关键参数之间的经验表达式，故又称经验模型。这类模型又可分为回归方程或以行为分析为基础的两类，主要用于过程的控制和调节技术中。

总之，前两类模型都是考虑了被模拟对象的主要规律而建立的，即使有时在模型的定量关系方面不够精确，在定性方面还是正确表示了对象，因此，模拟的规律和结果具有典型性，应用它们可以研究一定类型的模拟对象的共性。而经验模型，数学表达简单，计算迅速是其优点，但缺点是不能反映被模拟对象的实质，参数变化范围窄，通常不能外推使用。

11.1.2 按其他特征的数学模型分类

还可以从其他角度对数学模型进行分类[4]，如按数学模型的对立性可分为：

11.1.2.1 确定性模型和非确定性模型

确定性模型的数学描述中没有随机性因素，其中的变量和参数都是确定的数，其解也是精确值。而非确定性模型中，变量是随机变化的，模型的解也不是一个确定的数值，而是一个概率，它们还可分为时间不是变量的统计模型和时间作为自变量的随机模型两类。

11.1.2.2 定常（稳）态模型和非定常（非稳）态模型

定常态是指一个正在进行的过程，其各变量的数值与时间无关的状态，而非定常态则指各空间点的变量是随时间变化的过程。

11.1.2.3 集中参数模型和分布参数模型

集中参数模型是忽略参数的空间变化的模型，即系统中的性质和状态都是均匀的，仅随时间变化，因而模型的基本方程是常微分方程。分布参数模型则同时考虑了性质和状态的空间差异，因而模型的基本方程通常是偏微分方程。

还可以从其他角度对数学模型进行分类，例如，线性和非线性模型及连续变量和离散变量模型等。这里不再一一介绍。

11.2 建立数学模型的步骤[5,6]

前两篇中讨论了与宏观动力学、理想反应器和非理想流动有关的一些数学模型，对于数学模型问题，应该说并不陌生。然而，建立适用的数学模型并非易事。这是由于数学模型的建立反映了人们对现象的认识，因而并没有一般的固定法则可循，即使同一现象或过程，若观察的方法或角度不同，也可能得到不同的模型，这更增加了建立数学模型的复杂性。建立一个实际过程的数学模型，即要求对所描述现象的深刻理解，又需要有丰富的想象力和熟练的技巧,以便能用数学形式表示各过程的特征和相互联系,使其统一在数学模型中。尽管如此，建立数学模型的过程，一般包括初步研究、建立数学模型、实验研究和参数估算、编制程序和计算、模型的适用性验证等步骤，下面仅就此作简要说明，读者可在后面的章节中，逐步加深体会。

11.2.1 初步研究

在初步研究阶段，首先要明确问题，确定要达到的目标。作为目标，可以是开发一个新的过程，设计一个反应器或针对现有生产操作的解析和优化等。

确定了目标，也就限定了所要描述的过程现象，据此可以确定有关变量和参数。对一些基本过程的描述，要选择合适的理论依据，同时要收集文献资料，对已有的类似过程数学模型作仔细分析比较。然后,通过实验测定或利用从文献得到的可靠数据,结合对过程规律的了解，提出一个初级数学模型，以便作一些必要的估算。

如果初步研究范围内所得结果已能满足要求，则可不必建立更详细的数学模型。否则，必须对过程现象作进一步分析，对初级数学模型进行补充修改或重新建立数学模型。

11.2.2 建立数学模型

为了建立数学模型，首先要把冶金反应器内发生的复杂过程分解为物体流动、传热、传质和化学反应等基本单元过程，并正确选择描述这些单元过程现象的合适理论依据，建立相应的数学表达式。但是，应该指出，由于人们还不能做到对所有单元现象完全了解,而且它们也并非都对反应器内的过程有决定性影响,再加上计算上的限制，在列出描述这些现象的方程时，要求把一切因素都考虑进去，不仅不现实，也是难以做到的，加之，按照不同问题和目标的精度要求，也没有必要这样做。这就提出了建立数学模型中“合理简化”这一个重要课题。

所谓“合理简化”，最重要的是分辨各个因素的主次，忽略那些对过程影响甚小的因素，作出合理的“简化”。这样就把复杂的实际过程简化为较简单清晰的物理图像，即物理模型，然后再设法用数学公式来描述它们。如果所需要单元现象的数学模型已经建立并经过考核，则把它们综合在一起就构成了全过程的数学模型。若模型中的参数业已确定，则反应器内诸过程的性质、行为和结果均可通过联立求解这些方程获得。

如上所述，建立复杂过程的数学模型，最基本的做法就是对过程进行分解和简化。这二者是密切相关，互为基础，互为前提的。分解是把复杂的实际过程变为几个单纯的问题，便于用相应的学科理论研究其规律性，为简化创造条件。简化才能使数学描述成为可能，某种意义说，没有简化，就没有数学模型，过程分解也就失去了意义。

由于不同的简化假定，得到的数学模型也不同，模型的优劣正是取决于其简化假定的合理性。因此，对模型进行简化时需要把握下面几条基本原则：(1) 简化仍能抓住过程的主要矛盾而不失其真实性；(2) 简化必须满足应用的精度要求；(3) 简化而能适应当前的实验条件，以便进行模型识别和参数估算；(4) 简化而能适应现有计算机能力。

应该指出，对问题作出“合理简化”这种能力，要在建立数学模型的实践中才能逐步培养起来。在后面章节中，给出了各类典型冶金反应器的数学模型实例，读者可以从中仔细分析，这些模型是在什么条件下，作了什么假定才建立起来的，从而加深对这个问题的理解。

11.2.3 模型参数的估算

在大多数冶金反应工程的数学模型中，都包含至少一个可调性模型参数，其数值不同，将对计算结果有很大影响，因此，数学模型建立之后，模型参数的估算也是重要环节。

模型参数的估算主要有两种方法。一种是实验测定，如反应速度常数、流动模型参数及填充床内的有效导热系数等可通过实验测定。另一种是对那些难以直接测定的参数，如在流化床反应器的两相模型中，气泡相和乳化相间的物质交换系数，各种搅拌钢包内，钢水的循环流量等，其数值通常是通过对实际过程的拟合计算确定的。

有些情况下，按对过程机理认识的不同，对同一过程可能有一个以上的模型。例如，在反应动力学研究中，事先并不知道模型的形式，由不同的反应机理和速度控制步骤可以导出多个速度方程。因此，一般是在实验研究基础上，把模型识别和参数估算结合在一起进行研究。

11.2.4 编制程序和计算

数学模型和其初始、边界条件确定之后，就可以对数学模型求解。反应工程研究中，多数问题需采用计算机数值法求解，因此，当确定了适当算法并编制出计算程序后，数学模型就成了实际被研究的对象，改变参数和变量的输入值，通过数值计算就可达到对实际过程研究的目的。

这种研究又称“计算机实验”，它能排除实际操作中的各种外界干扰因素，更能反应过程的本质和规律性，它又能方便地研究设备尺寸和操作参数对过程结果的影响。因此，无论在新型反应器和新工艺的开发中，实现最优化设计，还是对于现有反应器和工艺，找寻其中的薄弱环节，挖掘潜力或优化操作条件，这种“计算机实验”都发挥了越来越重要的作用。由于这些实验均在计算机上进行，可以节省人力、物力、财力，加快研究进程，优越性是显而易见的。

11.2.5 数学模型适用性检验

把模型计算的结果与实际反应器或模拟实验的操作结果进行比较，根据两者的偏差大小就可以知道数学模型和实际过程的差别。如模型基本上能反映实际过程的规律，还可以扩大实验，如改变原料条件或一些操作指标，以扩大模型的适用性。

应该指出，模型计算中可以排除实际操作中难以避免的各种外界干扰因素，因此，模型计算结果与实际反应器或模拟实验的实测值存在一定误差是正常的。但是，如果存在规律性偏差或较大误差，则必须详细分析其原因。它们可能来自程序错误、参数估算不准确或模型本身有问题，也可能是由于测定结果有问题。若是前者，则需要修改程序，重新估算参数或审查修改模型；若是后者，则有必要重新进行实验。总之，这是一个使数学模型符合实际情况的叠代过程，一般要经过多次反复，直至达到要求的误差范围，才能证明了模型是适用的。

11.3 数学模型的选择

前面已经指出，对于同一现象和过程可能提出不同的模型，事实上，随着反应工程学的发展及计算机应用的普及，对于一些典型反应器已经建立了各种复杂程度不同的数学模型。因此，不仅要学会建立模型，而且要能够按问题的要求合理地选择模型。

对于任何有物体流动的过程，其数学模型结构首先是由流动特性所决定的，因此，选择模型时必须考虑下列情况[7]：(1) 模型应充分反映物流和能流的性质，而且数学描述应尽可能简化；(2) 模型参数应能由实验或其他方法确定；(3) 对于非均相体系，应对每个相选择模型。

在过程分析中，最多可遇到4个自变量，即一个时间变量和三个空间变量。因此，自变量的合理选取是另一个重要问题。在选择模型时必须考虑下列情况：(1) 对于定常态集中参数体系（如连续式完全混合槽）可用代数方程描述；(2) 对于非定常态集中参数体系（如间歇式完全混合槽）或定常态一维分布参数体系（如连续式活塞流反应器），仅有一个自变量（时间或轴向位置），故可用常微分方程描述；(3) 其他情况，例如，定常态二维、三维分布参数模型或非定常态的分布参数模型等，都必须使用偏微分方程描述。这些情况在后面的章节都会遇到，这里不再赘述。

随着对过程分析的详细程度增加，数学处理的难度也增大，建立和选择数学模型的“艺术”取决于以正确的方法来观察问题的能力，同时在精度要求、有关经验参数的有效性、数学工具的固有限制及所需要的计算时间等因素之间作出适当的妥协。

习　题

1. 何为数学模型，它有哪些分类方法？

2. 建立数学模型的过程分为几个基本步骤，在各步骤中应注意哪些问题？

3. 为什么数学模型必须有简化假定？合理简化需遵循哪些原则？

4. 在选用数学模型时，应考虑哪些情况？如何进行模型识别和适用性检验？

5. 何为"计算机实验"，它有哪些优越性，为什么？

6. 冶金反应工程学研究中，经常使用哪类数学模型，为什么？

参考文献

[1] 近藤次郎，数学モデル—现象の数式化，丸善株式会社，1976.

[2] W.F. 拉米雷兹，化工过程模拟，郭崇涛等译，化学工业出版社，1985.

[3] E.A. 本德，数学模型引论，朱尧辰等译，科学普及出版社，1982.

[4] D.M. Himmelblau, K.B. Bichoff, Process Analyses and Simulation, Deterministic System, John Wiley & Sons, New York, 1968.

[5] 陆震维编译，化工过程开发，化学工业出版社，1984.

[6] 李启兴等，化学反应工程学基础，数学模拟法，人民教育出版社，1981.

[7] B.B. 卡法罗夫，控制论方法在化学和化工中的应用，陈丙珍译，化学工业出版社，1983.

12 冶金气-固反应器

冶金气固反应器有两大类，一类是以处理固体物料，完成某种转化为目的（硫化物矿的氧化焙烧、石灰石煅烧和氧化物矿的气体还原等），另一类是以制气或气体净化为目的（煤的气化和用固体处理冶金废气等）。与化工中有许多气-固催化反应相比较，冶金气-固反应绝大多数属于高温非催化反应。按气固两相的相对运动和固体物料所处的状态，冶金气-固反应器可分为四种类型：

（1）填充床反应器　是气体通过粒、块状固体物料所形成的床层完成转化的反应器。按固体物料所处的状态，又可分为固体物料床层不运动，间歇操作的固定床；反应器和固体物料缓慢移动，连续操作的移动床反应器两类。

（2）流化床反应器　是气固两相相对运动速度达到某临界值以上，固体散料分散并悬浮于气流中来完成转化的反应器。

（3）气力输送床反应器　是气流速度达到所有固体粒子的终端速度以上，气体和固体散料在同方向运动中，来完成转化的反应器。

（4）回转窑　是借助于倾斜的圆筒型装置的缓慢转动，其中的粒、块状固体物料从圆筒的一端向另一端移动，气流则在料层上方的自由空间流过，来完成转化的反应器。因此，在回转窑中，虽然气流和固料存在相对运动，但是，气流不通过料层，主要反应在固体料层中进行，气流主要起控制和维持料层的合理温度分布及接收料层中反应产生的气体产物的作用。

在冶金过程中，第（1）、（2）和（4）类反应器应用较多，第（3）类则广泛应用在粉料的气力输送及某些反应器中的固气喷流操作（如高炉风口区喷煤和喷矿粉）等。

12.1 固定床反应器操作特性解析

气固催化反应固定床在化工中应用广泛，已经提出许多复杂程度不同的数学模型，可供选用。若不考虑催化剂老化，催化反应固定床可以作为稳态过程，应用拟均相模型处理。如果是等温操作，解析方法与均相连续管式反应器类似。对于非等温过程，由于基本方程式中出现非线性项，求解析解极为困难。由于冶金中涉及催化反应很少，本书不详细讨论它们。

在冶金中广泛应用的气固非催化反应固定床操作中，固体物料转化率和气体成分均随空间位置和时间两者变化，因而是非稳态过程。即使在等温下，求其基本方程的解析解也相当困难，通常使用数值解法。Bischoff[1]和森山昭[2]等在一定合理简化条件下，分别求得了固定床一维数学模型的解析解，考察了床层内固体物料反应完结带高度、反应带的转化率分布形状和它们在床层内的推进速度以及床层转化完全的时间等，揭示了非催化反应等温固定床操作过程的基本规律及其影响因素。

12.1.1 非催化反应等温固定床操作特性解析[1,2]

就图12-1所示的非催化反应等温固定床来推导操作过程数学模型的基本方程，研究在一定合理假定条件下的解析解法并讨论其操作特性。

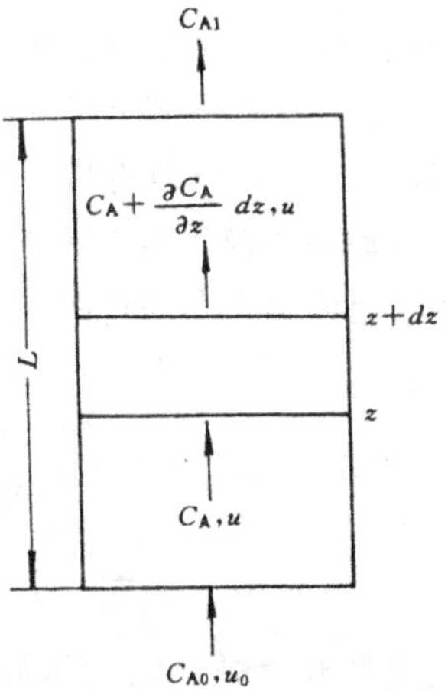

图 12-1 非催化反应固定床操作示意

12.1.1.1 模型假定

(1) 床层内温度恒定，空隙率不变；(2) 气流为活塞流，且可忽略气体总摩尔浓度的变化；(3) 径向上固体转化率和气体浓度均匀一致。

12.1.1.2 基本方程的导出

设床层内发生的反应为

$$A_{(g)} + bB_{(s)} = pP_{(g)} + rR_{(s)} \tag{12-1}$$

在任意 t 时刻，就床层内 $z \sim z+dz$ 的微小区域，气体反应物 A 的物料衡算式为

$$\varepsilon u C_A A_t - \varepsilon u \left(C_A + \frac{\partial C_A}{\partial z}dz\right)A_t - R_A^* A_t dz = \varepsilon \frac{\partial C_A}{\partial t}A_t dz$$

化简得

$$u_0 \frac{\partial C_A}{\partial z} + \varepsilon \frac{\partial C_A}{\partial t} = R_A^* \tag{12-2}$$

式中 ε 为床层空隙率；u 为床层中气流速度；$u_0 = \varepsilon u$ 为气流空塔速度；A_t 为床层断面积；C_A 为气流中 A 的摩尔浓度；R_A^* 为 A 的综合反应速度〔mol/（m^3 · s)〕。固体反应剂 B 的物料衡算式为

$$(1-\varepsilon)A_t dz \rho_B \left[\left(X_B + \frac{\partial X_B}{\partial t}dt\right) - X_B\right] = -bR_A^* A_t dz dt$$

化简得

$$\frac{\partial X_B}{\partial t} = \frac{bR_A^*}{(1-\varepsilon)\rho_B} \tag{12-3}$$

式中 X_B 为 B 的转化率；ρ_B 为固体反应物中 B 的摩尔密度；b 为化学反应的计量系数。式（12-2）和式（12-3）是以 R_A^* 关联的偏微分方程组，即为本模型的基本方程。R_A^* 的表达式依反应类型和选用的宏观动力学模型而不同，通常是 C_A 和 X_B 的函数。例如，对于可用未反应核模型描述的球形颗粒，发生一级可逆反应时

$$R_A^* = \lambda(X_B)(C_A - C_{Ae}) \tag{12-4}$$

$$\lambda(X_B) = 3(1-\varepsilon)\Big/ r_p\left\{\frac{1}{k_{gA}} + \frac{r_p}{D_e}\left[(1-X_B)^{-1/3} - 1\right] + \frac{1}{k_r(1+1/K)}(1-X_B)^{-2/3}\right\} \tag{12-5}$$

式中 r_p 为颗粒半径；k_{gA}为边界层内 A 的传质系数；D_e 为产物层内的有效扩散系数；k_r 和 K 分别为化学反应速度常数和平衡常数；C_{Ae}为 A 的平衡浓度。基本方程的初始和边界条件分别为

$$t=0, X_B=0; z=0, C_A=C_{A0} \tag{12-6}$$

12.1.1.3 解析求解方法

为便于求解式（12-2）和式（12-3），引入下列无因次量：

无因次浓度 $$\Psi \equiv (C_A - C_{Ae}) / (C_{A0} - C_{Ae}) \tag{12-7}$$

无因次时间 $$\theta \equiv ut/L = t/t_h \tag{12-8}$$

无因次轴向位置 $$\eta \equiv z/L \tag{12-9}$$

床层内气固反应物摩尔比 $$\delta \equiv \frac{b\varepsilon\ (C_{A0} - C_{Ae})}{(1-\varepsilon)\ \rho_B} \tag{12-10}$$

则式（12-2）、式（12-3）和式（12-6）可改写成无因次形式：

$$\frac{\partial \Psi}{\partial \eta} + \frac{\partial \Psi}{\partial \theta} = -L\lambda(X_B)\Psi/u_0 = -\lambda'(X_B)\Psi,$$

$$\lambda'(X_B) = (L/u_0)\lambda(X_B) \tag{12-11}$$

$$\partial X_B/\partial \theta = \lambda'(X_B)\Psi\delta \tag{12-12}$$

$$\theta = 0, X_B(0,\eta) = 0; \eta = 0, \Psi(\theta,0) = 1 \tag{12-13}$$

联立式（12-11）和式（12-12），消去 λ'（X_B）得到

$$\frac{\partial}{\partial \theta}(\Psi + X_B/\delta) = -\frac{\partial \Psi}{\partial \eta} \tag{12-14}$$

任意确定时刻 θ，在 $\eta=0\sim\eta$ 和 $\Psi=1\sim\Psi$ 区间积分式（12-14）得

$$\frac{\partial}{\partial \theta}\int_0^\eta (\Psi + X_B/\delta)\mathrm{d}\eta = -\int_{\Psi(\theta,0)}^{\Psi(\theta,\eta)} \mathrm{d}\Psi = 1 - \Psi$$

整理可得，在该时刻任意 η 位置上，气体反应剂无因次浓度为：

$$\begin{aligned}\Psi &= 1 - \frac{\partial}{\partial \theta}\int_0^\eta (\Psi + X_B/\delta)\mathrm{d}\eta \\ &= \frac{\partial}{\partial \theta}\left[\theta - \int_0^\eta (\Psi + X_B/\delta)\mathrm{d}\eta\right]\end{aligned} \tag{12-15}$$

将式（12-15）代入式（12-12），并注意一定操作条件下，δ 为常数，可得到

$$\frac{\partial X_B}{\partial \theta} = \lambda'(X_B)\frac{\partial}{\partial \theta}\left[\delta\theta - \int_0^\eta (\delta\Psi + X_B)\mathrm{d}\eta\right]$$

整理得到

$$\frac{\partial}{\partial X_B}\left[\delta\theta - \int_0^\eta (\delta\Psi + X_B)\mathrm{d}\eta\right] = \frac{1}{\lambda'(X_B)} \tag{12-16}$$

任意确定位置 η，在 $\theta=0\sim\theta$ 区间积分式（12-16）得

$$\delta\theta-\delta\int_0^{\eta}\Psi \mathrm{d}\eta-\int_0^{\eta}X_{\mathrm{B}}\mathrm{d}\eta=\int_0^{X_{\mathrm{B}}}\frac{\mathrm{d}X_{\mathrm{B}}}{\lambda'(X_{\mathrm{B}})} \qquad (12\text{-}17)$$

式（12-17）是从基本方程出发，没做任何简化假定条件下得到的结果，对于一般气固反应体系，δ 值很小（约为 $10^{-3}\sim10^{-5}$），于是有 $\delta\int_0^{\eta}\Psi \mathrm{d}\eta \ll \int_0^{\eta}X_{\mathrm{B}}\mathrm{d}\eta$ 及除反应开始瞬间外的 $\delta\theta \gg \delta\int_0^{\eta}\Psi \mathrm{d}\eta$。这样，有理由略去式(12-17) 的左侧中间项得到

$$\delta\theta-\int_0^{\eta}X_{\mathrm{B}}\mathrm{d}\eta=\int_0^{X_{\mathrm{B}}}\frac{\mathrm{d}X_{\mathrm{B}}}{\lambda'(X_{\mathrm{B}})} \qquad (12\text{-}18)$$

从式（12-18）出发，进一步分析，可得到非催化反应等温固定床操作特性的许多有用信息。

12.1.1.4 非催化反应等温固定床反应器操作特性

（1）床层内反应完结带的高度 η_{c} 及全床转化完全时间 θ_{t}　设 $\eta=0$ 处的颗粒反应完结时间为 θ_{c}，于是在 $\theta\leqslant\theta_{\mathrm{c}}$ 区间，反应完结带的高度 $\eta_{\mathrm{c}}=0$。由式（12-18）可得

$$\delta\theta_{\mathrm{c}}-\int_0^{\eta_{\mathrm{c}}=0}X_{\mathrm{B}}\mathrm{d}\eta=\int_0^{X_{\mathrm{B}}=1}\frac{\mathrm{d}X_{\mathrm{B}}}{\lambda'(X_{\mathrm{B}})},\theta_{\mathrm{c}}=\frac{1}{\delta}\int_0^{X_{\mathrm{B}}=1}\frac{\mathrm{d}X_{\mathrm{B}}}{\lambda'(X_{\mathrm{B}})} \qquad (12\text{-}19)$$

而当 $\theta>\theta_{\mathrm{c}}$ 以后，η_{c} 将随操作时间的增长，从床层底部向上（内部）推进。由于在 $\eta\leqslant\eta_{\mathrm{c}}$ 的反应完结带内，$X_{\mathrm{B}}=1$，式（12-18）可写成

$$\delta\theta-\int_0^{\eta_{\mathrm{c}}}\mathrm{d}\eta=\int_0^{1}\frac{\mathrm{d}X_{\mathrm{B}}}{\lambda'(X_{\mathrm{B}})},\eta_{\mathrm{c}}=\delta\theta-\int_0^{1}\frac{\mathrm{d}X_{\mathrm{B}}}{\lambda'(X_{\mathrm{B}})} \qquad (12\text{-}20)$$

将式（12-19）代入式（12-20）得到

$$\eta_{\mathrm{c}}=\delta(\theta-\theta_{\mathrm{c}}),\frac{\mathrm{d}\eta_{\mathrm{c}}}{\mathrm{d}\theta}=\delta \qquad (12\text{-}21)$$

于是，全床反应完结（$\eta_{\mathrm{c}}=1$）的时间为

$$\theta_{\mathrm{t}}=\theta_{\mathrm{c}}+1/\delta \qquad (12\text{-}22)$$

可以看出，只要知道固定床反应体系特征（δ）和 λ'（X_{B}）的具体表达式（宏观动力学条件），积分式（12-19）就可求得 θ_{c}。在

操作时间 $\theta \leqslant \theta_c$ 区间，底部物料尚未反应完结，故 $\eta_c=0$。当 $\theta>\theta_c$ 以后，η_c 与时间成正比向床层内部推进，其比例系数为 δ，而全床完全转化时间 θ_t 为 θ_c 与 $1/\delta$ 之和，这对于以固体物料转化为目的固定床操作是非常重要的参数。

(2) 床层反应带中固体物料转化率的分布　床层反应带是指 $0<X_B<1$ 区间的床层，该区间的宽窄及区间内 X_B 分布形状对控制固定床操作有重要意义。将式（12-18）左右侧分别对 η 取偏导数

$$\frac{\partial}{\partial \eta}\left(\delta\theta-\int_0^\eta X_B \mathrm{d}\eta\right)=-\frac{\partial}{\partial \eta}\left(\int_0^\eta X_B \mathrm{d}\eta\right)=-X_B$$

$$\frac{\partial}{\partial \eta}\left[\int_0^{X_B} \mathrm{d}X_B/\lambda'(X_B)\right]=\frac{\partial}{\partial X_B}\left[\int_0^{X_B} \mathrm{d}X_B/\lambda'(X_B)\right]\frac{\partial X_B}{\partial \eta}$$

$$=\frac{1}{\lambda'(X_B)}\frac{\partial X_B}{\partial \eta}$$

根据等式两端的偏导数也相等，可导出，

$$\frac{\partial X_B}{\partial \eta}=-X_B\lambda'(X_B) \tag{12-23}$$

式(12-23)即为床层反应带中，固体物料转化率的分布($\partial X_B/\partial \eta$)的表达式。可见，该分布受 X_B 和包含在 λ'（X_B）中的宏观动力学参数（k_{gA}、D_e、k 及 K 等）、操作条件 u_0 以及固体物料和床层参数（L、ε 和 r_p 等）的影响，而与反应操作时间 θ 无关，随着 θ 的增长仅发生相同的分布在床层内的推进。由 λ'（X_B）定义式及式（12-23）还可看出该分布的形状特征。增大气流速度和固料尺寸均可使 $\partial X_B/\partial \eta$ 绝对值减小，即反应带区间变宽。当固定床操作以固体物料转化为目的时，将降低气体利用率；以气体净化为目的时，将使有害气体明显逸出时间（突破点）提前，降低固体反应剂的利用率。下面，进一步讨论宏观动力学参数的影响。

将式（12-5）和式（12-11）代入式（12-23），并引入下列无因次变量：

$$\omega\equiv\frac{3(1-\varepsilon)k_{gA}L}{u_0 r_p},\beta\equiv\frac{3(1-\varepsilon)D_e L}{u_0 r_p^2}$$

$$\alpha \equiv \frac{3(1-\varepsilon)k\left(1+\dfrac{1}{K}\right)L}{u_0 r_p} \qquad (12\text{-}24)$$

可将式（12-23）改写为

$$\frac{\partial X_B}{\partial \eta} = -X_B/\{(1/\omega)+(1/\beta)[(1-X_B)^{-1/3}-1] + (1/\alpha)(1-X_B)^{-2/3}\} \qquad (12\text{-}25)$$

由式（12-25）可以分析得到，过程的控制环节不同时，反应带 X_B 分布曲线的特征。例如，气体边界层传质为过程控制环节时，式（12-25）简化为

$$\frac{\partial X_B}{\partial \eta} = -\omega X_B,$$

$$即\left.\frac{\partial X_B}{\partial \eta}\right|_{X_B=0} = 0,\ \left.\frac{\partial X_B}{\partial \eta}\right|_{X_B=1} = -\omega \qquad (12\text{-}26)$$

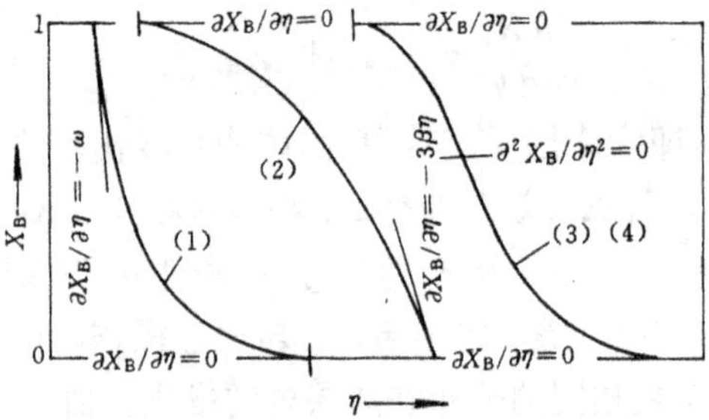

图 12-2　固定床内反应带转化率分布特征（曲线编号见表 12-1）

在 $0<X_B<1$ 区间的二阶偏导数为

$$\frac{\partial^2 X_B}{\partial \eta^2} = -\omega\frac{\partial X_B}{\partial \eta} \neq 0$$

故曲线上没有拐点。用类似方法处理不同步骤为控制环节时所得结果示于图 12-2 和表 12-1 中。可以看出，各种条件下，反应带中转化率分布曲线的不同特征。

表 12-1 未反应核模型情况下固定床内反应带转化率分布特征

控制环节	$(\partial X_B/\partial\eta)\|_{X_B=0}$	$(\partial X_B/\partial\eta)\|_{X_B=1}$	$\partial^2 X_B/\partial\eta^2$	$\partial^2 X_B/\partial\eta^2=0$ 时的 X_B(拐点)	图 12-2 中的曲线编号
气膜内扩散	0	$-\omega$	+	无	(1)
产物层内扩散	-3β	0	−	无	(2)
界面化学反应	0	0	±	0.6	(3)
混合控制	0	0	±	(A) 式的根	(4)

$$3\alpha(\beta-\omega)(1-X_B)^{2/3}+\alpha\omega\left(3-\frac{X_B}{1-X_B}\right)(1-X_B)^{1/3}$$
$$+\beta\omega\left(3-\frac{2X_B}{1-X_B}\right)=0 \qquad (A)$$

(3) 反应带在床层内推进速度 由上述分析可知，固定床操作过程中，由床层底部起，可能依次存在反应完结带 ($X_B=1$)、反应带 ($0<X_B<1$) 和未反应带 ($X_B=0$)。与反应完结带不同，反应带从操作开始就向床层内部推进，其前沿处，满足 $X_B=0$ (未反应带起点) 及 $dX_B=0$ 两个条件，即有

$$dX_B=\left(\frac{\partial X_B}{\partial\theta}\right)d\theta+\left(\frac{\partial X_B}{\partial\eta}\right)d\eta=0$$

因此，从 $\theta=0$ 起，反应带前沿通过 $\eta=0$ 处向床层内部推进的速度为

$$\frac{d\eta_r}{d\theta}=-(\partial X_B/\partial\theta)/(\partial X_B/\partial\eta) \qquad (12\text{-}27)$$

将式 (12-12) 和式 (12-23) 代入式 (12-27) 并注意 $\Psi(\theta,0)=1$，得到

$$\frac{d\eta_r}{d\theta}=\frac{\Psi(\theta,0)\delta}{X_B(\theta,0)}=\frac{\delta}{X_B(\theta,0)} \qquad (12\text{-}28)$$

由式 (12-28) 可见，在操作初期，$X_B(\theta, 0)$ 很小时，反应带推进速度很快。随着操作的持续，$X_B(\theta, 0)$ 增大，推进速度降低。当 $\theta>\theta_c$，床层底部的固体反应完结 [$X_B(\theta, 0)=1$] 之后，反应带与反应完结带以相同的速度 ($=\delta$) 向前推进。图 12-

3 示出了随 θ 增大，反应带（相同转化率分布）在床层内向前推移的情况。

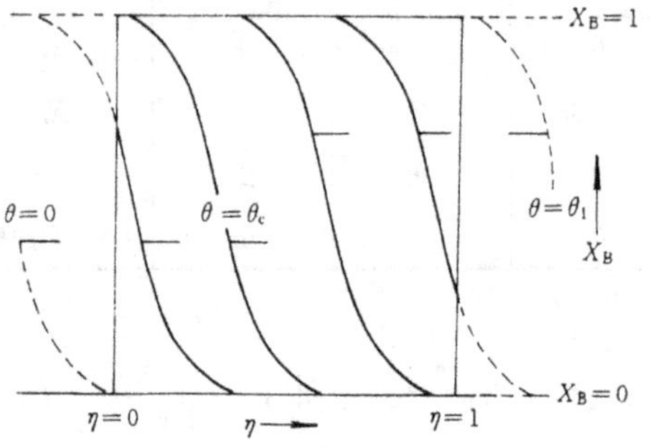

图 12-3　固定床内转化率分布曲线的典型推移

12.1.2　以气体净化为目的的固定床操作解析[3]

前已就以固体物料转化为目的的固定床操作进行了讨论。如果固定床操作是以气体净化为目的时，问题的焦点将是出口气流中有害杂质成分的含量，所谓突破点（有害气体成分明显逸出时间）具有更为重要的意义。本节以肖兴国等[3]对石灰石煅烧产物固定床脱除高温煤气中的 H_2S 的数学模型为例进行讨论。

12.1.2.1　模型假定

由于实验是在精密控制温度的电阻加热炉内进行的，加之，煤气脱硫反应热效应较小，可以认为是等温操作，基本假定与前节相同。此外，还补充如下假定：

（1）高温煤气可视为理想气体，且存在气相平衡

$$H_2 + COS \rightleftharpoons H_2S + CO \qquad (12\text{-}29)$$

（2）仅考虑下式表达的脱硫反应

$$CaO_{(s)} + H_2S_{(g)} = CaS_{(s)} + H_2O_{(g)} \qquad (12\text{-}30)$$

（3）由于煅烧石灰石产物是多孔体，脱硫反应可用“微粒模型”描述，且可忽略气膜传质和微粒中产物层阻力的影响。

12.1.2.2　基本方程和参数计算式

模型的基本方程及初始、边界条件仍可用式（12-2）、式（12-3）及式（12-6）描述，只是其中的 A 代表 H_2S，B 代表 CaO，$b=1$。脱硫速度仍可表达为

$$R_A^* = \lambda(X_B) \times (C_A - C_{Ae}) \tag{12-31}$$

对于球形颗粒，使用“微粒模型”时，有

$$\lambda(X_B) = \frac{3(1-\varepsilon)}{\frac{r_p^2}{D_e}\left[(1-X_B)^{-1/3} - 1\right] + \frac{r_g}{k_r}(1-X_B)^{-2/3}} \tag{12-32}$$

式中 r_p 和 r_g 分别为脱硫剂颗粒和模型中微粒半径。床层的空隙率取实测值，$\varepsilon=0.3$。动力学实验获得的其他参数计算式[4]为

$$D_e = D_e'\rho_B/6, \quad D'_e = 2.364 \times 10^{-8}\exp(-4950/T_B) \tag{12-33}$$

$$k_r/r_g = k_r'\rho_B, k'_r = 3.112\exp(-8005/T_B) \tag{12-34}$$

$$u_0 = q_V T_g/(60 T_{g0} A_t) \tag{12-35}$$

式中 q_V 为室温（T_{g0}）下测量的入口煤气流量（m^3/min），A_t 为固定床床层断面积。

12.1.2.3 数值解法及结果

应用有限差分技术，以 i 和 j 分别表示床层高度和操作时间的差分格点序号，将式（12-2）和式（12-3）差分化，并整理为

$$C_A(i,j) = \frac{\varepsilon\Delta z C_A(i,j-1) + u_0\Delta t C_A(i-1,j) - R_A^*\Delta z\Delta t}{\varepsilon\Delta z + u_0\Delta t},$$

$$X_B(i,j) = X_B(i,j-1) + \frac{R_A^*\Delta t}{(1-\varepsilon)\rho_B} \tag{12-36}$$

式中的综合反应速度可表达为

$$R_A^* = 3(1-\varepsilon)C_A(i,j-1) \Big/ \left\{\frac{r_p^2}{D_e}[1 - X_B(i,j-1)]^{-1/3} - 1 + \frac{r_g}{k_r}[1 - X_B(i,j-1)]^{-2/3}\right\} \tag{12-37}$$

由上列差分式可见，由前一时刻和前一位置的 H_2S 浓度，即 C_A（i，$j-1$）和 C_A（$i-1$，j）及前一时刻的转化率 X_B（i，$j-$

1)，可以依次计算出 R_A^*、C_A (i, j) 和 X_B (i, j)。其初始和边界条件为

$$C_A(i,0) = 0, \quad X_B(i,0) = 0, C_A(0,j) = C_{A0} \quad (12\text{-}38)$$

应用上述模型和计算方法，针对不同条件下的石灰石煅烧产物固定床脱除高温煤气中的 H_2S 的操作过程进行了模拟计算，并绘制出口煤气中 H_2S 成分的突破曲线。图 12-4 给出了典型的计算结果与实测值的比较，两者符合很好。在该条件下，仅 1.67cm 的脱硫剂床层，其突破时间也达到 80min 左右。即使突破之后，直至近 200min 内都可部分地脱除 H_2S。图 12-5 给出了 r_p、C_{A0}和 u_0 等因素对突破时间影响的计算结果。各条曲线相应的计算条件列于表 12-2 中。由图 12-5 可以看出，随着 r_p、C_{A0}和 u_0 的增大，突破时间显著提前，这是由于这些因素变化将改变床层内反应带的形状、宽度及推进速度等的综合效果。

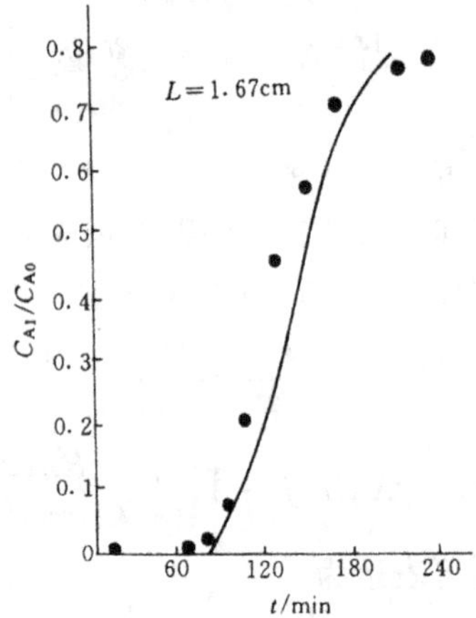

图 12-4　计算的突破曲线与实测值的比较

$u_0=0.24\text{m/s}, C_{A0}=0.256\text{mol/m}^3, r_p=10^{-4}\text{m},$

$T=1207\text{K}, q_V=2.3\times10^{-3}\text{m}^3/\text{min}, L=1.67\text{cm}$

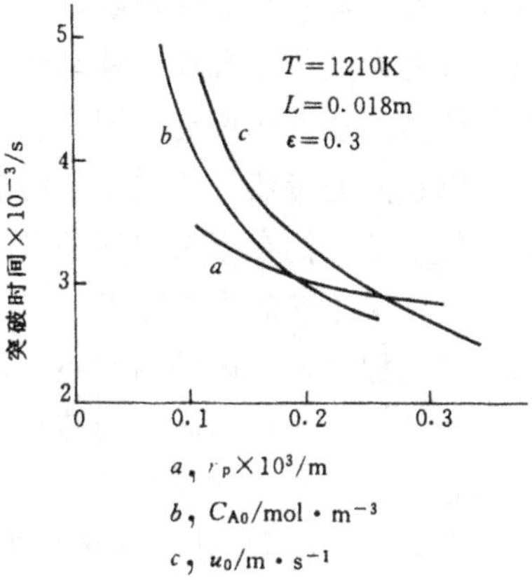

图 12-5 r_p、C_{A0}和 u_0 对突破时间影响的计算结果

表 12-2 图 12-5 的计算条件

曲 线	u_0/m·s^{-1}	$r_p\times10^4$/m	C_{A0}/mol·m^{-3}
a	0.24	1.0～3.0	0.178
b	0.24	2	0.12～0.35
c	0.08～0.27	2	0.178

12.2 移动床反应器操作特性解析

移动床反应器在冶金中有广泛应用，如矿石的焙烧、球团的烧结和直接还原等用的竖炉，炼铁高炉，铜和铅熔炼用的鼓风炉炉身部分等。与固定床比较，移动床内固体物料缓慢移动，可以实现连续加料排料的稳定态操作，获得高的反应效率。与流化床比较，固体物料移动缓慢，磨损和粉化率小。此外，固体物料停留时间相当均匀，操作弹性大，即使气流速度变化较大，床层的密度也可看作常数。

12.2.1 移动床反应器操作解析概述

近年来对移动床反应器研究非常活跃，主要包括以下几方面：

（1）移动床反应器内的传输现象　移动床反应器内的传输现象的研究内容包括气体通过固体填充床层流动时的流速分布及其阻力计算、气体和颗粒间的传热、传质系数的估价、流体相和颗粒相的有效导热系数以及它们在床层内的各自的混合现象等。桑原和鞭等[5]对这些研究作过较全面地综述。

（2）床层内传热过程解析　床层内传热过程模型有拟均相和二相模型两类。前者是认为流体和固体间传热速度很大，从而假定任意位置上两相温度相等来建立模型的[6]；后者是认为流体和固体间传热速度有限，分别就两相建立热量平衡方程[7]。忽略颗粒内部导热阻力及温度对物性值影响的一维模型可得到解析解，但是，考虑颗粒内部发热和导热阻力以及温度对物性值影响时，即使是一维模型，也由于基本微分方程的非线性，必须作为两端边界问题数值求解。

（3）床层内颗粒移动规律　大量可视化实验表明，在移动床上部，颗粒大体上均匀向下移动，而在其下部，由于出口的缩流作用，越靠近出口，壁面附近的颗粒下移速度越滞后于中心部颗粒。Gardner[8]及高橋等[9]分别根据塑性理论，由滑移线的力学解析得到了可以预测颗粒流动区和死区分界线的数学模型。

（4）移动床反应器操作过程数学模型　在上述三方面研究基础上，已发表许多针对具体移动床反应器操作过程的数学模型[10~15]，其中有认为断面均匀的一维模型和考虑断面分布的二维模型等。由于多数解析是针对气固两相逆流式移动床进行的，故都是把物质流和热流两个两端边界值问题联立，借助于试差法数值求解的。

本书拟通过几个简单的数学模型使读者了解移动床反应器操作过程的最基本的规律和解析方法，更为复杂的处理可参考有关文献。

12.2.2 逆流式移动床反应器等温操作解析[16]

12.2.2.1 模型假定

(1) 床层内气固两相温度相同且均匀一致；(2) 颗粒和气流两相在半径方向上均没有组成分布；(3) 颗粒移动为活塞流，气流有混合扩散影响；(4) 操作在稳定态下进行。

12.2.2.2 基本方程的导出

设想在图 12-6 所示的逆流式移动床反应器中进行式 (12-1)

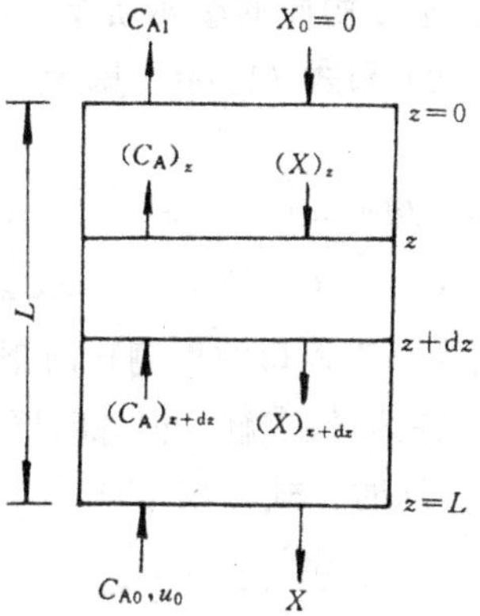

图 12-6 逆流式移动床反应示意图

所示反应。就床层内 $z \sim z+dz$ 微小区间，分别对两相中的反应物列物料衡算式。对于气相中的 A 成分有

$$\text{A 的流入速度} = \left[u\varepsilon\left(C_A + \frac{dC_A}{dz}dz\right) - \varepsilon D_z \frac{d}{dz}\left(C_A + \frac{dC_A}{dz}dz\right)\right]A_t$$

$$\text{A 的流出速度} = \left(u\varepsilon C_A - \varepsilon D_z \frac{dC_A}{dz}\right)A_t$$

$$\text{A 的反应消耗速度} = R_A^* A_t dz$$

按基本物料衡算方法，列出等式并整理得

$$\varepsilon D_z \frac{d^2C_A}{dz^2} - u_0 \frac{dC_A}{dz} + R_A^* = 0 \qquad (12\text{-}39)$$

式中 u_0 为气流的空塔流速；D_z 为 A 成分的轴向混合扩散系数。对

于颗粒相中的B成分有

$$\text{B的流入速度} = G_{B0}(1 - X_B)A_t$$

$$\text{B的流出速度} = G_{B0}\left[1 - \left(X_B + \frac{dX_B}{dz}dz\right)\right]A_t$$

$$\text{B的反应转化速度} = bM_B R_A^* dz A_t$$

类似的方法可得到

$$dX_B/dz = bM_B R_A^* / G_{B0} \tag{12-40}$$

式中 M_B 和 G_{B0}分别为B物质的摩尔质量和物料入口处B成分的质量通量。式（12-39）和式（12-40）即为本模型的基本方程，其边界条件为

$$z = 0, dC_A/dz = 0; \quad \text{及} \quad X_B = 0, z = L;$$

$$u_0(C_{A0} - C_{A0^-}) = - D_z dC_A/dz \tag{12-41}$$

式中 C_{A0}, C_{A0^-}分别为气流入口的外侧和内侧A的浓度。由于基本方程是非线性的，只能数值求解。但忽略气流中的混合扩散影响时，可以解析求解。这时，式（12-39）及其边界条件简化为

$$u_0 \frac{dC_A}{dz} - R_A^* = 0 \tag{12-42}$$

$$z = L, \qquad C_A = C_{A0} \tag{12-43}$$

12.2.2.3 解析方法、结果及讨论

将式（12-4）和式（12-5）代入式（12-40）和式（12-42）并引入下列无因次变量：

$$\eta \equiv \frac{z}{L}, \quad \Psi \equiv \frac{C_A - C_{Ae}}{C_{A0} - C_{Ae}},$$

$$\xi \equiv \frac{r_c}{r_p}, \quad \varphi \equiv \frac{bM_B u_0(C_{A0} - C_{Ae})}{3G_{B0}} \tag{12-44}$$

$$\alpha \equiv \frac{u_0 r_p}{3(1-\varepsilon)k_{gA}L}, \quad \beta \equiv \frac{k_{gA} r_p}{D_e},$$

$$\omega \equiv \frac{k_{gA}}{k_r(1 + \frac{1}{K})} \tag{12-45}$$

整理后可得到

$$\frac{d\Psi}{d\eta}=\frac{\Psi\xi^2}{\alpha[(1-\beta)\xi^2+\beta\xi+\omega]},$$
$$\frac{d\xi}{d\eta}=-\frac{\varphi\Psi}{\alpha[(1-\beta)\xi^2+\beta\xi+\omega]} \tag{12-46}$$

式（12-46）的边界条件为：

$$\eta=0,\xi=1;\qquad \eta=1,\Psi=1 \tag{12-47}$$

由式（12-46）出发，可以解析求得逆流式移动床反应器等温操作过程的许多信息：

(1) 床层内A的浓度（Ψ或C_A）和B的转化率（ξ或X_B）间的关系　式（12-46）中的两式相除得：

$$\frac{d\Psi}{d\xi}=-\frac{\xi^2}{\varphi} \tag{12-48}$$

在$\xi=1\sim\xi$和$\Psi=\Psi_1\sim\Psi$区间积分上式得到

$$\Psi=\Psi_1-\frac{\xi^3-1}{3\varphi}=\Psi_1+\frac{X_B}{3\varphi} \tag{12-49}$$

式（12-49）可以计算，物料初始转化率为零（$\xi=1$）和限定出口气体浓度（Ψ_1）情况下，床层内A成分浓度（Ψ或C_A）和B的转化率（ξ或X_B）间的关系。

(2) 床层内B的转化率分布，所需床层高度和人口气流中A浓度的确定　将式（12-49）代入式（12-46）的第二式得到

$$\frac{d\xi}{d\eta}=\frac{\xi^3-3\varphi\Psi_1-1}{3\alpha[(1-\beta)\xi^2+\beta\xi+\omega]} \tag{12-50}$$

将式（12-50）分离变量，并在$\eta=0\sim\eta$及$\xi=1\sim\xi$范围积分

$$\int_1^{\xi}\frac{(1-\beta)\xi^2+\beta\xi+\omega}{\xi^3-3\varphi\Psi_1-1}d\xi=\int_0^{\eta}\frac{d\eta}{3\alpha}=\frac{\eta}{3\alpha} \tag{12-51}$$

令
$$A^3\equiv3\varphi\Psi_1+1 \tag{12-52}$$

并将左侧积分出来，整理得到

$$\frac{\eta}{\alpha}=(1-\beta)\ln\left|\frac{A^3-\xi^3}{A^3-1}\right|+\frac{1}{A^2}\Big[(\beta A+\omega)\ln\left|\frac{A-\xi}{A-1}\right|$$
$$-\frac{\beta A+\omega}{2}\ln\left|\frac{\xi^2+\xi A+A^2}{1+A+A^2}\right|+$$

$$\sqrt{3}(\beta A-\omega)\left(\mathrm{tg}^{-1}\frac{2\xi+A}{\sqrt{3}A}-\mathrm{tg}^{-1}\frac{2+A}{\sqrt{3}A}\right)\Bigg] \qquad (12\text{-}53)$$

式（12-53）可以计算，物料初始转化率为零（$\xi=1$）和限定出口气体浓度（Ψ_1）情况下，床层内转化率（ξ 或 X_B）的轴向分布，从而可以确定该条件下，为达到一定出口转化率所需要的床层高度（η），再根据式（12-49）确定相应的入口气流浓度（Ψ 或 C_{A0}）要求。

12.2.3 非等温逆流式移动床反应器内的温度分布[17]

对于反应热效应较大或利用高温气流显热，使常温入口物料加热并在较高温度下完成反应的逆流式移动床操作，床层内将形成轴向温度分布。在设计或确定竖炉的操作条件时，常需要解决下列问题：（1）限定气流出口温度，以减少热量损失；（2）为后续工序需要，出口的固体物料必须达到一定温度范围；（3）满足前述要求及一定固体物料处理量下，所需的入口气体温度、流量及床层高度。本节将就这些基本问题进行讨论。

12.2.3.1 模型假定

在推导基本方程时假定：（1）床层内气固两相运动为直线流动且忽略热传导的影响；（2）器壁是绝热的；（3）忽略热性质的变化；（4）操作在稳定态下进行。

12.2.3.2 基本方程的导出

在（1）、（2）和（4）假定下，对于 j（j=g 或 s）相的热量衡算基本方程为

$$c_jT_j\mathrm{div}G_j+\mathrm{grad}(c_jT_j)\cdot G_j+$$
$$\delta_jh_pa(T_g-T_s)-\eta_j\sum_i R_i^*(-\Delta H_i)=0 \qquad (12\text{-}54)$$

式中 c_j 和 G_j 分别为 j 相的比热容和质量通量矢量；h_p 为气体对颗粒的传热系数；a 为颗粒比表面积；$\delta_g=1$；$\delta_s=-1$；η_j 表示包括伴随反应的显热迁移在内的反应热被 j 相获取的分数，故 $\eta_g+\eta_s=1$；i 和（$-\Delta H_i$）分别表示第 i 个反应及其放热效应。显然由于 R_i^*、c_j 及（$-\Delta H_i$）是温度的复杂函数，式（12-54）只能作为两端边界值问题数值求解。在假定（3）成立且没有化学反应，并

仅考虑 z 方向速度矢量时，简化为如图 12-7 所示的一维问题。

这种条件下，式（12-54）可改写为

$$c_g G_g \mathrm{d}T_g/\mathrm{d}z = h_p a(T_g - T_s) \tag{12-55}$$

$$c_s G_s \mathrm{d}T_s/\mathrm{d}z = h_p a(T_g - T_s)$$

两式相除得

$$\frac{\mathrm{d}T_s}{\mathrm{d}T_g} = \beta \tag{12-56}$$

式中

$$\beta \equiv c_s G_s / c_g G_g \tag{12-57}$$

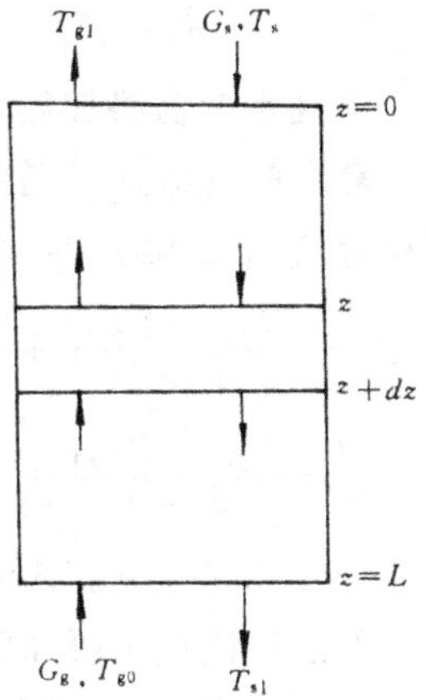

图 12-7 逆流式移动床中传热示意图

称为热流比，它是决定移动床操作中，气固两相温度分布曲线特性的重要参数。定义

$$\gamma \equiv h_p a / c_g G_g, \qquad \gamma/\beta \equiv h_p a / c_s G_s \tag{12-58}$$

于是，式（12-55）可改写为

$$\mathrm{d}T_g/\mathrm{d}z = \gamma(T_g - T_s), \quad \mathrm{d}T_s/\mathrm{d}z = \frac{\gamma}{\beta}(T_g - T_s) \tag{12-59}$$

式（12-59）即为上述简化下的基本方程。

12.2.3.3 限定气体出口温度条件下的解法

如果考虑固体物料从 T_{s0} 被加热，并限定气体出口温度 T_{g1} 条件，则应用边界条件：

$$z = 0, T_s = T_{s0} \quad 及 \quad T_g = T_{g1} \tag{12-60}$$

积分式（12-56）得

$$T_s = T_{s0} + (T_g - T_{g1})/\beta, \quad T_g = T_{g1} + \beta(T_s - T_{s0}) \tag{12-61}$$

将式（12-61）代入式（12-59）整理得到

$$\frac{\mathrm{d}T_g}{\mathrm{d}z} = \frac{\gamma}{\beta}[(\beta - 1)T_g + (T_{g1} - \beta T_{s0})],$$

$$\frac{dT_s}{dz}=\frac{\gamma}{\beta}[(\beta-1)T_s+(T_{g1}-\beta T_{s0})] \tag{12-62}$$

为确定把物料加热到指定温度T_{s1}所需要的床层高度L，并计算所需要的气流入口温度T_{g0}，在$T_g=T_{g1}\sim T_{g0}$和$T_s=T_{s0}\sim T_{s1}$区间积分式（12-62）得

$$T_{g0}=\frac{T_{g1}-\beta T_{s0}}{\beta-1}+\frac{\beta}{\beta-1}(T_{g1}-T_{s0})\exp\left[\frac{\gamma}{\beta}(\beta-1)L\right],$$

$$T_{s1}=\frac{T_{g1}-\beta T_{s0}}{\beta-1}+\frac{(T_{g1}-T_{s0})}{\beta-1}\exp\left[\frac{\gamma}{\beta}(\beta-1)L\right] \tag{12-63}$$

12.2.3.4　逆流式移动床床层内气固两相的温度分布

下面讨论在床层高度、固体物料和气流入口温度确定条件下，逆流式移动床内气固两相的温度分布。式（12-59）中的两式相减得

$$d(T_g-T_s)/dz=\frac{\gamma(\beta-1)}{\beta}(T_g-T_s)=\delta(T_g-T_s),$$

$$\delta\equiv\frac{\gamma(\beta-1)}{\beta} \tag{12-64}$$

积分式（12-56）和式（12-64）得到

$$T_s=\beta T_g+c_1,\quad (T_g-T_s)=c_2\exp(\delta z) \tag{12-65}$$

由式（12-65）可导出

$$T_s=\frac{\beta c_1}{1-\beta}\exp(\delta z)+\frac{c_2}{1-\beta},$$

$$T_g=\frac{c_1}{1-\beta}\exp(\delta z)+\frac{c_2}{1-\beta} \tag{12-66}$$

式中c_1和c_2为积分常数，由下列边界条件

$$z=0, T_s=T_{s0}\quad 及\quad z=L, T_g=T_{g0} \tag{12-67}$$

可求出

$$c_1=\frac{(1-\beta)(T_{g0}-T_{s0})}{\exp(\delta L)-\beta},$$

$$c_2=(1-\beta)T_{s0}-\beta c_1=(1-\beta)\left[T_{s0}-\frac{\beta(T_{g0}-T_{s0})}{\exp(\delta L)-\beta}\right] \tag{12-68}$$

将式（12-68）代入式（12-66）得到

$$T_s = T_{s0} + \frac{\beta(T_{g0} - T_{s0})}{\exp(\delta L) - \beta}[\exp(\delta z) - 1],$$

$$T_g = T_{s0} + \frac{T_{g0} - T_{s0}}{\exp(\delta L) - \beta}[\exp(\delta z) - \beta] \qquad (12\text{-}69)$$

由式（12-69）可计算不同 β（$\neq 1$）值时，床层内气固两相温度分布。当 $\beta=1$ 时，式（12-64）变为

$$d(T_g - T_s)/dz = 0, \qquad T_g - T_s = 常数 \qquad (12\text{-}70)$$

这时，床层内气固两相的温度差维持不变。图 12-8 给出了不同 β 值下，固体物料被加热或冷却时，气固两相温度分布的计算曲线。可见，当 $\beta<1$ 时，床层顶部两相温差大于底部，表明固料被加热时，气体出口温度高，热损失大，固料被冷却而加热气体时，气体出口温度低。当 $\beta>1$ 时，床层底部两相温差大于顶部，固料难以被加热（或冷却）到更高（低）温度。而采用接近 $\beta=1$ 的条件，全床气固两相温差均匀一致且较小，无论对加热还是冷却固料均是较理想条件。用 I_1 和 I_2 分别表示气固两相温差曲线的轴向变化率和曲率，由式（12-64）和式（12-59）可导出：

$$I_1 \equiv d(T_g - T_s)/dz = \frac{\gamma(\beta-1)}{\beta}(T_g - T_s) \qquad (12\text{-}71)$$

$$I_2 \equiv d^2T_g/dz^2 = \beta d^2T_s/dz^2 = \frac{\gamma^2(\beta-1)}{\beta}(T_g - T_s) \qquad (12\text{-}72)$$

表 12-3 列出了相应不同 β 值的 I_1 和 I_2 的范围，应用它们可以说明图 12-8 中的各曲线特征。

表 12-3　不同 β 值时移动床内温度分布曲线特征

β	固体被加热，$(T_g-T_s)>0$		固体被冷却，$(T_g-T_s)<0$	
	I_1	I_2	I_1	I_2
<1	<0	<0	>0	>0
$=1$	$=0$	$=0$	$=0$	$=0$
>1	>0	>0	<0	<0

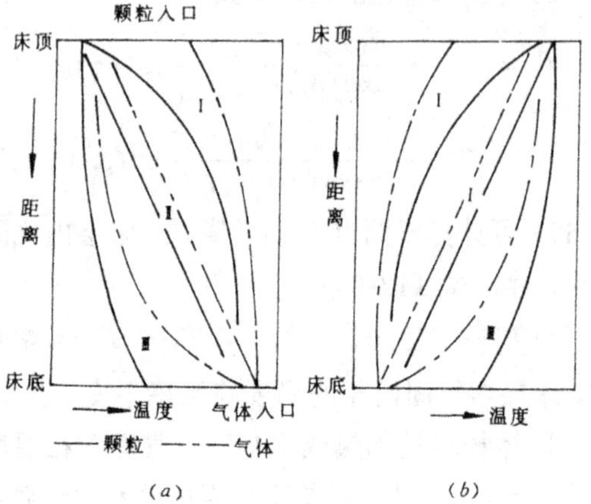

图 12-8　不同 β 值下移动床轴向温度分布曲线

(*a*) 颗粒被加热；(*b*) 颗粒被冷却，Ⅰ—$\beta<1$，Ⅱ—$\beta=1$，Ⅲ—$\beta>1$

12.3　流化床反应器

自 1922 年流态化粉煤气化专利发表以来，特别是二次大战之后，许多结构性能、操作方式及用途各异的流化床反应器广泛应用于化工和冶金等领域。按结构，有单段和多段、内部有挡板和无挡板自由床之分；按操作方式，有间歇和连续式之分；按反应特性，有催化和非催化反应之分等。冶金工业中，流化床反应器主要用于固体粉粒料的干燥、焙烧、氧化和还原等过程。流化床床层内，颗粒呈激烈沸腾状态，传热效率高，床层温度较均匀，适用于热效应大或对温度敏感的反应。另外，由于颗粒很小，便于流态化输送，适合大规模连续生产及自动控制，且粒内扩散阻力小，反应效率高。但是，流化床反应器也有气流不均匀、操作范围窄、易产生粘结失流、颗粒磨损严重及物料粉尘带出损失较大等缺点。此外，颗粒运动接近完全混合状态，单段连续式流化床难以获得高的转化率。

12.3.1 流化床反应器操作解析概述

12.3.1.1 固体的流态化过程[18]

图 12-9 给出了流体流过固体散料床层时，随流速增加，床层压降与空隙率变化曲线，即流态化曲线示意图。

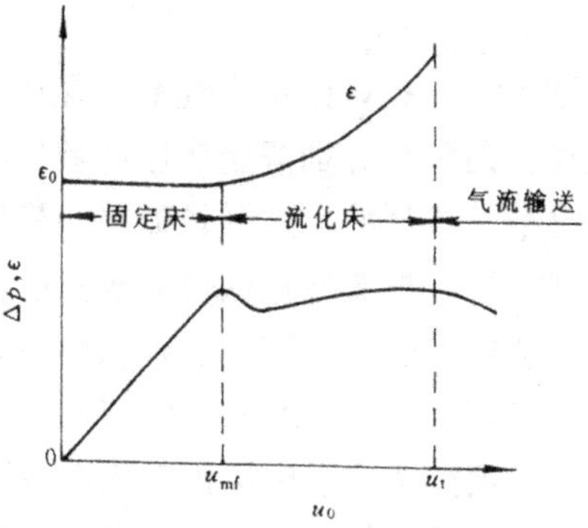

图 12-9 典型流态化（床层压降变化）曲线

由图可见，在空塔流速 u_0 较低时，流体通过颗粒间隙流动而颗粒本身不动（固定床）；u_0 逐渐增加，床层压降 Δp 随之加大，料层开始松动，空隙率有所增加，形成所谓膨胀床；当 u_0 达到某一临界值 u_{mf} 时，床层压降达到最大，固体散料将被流体托起而呈悬浮状态，称之为临界流化床，u_{mf} 称为临界流态化速度。继续增加 u_0，且满足 $u_{mf}<u_0<u_t$（颗粒终端速度）时，床层空隙率逐渐加大，但压降维持基本稳定。对于液固体系，膨胀均匀，将形成所谓散式流化床；但对于气固体系，通常会出现颗粒浓度很低的气泡，气泡间又可能相互聚合，使床层波动，流速越高，气泡造成的扰动越烈，这种情况称为聚式流化床，更大的 u_0 还会促成床层出现节涌或腾涌。当 $u_0>u_t$ 后，进入气固两相同方向运动（气力输送）阶段，床层压降随之减小。对于特定体系，u_{mf} 和 u_t 的计算方法可参考有关书籍，通常 u_t/u_{mf} 在 10～90 之间，颗粒越细，此比值越大，表明细粒流化床操作范围较宽。

12.3.1.2 流化床反应器数学模型概述

如上所述，流化床反应器内气固两相的运动及其相互间的传质传热过程十分复杂，是目前国内外十分活跃的研究领域，至今尚有一些基本规律没有搞清。随着对流化床内上述现象认识的深化，已发表了许多流化床反应器的数学模型，主要有以下三种类型：

（1）单相模型[19,20]　忽略床层内气泡的存在，把床层作为一个均匀分散相处理。通常是分别假定床层内颗粒和气体的流动混合状态后，来建立数学模型的。这是较简单的模型。

（2）两相模型[21,22]　把流态化床层看成是由颗粒浓度很低的气泡相和乳化相并联构成的，分别考虑两相内的颗粒和气体浓度及相互间的物质交换等，并假定两相内的流动混合状态的基础上来建立数学模型的。模型考虑了床层内气泡存在这个事实，较为接近实际。但是，没有考虑气泡的具体形态，仅用一个抽象的交换系数来描述两相间的物质交换。该模型的三个主要参数是并联的两相各自占据的床层断面积分数、相间物质交换系数和乳化相内的混合扩散系数。

（3）鼓泡床模型　实质上是改进的两相模型，模型中考虑了床层内气泡的具体形态，试图从基本原理上预测两相间物质交换系数。Murray J. D 等[23]根据流体力学理论计算单个气泡周围的气体和固体颗粒的流线，发现气泡周围存在环隙边界区，称之为“泡晕”或交换区。国井等[24]提出用有效气泡径来表示流化床的各个特性，使气泡、“泡晕”和乳化相间的气体交换得到了更具体地说明。

12.3.2 间歇式等温非催化反应流化床反应器的操作解析[25]

12.3.2.1 模型假定

考虑图 12-10 所示的间歇式等温非催化反应流化床，在推导基本方程中假定：（1）床层内气流为活塞流，颗粒完全混合；(2) 过程在等温非稳态下进行；(3) 床层内仅进行式（12-1）所示的非催化气固反应。

12.3.2.2 基本方程式的导出及求解

取床层内任意 $z\sim z+\mathrm{d}z$ 微小区间，就气体组分 A 的物料衡算式为

$$-\varepsilon\,\partial C_A/\partial t = u_0\,\partial C_A/\partial z + R_A^* \tag{12-73}$$

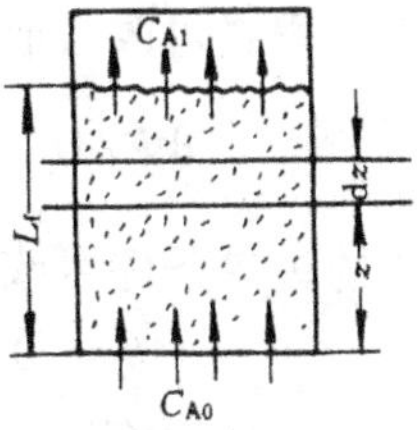

图 12-10 间歇式等温非催化反应流化床反应器操作示意

式中符号意义同前。由于颗粒处于完全混合状态，就整个床层对颗粒侧 B 组分的物料衡算为

$$(1-\varepsilon)A_t L_f \rho_B \mathrm{d}X_B = b\mathrm{d}t\int_0^{L_f} R_A^* A_t \mathrm{d}z$$

式中 ε、A_t 和 L_f 分别为流化床床层空隙率、断面积和高度。将上式整理可得

$$L_f\frac{\mathrm{d}X_B}{\mathrm{d}t} = \int_0^{L_f}\frac{bR_A^*}{(1-\varepsilon)\rho_B}\mathrm{d}z = \int_0^{L_f}R_f\mathrm{d}z,$$

$$R_f = \frac{bR_A^*}{(1-\varepsilon)\rho_B} = \frac{R_B^*}{(1-\varepsilon)\rho_B} \tag{12-74}$$

式中 R_f 为以固体 B 的转化率表达的反应速度；ρ_B 为固体反应物中 B 成分的摩尔密度。式（12-73）和式（12-74）的初始和边界条件分别为

$$t=0,\ X_B=0;\ z=0, C_A=C_{A0} \tag{12-75}$$

式（12-73）～式（12-75）即为本模型的基本方程。由于式中 R_A^* 计算式通常是依反应类型而异的 C_A 和 X_B 的复杂函数，故需要计算机求数值解。但在普通的流化床操作中，满足 $|u_0\partial C_A/\partial z| \gg \varepsilon\partial C_A/\partial t|$ 的条件，故式（12-73）可变成下面的常微分方程：

$$u_0\mathrm{d}C_A/\mathrm{d}z + R_A^* = 0 \tag{12-76}$$

若反应可用未反应核模型描述，则引入下列无因次量：

$$\eta\equiv z/L_f,\qquad \theta\equiv ut/L_f,$$

$$\Psi\equiv(C_A-C_{Ae})/(C_{A0}-C_{Ae}),\qquad \varphi\equiv L_f\lambda(X_B)/u_0,$$

$$\delta \equiv b\varepsilon(C_{A0} - C_{Ae})/[(1-\varepsilon)\rho_B] \tag{12-77}$$

基本方程式可改写成无因次形式：

$$d\Psi/d\eta = -\varphi\Psi, \qquad dX_B/d\theta = \varphi\delta\int_0^1 \Psi d\eta \tag{12-78}$$

相应的边界条件可改写为

$$\theta = 0, \quad X_B = 0; \quad \eta = 0, \quad \Psi = 1 \tag{12-79}$$

式（12-78）中第一式在上式条件下积分得

$$\Psi = \exp(-\varphi\eta) \tag{12-80}$$

将此式代入式（12-78）第二式并积分得

$$\frac{dX_B}{d\theta} = \varphi\delta\int_0^1 e^{-\varphi\eta}d\eta = \delta(1-e^{-\varphi})$$

在式（12-79）条件下再次积分得

$$\theta = \frac{1}{\delta}\int_0^{X_B}\frac{dX_B}{1-e^{-\varphi}} \tag{12-81}$$

这样，只要已知 φ（X_B）的函数形式，则数值积分式（12-81），就可求得达到一定转化率所需要的操作时间。

12.3.3 多段连续式等温流化床反应器的操作解析[25]

12.3.3.1 模型假定

考虑图 12-11 所示的多段连续式流化床，在推导基本方程中假定：(1) 各段床层体积相等，n 段串联操作；(2) 各段内气流为活塞流，颗粒完全混合；(3) 操作过程在等温稳定态下进行；(4) 床层内进行式（12-1）所示的非催化气固反应。

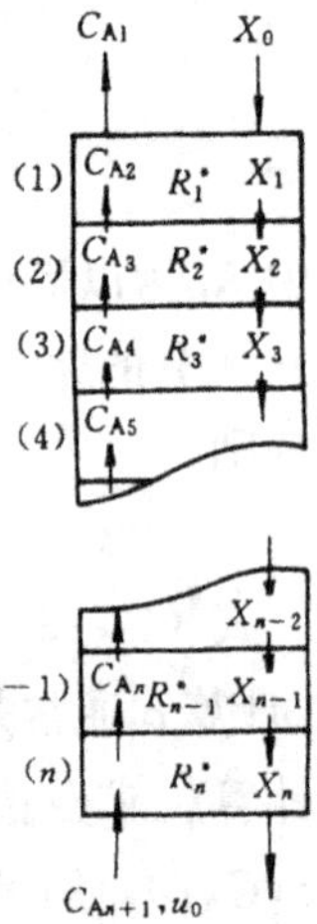

图 12-11 多段连续式流化床操作示意

12.3.3.2 基本方程式的导出

本节从颗粒的停留时间分布函数出发进行推导。由各段内颗粒完全混合的假定，可得到多段连续式流化床内颗粒的停留时

间分布函数与第8章中槽列模型相同，由式(8-125)对于任意第n段的出口颗粒可写出

$$E_n(t)=\frac{1}{\tau_0}\frac{1}{(n-1)!}\left(\frac{t}{\tau_0}\right)^{n-1}e^{-nt/\tau_0}=\frac{t^{n-1}}{(n-1)!\tau_0^n}e^{-nt/\tau_0} \tag{12-82}$$

式中τ_0为颗粒在每段内的平均停留时间。设任意t时刻单个颗粒的未转化率为

$$g(t)=(r_c/r_p)^3=\xi^3 \tag{12-83}$$

若以任意$t=0$时刻向$n=1$床层内供给的N个颗粒为考察对象，则在$t=t\sim t+dt$时间区间，从第n段排出颗粒中，所考察颗粒数为$NE_n(t)dt$，停留时间为t，其未反应部分换算为颗粒数为

$$g(t)NE_n(t)dt \tag{12-84}$$

由于颗粒的停留时间可分布于0至∞区间，所以，第n段出口颗粒的平均未转化率为

$$1-\overline{X}_B=(1/N)\int_0^{\infty}g(t)NE_n(t)dt=\int_0^{\infty}g(t)E_n(t)dt$$

由于停留时间超过颗粒完全转化时间t_c后，并没有反应效果，故上式积分上限可改为t_c，并将式(12-82)代入得到

$$1-\overline{X}_B=\int_0^{t_c}g(t)\frac{t^{n-1}}{(n-1)!\tau_0^n}e^{-t/\tau_0}dt \tag{12-85}$$

式(12-85)即为本模型的基本方程，其中，$g(t)$和t_c均依反应模型而异。

12.3.3.3 基本方程式的求解

若采用未反应核模型，并把$(\Delta C_A)_{av}$作为反应推动力，结合式(12-83)，可写出

$$t=\frac{\rho_B r_p}{b(\Delta C_A)_{av}}\left[\frac{1}{3k_{gA}}(1-\xi^3)+\frac{r_p}{6D_e}(1-3\xi^2+2\xi^3)+\frac{1}{k_r(1+1/K)}(1-\xi)\right] \tag{12-86}$$

$$t_c=\frac{\rho_B r_p}{b(\Delta C_A)_{av}}\left[\frac{1}{3k_{gA}}+\frac{r_p}{6D_e}+\frac{1}{k_r(1+1/K)}\right] \tag{12-87}$$

如果界面化学反应为控制环节，式（12-86）和式（12-87）简化为

$$t = \frac{\rho_B r_p}{b(\Delta C_A)_{av} k_r (1 + 1/K)}(1 - \xi),$$

$$t_c = \frac{\rho_B r_p}{b(\Delta C_A)_{av} k_r (1 + 1/K)} \tag{12-88}$$

则有

$$t/t_c = 1 - r_c/r_p = 1 - \xi, \qquad dt = - t_c d\xi \tag{12-89}$$

将式（12-83）和式（12-89）代入式（12-85），整理得

$$1 - \overline{X}_B = -\int_1^0 \xi^3 \left(\frac{t}{t_c}\right)^{n-1} \left(\frac{t_c}{n\tau_0}\right)^n \frac{n^n}{(n-1)!} \times \exp\left[-n\left(\frac{t_c}{n\tau_0}\right)\left(\frac{t}{t_c}\right)\right] d\xi$$

$$= \frac{n^n}{(n-1)!}\theta_n^n \int_0^1 \xi^3 (1-\xi)^{n-1} \exp[-n\theta_n(1-\xi)] d\xi \tag{12-90}$$

式中

$$\theta_n \equiv t_c/n\tau_0 \tag{12-91}$$

如果颗粒内扩散为控制环节，式（12-86）和式（12-87）简化为

$$t = \frac{\rho_B r_p}{6bD_e(\Delta C_A)_{av}}(1 - 3\xi^2 + 2\xi^3),$$

$$t_c = \frac{\rho_B r_p}{6bD_e(\Delta C_A)_{av}} \tag{12-92}$$

则有

$$\frac{t}{t_c} = (1 - 3\xi^2 + 2\xi^3), \quad dt = 6t_c(\xi - 1)\xi \tag{12-93}$$

将式（12-83）和式（12-93）代入式（12-85），整理得

$$1 - \overline{X}_B = \int_1^0 6\xi^3(\xi - 1)\xi \left(\frac{t}{t_c}\right)^{n-1} \left(\frac{t_c}{n\tau_0}\right)^n \frac{n}{(n-1)!} \times \exp\left[-n\left(\frac{t_c}{n\tau_0}\right)\frac{t}{t_c}\right] d\xi$$

$$= 6\frac{n^n}{(n-1)!}\theta_n^n \int_1^0 (\xi^5 - \xi^4)(1 - 3\xi^2 + 2\xi^3)^{n-1}$$

$$\times \exp\left[-n\theta_n(1-3\xi^2+2\xi^3\right]\mathrm{d}\xi \qquad (12\text{-}94)$$

θ_n 表示颗粒完全转化的无因次时间，在一定操作条件下为定值。于是应用分部积分法积分式（12-91）和式（12-94）可分别求得化学反应和颗粒内扩散为控制环节时，第 n 段出口颗粒的平均未转化率与 θ_n 的关系。串联段数 n 分别为 1、2 和 3 时的积分结果列表如下：

串联级数 n	化学反应控制	颗粒内扩散控制
1	$1-\overline{X}_B=\frac{\theta_1}{4}-\frac{\theta_1^2}{20}+\frac{\theta_1^3}{120}-\frac{\theta_1^4}{840}+\cdots$	$1-\overline{X}_B=\frac{\theta_1}{5}-\frac{19\theta_1^2}{420}+\cdots$
2	$1-\overline{X}_B=\frac{\theta_2^2}{5}-\frac{2\theta_2^3}{15}+\cdots$	$1-\overline{X}_B=\frac{19\theta_2^2}{105}-\frac{164\theta_2^3}{1155}+\cdots$
3	$1-\overline{X}_B=\frac{9\theta_3^3}{40}-\frac{81\theta_3^4}{281}+\cdots$	$1-\overline{X}_B=\frac{369\theta_3^3}{1540}-\frac{1499\theta_3^4}{40040}+\cdots$

图 12-12 为按上列各式计算的（$1-\overline{X}_B$）-θ_n 曲线。由图可见，无论是化学反应还是颗粒内扩散为控制环节，都可以得到如下结论：

（1）对于所有 n 值，$1-\overline{X}_B$ 均随 θ_n（$\equiv t_c/n\tau_0$）增大而提高，即颗粒完全转化时间越长，或总的颗粒平均停留时间（$n\tau_0$）越短，出口颗粒的平均未转化率越高。

（2）如果 θ_n 相同，则串联的段数 n 越多，出口颗粒的平均转化率越高。

（3）如果 t_c 和所要求的转化率已确定，则串联的段数 n 越多，所需的颗粒总平均停留时间越短，从而可提高生产能力。

12.3.4 流化床反应器的两相模型

本小节以 ZnS 的流态化氧化焙烧过程解析为例，介绍流化床反应器的两相模型[26,27]。

12.3.4.1 模型假定

考虑图 12-13 所示的流化床反应器两相模型。在推导基本方程中假定：

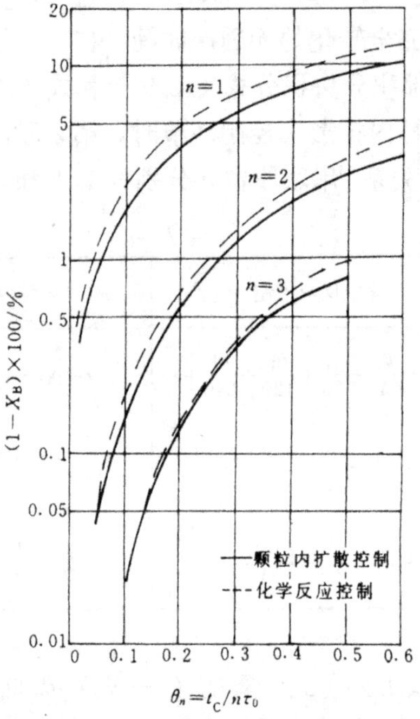

图 12-12　连续式流化床的多段化效果

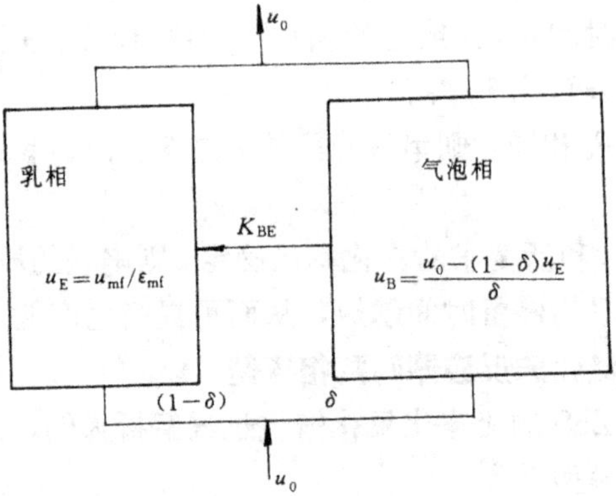

图 12-13　流化床反应器的两相模型

（1）流化床床层由气泡（B）相和乳化（E）相组成

（2）E 相极为接近临界流态化状态，向床层供给的气体超过临界流态化所需部分（分率 δ）形成颗粒浓度极低的 B 相。即有

$$\varepsilon_E = \varepsilon_{mf}, u_E = u_{mf}/\varepsilon_{mf};$$

$$\varepsilon_B \approx 1, \quad u_B = [u_0 - (1-\delta)u_E]/\delta \tag{12-95}$$

式中 u_0 是向床层供给的气流速度；u_E 和 u_B 分别为 E 和 B 相中的气流速度。

（3）气体在 B 和 E 两相中均为活塞流动，且可应用拟稳态近似，而颗粒处于完全混合状态，故转化率与位置无关。

（4）B 和 E 相间气体交换系数 K_{BE} 为常数。

（5）床层中进行反应仅为

$$\frac{2}{3}ZnS + O_2 = \frac{2}{3}ZnO + \frac{2}{3}SO_2 \tag{12-96}$$

其综合反应速度可用未反应核模型描述。

12.3.4.2 基本方程式的导出

由假定（5）可写出单个颗粒的耗氧速度 R_A

$$R_A = \frac{4\pi r_p^2 C_A}{\dfrac{1}{k_{gA}} + \dfrac{r_p(r_p - r_c)}{r_c D_e} + \dfrac{r_p^2}{r_c^2 k_r}} \tag{12-97}$$

（1）颗粒侧的物料衡算　由于颗粒处于完全混合状态，全床的耗氧速度可表示为

$$R_A^T = \int_0^{L_f} R_A^E \frac{N_E}{L_f} dz + \int_0^{L_f} R_A^B \frac{N_B}{L_f} dz \tag{12-98}$$

式中 R_A^E 和 R_A^B 及 N_E 和 N_B 分别表示 E 和 B 相中的耗氧速度和颗粒个数。如果用 n_{S0} 和 n_S 表示初始和操作过程中，单个颗粒中的未被氧化的硫摩尔数，X_{ZnS} 表示固体物料转化率，则有

$$N_E + N_B = \frac{W_{ZnS}(\%S)}{100 M_S n_{S0}},$$

$$X_{ZnS} = 1 - (r_c/r_p)^3, n_S = n_{S0}(r_c/r_p)^3 \tag{12-99}$$

式中（%S）为 ZnS 颗粒中硫的质量百分 含量；W_{ZnS} 为床层内初始颗粒质量，M_S 为硫的摩尔质量。如果用颗粒中反应界面的推进速

度表示其反应速度，并考虑化学计量系数，则有

$$-(N_E+N_B)\frac{\mathrm{d}n_{\mathrm{S}}}{\mathrm{d}t}=-\frac{3W_{\mathrm{ZnS}}(\%\mathrm{S})}{100M_{\mathrm{S}}}\frac{r_{\mathrm{c}}^2}{r_{\mathrm{p}}^3}\frac{\mathrm{d}r_{\mathrm{c}}}{\mathrm{d}t}=\frac{2}{3}R_{\mathrm{A}}^T \tag{12-100}$$

其初始条件为

$$t=0,\qquad r_{\mathrm{c}}=r_{\mathrm{p}} \tag{12-101}$$

（2）气相中氧的物料衡算　在拟稳态及活塞流动假定下，用 C_{A}^B 和 C_{A}^E 分别表示 B 和 E 相中氧的浓度，就任意 $z\sim z+\mathrm{d}z$ 微小区间，分别就 B 和 E 相中的氧列出物料衡算式，整理后得到

$$A_{\mathrm{t}}\delta u_B\frac{\mathrm{d}C_{\mathrm{A}}^B}{\mathrm{d}z}=-\frac{N_B}{L_{\mathrm{f}}}4\pi r_{\mathrm{p}}^2k_{\mathrm{t}}^BC_{\mathrm{A}}^B-A_{\mathrm{t}}\delta K_{BE}(C_{\mathrm{A}}^B-C_{\mathrm{A}}^E) \tag{12-102}$$

$$A_{\mathrm{t}}(1-\delta)u_{\mathrm{mf}}\frac{\mathrm{d}C_{\mathrm{A}}^E}{\mathrm{d}z}=-\frac{N_E}{L_{\mathrm{f}}}4\pi r_{\mathrm{p}}^2k_{\mathrm{t}}^EC_{\mathrm{A}}^E+A_{\mathrm{t}}\delta K_{BE}(C_{\mathrm{A}}^B-C_{\mathrm{A}}^E) \tag{12-103}$$

式中 k_{t}^B 和 k_{t}^E 分别表示 B 和 E 相的综合反应速度常数。式（12-102）和式（12-103）是联立的一阶常微分方程，引入下列变量：

$$a\equiv\frac{4\pi r_{\mathrm{p}}^2k_{\mathrm{t}}^BN_B}{A_{\mathrm{t}}\delta u_BL_{\mathrm{f}}},\quad b\equiv\frac{K_{BE}}{u_B},$$

$$c\equiv\frac{4\pi r_{\mathrm{p}}^2k_{\mathrm{t}}^EN_E}{A_{\mathrm{t}}(1-\delta)u_{\mathrm{mf}}L_{\mathrm{f}}},\quad d\equiv\frac{\delta K_{BE}}{(1-\delta)u_{\mathrm{mf}}}$$

可将式（12-102）和式（12-103）改写为标准形式：

$$\mathrm{d}C_{\mathrm{A}}^B/\mathrm{d}z=-(a+b)C_{\mathrm{A}}^B+bC_{\mathrm{A}}^E,$$

$$\mathrm{d}C_{\mathrm{A}}^E/\mathrm{d}z=\mathrm{d}C_{\mathrm{A}}^B-(c+d)C_{\mathrm{A}}^E \tag{12-104}$$

边界条件为

$$z=0,\ C_{\mathrm{A}}^B=C_{\mathrm{A}}^E=C_{\mathrm{A0}} \tag{12-105}$$

应用特征行列式法解得

$$C_{\mathrm{A}}^B=\frac{C_{\mathrm{A0}}}{\alpha-\beta}[(a+b+c+d)\mathrm{e}^{\alpha z}-(\beta+b+c+d)\mathrm{e}^{\beta z}]$$

$$C_A^E = \frac{C_{A0}}{\alpha - \beta}[(a + b + \alpha + d)e^{\alpha z} - (a + b + \beta + d)e^{\beta z}]$$

(12-106)

式中 α 和 β 是方程

$$y^2 + (a + b + c + d)y + (ac + ad + bc) = 0$$

的两个根。式（12-95）至式（12-106）为本模型的基本方程。

12.3.4.3 数值计算方法和结果

基本方程中的 D_e 及对应 E 和 B 两相中的 k_{gA} 是由文献中选取的，k_r 是根据试差法模拟计算实验结果确定的。其它主要参数的计算式为：

$$u_B = u_0 - u_{mf} + 0.711\sqrt{gd_B},$$

$$d_B = 1.4d_p\rho_p(u_0/u_{mf})z, \quad K_{BE} = 11/d_B \qquad (12\text{-}107)$$

式中 d_B 和 d_p 分别为气泡径和颗粒径；ρ_p 为颗粒密度。模拟计算方法如下：(1) 假定 k_r，由式（12-97）的分母部分，分别计算 B 和 E 相 k_t^B 和 k_t^E；(2) 由式（12-106）计算 C_A^B 和 C_A^E，再由式（12-97）计算 R_A^B 和 R_A^E；(3) 由式（12-98）积分计算 R_A^T；(4) 由式（12-100）差分计算 $r_c(t)$；(5) 由式（12-99）计算 X_{ZnS} 并与实测结果比较，若拟合不好，则返回 (1) 重新计算。图 12-14 给出了应用上述模型模拟计算不同条件下 ZnS 氧化焙烧实验的结果。图中曲线为计算结果，数据点为实验测定结果。

由图 12-14 可见，在所模拟的各种条件下，计算曲线与实测结果二者都拟合较好。随着温度提高和空气（氧）流量增大，氧化反应速度明显提高。温度在 880℃以上时，氧化反应在一分钟内基本完成。

12.4 回转窑反应器

回转窑作为处理粒、粉状固体物料的连续式反应器，自上世纪应用于工业生产以后，在化工、建筑材料和冶金等领域中得到了广泛的应用。在冶金或与冶金有关的工业中，就可举出铁矿石

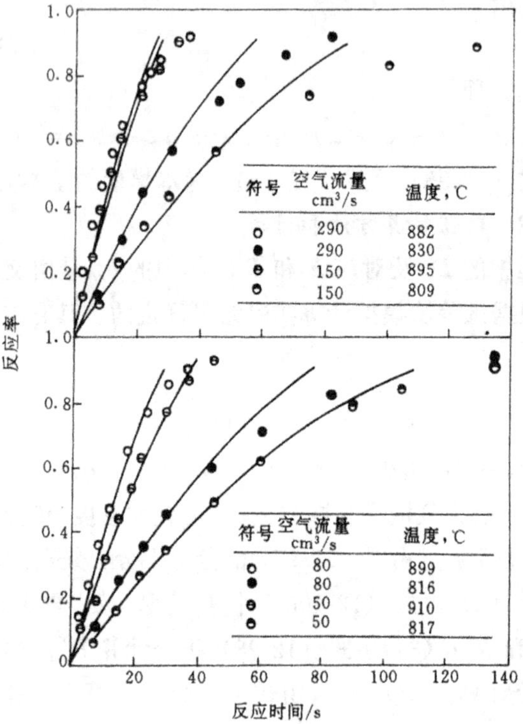

图 12-14　ZnS 流态化氧化焙烧过程模拟计算结果

球团生产、铬铁矿球团预还原、铁矿石煤基直接还原、含氧化铝生料的烧结及石灰石煅烧等多种回转窑应用的实例。回转窑得到如此广泛的应用，是由于它具有可以处理粒度分布很广的固体物料，窑内物料流动具有接近活塞流的性质，可以使用天然气、煤粉和重油等多种类型的燃料且燃料对产品污染较小，可方便地调节和控制窑内温度分布等优点。

12.4.1　回转窑操作特点及数学模型概述

如图 12-15 所示，回转窑是有稍许倾斜角的长圆筒形反应器。运行时，物料从窑的较高一端（称窑尾或冷端）以一定给料量连续加入窑内，并随着窑体的转动向另一端（称窑头或热端）缓慢移动。在移动过程中，物料发生混合、加热或化学反应，处理完的物料从窑头连续排出。与竖炉固定床或移动床反应器比较，回转窑在操作上的重大特点在于固体物料的断面填充率很低，其上方存在着可供气体流通的很大自由空间，回转窑内物料的转化主要是依靠料层内反应来完成的，而自由空间流动的气流主要起向料层供热和接受料层中产生的气体产物的作用。回转窑的热源，主要靠设置在物料出口端（气固两相逆流情况）或入口端（气固两相并流情况）的主喷嘴喷入的燃料和助燃空气燃烧来供给。由于主喷嘴只能从窑的一端开始，在有限距离内形成火焰，因此，为了调节窑内料层温度的轴向分布，改善反应条件，有的回转窑在轴向上不同部位设置一些辅助喷嘴，喷入空气、辅助燃料或辅助反应物料等。

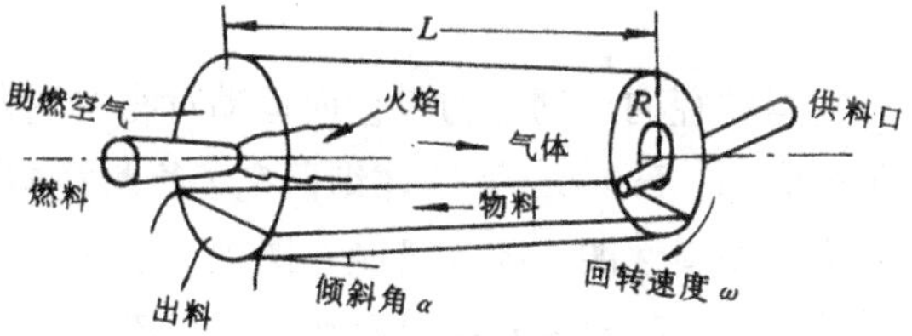

图 12-15　回转窑操作过程示意图

由于回转窑内的物料运动，反应机理及喷嘴处燃烧过程难以描述，窑壁、物料及气流之间传热过程复杂以及窑内参数的实际测量不便等，对回转窑过程数学模型的研究较晚。但是，由于回转窑在许多领域广泛应用，近二、三十年来，在其数学模型和操作解析方面也作了许多有意义的研究，主要包括以下几个方面：

（1）物料在窑内运动规律　回转窑内，物料可能发生径向（断面）上运动和沿轴向的移动两种运动模式，二者受窑转速、直径和倾角，物料粒度、形状、填充率和安息角及物料和窑壁间的摩擦等多种因素的影响，呈现出极为复杂的行为。

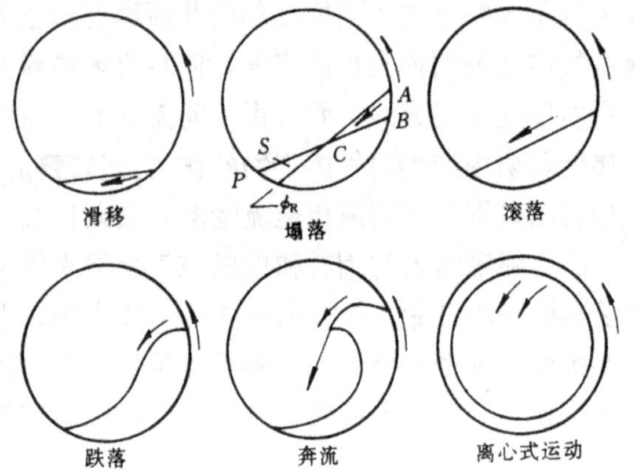

图 12-16　回转窑内物料横向运动模式

1)窑内物料的径向运动　物料径向运动对物料混合和向床层传热等有重要影响。Henein 等[28]详细研究了物料径向运动行为，发现依窑转速和物料性能不同，可能有图 12-16 所示的 6 种径向运动模式：①滑移：物料相对窑壁滑移；②塌落：料面倾角升至某角度 ϕ_R 时，塌落至低于物料静态安息角；③滚落：在较高转速下，物料的周期性塌落变为在料层表面上滚落模式，而滚落区连续得到来自内部的物料补充，料面倾角大致不变；④跌落：继续增加转速，料层上角的固体在脱离壁之前上升至更高，料层的断面呈新月形或肾形；⑤奔流：在更高的转速下形成类似瀑布形式的物料下落运动；⑥离心式运动：在离心力大于重力的高转速下，物料沿周壁形成不脱落薄层。

在实际回转窑操作中，物料运动通常没有后两种模式，而滑移模式不利于物料的混合及伴随的传热。H. Henin 等[29]在刚体力学基础上，考虑了重力、离心力、颗粒之间摩擦力间的平衡及固体流动的能量最低原理，对上述各种径向运动模式及其相互转变的条件进行了数学模型化尝试，针对不同物料，计算了所谓完全的床层行为图。

2)物料在窑内轴向移动　窑尾供料速度和窑内物料轴向流动速度二者决定窑内的物料填充率。为提高生产能力，希望物料填充率较大，但物料填充率越高越不利于物料的混合及对其传热，通常回转窑的物料填充率保持在15%～18%之间为宜。如果认为窑内物料类似螺旋式的运动，可以从理论上导出窑回转一周，颗粒向前移动距离的复杂计算式。但是，根据实测的窑内轴向移动速度，归纳出的一些经验公式，形式简单，误差一般只有百分之几。例如，用m/s表示速度时，可举出下列计算式[30～32]：

$$u_m = 0.0385 D_i \omega (\alpha/\beta)^{0.85}$$

$$u_m = D_i \omega \alpha / [18.45(\beta + 24)]$$

$$u_m = 0.86 D_i \omega \tan(\alpha) / (\beta + \beta' + 24) \tag{12-108}$$

式中 u_m 为轴向平均速度；D_i 为窑内径（m）；ω 为窑转速（r/min）；α 为窑的倾斜角（度）；β 和 β' 分别为物料的静止安息角和安息角的动态增量。

A. Chatterjee等[33]对影响物料流动速度的各种因素，采用因次分析方法，获得了下面的物料在窑内停留时间 t_r 的因次方程式：

$$t_r = K(L^3/F)(\beta/\alpha)^a (L^3\omega/F)^e (L/D_i)^{-c} \tag{12-109}$$

进一步应用冷模型实验（$D_i=0.3$m，$L=2.0$m），归纳得到对于该窑的因次方程为

$$t_r = K(L^3/F)(\beta/\alpha)^{1.054} (L^3\omega/F)^{0.981} \tag{12-110}$$

式中 K 为比例常数；L 为窑长度（m）；F 为给料的体积流量。

（2）回转窑内的传热过程解析　回转窑可以看作是一个利用自由空间中流动的热气流把物料加热到反应温度的热交换器。窑内发生的传热过程十分复杂，多数回转窑操作都是窑内直接点火的，所以可把窑分为火焰区和非火焰区，前者的辐射气体大部分集中在火焰区内，而后者的辐射气体占满整个自由空间。图12-17

示出了窑内各种可能的传热过程[34]：(1) 自由空间气流对暴露的料层表面的辐射和对流；(2) 自由空间气流对暴露的窑内壁面的辐射和对流；(3) 暴露的窑内壁面对暴露的料层表面的辐射；(4) 暴露的窑内壁面对暴露窑内壁面的辐射；(5) 被覆盖的窑内壁面对料层的热辐射、对流和传导；(6) 内外壁面之间的导热和窑外壁面对环境的辐射和对流热损失。

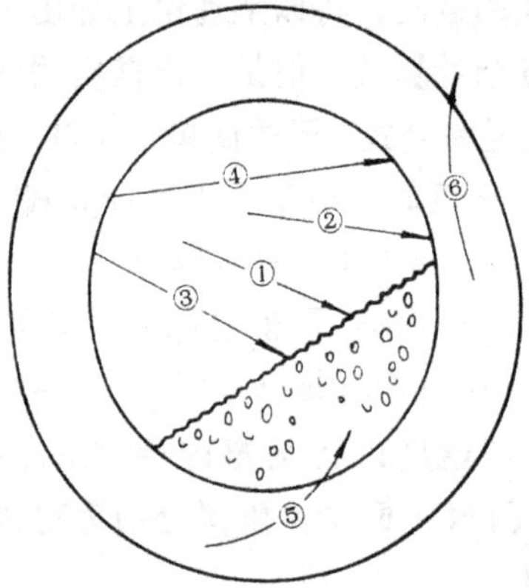

图 12-17　窑内可能的传热机理

对于各个传热过程进行解析及确定其传热系数大小，以研究它们的相对重要性对于控制窑内温度分布是非常重要的。已发表了许多这方面的研究[35~37]，这里不再引述。

(3) 回转窑操作过程数学模型

初期的回转窑操作过程的数学模型研究主要是针对以传热过程为主的回转窑进行的，例如，回转窑水泥烧成过程的传热模拟[38]，生产铁矿石氧化球团的回转窑[39]以及考虑干燥、热分解等较为简单反应的氧化铝烧成用回转窑数学模型[40]。自 60 年代开发铁矿石煤直接还原技术以来，冶金工作者对回转窑反应器的研究日益增多，发表了不少包括化学反应过程在内的回转窑操作过程数学模型。例如，下里省夫等[41]将回转窑铁矿石的直接还原过程作为非稳态固定床来进行的模拟研究，V. Venkateswaran 等[42]研究了针对 SL/RN 直接还原过程的数学模型等，肖兴国等[43~45]针对煤基直解还原铁矿石回转窑、铬铁矿含炭球团的回转窑预还原及生产炼钢用活性石灰的石灰石煅烧回转窑过程都进行了数学模型解析研究。

12.4.2 回转窑过程数学模型及其应用

如果清楚回转窑内气体和物料的流动、各相之间传热及传质等物理过程的规律，并能设法用数学公式进行描述，则只要搞清窑内进行的各种反应的宏观动力学规律（即各综合反应速度式），就有可能建立回转窑过程数学模型，并通过数值求解，进行操作过程解析、操作条件优化及回转窑设计等。本节以铁矿石直接还原回转窑为例，介绍肖兴国研究的数学模型构成、数值解法及进一步扩展应用的情况[43~45]。

12.4.2.1 过程的简单描述及模型假定

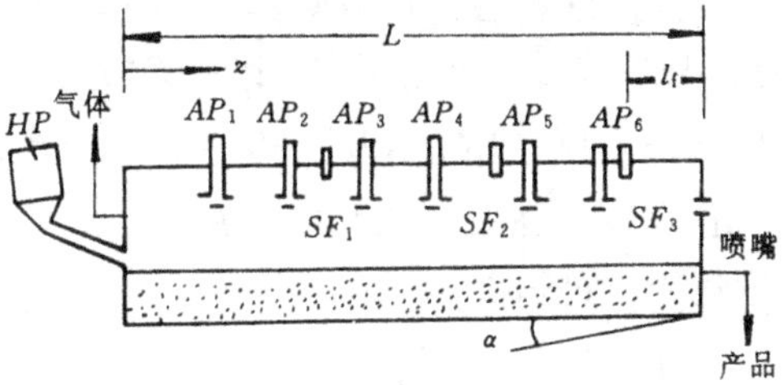

图 12-18 铁矿石直接还原回转窑的操作示意

如图 12-18 所示，铁矿石和煤炭等固体物料由窑尾连续加入窑内，窑头的喷枪喷入重油和助燃空气形成长度为 l_f 的火焰区。伴随窑的回转，物料和气流逆流穿过窑身。为调节窑内温度分布和补充还原用炭材，在窑身轴向不同的位置上设有六个补充喷枪（AP）和三个炭材供料口（SF）。反应完成后的物料由窑头排出。

在推导数学模型的基本方程中假定：（1）气流和颗粒移动都

是活塞流；(2) 在连续式定常态下操作；(3) 料层内的气体仅由CO和CO_2组成且反应产生的CO排出到气流中；(4) 仅考虑窑内发生下列反应：

料层内直接还原反应

$$(1/3)Fe_2O_{3(s)} + C_{(s)} = (2/3)Fe_{(s)} + CO_{(g)} \quad (a)$$

料层内碳的燃烧反应*

$$C_{(s)}^{*} + (1/2)O_{2(g)} = CO_{(g)} \quad (b)$$

气流中重油燃烧反应

$$4C_nH_{m(g)} + (4n+m)O_{2(g)} = 4nCO_{2(g)} + 2mH_2O_{(g)} \quad (c)$$

气流中CO的燃烧反应*

$$CO_{(g)} + (1/2)O_{2(g)} = CO_{2(g)} \quad (d)$$

式中C_nH_m为重油的表观分子式。注有*的反应在不设AP和SF的操作中不予考虑。

12.4.2.2 基本方程式的导出

在回转窑内轴向任意z至$z+dz$微小区间，分别对料层和气流作物料和热量衡算。

(1) 物料衡算式 就料层的物料衡算式，可写出

$$dF_s/dz = F'_{sc} - (2/3)R_1^* A_s - R_2^* A'_s \quad (12\text{-}111)$$

$$dF_{Fe_2O_3}/dz = -(1/3)R_1^* A_s, dF_{Fe}/dz = (2/3)R_1^* A_s,$$

$$dF_c/dz = F'_{sc} - R_1^* A_s - R_2^* A'_s \quad (12\text{-}112)$$

就气流的物料衡算式，可写出：

$$dF_g/dz = -F'_{ga} - R_1^* A_s - \frac{1}{2}(R_2^* A'_s - R_4^* A_g) - \frac{m}{4n+m}R_3^* A_g \quad (12\text{-}113)$$

$$dF_{CO_2}/dz = -\left(\frac{4n}{4n+m}R_3^* + R_4^*\right)A_g,$$

$$dF_{CO}/dz = -R_1^* A_s - R_2^* A'_s + R_4^* A_g \quad (12\text{-}114)$$

$$dF_{O_2}/dz = -0.21F'_{ga} + \frac{1}{2}(R_2^* A'_s + R_4^* A_g) + R_3^* A_g,$$

$$dF_{H_2O}/dz = -\frac{2m}{4n+m}R_3^* A_g \quad (12\text{-}115)$$

式中 F_i 为 i 相或 i 物质的摩尔流量（mol/s）；R_1^*、R_2^*、R_3^*、R_4^* 分别为（a）（b）（c）（d）反应的综合反应速度；A_s 和 A_g 分别为料层和气流空间的横断面积；A'_s 为料层中能够发生碳直接燃烧反应区域的横断面积；F'_{sc}和 F'_{ga}分别为单位窑长度上由 SF 和 AP 补充供给的炭和空气的摩尔流量（mol/s·m）。

（2）热量衡算式　对料层和气流可分别写出：

$$\frac{dT_s}{dz}=\frac{(q_{ws}+q_{gs}+q_s+q'_s)-q'_{sg}-c_sT_sdF_s/dz}{F_s(c_s+T_sdc_s/dT_s)} \qquad (12\text{-}116)$$

$$\frac{dT_g}{dz}=\frac{q_{gw}+q_{gs}-(q_g+q'_g+q'_{sg})-c_gT_gdF_g/dz}{F_g(c_g+T_gdc_g/dT_g)} \qquad (12\text{-}117)$$

在半径方向上热量守恒式为

$$q_{gw}-q_{ws}=q_{wo}=q_{oa} \qquad (12\text{-}118)$$

式中 q_{ij}和 q'_{ij}分别为由 i 向 j 的传热速度和由 i 到 j 质量传递的显热迁移速度；q_j 和 q'_j（j=g，s）分别为 j 相中的发热速度和由 SF 和 AP 向 j 相补充炭或空气的显热迁移速度。以上各项速度均按单位窑长度计（kJ/s·m），c_j（j=g，s）为 j 相的平均比热容。以上，式（12-111）至式（12-118）即为本模型的基本方程式。

12.4.2.3　参数计算式

为计算基本方程中包含的各项数值，需要下列各类参数计算式。

（1）传热面积的计算　如图 12-19 所示，单位窑长的径向各传热面积为

$$A_1=\pi D_i(1-\theta/2\pi),\ A_2=D_i\sin(\theta/2),\ A_3=D_i\theta/2,$$
$$A_4=\pi(D_i+l_w/2),\ A_5=\pi D_o \qquad (12\text{-}119)$$

式中 D_i 和 D_o 分别为窑的内径和外径；l_w 为窑壁厚度；θ 为料层的张 角。

（2）热量衡算方程中的各项计算　各传热项表达式为

$$q_{gw}=K_1A_1(T_g-T_w),$$
$$q_{gs}=K_2A_2(T_g-T_s),\quad q_{ws}=(K_3A_3+K_6A_2)(T_w-T_s)$$
$$q_{wo}=K_4A_4(T_w-T_o),\quad q_{oa}=K_5A_5(T_o-T_a) \qquad (12\text{-}120)$$

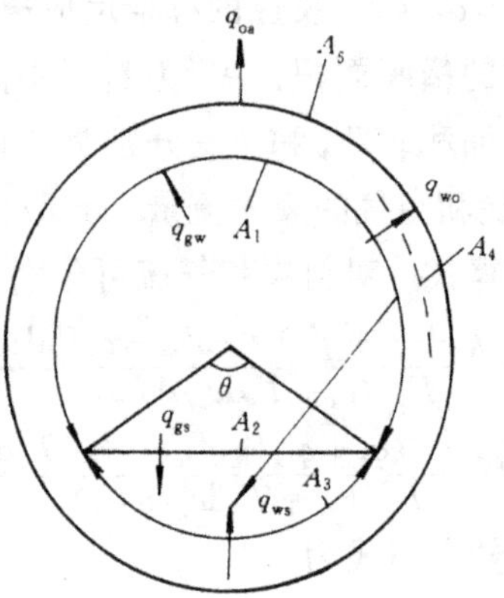

图 12-19　窑单位长度上径向传热面积示意

式中 $K_1 \sim K_6$ 为传热系数（根据各个相间的传热不同，可包括对流、辐射或传导）。由质量传递引起的显热迁移项表达为

$$q'_s = c_c T_c F'_{sc}, \qquad q'_g = c_a T_a F'_{ga},$$

$$q'_{sg} = c_{co} T_s \left(R_1^* A_s + R_2^* A'_s\right) - c_{O_2} T_g \,(1/2)\, R_2^* A'_s \quad (12\text{-}121)$$

反应发热速度项为

$$q_g = [R_3^*(-\Delta H_3) + R_4^*(-\Delta H_4)]A_g,$$

$$q_s = R_1^*(-\Delta H_1)A_s + R_2^*(-\Delta H_2)A'_s \quad (12\text{-}122)$$

由式（12-118）和式（12-120）可导出计算出内外壁温度表达式：

$$T_w = \frac{(K_4A_4 + K_5A_5)\,[K_1A_1T_g + (K_3A_3 + K_6A_2)\,T_s] + K_4A_4K_5A_5T_a}{(K_4A_4 + K_5A_5)(K_1A_1 + K_3A_3 + K_6A_2) + K_4A_4K_5A_5}$$

$$T_o = \frac{K_4A_4T_w + K_5A_5T_a}{K_4A_4 + K_5A_5} \quad (12\text{-}123)$$

（3）反应速度的计算

1）铁矿石直接还原反应速度 R_1^*：假定可把直接还原反应看成是料层中发生的间接还原反应 $\frac{1}{3}Fe_2O_3 + CO = \frac{2}{3}Fe + CO_2$（速度为 R_{CO}^*）和生成的 CO_2 氧化碳的反应 $CO_2 + C = 2CO$（速度为

R_C^*）的综合结果。由仅考虑窑内发生（a）、（b）、（c）、（d）四反应的假定，料层内CO和CO_2摩尔分数应满足 $y_{SCO}+y_{SCO_2}=1$。则可写出

$$R_1^*=R_{CO}^*=R_C^*=k'_{CO}(y_{SCO}-y_{SCO}^*)=k'_C(1-y_{SCO}) \quad (12\text{-}124)$$

式中综合反应速度常数 k'_{CO}和 k'_C 应用文献中计算式[25]。y_{SCO}^*可由碳的气化反应平衡求出

$$y_{SCO}^* = 1/(1+K_C) \quad (12\text{-}125)$$

由式（12-124）和式（12-125）可导出

$$y_{SCO} = (k'_C + k'_{CO}y_{SCO}^*)/(k'_{CO}+k'_C) \quad (12\text{-}126)$$

2）料层内碳的燃烧反应速度 R_2^*：实际观察表明，只要从 AP 供给的空气量超过使气流中的CO燃烧的需要时，就可使料层中碳部分燃烧，其速度由对实际装置的模拟计算经验确定：

$$R_2^* = 0.5F'_{ga}/A_s = 0.05F'_{ga}/A'_s \quad (12\text{-}127)$$

此式表明料层中发生碳燃烧的区域横断面积仅为料层断面积的1/10。

3）重油燃烧反应速度 R_3^*：对内径为 d_0 的主喷嘴的重油燃烧进行严格动力学解析是困难的，为使模型简化，采用经验式（$l_f/d_0=320\sim500$）估算火焰区长度，并假定燃烧速度正比于氧浓度，则可写出

$$R_3^* = (F_g/A_g)\frac{dy_{O_2}}{dz} = k'_3(F_g/A_g)y_{O_2} \quad (12\text{-}128)$$

在 $z=L\sim(L-l_f)$，$y_{O_2}=0.21\sim y_{O_2,f}$区间积分上式可得 k'_3：

$$k'_3 = -\ln(y_{O_2,f}/0.21)l_f \quad (12\text{-}129)$$

式中 $y_{O_2,f}$为火焰区前端氧的摩尔分数。

4）气流中CO的燃烧反应速度 R_4^*：假定只要气流中存在过量空气，则从料层排出到气流中的CO就能立即燃烧而消耗，所以当设置 AP 情况下有

$$R_4^* = (R_1^*A_s + R_2^*A'_s)/A_g \quad (12\text{-}130)$$

（4）其他参数计算式　各不同相间的各类传热系数的相应计

算式列在表12-4中。

表 12-4 选用的传热系数计算式

传热类型	传热系数计算式
对流	$h_{gw}^{c}=66.6\ (G_g/4.84A_g)^{2/3}$[46] $h_{gs}^{c}=\ (2+0.6Re^{1/2}Pr^{1/3})\ \lambda_g/d_p$[47] $h_{ws}^{c}=0.976\ (T_s/100)^2-10.5\ (T_s/100)\ +67.4$[48]
辐射	$h_{ij}^{r}=5.675\times10^{-8}\zeta_{ij}\ (T_i^4-T_j^4)\ /\ (T_i-T_j)$
传导	$h_{wo}=2\lambda_w/\ (D_o-D_i)$
热损失	$h_{oa}^{r}=5.675\times10^{-8}\zeta_{oa}\ (T_o^4-T_a^4)\ /\ (T_o-T_a)$，$h_{oa}^{c}=10.5$[49]

注：ζ_{ij}为有效黑度。

表中各式中的上角标 c 和 r 分别表示对流和辐射传热，下角标 ij（=gw，ws，gs）表示 i 和 j 两部分（相）间的传热，g、s、w、o 和 a 分别代表气流、料层、内壁、外壁和环境。

物料的平均流动速度 u_m 采用式（12-108）中第一式计算。

料层断面积（A_s）及料层表面张角 θ，先由窑的 操作条件和 u_m 求出 A_s，再根据图 12-19 从几何学可导出 θ 的计算式：

$$A_s=\frac{F_s\overline{M_s}}{\rho_b u_m},$$

$$\theta=\left(\frac{\pi}{2}-\frac{\pi^2}{8}\right)+\sqrt{\left(\frac{\pi}{2}-\frac{\pi^2}{8}\right)^2+2\pi A_s/D_i^2}\quad(12\text{-}131)$$

气流和料层的平均比热容均采用组分加和式进行计算：

$$c_j=\sum_i y_{j,i}c_i(j=s,g),\quad c_i=a_i+b_iT+c_iT^{-1}\quad(12\text{-}132)$$

12.4.2.4 计算方法和模拟计算结果

(1)计算方法　本模型由 11 个常微分方程和数十个代数方程式构成。如图 12-20 的计算框图所示，采用差分法数值求解时，作为边界条件的物料和气体的入口组成和温度分处于窑的两端，因此是一个两点边值问题。如果从 $z=0$（物料入口端）开始计算时，

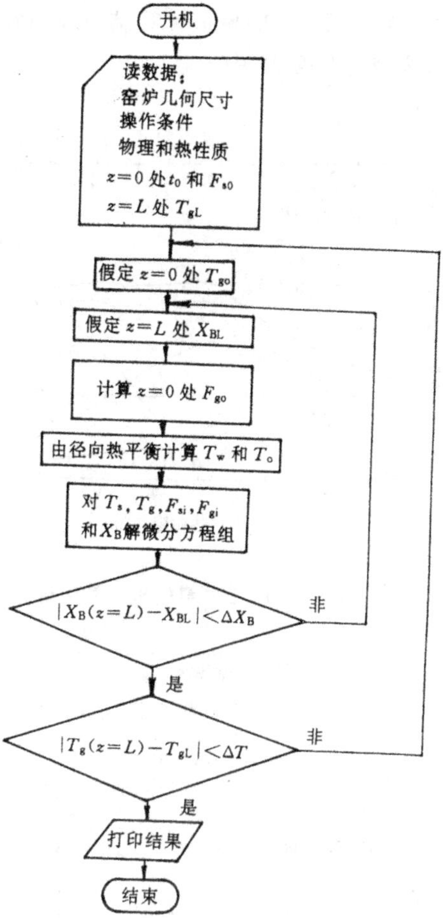

图 12-20　回转窑计算程序框图

必须适当假定出口的气流温度 T_{g0}，而出口气流组成 F_{i0}（i=CO，CO_2，H_2O，N_2 和 O_2）的假定值是根据供气条件，通过假定窑内的反应程度，利用对全窑的总物料衡算确定的。计算过程就是从 $z=0$ 处开始，计算至 $z=L$，反复修改假定值直至计算的 T_{gL}和 F_{iL}和入口气流操作条件一致。

（2）对实际过程的模拟计算结果　按上述计算方法分别对有

和没有 AP 和 SF 的两个铁矿石直接还原用回转窑（窑的尺寸和操作参数示于表 12-5 中）的模拟计算结果及与实测数据的比较分别示于图 12-21 和图 12-22 中。

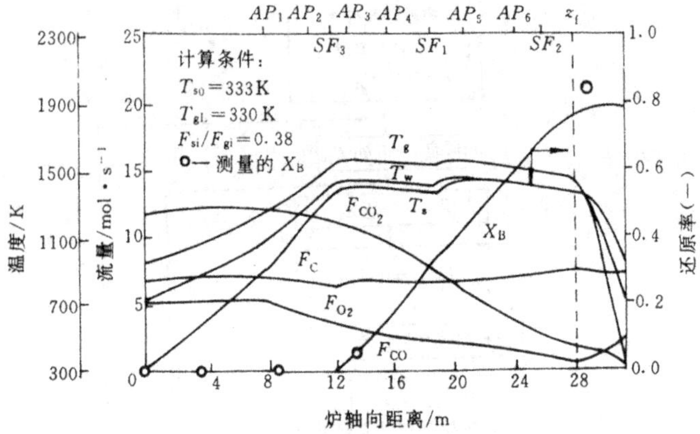

图 12-21　1 号窑模拟计算结果

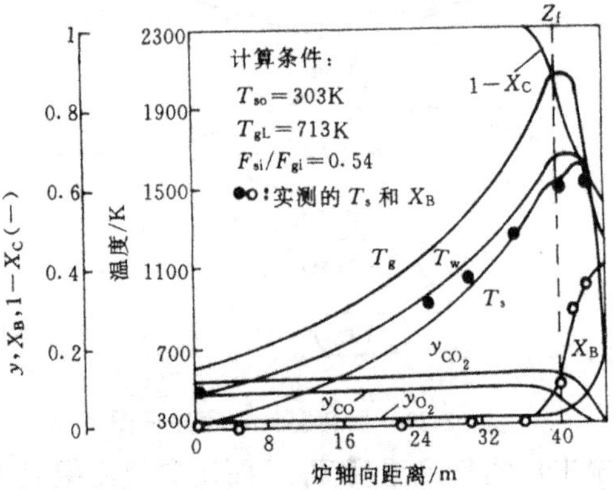

图 12-22　2 号窑模拟计算结果

可见，两种情况下，模型计算的结果较好地模拟了实际还原过程。两个窑内的温度分布有很大的差别。1 号窑虽然只有 31m

长，但由于沿窑身补充了空气和煤炭，物料预热段仅需 12m 左右，并能使料层温度基本不变的还原反应段长度达到 16m 以上，出口物料还原率达 80%左右。而沿窑身不补充空气和煤炭的 2 号窑（窑长 46m），物料预热段长达 35m 以上，出口还原率仅为 30%左右。此外，2 号窑的各项消耗指标也均大于 1 号窑。

表 12-5　回转窑的装置参数和操作条件

装置参数	1 号窑	2 号窑	操作条件	1 号窑	2 号窑
窑长/m	31	46	窑内压力/atm（0.1MPa）	1.013	1.013
内径/m	1.8	2	主喷嘴空气流量/$mol \cdot s^{-1}$	12.7	83.4
外径/m	2.2	2.3	主喷嘴重油流量/$kg \cdot s^{-1}$	0.0235	0.145
倾斜角/度	2.3	2.0	供矿石流量/$kg \cdot s^{-1}$	0.556	1.706
AP 数	6	0	供炭流量/$mol \cdot s^{-1}$	6.86	23
SF 数	3	0	*AP* 供空气流量/$mol \cdot s^{-1}$	53.2	0
			SF 供碳流量/$mol \cdot s^{-1}$	10.87	0
			窑转速/$r \cdot min^{-1}$	0.33	0.22

12.4.2.5　回转窑过程数学模型的进一步应用

应用前节的数学模型和计算方法，针对铬铁矿含炭球团预还原回转窑（3 号窑）和生产炼钢用活性石灰粉剂的石灰石煅烧回转窑（4 号窑）进行了模拟仿真计算。

（1）窑内物料反应及动力学方程　3 号窑内物料反应为铬铁矿含碳球团直接还原反应

$$\frac{1}{4}FeCr_2O_{4(s)} + C_{(s)} = \frac{1}{4}Fe_{(s)} + \frac{1}{2}Cr_{(s)} + CO_{(g)} \quad (R_5^*)$$

应用李家新和肖兴国等[50]提出的动力学方程及动力学常数计算式：

$$R_5^* = \frac{(1-\varepsilon)\rho_p O_{pel} D_e'}{30[(1-X)^{-1/3}-1]} \tag{12-133}$$

$$D'_e = \exp(28.55 - 52690/T_s), \quad T_s \leqslant 1473K$$

$$= \exp(21.61 - 42700/T_s), \quad T_s > 1473K \quad (12\text{-}134)$$

式中 ε 和 O_{pel} 分别为球团空隙率和球团中可被还原的氧含量(%)；ρ_p 为铬铁矿密度；D'_e 为表观内扩散系数。

4 号窑内发生石灰石热分解反应

$$CaCO_{3(s)} = CaO_{(s)} + CO_{2(g)} \quad (R_6^*)$$

引用 Hills[51]的动力学方程

$$R_6^* = \frac{3(1-\varepsilon)\gamma(p_{CO_2,e} - p_{CO_2,g})}{kT_s r_p^2[(1-X)^{-1/3} - 1] + \gamma r_p/\lambda} \quad (12\text{-}135)$$

式中 $p_{CO_2,g}$ 和 $p_{CO_2,e}$ 分别为气相中 CO_2 的分压和平衡分压；γ 和 λ 分别为扩散参数和对流参数，其定义如下：

$$\frac{1}{\gamma} = \frac{1}{D_e} + \frac{p_{CO_2,e}\Delta H_6^2}{RR'T_s^3\lambda_s},$$

$$\frac{1}{\lambda} = \frac{1}{k_g} + \frac{p_{CO_2,e}\Delta H_6^2}{RR'T_s^3 h_g} \quad (12\text{-}136)$$

式中 D_e 和 λ_s 分别为产物层内 CO_2 的扩散系数和有效导热系数；h_g 和 k_g 分别为气体边界层的传热和传质系数；R (=0.082) 和 R' (=1.987) 分别为不同单位表示的气体常数。

(2) 模拟计算结果　表 12-6 给出了 3 号窑 4 号窑的各类参数和操作条件。图 12-23 和图 12-24 分别为对 3 号窑和 4 号窑的模拟计算结果。可以看出，对于沿窑轴向的反应率、料层温度及外壁温度分布等，计算曲线均相当好地模拟了实测结果。

表 12-6　回转窑的装置参数和操作条件

装置参数	3 号窑	4 号窑	操作条件	3 号窑	4 号窑
窑长/m	8.36	26	窑内压力/atm (0.1MPa)	1.013	1.013
内 径/m	0.52	1.125	主喷嘴空气流量/mol · s^{-1}	4.43	15.63
外径/m	0.72	1.65	主喷嘴重油流量/kg · s^{-1}	0.0061	0.0741
倾斜角/度	1.138	2.28	球团或石灰矿石流量/kg · s^{-1}	0.0417	0.517
			窑转速/r · min^{-1}	0.8	1.2

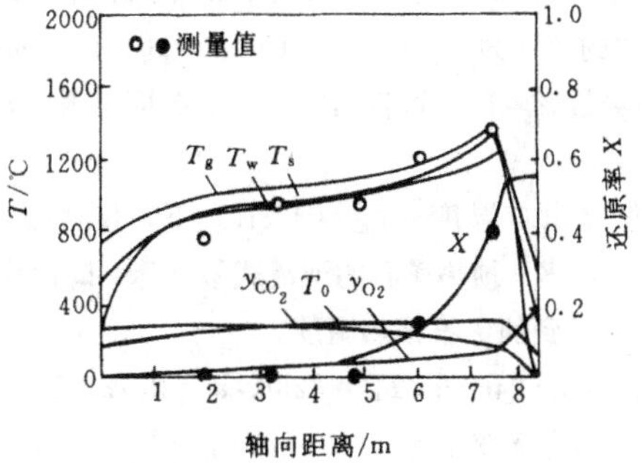

图 12-23 对 3 号窑的模拟计算结果

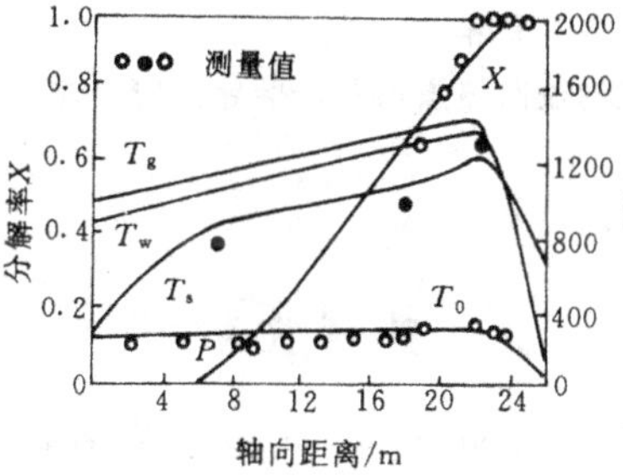

图 12-24 对 4 号窑的模拟计算结果

习 题

1. 对于等温非催化反应固定床操作，若其中的气固反应可用未反应核模型描述，试推导控制环节不同时，床层内反应带的转化率的轴向分布曲线特征。

2. 在以气体净化为目的的等温非催化反应固定床操作中，固体反应剂粒度、温度和气体中杂质浓度对突破点有何影响？试说明原因。

3. 试积分出式（12-53），并分析式中各项的物理意义。编制计算程序，求出各宏观动力学参数（α，β 和 ω）和操作参数 ϕ 对固料出口转化率的影响（$\Psi_1=0.2$）。参数的范围为：$\alpha=10^{-2}\sim10$，$\beta=10\sim10^4$，$\omega=1\sim10^3$，$\phi/3=0.1\sim1$，计算某参数影响时，可将其它三个参数固定为：$\alpha=10^{-1}$，$\beta=10^2$，$\omega=10^2$，$\phi/3=0.5$。

4. 在限定气体出口温度（$T_{g1}=423\text{K}$）下，设计应用热气体（$F_g=0.777\text{kg/s}$，$T_{g0}=823\text{K}$）预热矿石的逆流式移动床，试计算下列条件下，所需的床层高度和能达到的矿石预热温度。

操作条件：$F_s=0.694\text{kg/s}$，$T_{s0}=323\text{K}$，$u_s=2.78\times10^{-3}\text{m/s}$，$d_p=0.04\text{m}$

热物理性质和传热系数：$\rho_s=2.5\times10^3\text{kg/m}^3$，$c_g=1046\text{J/(kg}\cdot\text{K)}$，$c_s=1171\text{J/(kg}\cdot\text{K)}$，$h_p=58\text{W/(m}^2\cdot\text{K)}$。

5. 试推导化学反应或颗粒内扩散为控制环节时，连续式单段、2 段和 3 段串联流化床的出口颗粒平均未转化率与 θ_n（$=t_c/n\tau_0$）的关系式。

6. 试求出流化床两相模型的基本微分方程、式（12-104）在式（12-105）的边界条件下的解析解。

7. 试由回转窑的径向热量衡算，推导窑内、外壁温度的表达式（12-123）。

参 考 文 献

[1] Bischoff K. B., *Ind. Eng. Chem. Fundamentals*, **8** (1969), 665.

[2] 森山昭，化学工学，**34**（1970），1308.

[3] 肖兴国等，东北工学院学报，No. 3，1988，364.

[4] 肖兴国，徐仁贤，东北工学院学报，No. 1，1987，22.

[5] 桑原守，鞭岩，化学工学，**47**（1983），1308.

[6] Yoshida *et al.*, *Int. J. Heat and Mass Transfer*, **9** (1966), 865.

[7] Furnace C. C., *Ind. Eng. Chem.*, **22** (1930), 26.

[8] Gardner, *Chem. Eng. Sci.*, **21** (1966), 261.

[9] 高橋洋志等，化学工学，**38**（1974），746.

[10] Kam E. K. T. *et al.*, *Trans. Inst. Chem. Eng.*, **59** (1981), 196.

[11] Tsay Q. T. *et al.*, *AIChE J.* **22** (1976), 1064.

[12] 谢涌堃，秦民生，金属学报，**20**（1984），*B*249.

[13] 谢裕生等，第二次冶金反应动力学学术会议论文集，1984，229，鞍

山.
[14] 八木顺一郎等，鉄と鋼，**66** (1980)，1888.
[15] 桑原守，鞭岩，鉄と鋼，**68** (1982)，*S*782.
[16] 八木顺一郎等，金属学会志，**32** (1968)，209.
[17] 鞭岩等，制炼化学工学演习，养贤堂，1974.
[18] 孙佩极主编，冶金化工过程及设备，冶金工业出版社，1980.
[19] Yagi S.，Kunii D.，*Chem. Eng. Sci.*，**16** (1961)，364.
[20] 森山昭，金属学会志，**31** (1967)，617.
[21] Mieur J. P. *et al.*，*AIChE J.*，**12** (1967)，839.
[22] 荒井深，化学工学，**34** (1970)，797.
[23] Murray J. D.，*J. Fluid Mech.*，**21** (1965)，465.
[24] Kunii D.，Levenspiel O.，Fluidization Eng.，John Wiley and Sons，Inc.，New York，1969.
[25] 鞭岩，森山昭，冶金反应工程学，蔡志鹏等译，科学出版社，1981.
[26] Fukunaka Y. *et al.*，*Met. Trans.* **B**，**7B** (1976)，307.
[27] 朝木善次郎，粉体工学会志，**23** (1986)，510.
[28] Henein H. *et al.*，*Met. Trans.* **B**，**14B** (1983)，191.
[29] Henein H. *et al.*，*Met. Trans.* **B**，**14B** (1983)，207.
[30] W. W. Zabltony，*Int. Chem. Eng.*，**5** (1965)，360.
[31] Khodorov E. P. *et al.*，Kilns in Cement Industry，Vol. 1 *and* 2，Gilpsm Moscow，1950.
[32] R. A. Bayard，*Chem. Met. Eng.*，*March* (1945)，100.
[33] Amit Chatterjee *et al.*，*Met. Trans.* **B**，**14B** (1983)，375.
[34] J. K. Brimacombe，A. P. Watkinson，*Met. Trans.* **B**，**94B** (1978)，201.
[35] Watkinson A. P. *et al.*，*Met. Trans.* **B. 9B** (1978)，209.
[36] Gorog J. P. *et al.*，*Met. Trans.* **B. 12B** (1981)，53 **13B** (1982)，153，**14B** (1983)，411.
[37] 守富宽等，鉄と鋼，**64** (1978)，1.
[38] Soas A. *et al.*，*Ind. Chem. Process Des. Develop.*，**6** (1967)，532.
[39] Cross M *et al.*，*Ironmaking and Steelmaking*. No. 3 (1976)，129.
[40] Manitius A. *et al.*，*Ind. Chem. Process Des. Develop.*，**13**，No. 2 (1974)，192.

[41] 下里省夫等，鉄と鋼，**59** (1973)，*S*323.
[42] Veakateswaran V. *et al.*，*Met. Trans.* **B. 8B** (1977)，387.
[43] 肖兴国等，鉄と鋼，**72** (1986)，580.
[44] 李家新，邹宗树，肖兴国，萧泽强，化工冶金，**12** (1991)，No. 1，8.
[45] Xiao Xingguo *et al.*，*Chin. J. Met. Technol.*，**7** (1991)，55.
[46] J. H. Perry，*Chem. Eng. Handbook*，4th Ed. McGraw-Hill，1963，20.
[47] W. E. Ranz，W. E. Marshall Jr，*Chem. Eng. Progress*，**48** (1952)，141.
[48] 石黑明夫，日本名古屋大学硕士论文，1973.
[49] W. W. Zablotny，*Int. Chem. Eng.*，**5** (1965)，360.
[50] 李家新，肖兴国等，东北工学院学报，**12** (1991)，566.
[51] A. W. D. Hills，*Chem. Eng. Sci.*，**23** (1968)，297.

13 冶金气-液反应器

13.1 冶金气-液反应器及其数学模型研究概述

以气-液反应为主的冶金反应器主要应用于高温金属熔体的精炼及脱气过程，就气液反应体系的接触方式而言，多数情况下，高温金属熔体以连续相存在，而气体以射流或气泡形式分散通过熔体（如底吹钢包、底吹或顶底复吹炼钢转炉、铜吹炼炉、铜转炉和真空脱气等），或从位于液面上方的喷嘴以射流形式冲击液面（如 LD 转炉）；也有熔融金属呈液滴形态在连续气相中分散落下的情况（如流滴脱气过程）。

现代冶金生产中，为了满足优质、高效及品种多样化的要求，炼钢的转炉、平炉或电炉仅起熔化和初炼的作用，而把脱磷、脱硫、脱气、去除夹杂物及调整成分等任务移至其他专用反应器内完成。前者称为一次精炼，后者统称为二次精炼。在二次精炼中，气液反应起主导作用。而在一次精炼过程中，除气相外，通常还存在与熔融金属互不相溶的渣相，有时还需要考虑矿石、球团、废钢及石灰石等固料熔化、溶解或分解等过程，远非气液两相。但是，气-液反应仍起重要的甚至是主导作用，所以也在本章讨论。

与冶金气-液反应器有关数学模型研究主要包括以下几个领域：（1）冶金熔体中气泡的形成及其运动、传质和反应行为规律（见第 3 章）；（2）浸入式喷嘴在熔体中的鼓泡、射流及其转化条件；（3）高压气体向自由空间喷射、冲击液面的行为；（4）气体对熔体的搅拌作用（见第 9 章）；（5）气体搅拌钢包内的流体流动、混合、流场测定及其数值计算；（6）冶金气-液反应器操作过程解析。60 年代中期，著名冶金学家 Richardson 等[1]首先开辟这一研究领域。30 年来，它始终是冶金学界研究热点之一，研究范围日趋扩大，水平不断提高，对过程认识日益深化。但是，应该指出，由于体系很复杂以及高温测试困难，仍有不少问题尚待解决。本章将以几个典型冶金气液过程模型为例进行讨论。

13.2 氧气射流及液面冲击坑的形状和表面积

对于 LD 转炉，通常可以把氧气射流冲击钢水液面形成的凹坑（火点）看成是主要的反应区。因此，凹坑的形状和表面积对 LD 转炉操作过程有极为重要影响。图 13-1 为由拉伐尔喷嘴的氧气射流冲击液面，形成凹坑的示意图[2]。图中 d^* 和 d_1 分别为喷嘴喉口和出口内径；L 为喷嘴距离液面的高度；p 和 u 分别为氧气压力和流速；下标 0 和 1 分别表示喷嘴入口和出口位置；u_m 为氧气射流中心轴上的流速；h_0 为凹坑深度；h 和 r 分别为凹坑内某点距液面距离和该点的凹坑半径。

13.2.1 拉伐尔喷嘴的氧气射流

13.2.1.1 喷嘴出口流速[2,3]

可压缩流体流动的总能量平衡方程为

$$\Delta\left(\frac{u^2}{2}\right)+g\Delta z+\int_{p_0}^{p_1}V\mathrm{d}p+W'+W_r=0 \tag{13-1}$$

式中各项依次为动能、位能和压力能变化及有用功和摩擦功。在拉伐尔喷嘴射流条件下，可以忽略位能变化、有用功和摩擦功三项，并可看作是绝热等熵过程，则有

$$\Delta\left(\frac{u^2}{2}\right)+\int_{p_0}^{p_1}V\mathrm{d}p=0 \tag{13-2}$$

$$p_0V_0^\gamma=p_1V_1^\gamma=pV^\gamma,V=\left(\frac{p_0}{p}\right)^{1/\gamma}V_0=\left(\frac{p_0}{p}\right)^{1/\gamma}\frac{1}{\rho_0},\gamma\equiv\frac{c_p}{c_V}=1.4 \tag{13-3}$$

式中 V 和 ρ 分别代表气体的摩尔体积和摩尔密度；c_p 和 c_V 分别为比定压和比定容热容。将式（13-3）代入式（13-2），积分得到

$$\frac{u_1^2}{2}-\frac{u_0^2}{2}+\frac{1}{\rho_0}\int_{p_0}^{p_1}\left(\frac{p_0}{p}\right)^{1/\gamma}\mathrm{d}p=0 \tag{13-4}$$

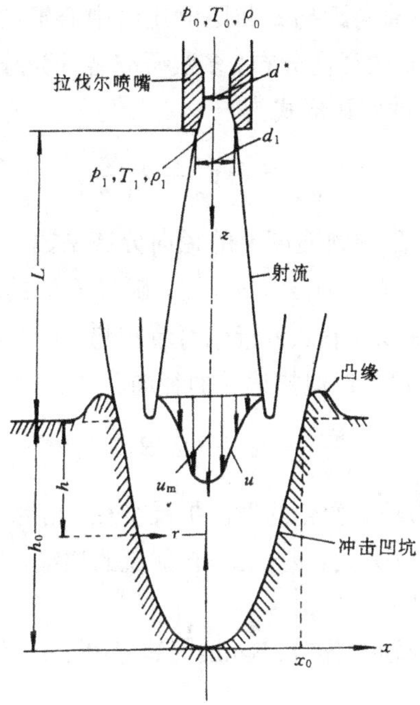

图 13-1　射流和冲击凹坑[2]

因为 $u_1^2 \gg u_0^2$，所以

$$u_1^2 = -\frac{2}{\rho_0}\int_{p_0}^{p_1}\left(\frac{p_0}{p}\right)^{1/\gamma}\mathrm{d}p = \frac{2\gamma}{\gamma-1}\frac{p_0}{\rho_0}\left[1-\left(\frac{p_1}{p_0}\right)^{\frac{\gamma-1}{\gamma}}\right] \tag{13-5}$$

此即拉伐尔喷嘴气体出口流速的计算式。

13.2.1.2　射流中的速度分布

LD 转炉的氧气喷射在与液面接触之前是湍流自由射流。对于湍流自由射流，径向速度分量与轴向速度分量相比很小，在许多实际场合均可忽略[3]。下面的讨论均针对轴向速度分量(简称射流中的速度 u)的分布特征。由于喷口处产生负压及气体间的粘滞

作用，周围气体会被裹入射流，随着射流前进，射流中气体量增加，流速降低，而总动量不变。因此，射流中的速度 u 是距拉伐尔喷嘴出口的轴向距离 z 和距射流的中心轴的径向距离 R 二者的函数。关于 u 的径向分布，多数研究者认为服从正态分布规律，例如，其中一种表达形式为[4]

$$\frac{u}{u_{\mathrm{m}}}=\exp\left[-\lambda_{\mathrm{j}}\left(\frac{R}{z}\right)^{2}\right] \tag{13-6}$$

式中 λ_{j} 称为射流中的速度 u 的径向分布系数。由此式可以看出，在射流中心轴（$R=0$）处，$u=u_{\mathrm{m}}$；随着 R/z 的增大，u 成指数衰减趋势，在 $(R/z)^2$ 很大（近似可看作趋近∞）时，$u=0$。也有采用指数函数形式来近似描述 u 的径向分布，例如[5]

$$\frac{u}{u_{\mathrm{m}}}=[1-(R/R_0(z))^{3/2}]^{2} \tag{13-7}$$

式中 $R_0(z)$ 为随 z 变化的射流扩展半径。由此式可以看出，在射流中心轴（$R=0$）处，$u=u_{\mathrm{m}}$；在射流的边缘，即 $R=R_0(z)$ 处，$u=0$。

关于 u_{m} 的轴向分布，Banks[6]等提出了 u_{m} 作为 z、d_1 和 u_1 函数的计算式

$$\frac{u_{\mathrm{m}}}{u_1}=K\left(\frac{d_1}{z}\right) \tag{13-8}$$

式中 K 为射流中速度的轴向衰减系数，通常由实验确定，川上等[7]认为 K 并非常数，而是与拉伐尔喷嘴气体进口压力 p_0（atm，0.1MPa）有关的系数，并实验确定了关系式

$$K=p_0/0.404 \tag{13-9}$$

蔡志鹏等[4]根据本人实验结果和收集的他人研究数据认为 K 值在5～8.9之间。并指出，式（13-6）和式（13-8）是按不可压缩射流处理的，故其仅适用马赫数 $Ma\leqslant0.3\sim0.4$ 范围。在高温冶金条件下的射流场内，气体密度的相对变化不能忽略，尤其是超音速射流，本身的密度变化也值得考虑。这种情况下，射流场内各点的速度和密度是同时变化的，因此，他建议将式（13-6）和式

(13-8) 修改为以下形式：

$$\frac{u}{u_{\mathrm{m}}}=\sqrt{\frac{\rho_{\mathrm{m}}}{\rho}}\exp\left[-\lambda_{\mathrm{j}}\left(\frac{R}{z}\right)^{2}\right] \tag{13-10}$$

$$\frac{u_{\mathrm{m}}}{u_{1}}=K\sqrt{\frac{\rho_{1}}{\rho_{\mathrm{m}}}}\left(\frac{d_{0}}{z}\right) \tag{13-11}$$

式中 ρ_1、ρ_m 和 ρ 分别为喷嘴出口、射流中心轴和射流场中相应点的气体密度，$z=L_s+L_z$，L_s 为超音速核心流长度，L_z 为由射流的音速点（即 $z=L_s$）处算起的轴向距离。进一步采用不同马赫数（$Ma=1\sim2.5$）的精密电铸超音速喷头进行实验发现，在其设计压力下测得的超音速核心流长度与喷头的出口马赫数有关，并得到下面的经验方程：

$$\frac{L_{s}}{d_{1}}=5+1.878Ma^{2.81} \tag{13-12}$$

将式（13-11）应用于超音速核心流终点（$L_z=0$，u_m 等于音速 u_A）处，得到

$$\frac{L_{s}}{d_{1}}=K\frac{u_{1}\sqrt{\rho_{1}}}{u_{A}\sqrt{\rho_{A}}}=K\overline{M_{A}},\quad \overline{M_{A}}=u_{1}\sqrt{\rho_{1}}/(u_{A}\sqrt{\rho_{A}}) \tag{13-13}$$

式中 ρ_A 为相应于音速时射流的密度。蔡志鹏等[4]指出，$\overline{M_A}$也是马赫数的函数，并由实验求得

$$\overline{M_{A}}=0.063+0.885Ma \tag{13-14}$$

由式（13-12）至式（13-14）可以得到

$$K=\frac{5+1.878Ma^{2.81}}{\overline{M_{A}}}=79.365\times\frac{(1+0.376Ma^{2.81})}{1+14Ma} \tag{13-15}$$

因此，应用式（13-11）时，应注意 K 并非常数，而是马赫数的函数。

13.2.2 液面冲击坑的形状和表面积

Banks 等[6]在研究分析 Porch 等[8]的实验结果基础上，提出

了分别适用于硬吹和软吹两种条件下描述射流冲击液面时形成凹坑形状的经验关系式

$$\frac{h}{h_0}=1-\beta\left(\frac{r}{L+h_0}\right)^2\text{（硬吹深凹坑），}$$

$$\frac{h}{h_0}=\exp\left[-\beta'\left(\frac{r}{L+h_0}\right)^2\right]\text{（软吹浅凹坑）} \quad (13\text{-}16)$$

式中 $\beta=K^2=p_0^2/0.1632,\quad \beta'=2K^2=p_0^2/0.0816$ (13-17)

由以上诸式可以求算冲击坑的表面积[2,9]。以硬吹条件为例，假定凹坑为旋转抛物面，则在 $h\sim h+\mathrm{d}h$ 区间，凹坑半径增量为 $\mathrm{d}r$，则曲面长度增量 $\mathrm{d}s$ 近似为

$$\mathrm{d}s=\sqrt{(\mathrm{d}r)^2+(\mathrm{d}h)^2}=\mathrm{d}h\sqrt{1+(\mathrm{d}r/\mathrm{d}h)^2} \quad (13\text{-}18)$$

相应表面积增量为 $2\pi r\mathrm{d}s$，则冲击坑表面积 A 为

$$A=\int_0^s 2\pi r\mathrm{d}s=\int_0^{h_0}2\pi r\sqrt{1+(\mathrm{d}r/\mathrm{d}h)^2}\mathrm{d}h \quad (13\text{-}19)$$

由式（13-16）中相应硬吹条件的第一式求出

$$\frac{\mathrm{d}r}{\mathrm{d}h}=-\frac{(L+h_0)^2}{2\beta h_0}\frac{1}{r},r^2=\left(1-\frac{h}{h_0}\right)\frac{(L+h_0)^2}{\beta} \quad (13\text{-}20)$$

将式（13-20）代入式（13-19）并积分

$$A=2\pi\int_0^{h_0}r\sqrt{1+\left[\frac{(h_0+L)^2}{2\beta h_0}\frac{1}{r}\right]^2}\mathrm{d}h$$

$$=2\pi\int_0^{h_0}\sqrt{\left(1-\frac{h}{h_0}\right)\frac{(h_0+L)^2}{\beta}+\left[\frac{(h_0+L)^2}{2\beta h_0}\right]^2}\mathrm{d}h$$

可求得

$$A=\frac{\pi(h_0+L)}{6h_0^2\beta^2}\{[4h_0^2\beta+(h_0+L)^2]^{3/2}-(h_0+L)^3\} \quad (13\text{-}21)$$

可见，冲击凹坑的表面积是枪位 L、β（由操作条件 p_0 决定）和凹坑深度 h_0 的函数，h_0 可根据动量守恒按下述方法求出。由式（13-20）中第一式可计算硬吹条件下射流排开的液体体积为

$$V_L=\int_0^{h_0}\pi r^2\mathrm{d}h=\pi\int_0^{h_0}\left(1-\frac{h}{h_0}\right)\frac{(h_0+L)^2}{\beta}\mathrm{d}h=\frac{\pi h_0(h_0+L)^2}{2\beta} \quad (13\text{-}22)$$

根据动量守恒原理，喷嘴出口动量和射流排开的液体体积的关系为

$$V_L = M/\rho_L g, \quad M = \frac{\pi d_1^2}{4}\rho_1 u_1^2 \tag{13-23}$$

由式（13-22）和式（13-23）消去 V_L 得到关于 h_0 的一元三次方程

$$h_0^3 + 2Lh_0^2 + L^2 h_0 - \frac{2\beta M}{\pi \rho_L g} = 0 \tag{13-24}$$

于是，根据设备和操作条件，先由式（13-5）、式（13-17）和式（13-23）分别求出 u_1、β 和 M，再由式（13-24）解出 h_0，最后由式（13-21）计算出射流对液面冲击坑，即火点的表面积 A。

13.3 底吹氩钢包流动的数学模型

向金属熔池中吹入气体使金属液产生强烈地循环流动，改善反应动力学条件，可强化冶炼过程，因此，该技术在钢铁冶金生产中得到广泛应用。其中，钢包底吹氩应用最广，并在其基础上发展了钢包喷粉、喂线及CAS-OB等许多钢包精炼新技术。自70年代起，对底吹氩钢包中的气液两相区行为，混合和搅拌作用，流动及传质传热等进行了大量研究。本书仅讨论底吹氩钢包流动数学模型研究中的两种典型处理问题方法。第一种方法是在若干简化假定下，由动量、质量和能量衡算出发，研究了底吹氩钢包中的气液两相流动和混合特性；第二种方法是采用流函数—涡量法，将流体的连续性方程和运动方程改型，引入湍流粘度，并利用实验测定的边界条件数值求解底吹氩钢包内的流场。

13.3.1 气液两相流模型

赫冀成等[10]针对底吹氩钢包提出的如图13-2所示的气液两相流模型。

13.3.1.1 模型假定

在推导模型的数学表达式中，作如下假定：

（1）底吹氩钢包的熔池可分为三个区域：

上升区—气泡以速度 u_g 并带动液体以速度 u 上升，同时从侧

面以速度 v 流入液体；

逸散区—来自上升区的气泡在此区表面逸出，液体以径向速度 u_s 被排出，并流入下降区；

下降区—液体以速度 u_c 向下流动。

（2）垂直方向速度为零的面为上升区和下降区的界面；

（3）液体在上升区和下降区同一截面上轴向流速及整个逸散区的径向流速均匀。

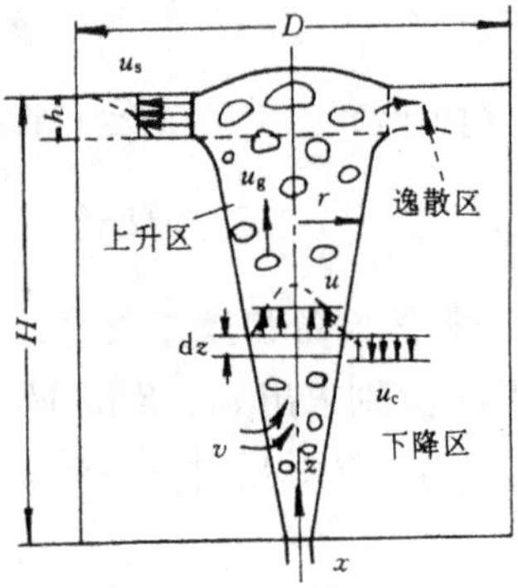

图 13-2 气液两相流模型示意图

13.3.1.2 基本方程

在上升区的 $z \sim z+\mathrm{d}z$ 微元区间分别对其中的气相和液相作质量衡算

$$M_g = \rho_g q_{V_g} = \int_0^r \rho_g u_g \phi 2\pi x \mathrm{d}x \qquad (13\text{-}25)$$

$$\frac{\mathrm{d}}{\mathrm{d}z}\int_0^r (1-\phi)\rho u 2\pi x \mathrm{d}x = (2\pi x \rho v)_{x=r} \qquad (13\text{-}26)$$

式（13-25）表示上升气泡的质量为定值，式（13-26）表示上升区液体质量流量的增量等于从下降区流入的质量流量。式中 z 和 x 分别为轴向和径向坐标；r 为上升区的半径（m）；ρ 和 ρ_g 分别为液相和气相密度（$\mathrm{kg/m^3}$）；q_{V_g}为气体体积流量（$\mathrm{m^3/s}$）；ϕ 为上升区中以气体体积分数表示的含气率。由于气体密度远小于液体，故忽略气体动量的变化，则气泡相浮力应等于液体动量的变化，所以，在同一微元区间的动量衡算式为

$$\int_0^r \phi g(\rho - \rho_g) 2\pi x \mathrm{d}x = \frac{\mathrm{d}}{\mathrm{d}z}\int_0^r (1-\phi)\rho u^2 2\pi x \mathrm{d}x \qquad (13\text{-}27)$$

假定从下降区流入上升区的液体质量流量正比于两区液体的相对流速和界面积，则有

$$(2\pi x \rho u)_{x=r} = E_0[(1-\phi)2\pi r \rho(u+u_c)] \qquad (13\text{-}28)$$

式中 E_0 为喷流吸引系数。下降区液体平均速度 u_c 由水平截面上的液体总质量守恒求出

$$\int_0^r (1-\phi)u\rho 2\pi x\mathrm{d}x = \int_r^R u_c\rho 2\pi x\mathrm{d}x \tag{13-29}$$

上升区的气液两相滑移速度 u_d 是单个气泡的上升速度 u_b 和两相区气相体积分数的函数

$$u_d = u_g - u = u_b/(1-\phi) \tag{13-30}$$

忽略气泡间相互作用时，u_b 由下式估算：

$$u_b = \sqrt{0.5d_b g} \tag{13-31}$$

式中的气泡径 d_b 和气体密度均为 z 的函数，服从理想气体定律时有

$$d_b = d_{b0}\left[\frac{p_s+\rho gH}{p_s+\rho g(H-z)}\right]^{1/3}, \rho_g = \rho_{gs}[1+\rho g(H-Z)/p_s] \tag{13-32}$$

式中 p_s 为和 ρ_{gs}分别为熔池表面的压力和气体密度，H 为熔池深度，d_{b0}为 $z=0$ 出气泡的直径。根据 Davidson 的研究[11]，得到经验式

$$d_{b0} = 0.0794(F_g d_N^{0.5})^{0.289} \tag{13-33}$$

式中 d_N 为喷嘴直径。将式（13-28）至式（13-33）代入式（13-25）至式（13-27），并整理成关于上升区液体流速 u 及两相含气率 ϕ 和半径 r 的常微分方程，得到

$$\frac{\mathrm{d}u}{\mathrm{d}z} = \frac{g\phi}{(1-\phi)} - \frac{2E_0(R^2-\phi r^2)u}{r(R^2-r^2)} \tag{13-34}$$

$$\frac{\mathrm{d}\phi}{\mathrm{d}z} = F(u,r,\phi,z) \tag{13-35}$$

$$\begin{aligned}\frac{\mathrm{d}r}{\mathrm{d}z} = &\frac{1}{2(u+u_d)}\left[\frac{2E_0(R^2-\phi r^2)u}{r(R^2-r^2)} - \frac{g\phi r}{(1-\phi)u}\right.\\ &\left.-\frac{u_{b0}(k_1/k_2)^{1/6}r}{(1-\phi)^2}F(u,r,\phi,z) + \frac{g\rho u_{b0}(k_1/k_2)^{1/6}}{b(1-\phi)k_2}\right]\\ &-\frac{2}{2\phi}F(u,r,\phi,z) + \frac{\rho g\rho_{gs}r}{2\rho_g p_s}\end{aligned} \tag{13-36}$$

式中

$$u_{b0} \equiv \sqrt{0.5 d_{b0} g}, \quad K_1 \equiv p_s + \rho g H,$$

$$k_2 \equiv p_s + \rho g (H - z) \tag{13-37}$$

$$F(u, r, \phi, z) = \frac{g\rho\rho_{gs}(1-\phi)}{p_s\rho_g}(u + u_d) - \frac{2E_0(1-\phi)(R^2 - \phi^2 r)}{r(R^2 - r^2)}$$

$$(u + 2u_d) - \frac{g\phi u_d}{u^2} - \frac{\rho g u_{b0}(k_1/k_2)^{1/6}}{6k_2} \Big/ \phi(u + u_d) + \frac{u_{b0}(k_1/k_2)^{1/6}}{1-\phi} \tag{13-38}$$

式（13-34）至式（13-36）即为本模型中上升区的基本微分方程。

图 13-3 给出了上升区上方的逸散区流动示意，在 $z=l$ 处从上升区轴向流入逸散区的液体质量应等于在 $r=r_l$ 的圆柱面上径向流出的液体质量

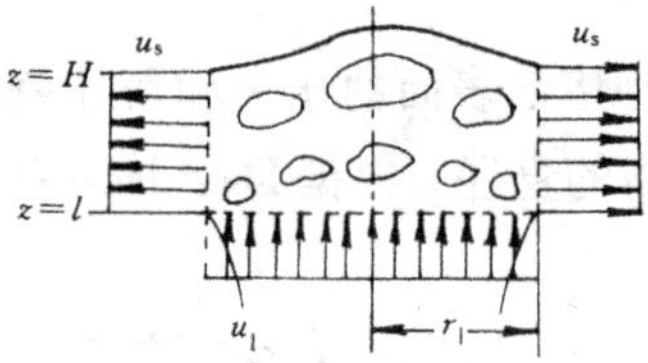

图 13-3 逸散区流动示意图

$$u_l \pi r_l^2 (1 - \phi_l) = 2\pi r_l (H - l) u_s \tag{13-39}$$

在 $z=l$ 处从上升区流入逸散区的液体和气体的动能应等于在 $r=r_l$ 的圆柱面上径向流出的液体动能和位能增量之和

$$\int_0^{r_l} (1 - \phi_l) u_l^3 \rho \pi x \mathrm{d}x + \int_0^{r_l} \phi_l u_{gl}^3 \rho_g \pi x \mathrm{d}x$$

$$= \pi r_l (H - l) \rho u_s^3 + \int_l^H u_s \rho 2\pi r_l g (z - l) \mathrm{d}z \tag{13-40}$$

式（13-39）和式（13-40）为逸散区基本方程式。

13.3.1.3 计算方法及结果

上升区的基本方程是常微分方程组可以作为初值问题差分求解，它们的初始条件为

$$z=0, u_0=258.3(q_{Vg}/\pi R^2)^{0.6}, \phi_0=q_{Vg}/[\pi r_0^2(u_0+u_{b0})],$$
$$r_0=(1/2)d_{b0} \qquad (13\text{-}41)$$

在上列初始条件下，从 $z=0$ 起直至解出满足式（13-39）和式（13-40）的逸散区厚度（$H-l$）为止，然后从 $z=l$ 面上的 u_l、ϕ_l 和 r_l 三个参数值可以得到钢液的循环流量

$$q=\pi r_l^2\rho u_l(1-\phi_l) \qquad (13\text{-}42)$$

针对 $d_N=2$mm，$q_{Vg}=5\times10^{-5}$m/s，$\phi27\times27$cm 的圆筒型中心底吹钢包水模型的计算结果示于图 13-4 中。可见，随轴向高度增长，上升区的半径增大，而液体上升速度和含气率随之逐渐减小的情况。图 13-5 和图 13-6 分别为针对不同液体深度或容器尺寸的底吹钢包水模型，计算的液体循环流量（q/V）和搅拌功率密度（ε）关系及与相应条件的实测结果的比较。

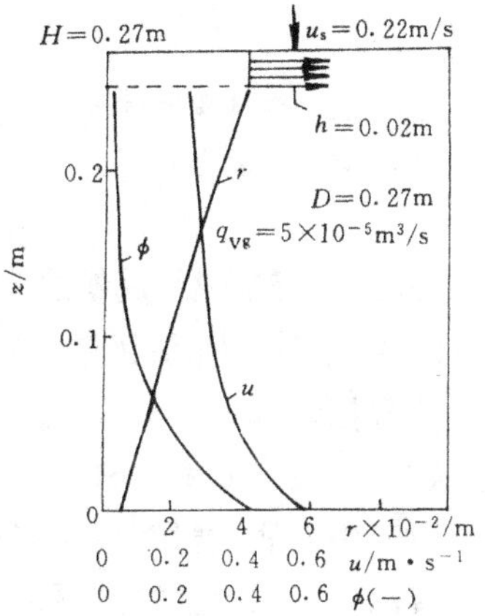

图 13-4 模型计算的各参数轴向分布

由图可见，q/V 随着液体深度 H 增加而增大，随着 D 和 H，即装置尺寸的增大而降低，并可得到经验方程

$$q/V=7.1\times10^{-2}\varepsilon^{0.44}H^{0.68}, \qquad q/V=9.7\times10^{-3}\varepsilon^{0.44}D^{-0.33} \qquad (13\text{-}43)$$

各不同条件下的计算结果与实测值拟合相当好，证明了本气液两相流模型的适用性。

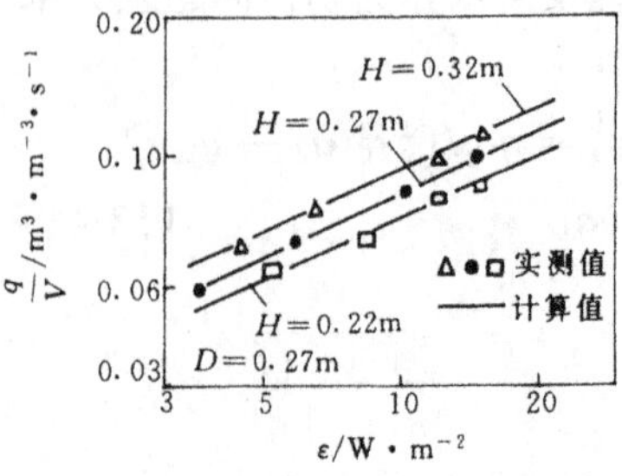

图 13-5　液体深度对循环流量的影响

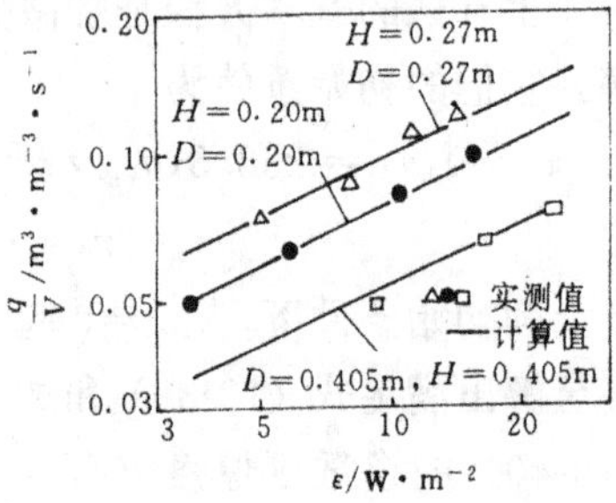

图 13-6　容器尺寸对循环流量的影响

13.3.2　流函数-涡量法

Szekely 等[12]用流函数-涡量法对底吹钢包水模型的流场进行了数值模拟计算。

13.3.2.1　基本方程

对于中心底吹氩钢包这样的轴对称体系中的不可压缩牛顿型流体流动，可采用圆柱坐标系。在稳态条件下，其连续性方程为

$$\frac{\partial u_z}{\partial z}+\frac{1}{r}\frac{\partial(ru_r)}{\partial r}=0 \tag{13-44}$$

运动方程为

$$\rho\left(u_z\frac{\partial u_z}{\partial z}+u_r\frac{\partial u_z}{\partial r}\right)=-\frac{\partial p}{\partial z}+\mu\left[\frac{1}{r}\frac{\partial}{\partial r}\left(r\frac{\partial u_z}{\partial r}\right)+\frac{\partial^2 u_z}{\partial z^2}\right]+\rho f_z \tag{13-45}$$

$$\rho\left(u_z\frac{\partial u_r}{\partial z}+u_r\frac{\partial u_r}{\partial r}\right)=-\frac{\partial p}{\partial r}+\mu\left[\frac{\partial}{\partial r}\left(\frac{\partial(ru_r)}{r\partial r}\right)+\frac{\partial^2 u_r}{\partial z^2}\right]+\rho f_r \tag{13-46}$$

式中 μ 和 ρ 分别为流体粘度和密度；u 为流速；f 表示体积力（浮力和电磁力等）；下标 z 和 r 分别表示轴向和径向分量。射流和冲击引起的剪应力和表面张力由边界条件给出。

13.3.2.2 数值解法

为计算方便，对动量方程进行交叉求导再相减的数学变换，消去压力项，以消除求解压力梯度的困难。首先定义流函数 Ψ 和涡量 ω 如下：

$$u_r \equiv -\frac{1}{\rho r}\frac{\partial \Psi}{\partial z}, u_z \equiv \frac{1}{\rho r}\frac{\partial \Psi}{\partial r}, \omega \equiv \frac{\partial u_r}{\partial z} - \frac{\partial u_z}{\partial r} \tag{13-47}$$

引入上式，在体积力 f_z 和 f_r 忽略不计条件下，式（13-45）和式（13-46）可改写为涡量传输方程

$$r^2\left[\frac{\partial}{\partial z}\left(\frac{\omega}{r}\frac{\partial \Psi}{\partial r}\right) - \frac{\partial}{\partial r}\left(\frac{\omega}{r}\frac{\partial \Psi}{\partial z}\right)\right] - \frac{\partial}{\partial z}\left[r\frac{\partial}{\partial z}\left(\mu\frac{\omega}{r}\right)\right] - \frac{\partial}{\partial r}\left[r\frac{\partial}{\partial r}\left(\mu\frac{\omega}{r}\right)\right] = 0 \tag{13-48}$$

流函数 Ψ 和涡量 ω 的关系可用下式表示

$$\frac{\partial}{\partial z}\left(\frac{1}{r\rho}\frac{\partial \Psi}{\partial z}\right) + \frac{\partial}{\partial r}\left(\frac{1}{r\rho}\frac{\partial \Psi}{\partial r}\right) + \omega = 0 \tag{13-49}$$

对于湍流，式（13-45）、式（13-46）和（13-48）中的流体粘度 μ，须用有效粘度 μ_e 代替，有效粘度定义为

$$\mu_e = \mu + \mu_t \tag{13-50}$$

式中 μ_t 为湍流粘度，它是一个流动特性参数，计算中采用 Spalding 湍流粘度模型（见本节附注）估算。式（13-45）和式（13-46）的边界条件可以叙述为：在流体与固体（器壁）的界面上，假定存在速度的“无滑动”条件、湍动能的生成项和耗散项之间的“平衡”条件；在液体的自由表面上，假定具有“零剪应力”。计算中主要困难是如何规定气泡和周围液体界面上的实际条件。因此，作为一级近似，常采用实测的线速度作为边界条件。图 13-7 给出了数值计算的流线和延时摄影片实测结果的比较。由图可见，二者之间虽然定量上尚未完全一致，但是，定性的相互对应还比较好，说明流函数—涡量法对于数值计算是很有用的。

附注：Spalding 湍流粘度模型[13]

湍流粘度由下式计算：

$$\mu_t = \rho K W^{1/2} \tag{13-51}$$

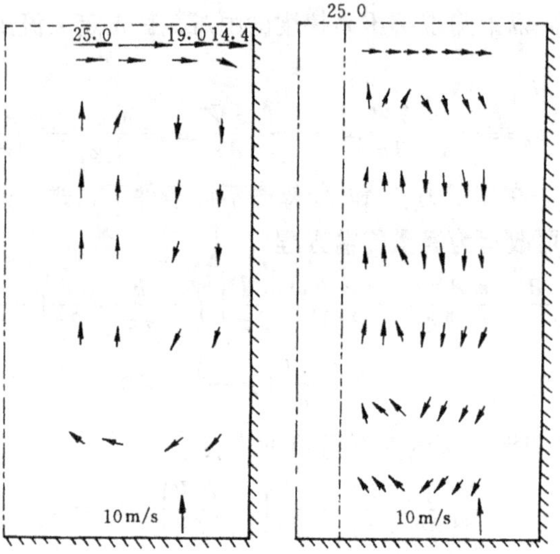

图 13-7　数值计算的流线和实测结果的比较

式中的特性动能 K 和特性频率 W 可以通过求解下列守恒方程确定：

$$\begin{aligned}&\rho\left[\frac{\partial}{\partial z}\left(K\frac{\partial\Psi}{\partial r}\right)-\frac{\partial}{\partial r}\left(K\frac{\partial\Psi}{\partial z}\right)\right]-\frac{\partial}{\partial z}\left[r\left(\mu+\frac{\mu_t}{\sigma_K}\right)\frac{\partial K}{\partial z}\right]\\&\quad-\frac{\partial}{\partial r}\left[r\left(\mu+\frac{\mu_t}{\sigma_K}\right)\frac{\partial K}{\partial r}\right]=r\left\{2\mu_t\left[\left(\frac{\partial u_Z}{\partial z}\right)^2+\left(\frac{\partial u_r}{\partial r}\right)^2\right.\right.\\&\qquad\left.\left.+\left(\frac{u_r}{r}\right)^2+\frac{1}{2}\left(\frac{\partial u_r}{\partial z}+\frac{\partial u_z}{\partial r}\right)^2\right]\right\}-\frac{rc_D\rho K^{3/2}}{(K/W)^{1/2}}\end{aligned}\tag{13-52}$$

$$\begin{aligned}&\rho\left[\frac{\partial}{\partial z}\left(W\frac{\partial\Psi}{\partial r}\right)-\frac{\partial}{\partial r}\left(W\frac{\partial\Psi}{\partial z}\right)\right]-\frac{\partial}{\partial z}\left[r\left(\mu+\frac{\mu_t}{\sigma_W}\right)\frac{\partial W}{\partial z}\right]\\&-\frac{\partial}{\partial r}\left[r\left(\mu+\frac{\mu_t}{\sigma_W}\right)\frac{\partial W}{\partial r}\right]=r\left\{c_1\mu_t(\nabla\omega)^2+2c_3\frac{W}{K}\mu_t\left[\left(\frac{\partial u_z}{\partial z}\right)^2\right.\right.\\&\quad\left.\left.+\left(\frac{\partial u_r}{\partial r}\right)^2+\left(\frac{u_r}{r}\right)^2+\frac{1}{2}\left(\frac{\partial u_r}{\partial z}+\frac{\partial u_z}{\partial r}\right)^2\right]\right\}-rc_2\rho W^{3/2}\end{aligned}\tag{13-53}$$

式中各参数，Spalding 给出下列实验值：

$$c_D = 0.09, c_1 = 35, c_2 = 0.17, c_3 = 1.04, \sigma_K = \sigma_W = 0.9 \tag{13-54}$$

13.4 真空脱气反应器（钢包）的数学模型

转炉或电炉一次精炼后的钢水，再经过真空脱气处理，钢水中气体杂质含量大幅度降低，是获得优质钢材的有效途径之一。随着真空技术的进步，近年来各种真空脱气处理方法有了很大发展，如液滴脱气法、DH 法和 RH 法等都得到广泛应用。本节将以应用最广泛的 RH 真空脱气过程的数学模型为例进行讨论。

13.4.1 RH 真空脱气过程模型

RH 法（又称循环法或环流法）真空脱气反应器，如图 13-8 所

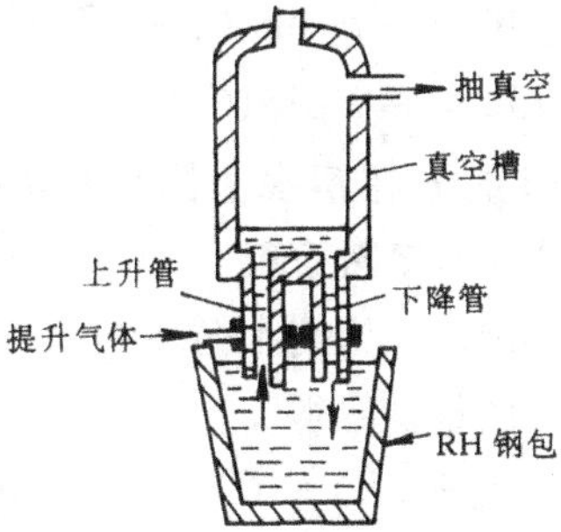

图 13-8 RH 真空脱气装置示意图

示，主体设备由真空槽和钢包构成。真空槽连接真空抽气系统并使其保持一定真空度，在其下部设有插入被精炼钢水中的上升管和下降管，并向上升管通入一定流量的氩气。由于气泡泵起现象（浮力作用），上升管内与氩气混合的钢水将上升流入真空槽，在槽内脱气，经脱气的钢水在重力作用下，经下降管流回钢包，如

此反复形成连续的循环脱气过程。

在上述循环操作中，可有下面三种脱气方式：在上升管内钢水向氩气泡中脱气，在真空槽内钢水通过自由表面的脱气及由于真空槽内氩气泡破裂使部分钢水形成飞散液滴而进行的脱气。下面仅以第一种方式为例介绍藤井等的数学模型[14,15]。

13.4.1.1 模型假定

在推导模型的数学表达式中假定：(1) 上升管内钢水和气泡流动均为活塞流；(2) 气泡为球形且不发生聚合；(3) 液相传质是脱气过程的控制环节

13.4.1.2 基本方程式

在拟稳态假定下，应用第3章讨论的气液间传质模型中的式(3-43)，取上升管内钢水和气泡两相流中的 $z \sim z+\mathrm{d}z$ 微元高度，分别就钢水中的碳、氢和氧作质量衡算可得

$$\mathrm{d}C_\mathrm{C}/\mathrm{d}z = -k_\mathrm{C}Aa(C_\mathrm{C} - C_\mathrm{C}^*)/q \tag{13-55}$$

$$\mathrm{d}C_\mathrm{H}/\mathrm{d}z = -k_\mathrm{H}Aa(C_\mathrm{H} - C_\mathrm{H}^*)/q \tag{13-56}$$

$$\mathrm{d}C_\mathrm{O}/\mathrm{d}z = -k_\mathrm{O}Aa(C_\mathrm{O} - C_\mathrm{O}^*)/q \tag{13-57}$$

式中 c_j 和 c_j^* 分别为 j 成分在钢水主体和钢水-气泡界面的浓度 ($\mathrm{mol/cm^3}$)；A 为上升管的横断面积 ($\mathrm{cm^2}$)；a 为上升管中钢水-气泡的比界面积 ($\mathrm{cm^2/cm^3}$)；q 为钢水循环流量 ($\mathrm{cm^3/s}$)。就气泡相中 H_2 和 CO 的分别做质量衡算得

$$\frac{\mathrm{d}C_\mathrm{CO}}{\mathrm{d}z} = \frac{k_\mathrm{C}Aa(C_\mathrm{C} - C_\mathrm{C}^*)}{q_\mathrm{g}} - \frac{C_\mathrm{CO}}{q_\mathrm{g}}\frac{\mathrm{d}q_\mathrm{g}}{\mathrm{d}z},$$

$$\frac{\mathrm{d}C_{\mathrm{H}_2}}{\mathrm{d}z} = \frac{k_\mathrm{H}Aa(C_\mathrm{H} - C_\mathrm{H}^*)}{2q_\mathrm{g}} - \frac{C_{\mathrm{H}_2}}{q_\mathrm{g}}\frac{\mathrm{d}q_\mathrm{g}}{\mathrm{d}z} \tag{13-58}$$

式中 C_CO 和 C_{H_2} 分别为气泡中 CO 和 H_2 浓度 ($\mathrm{mol/cm^3}$)；q_g 为上升气泡的体积流量 ($\mathrm{cm^3/s}$)。设气泡径为 d_b (cm)，钢水上升速度为 u (cm/s)，则有

$$a = \frac{6q_\mathrm{g}}{A(u + u_\mathrm{d})d_\mathrm{b}} \tag{13-59}$$

式中 u_d (cm/s) 为气泡相对于钢水的速度。当气液两相呈连续流

动时有

$$(q/u) + q_g/(u + u_d) = A \tag{13-60}$$

将上式对 z 求导数，并利用关系式 $u_d = Bd_b^{1/2}$[16]和 $d_b/d_{b0} = (q_g/q_{g0})^{1/3}$，可以得到

$$(2Au - q - q_g + BAd_b^{1/2})\frac{du}{dz} - u\frac{dq_g}{dz} + \frac{B}{2d_b^{1/2}}$$

$$(Au - q)\frac{d(d_b)}{dz} = 0 \tag{13-61}$$

为确定钢液流速 u，在 z 至 $z+dz$ 微元高度的上升管内进行动量衡算时考虑下列外力：

重力： $$f_g = -A\rho g\ (1-\varepsilon)\ dz，\ \varepsilon = \frac{q_g}{A\ (u+u_d)} \tag{13-62}$$

压力： $$f_p = -Aap \tag{13-63}$$

摩擦力： $$f_f = -\frac{1}{2}\rho u^2\pi Df dz \tag{13-64}$$

式中 D 和 ε 分别为上升管内径和管内气泡的体积分数；f 为上升管内壁处摩擦系数。作用在气泡相上的有效浮力为

$$f_b = A\varepsilon(\rho - \rho_g)g dz \approx A\varepsilon\rho g dz \tag{13-65}$$

流入和流出该微元的动量差为

$$Au^2\rho(1 - \varepsilon) - A(u + du)^2\rho[1 - (\varepsilon + d\varepsilon)] \tag{13-66}$$

因此，动量衡算的结果为

$$\rho q\frac{du}{dz} + A\rho g(1 - 2\varepsilon) + A\frac{dp}{dz} + \frac{1}{2}\rho u^2\pi Df = 0 \tag{13-67}$$

如果气泡内的混合气体为理想气体，则

$$p = \frac{nRT}{V} = (C_{CO} + C_{H_2} + C_E)RT \tag{13-68}$$

$$\frac{dp}{dz} = \frac{RT}{q_g}\left[\frac{k_H}{2}(C_H - C_H^*) + k_C(C_C - C_C^*)\right] - \frac{p}{q_g}\frac{dq_g}{dz} \tag{13-69}$$

式中 T 为气体温度 (K)；R 为气体常数；C_E 为气泡内其它组分的总浓度。上面式 (13-55) 至式 (13-69) 即为 RH 脱气装置上升管部分数学模型的基本方程。

13.4.1.3 数值解法及结果

在上列基本方程中，包括液相浓度 C_C、C_H 和 C_O、气相浓度 C_{CO}和 C_{H_2}、液体流速 u、气体流量 q_g 及压力 p 计八个变量。在给定上升管入口处钢水中 C_{C_0}、C_{H_0}等参数值条件下，可以将问题作为初值问题用龙格-库塔-吉尔法求数值解。计算中，以 q 为参数并逐步修改，直至计算出的上升管出口压力与真空槽压力一致为止。

图 13-9 和图 13-10 分别为吹入氩流量 q_{g0}（标准态下体积流量）与钢水循环流量 q 关系及典型条件下上升管内各变量轴向分布的计算结果。图中，η 为无因次气泡径（$=d_b/d_{b0}$），Ψ_i 为 i 组分的无因次浓度 C_i/C_{i_0}（i=C、H、O 及 H_2 和 CO）。

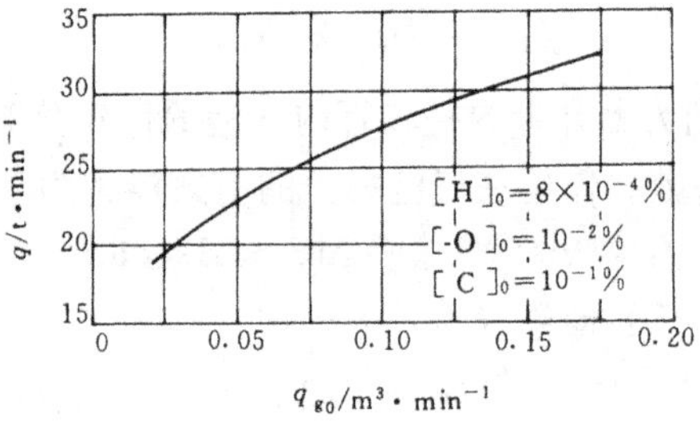

图 13-9 吹氩流量与钢水循环流量的关系

$D=30$cm，$z=130$cm

由图可见，钢水循环流量 q 随 q_{g0}的提高而增大。当 $D=30$cm，q_{g0}为 0.025～0.17m^3/min 时，q 为 18.5～32t/min，这与宫川[17]及渡边等[18]实测结果大体上是一致的。上升管内随高度增加，气泡径单调增大，钢水中的 C、H 和 O 的浓度均单调降低，而气泡内 CO 和 H_2 浓度，开始时急剧增加，达到某一最大值后又缓慢下降并在出口附近有显著降低的趋势，这是由于出口处压力降低导致气泡体积急剧增大的缘故。当然，关于 RH 装置脱气效果还需要考

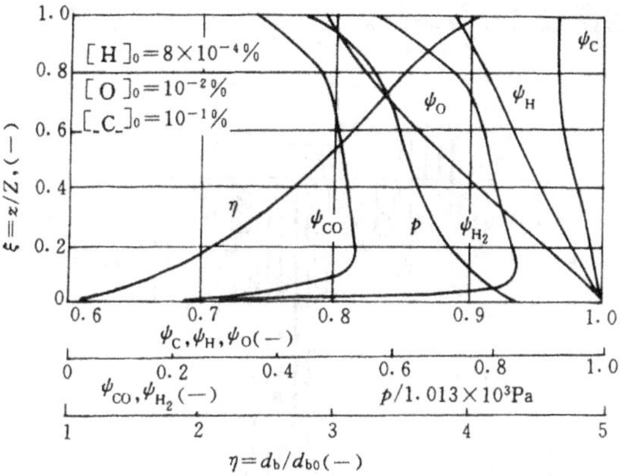

图 13-10 上升管内各无因次变量轴相分布

$d_{b0}=0.5\mathrm{cm}$，$q_{g0}=0.08\mathrm{m^3/min}$，$q=24\mathrm{t/min}$

虑通过真空槽钢水自由表面及飞散液滴的脱气，详见有关文献。

13.4.2 RH真空脱气钢包内钢水流动及脱碳反应模型

加藤等[19]提出了RH真空脱气钢包内钢水流动及脱碳反应模型。该模型首先对RH真空脱气钢包内钢水流动进行了流体力学解析，并通过水模型实验验证其适用性后，建立了考虑钢包内流动状态的脱碳反应模型，并对RH装置的脱碳过程进行了解析。

13.4.2.1 钢包内钢水流动的理论解析

作为不可压缩流体的钢水流动，其连续性方程和运动方程分别为：

$$(\nabla\cdot \boldsymbol{u})=0,\rho[\nabla\cdot \boldsymbol{uu}]=\nabla\cdot(\mu_e\nabla\cdot \boldsymbol{u})-\nabla p,$$

$$\mu_e=\mu+\mu_t \tag{13-70}$$

式中$\boldsymbol{u}$为钢水的速度矢量（m/s）；ρ为钢水密度（计算中取$\rho=7000\mathrm{kg/m^3}$）；p为压力（Pa）；μ_e、μ和μ_t分别为钢水的有效、分子和湍流粘度，计算中取$\mu=7\times10^{-3}\mathrm{kg/(m\cdot s)}$，$\mu_t$采用湍流条件的$K$-$\varepsilon$双方程模型（见本节附注）计算。数值计算是在圆柱坐

标系下，采用 Phoenics 通用程序进行的。计算中在半径、圆周和高度上的格点数分别为 14、38 和 15。图 13-11 给出 RH 钢包内主截面上的钢水流线的计算结果。

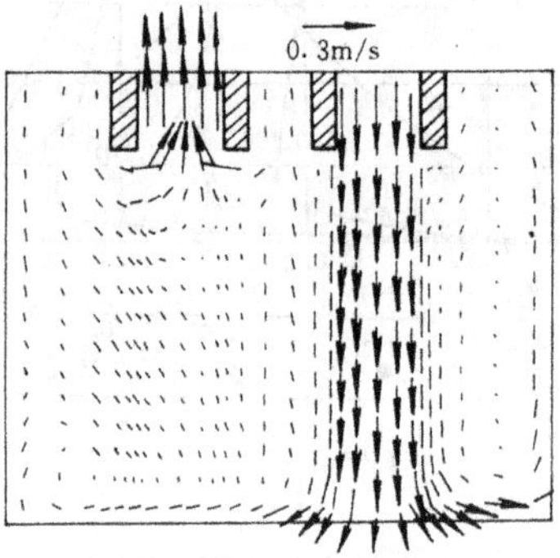

图 13-11　RH 钢包内主截面上的钢水流线的计算结果

由图可见，从下降管流出的钢水基本上不扩展地向下流动，在到达炉底后沿炉壁流动，而循环流在上升管下方的炉底部和下降流的右方形成，上升管的流体抽吸影响仅限于极其接近其端口的区域。

附注　K-ε 双方程模型[20]

湍流粘度由下式计算：

$$\mu_t = f_D \rho K^2/\varepsilon \tag{13-71}$$

式中 f_D 为摩擦系数；K 为特性湍动能；ε 为湍动能的耗散率。湍动能 K 和湍动能的耗散率 ε 的传输方程分别为

$$\frac{\partial}{\partial z}\left(K\frac{\partial \Psi}{\partial r}\right)-\frac{\partial}{\partial r}\left(K\frac{\partial \Psi}{\partial z}\right)-\frac{\partial}{\partial z}\left(r\frac{\mu_e}{\sigma_K}\frac{\partial \varepsilon}{\partial z}\right)-\frac{\partial}{\partial r}\left(r\frac{\mu_e}{\sigma_K}\frac{\partial \varepsilon}{\partial r}\right) = r(G-D) \tag{13-72}$$

$$\frac{\partial}{\partial z}\left(\varepsilon\frac{\partial \Psi}{\partial r}\right)-\frac{\partial}{\partial r}\left(\varepsilon\frac{\partial \Psi}{\partial z}\right)-\frac{\partial}{\partial z}\left(r\frac{\mu_e}{\sigma_\varepsilon}\frac{\partial \varepsilon}{\partial z}\right)-\frac{\partial}{\partial r}\left(r\frac{\mu_e}{\sigma_\varepsilon}\frac{\partial \varepsilon}{\partial r}\right) = rS_\varepsilon \tag{13-73}$$

式中源项中的G、D和S_ε分别为

$$G = 2\mu_t\left[\left(\frac{\partial u_z}{\partial z}\right)^2 + \left(\frac{\partial u_r}{\partial r}\right)^2 + \left(\frac{u_r}{r}\right)^2 + \frac{1}{2}\left(\frac{\partial u_r}{\partial z} + \frac{\partial u_z}{\partial r}\right)^2\right] \tag{13-74}$$

$$D = \frac{f_D \rho K^{3/2}}{l} \tag{13-75}$$

$$S_\varepsilon = c_1 \frac{\varepsilon}{K} G - c_2 \rho \frac{\varepsilon^2}{K} \tag{13-76}$$

K-ε双方程模型中的各系数值可用

$$c_1 = 1.43, c_2 = 1.92, \sigma_K = 1, \sigma_\varepsilon = 1.3, f_D = 0.09 \tag{13-77}$$

13.4.2.2 RH钢包的脱碳反应模型

本模型的概要如下。

（1）模型假定　1）钢水在钢包内为非理想流动，在真空槽内为完全混合流动；2）脱碳反应仅在真空槽内进行。

（2）基本方程　将停留时间分布函数概念应用于钢包内碳的质量平衡，分别对钢包和真空槽可以写出

钢包：

$$C_{out}(t) = \int_0^\infty C_{in}(t-t')E(t')\,dt',$$

$$C_L(t) = \int_0^\infty C_{in}(t-t')I(t')\,dt' \tag{13-78}$$

真空槽：

$$V_V dC_V(t)/dt = q\left|C_{out}(t) - C_{in}(t)\right| - a_k \left|C_V(t) - C^*(t)\right| \tag{13-79}$$

式中$C_{out}(t)$和$C_{in}(t)$分别为上升管入口和下降管下端的碳平均浓度$10^{-4}\%$；$C_V(t)$和$C_L(t)$分别为真空槽和钢包内的碳平均浓度（$10^{-4}\%$）；$C^*(t)$为与真空槽内CO平衡的碳浓度（$10^{-4}\%$）；$E(t)$和$I(t)$分别为钢包内钢水的停留时间和内部年龄分布密度函数（s^{-1}）；V_V为真空槽内钢水的体积（m^3）；q为钢水的循环流量（m^3/s）；a_k为脱碳反应的容量系数（m^3/s）。

钢包内钢水的停留时间分布函数$E(t)$，是利用前面流场计算得到的钢包内各位置的钢水速度矢量$\boldsymbol{u}$及有效粘度μ_e，按下述方

法计算确定的。以下降管下端为钢包入口，上升管入口为钢包出口，阶跃注入示踪剂为例，则其初始和边界条件为

$$t = 0, C_{in}(t) = C_{out}(t) = C(\boldsymbol{x}, t) = 0 \tag{13-80}$$

$$t > 0, C_{in}(t) = 1 \tag{13-81}$$

首先计算的钢包出口侧（上升管入口）的响应浓度

$$\partial C(\boldsymbol{x}, t)/\partial t = -\boldsymbol{u} \cdot \nabla C(\boldsymbol{x}, t) + \nabla \cdot [D_e \nabla C(\boldsymbol{x}, t)] \tag{13-82}$$

然后按下式算出 $E(t)$ 和 $I(t)$：

$$E(t) = \mathrm{d}C_{out}(t)/\mathrm{d}t, \mathrm{d}I(t)/\mathrm{d}t = -E(t) \tag{13-83}$$

式中 $C(\boldsymbol{x}, t)$ 为钢包内各位置 $\boldsymbol{x}$（矢量表示），在各时刻 t 的钢水碳浓度（$10^{-4}\%$）；D_e 为有效扩散系数（m^2/s），其值是分子扩散系数（D）和湍流扩散系数（D_t）之和且取湍流斯密特数 $Sc=1$ 条件下求得的

$$D_e = D + D_t, \quad Sc \equiv \mu_t/(\rho_t D_t) = 1 \tag{13-84}$$

（3）计算方法及结果　应用下列初始和边界条件：

$$t = 0, C_{in}(t) = C_{out}(t) = C(x, t) = 250 \tag{13-85}$$

$$t > 0, C_{in}(t) = C_V(t) \tag{13-86}$$

联立求解式（13-78）和式（13-79），即可算出 RH 脱气过程中钢水中碳浓度 $C_V(t)$ 随时间的变化。再以算出的 $C_V(t)$ 作为下降管下端的边界条件〔式（13-86）〕，并将式（13-82）所表达的成分平衡式与式（13-78）和式（13-79）联立，进行数值计算，则也可求得伴随脱碳反应进行，钢包内各点碳浓度随时间的变化。计算条件为：钢包内碳浓度的初始值为 $2.5\times10^{-2}\%$，钢包内钢水体积 $V_V=1.5m^3$，由于真空槽内 CO 分压低于 1mmHg（133.3Pa），故可取 $C^*(t)=0$。

应用本模型针对 300t 和 240t 钢包计算的 $E(t)$ 曲线，及按槽列模型（$N=1, 2, 3\cdots\infty$）计算的 $E(t)$ 示于图 13-12 中。由图可见，从流体力学计算得到的停留时间分布密度函数处于完全混合流与活塞流之间，应用槽列模型并取 N 为 1 和 2 之间可以描述 RH 钢包内的混合特性。

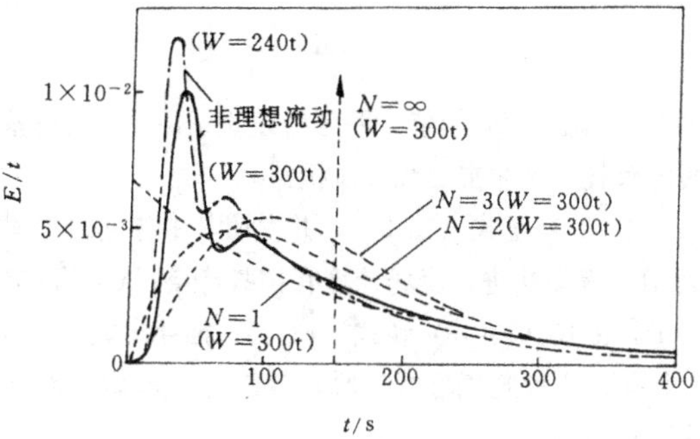

图 13-12　300t 和 240t 钢包的 E（t）曲线

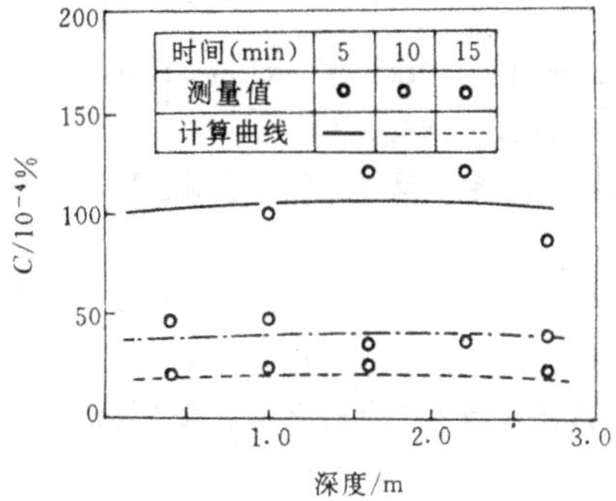

图 13-13　300t 钢包的 C（x，t）计算曲线与实测值比较

图 13-13 给出了针对 300tRH 钢包，在某位置的不同深度上，脱气处理过程中不同时刻（5、10 和 15min），碳浓度的计算曲线与实测值的比较。由图可见，计算曲线与实测值基本一致，确认了本模型的适用性。

习　题

1．试积分求出式（13-21）的解，并分析硬吹条件下，有哪些因素，如何影响钢水液面的氧气射流冲击凹坑表面积？

2．试推导式（13-34）至式（13-36），并说明其中各项的物理意义。

3．应用流函数—涡量法进行流场计算有哪些特点？试应用式（13-47）定义的流函数—涡量，由式（13-45）和式（13-46）推导出式（13-48）。

4．RH 钢包中有哪几种脱气方式？脱气效果与钢水循环流量的关系如何？后者受哪些因素影响？

5．试由图 13-11 和图 13-12 说明 RH 钢包中钢水的流动状况。如何由流场计算结果计算钢包的停留时间分布密度函数？

参 考 文 献

[1] A. V. Bradshaw, F. D. Richardson. Special Report 92, The Iron and Steel Inst, London, 1965, 24.

[2] J. 鞭岩，森山昭，冶金反应工程学，蔡志鹏，谢裕生译，科学出版社，1981.

[3] J. Szekely *et al.*, Rate Phenomena in Process Metallurgy, Wiley-Interscince, New York, NY, 1977.

[4] 蔡志鹏，反应工程和有色金属冶金学术会议论文集，1993，12，北京。

[5] 余常昭编，紊动射流，高等教育出版社，1993，4.

[6] R. B. Banks *et al.*, *J. Fluid Mech.*, **15** (1963), 13.

[7] 川上，鉄と鋼，**51** (1965)，706，708.

[8] M. Porch *et al.*, Proc. 6th Conf. on Fluid Mechanics, Austin, Univ. of Texas, 1959, p. 198.

[9] 谢裕生等，鉄と鋼，**65** (1979)，1812.

[10] 赫冀成等，鉄と鋼，**70** (1984)，1590.

[11] J. F. Davidson *et al.*, *AIChE J.*, **C2** (1956), 337.

[12] J. Szekely *et al.*, *Met. Trans.*, **7B** (1976), 287.

[13] J. Szekely *et al.*，冶金中的流体流动现象，彭一川等译，冶金工业出版社，1985，p.168.
[14] 藤井徹也等，鉄と鋼，**56**（1970），1165.
[15] 藤井徹也等，鉄と鋼，**55**（1969），*S*124.
[16] 加藤康夫等，化学工学，**26**（1962），1068.
[17] 宮川一男等，鉄と鋼，**53**（1967），302.
[18] 渡边秀夫等，鉄と鋼，**54**（1968），1327.
[19] 加藤嘉英等，鉄と鋼，**77**（1991），1664.
[20] 曲英，刘今，冶金反应工程学导论，冶金工业出版社，1988.

14 冶金液-液反应器

冶金液-液相间反应主要有渣和金属反应和有机溶剂萃取反应两大类。前者是多种金属熔炼和精炼过程中极为重要的高温液-液相间反应；后者在有色冶金，特别是稀土金属提取中具有重要意义，已成为一个单独研究领域。近二、三十年来，钢铁冶金中的铁水预处理、电渣重熔、喂线、喷粉精炼及连续炼钢等许多以渣和金属反应为主的冶金单元操作的出现，引起了人们的极大研究兴趣。本章主要以渣和金属反应为例，讨论冶金液-液反应器操作解析的基本方法和典型实例。

14.1 渣金反应为主的冶金反应器操作解析概述

早在 60 年代就有人发表了针对渣和金属两相不同接触方式的反应过程的一般性工程学解析，讨论了两相接触方式对精炼效果的影响[1]。随着铁水预处理和各种二次精炼技术的发展，促进了以渣和金属反应为主的反应器内反应机理、混合及操作过程数学模型的研究。Schenck 等[2]提出了发生在互不相溶的两液相间反应的三个主要机理，Lehner 等[3]将其应用于浸入式喷粉精炼，提出如图 14-1 所示的两个可能的反应模式：

(1) 熔融金属和分散在其中上升的渣滴间的短促接触反应；

(2) 金属表面的渣层与金属间的持续接触反应。

为了弄清喷粉精炼中，这两类反应的贡献大小，发表了许多研究报告，但没有取得一致意见。大口等[4]认为这是由于没有适当的处理两类反应贡献的数学模型，并针对浸入式喷吹 CaO 基粉的铁水脱硫精炼过程，提出了可以分别处理这两类反应的模型，计算曲线较好地模拟了实验结果。

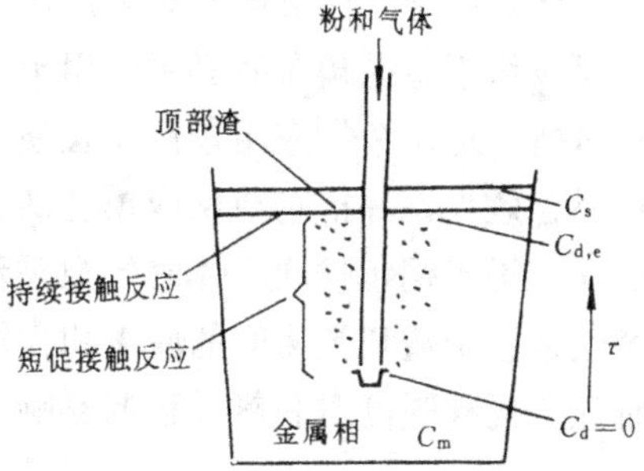

图 14-1 喷粉精炼中两个可能的反应模式

在许多冶炼高合金钢和低合金钢的工艺中，电渣重熔（ESR）起了重要作用。插入熔渣中并能调节其升降的自耗电极由被精炼的金属锭制作，在电流作用下，其底端开始熔化汇集成金属液滴脱落，在熔渣中沉降过程中与熔渣反应，被精炼后的液态金属在电渣炉底部结晶器内重新凝固。对于这类伴随金属熔化和再凝固过程的渣和金属反应体系，其数学模型研究十分活跃，主要包括两个方面：一是针对其中的金属熔化和再凝固过程，建立包括金属熔池、两相区及凝固部分在内的传热过程模型，能够计算反应器内的温度场，从而确定电极的下降速度，预测金属熔池的形状等[5,6]；二是针对渣和金属两相间的传质和反应过程速度，建立能够预测重熔锭成分变化规律的数学模型[7-9]。

大多数渣和金属反应的数学模型中都假定两相主体是理想混合的。小型实验室规模的研究装置基本上符合这种假定。但是，在工业规模的反应器中，主体相的混合将成为重要的动力学问题。近年来，对各种搅拌条件下的精炼反应器内的主体相混合问题，发表了很多研究报告。拜田等[10]把鱼雷罐车中浸入式喷粉脱硫的反应动力学与主体相的混合效果相结合，用混合强度的观点解释了脱硫剂的利用率。EL-Kaddah 等[11]利用数值计算技术联立求解了流体流动、颗粒的运动与分布及传质的微分方程，在他们针对氩气搅拌的钢包中喷粉脱硫过程提出的数学模型中，把反应模型与湍流循环流动的数值计算结合，能够同时计算反应速度及主体内混合程度的影响，但应用于鱼雷罐车时必须使用十分复杂的三维计算程序，计算成本高。大口等[12]应用较简单且便于测量的混合时间来估算主体相混合效果，并把它与反应模型结合计算了喷粉精炼过程。肖泽强等[13]提出钢包喷吹气体时气泡泵现象的全浮力模型之后，又对喷吹钢包中渣和金属间的脱氧和再氧化过程，建立了速度方程，研究了搅拌强度对脱氧过程的影响。

14.2 不同接触方式的渣金反应操作解析

在以渣和金属反应为主的反应器中，两相间有多种接触方式。本节从一般性工程学解析出发，就图 14-2 所示 4 种典型渣金接触方式，讨论熔渣脱除金属相杂质的效果。在所有讨论中都假定渣金之间仅发生式（4-1）所示反应，并且忽略由于杂质迁移造成的两相温度、质量和体积的变化。

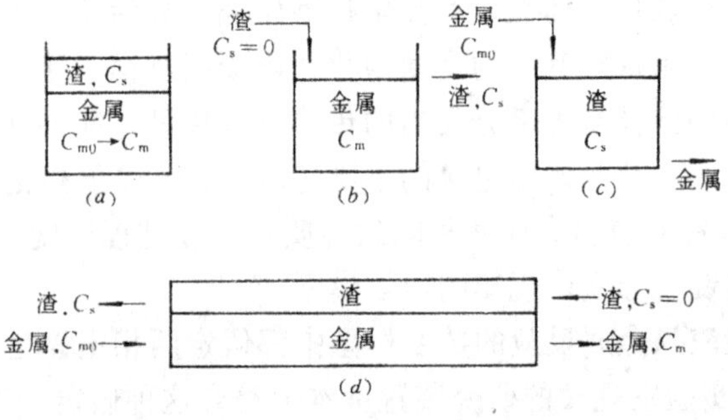

图 14-2 渣金反应器中 4 种典型的两相接触方式示意图

（*a*）间歇式持续接触；（*b*）渣滴连续通过金属相的短促接触；（*c*）金属滴连续通过渣相的短促接触；（*d*）连续式渣金两相逆流接触

14.2.1 间歇式持续接触

14.2.1.1 假定条件

（1）渣金两相主体分别处于理想混合状态；（2）渣金两相的质量分别为 M_s和 M_m且过程中不变。

14.2.1.2 基本方程和初始条件

在操作过程中的任意时刻，针对金属相中杂质 A 组分的物质衡算式及其初始条件为：

$$-\mathrm{d}C_{mA}/\mathrm{d}t = ka(C_{mA} - C_{sA}/L_s), t = 0, C_{mA} = C_{mA0},$$

$$C_{sA} = C_{sA0} = 0 \tag{14-1}$$

式中 C_{sA}，C_{mA}分别为渣金两相中杂质 A 的浓度；a（$=A/V_m$）和 k 分别为渣金两相间的比接触面积和渣金反应综合速度常数；L_s为杂质 A 在渣金两相间的平衡分配比；下标 0 表示初始值。

14.2.1.3 基本方程的解及讨论

杂质 A 组分在渣金两相间的总质量守恒式为：

$$C_{mA0}M_m/\rho_m = C_{mA}M_m/\rho_m + C_{sA}M_s/\rho_s$$

或

$$C_{mA0}V_m = C_{mA}V_m + C_{sA}V_s \tag{14-2}$$

$$\therefore C_{sA} = (C_{mA0} - C_{mA})V_m/V_s = (C_{mA0} - C_{mA})/Y,\ Y \equiv V_s/V_m \tag{14-3}$$

式中 ρ_m、ρ_s及 V_m和 V_s分别为金属相和渣相的密度和体积；Y 称为相比，即操作中使用的熔渣与被精炼金属的体积比，将式（14-3）代入式（14-1）整理得

$$\mathrm{d}C_{mA}/\mathrm{d}t = ka\left[C_{mA0}/L_sY - \left(1 + \frac{1}{L_sY}\right)C_{mA}\right] \tag{14-4}$$

式（14-4）为一阶常微分方程，在式（14-1）初始条件下，积分该式得：

$$\frac{C_{mA}}{C_{mA0}} = \frac{1 + L_sY\exp[-(1 + 1/L_sY)\overline{k_p}]}{1 + L_sY},\quad \overline{k}_p \equiv kat \tag{14-5}$$

式中 C_{mA}/C_{mA0}表示无量纲金属相杂质残余浓度；$\overline{k_p}$为反应操作系数，代表体系的动力学条件；L_sY 表示熔渣吸收杂质能力，是体系的热力学特性，可见，$\overline{k}_p$越大，C_{mA}/C_{mA0}越低；当 $\overline{k}_p \to \infty$时，式

（14-5）简化为

$$C_{mA}/C_{mA0}=1/(1+L_sY) \tag{14-6}$$

此式表示体系的脱杂质极限。当 $\bar{k}_p$ 有限，$L_sY\to\infty$ 时，通过对式（14-5）右端求极限可得

$$C_{mA}/C_{mA0}=\exp(-\bar{k}_p) \tag{14-7}$$

此式表示熔渣吸收杂质能力极强时的规律。类似一级不可逆反应动力学的解，根据式（14-5）绘制的以 L_sY 为参数的 C_{mA}/C_{mA0} 与 $\bar{k}_p$ 的关系示于图 14-3 中。由图可以清楚看出上述规律。

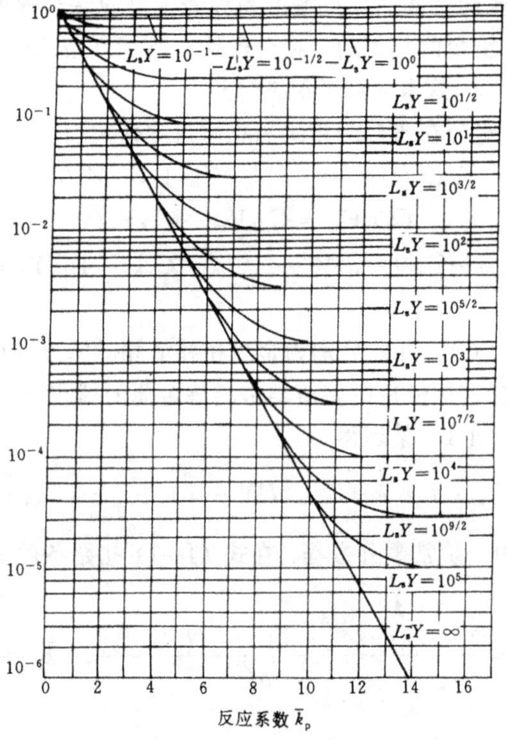

图 14-3　渣金两相间歇式持续接触时的精炼效率

14.2.2 渣滴连续通过金属相的短促接触

14.2.2.1 假定条件

(1) 渣相以质量流量 q_s 连续通过质量为 M_m 的熔融金属相；(2) 流人金属的渣相，分散为质量 (m_s) 和比表面积 (a') 相同的渣滴，且滴内处于理想混合状态；(3) 单个渣滴为一个小间歇式全混反应器，并可忽略在其停留时间内，金属相浓度变化。

14.2.2.2 基本方程及解法

如果用 τ 表示渣滴进入金属相后已经历的时间（简称年龄），则针对一个渣滴中的 A 成分，可写出

$$dC_{sA}/d\tau = ka'(C_{mA} - C_{sA}/L_s), \tau = 0, C_{sA} = 0 \quad (14\text{-}8)$$

根据假定 (3)，积分式 (14-8) 得

$$C_{sA} = L_s C_{mA}[1 - \exp(-ka'\tau/L_s)] \quad (14\text{-}9)$$

由假定 (2)，渣滴在金属相内的年龄分布密度函数可表示为

$$I(\tau) = \exp(-\tau/\bar{\tau})/\bar{\tau} \quad (14\text{-}10)$$

式中 $\bar{\tau}$ 为金属相中渣滴平均年龄。则操作过程中任意时刻，渣滴中 A 的平均浓度为

$$\bar{C}_{sA} = \int_0^{\infty} C_{sA}(\tau) I(\tau) d\tau \quad (14\text{-}11)$$

将式 (14-9) 和式 (14-10) 代入式 (14-11)，并积分得

$$\bar{C}_{sA} = L_s C_{mA} \frac{ka'\bar{\tau}}{L_s + ka'\bar{\tau}} \quad (14\text{-}12)$$

再应用该浓度，对金属相的杂质 A 列出物料衡算式，得

$$-\frac{dC_{mA}}{dt} = ka(C_{mA} - \bar{C}_{sA}/L_s) = kaC_{mA}\frac{L_s}{L_s + ka'\bar{\tau}}$$

$$t = 0, C_{mA} = C_{mA0} \quad (14\text{-}13)$$

积分上式得到

$$\frac{C_{mA}}{C_{mA0}} = \exp\left(-\frac{L_s kat}{L_s + ka'\bar{\tau}}\right) \quad (14\text{-}14)$$

式中 t 为精炼操作时间，精炼过程中，金属相内保存的渣量为 $M_s' = q_s\bar{\tau}$，渣的总用量为 $M_s = q_s t$。由于任意时刻，对渣或金属相，两

相界面积为同一数值，故有

$$aM_m/\rho_m = a'M_s'/\rho_s = a'q_s\bar{\tau}/\rho_s = a'(M_s/\rho_s)(\bar{\tau}/t)$$

$$\therefore a' = (M_m\rho_s/M_s\rho_m)(t/\bar{\tau})a = (t/\bar{\tau})a/Y \tag{14-15}$$

将式（14-15）代入式（14-14）得到

$$\frac{C_{mA}}{C_{mA0}} = \exp\left(-\frac{L_s kat}{L_s + kat/Y}\right) = \exp\left(-\frac{L_s Y\bar{k}_t}{L_s Y + \bar{k}_t}\right), \bar{k}_t = kat \tag{14-16}$$

此即渣滴连续通过金属相的移动接触操作时，金属相杂质残余浓度的表达式。式中 $\bar{k}_t$ 为该条件下的反应操作系数。当 $\bar{k}_t \to \infty$ 时，体系的除杂质极限为：

$$C_{mA}/C_{mA0} = \exp(-L_s Y) \tag{14-17}$$

当 $\bar{k}_t$ 为有限值，$L_s Y \to \infty$ 时，式（14-16）变为：

$$C_{mA}/C_{mA0} = \exp(-\bar{k}_t) \tag{14-18}$$

14.2.3 金属滴连续通过渣相的短促接触

14.2.3.1 假定条件

（1）金属相以质量流量 q_m 连续通过质量为 M_s 的熔融渣相；(2)流入渣相的金属分散为质量为 m_m 的相同渣滴且处于理想混合状态；（3）单个金属滴为一个小间歇式全混反应器，并可忽略其停留时间内渣相的浓度变化

14.2.3.2 基本方程及解法

如果用 τ 表示金属滴进入渣相后已经历的时间，就一个金属滴中的 A 成分进行质量衡算可写出

$$-\mathrm{d}C_{mA}/\mathrm{d}\tau = ka(C_{mA} - C_{sA}/L_s), \tau = 0, C_{mA} = C_{mA0} \tag{14-19}$$

根据假定（3），积分式（14-19）得

$$C_{mA} = (C_{mA0} - C_{sA}/L_s)\mathrm{e}^{-ka} + C_{sA}/L_s \tag{14-20}$$

由假定（2），渣相中金属滴的年龄分布密度函数和杂质平均浓度可分别表示为

$$\mathrm{I}(\tau) = \exp(-\tau/\bar{\tau})/\bar{\tau} \tag{14-21}$$

$$\bar{C}_{mA} = \int_0^{\infty} C_{mA}(\tau) I(\tau) d\tau \tag{14-22}$$

$\bar{\tau}$ 为渣相中金属滴的平均年龄。将式（14-20）和式（14-21）代入式（14-22），并积分得

$$\bar{C}_{mA} = \frac{C_{mA0} - ka\bar{\tau}C_{sA}/L_s}{1 + ka\bar{\tau}} \tag{14-23}$$

再应用该浓度，对渣相的杂质 A 列物料衡算式可得

$$dC_{sA}/dt = ka'(\bar{C}_{mA} - C_{sA}/L_s) = ka' \frac{C_{mA0} - C_{sA}/L_s}{1 + ka\bar{\tau}},$$

$$t = 0, C_{sA} = 0 \tag{14-24}$$

积分上式得到

$$C_{sA} = C_{mA0} L_s \left\{ 1 - \exp\left[- \frac{ka't}{(1 + ka\bar{\tau})L_s} \right] \right\} \tag{14-25}$$

与前节类似，过程中渣相内保持的金属量为 $M'_m = q_m \bar{\tau}$，处理金属总量为 $M_m = q_m t$，因此有

$$a'M_s/\rho_s = aM'_m\bar{\tau}/\rho_m = aq_m\tau/\rho_m = a(M_m/\rho_m)(\bar{\tau}/t), a' = a(\bar{\tau}/t)/Y \tag{14-26}$$

将式（14-26）代入式（14-25）整理得

$$C_{sA} = C_{mA0} L_s \left\{ 1 - \exp\left[- \frac{\bar{k}_r}{(1 + \bar{k}_r)L_s Y} \right] \right\}, \bar{k}_r = ka\bar{\tau} \tag{14-27}$$

此即金属滴连续通过渣相移动接触时，渣相的杂质浓度表达式。式中 $\bar{k}_r$ 为该条件下的反应操作系数。由于整个操作过程中，渣相和被精炼后的金属相中总的杂质 A 守恒，故有

$$C_{mA0}M_m/\rho_m = C_{sA}M_s/\rho_s + C_{mA}M_m/\rho_m, C_{sA} = (C_{mA0} - C_{mA})/Y \tag{14-28}$$

将此关系代入式（14-27）并整理可以得到，被精炼后的金属相中杂质残余浓度表达式

$$\frac{C_{mA}}{C_{mA0}} = 1 - L_s Y \left\{ 1 - \exp\left[- \frac{\bar{k}_r}{(1 + \bar{k}_r)L_s Y} \right] \right\} \tag{14-29}$$

当 $\bar{k}_r \to \infty$时，体系的除杂质极限为

$$\frac{C_{mA}}{C_{mA0}} = 1 - L_s Y\left[1 - \exp\left(-\frac{1}{L_s Y}\right)\right] \tag{14-30}$$

当 $\bar{k}_r$为有限值，$L_s Y \to \infty$时，式（14-29）右端求极限可得

$$C_{mA}/C_{mA0} = -1/(1+\bar{k}_r) \tag{14-31}$$

此式与连续式完全混合槽进行一级反应的表达式类似。

14.2.4 连续式渣金两相逆流接触

14.2.4.1 假定条件

渣金两相均为活塞流，且断面均无浓度分布；操作是稳态的。

14.2.4.2 基本方程及解法

设渣金两相质量流量分别为 q_s和 q_m，断面积分别为 A_s和 A_m。在金属相流动方向上，取任意 dx 微元区段，分别就两相中的杂质 A 成分，作物料衡算可写出

$$(q_m/\rho_m A_m)\mathrm{d}C_{mA}/\mathrm{d}x = u_m \mathrm{d}C_{mA}/\mathrm{d}x = -ka(C_{mA} - C_{sA}/L_s) \tag{14-32}$$

$$(q_s/\rho_s A_s)\mathrm{d}C_{sA}/\mathrm{d}x = u_s \mathrm{d}C_{sA}/\mathrm{d}x = -ka'(C_{mA} - C_{sA}/L_s) \tag{14-33}$$

式中　u_s和 u_m分别为渣金两相流速。由于对渣或金属相，相界面积为同一数值，故有

$$a' = a\frac{A_m}{A_s} = a\frac{q_m}{\rho_m u_m}\frac{\rho_s u_s}{q_s} = a\frac{u_s}{u_m Y} \tag{14-34}$$

应用此关系，式（14-32）和式（14-33）可改写为

$$\begin{aligned} -\mathrm{d}C_{mA}/\mathrm{d}x &= (ka/u_m)(C_{mA} - C_{sA}/L_s) \\ -\mathrm{d}C_{sA}/\mathrm{d}x &= (ka/Yu_m)(C_{mA} - C_{sA}/L_s) \end{aligned} \tag{14-35}$$

此式即为渣金两相逆流接触操作时的基本方程，其边界条件为

$$x = 0, C_{mA} = C_{mA0}; \quad x = L, C_{sA} = 0 \tag{14-36}$$

14.2.4.3 基本方程的解及讨论

式（14-35）为联立一阶微分方程，应用特征行列式法，在式（14-36）条件下求解得到

$$\frac{C_{mA}}{C_{mA0}}=\frac{1-L_sY\exp[-\bar{k}_c(1/L_sY-1)(1-x/L)]}{1-L_sY\exp[-\bar{k}_c(1/L_sY-1)]} \tag{14-37}$$

$$\frac{C_{sA}}{L_sC_{mA0}}=\frac{1-\exp[-\bar{k}_c(1/L_sY-1)(1-x/L)]}{1-L_sY\exp[-\bar{k}_c(1/L_sY-1)]} \tag{14-38}$$

式中　$\bar{k}_c$为本条件下的反应操作系数

$$\bar{k}_c=kaL/u_m \tag{14-39}$$

式（14-37）和式（14-38）分别表示金属和渣两相中杂质浓度的轴向分布。对于所关心的金属相出口（$x=L$）处的杂质残余浓度为

$$\left(\frac{C_{mA}}{C_{mA0}}\right)_{x=L}=\frac{1-L_sY}{1-L_sY\exp[-\bar{k}_c(1/L_sY-1)]} \tag{14-40}$$

当$\bar{k}_c\rightarrow\infty$时，体系的杂质脱除极限为：

$$\begin{aligned}&(C_{mA}/C_{mA0})_{x=L}=1-L_sY \qquad (L_sY\leqslant 1)\\&(C_{mA}/C_{mA0})_{x=L}=0 \qquad (L_sY>1)\end{aligned} \tag{14-41}$$

当$\bar{k}_c$为有限值，$L_sY\rightarrow\infty$时，有

$$(C_{mA}/C_{mA0})_{x=L}=\exp(-\bar{k}_c) \tag{14-42}$$

至此，已经讨论了4种典型渣金接触方式的精炼效果及其影响因素。各相应的反应操作系数$\bar{k}_i$（$i=p$，r，t，c）$\rightarrow\infty$（即动力学条件十分有利）时，4种接触方式的渣金处理中，被精炼金属的杂质残余浓度极限与L_sY的关系示于图14-4中。

由图可见，渣金两相连续式逆流接触和渣滴连续通过金属相的短促接触两种方式的精炼效率高。特别是前者，随着$L_sY\rightarrow 1$，残余浓度急剧下降至零，连续炼钢工艺中的渣金接触属于这一类，而浸入式喷粉精炼则利用了后者的优点。电渣重熔精炼中的渣金接触属于第（c）类，渣金两相间歇式持续接触方式精炼效果最差。

14.3　浸入式喷粉精炼过程数学模型

针对实际浸入式喷粉精炼，为了能同时处理图14-1所示的两个可能反应模式并描述其相对重要性，大口等[3]以浸入式喷吹

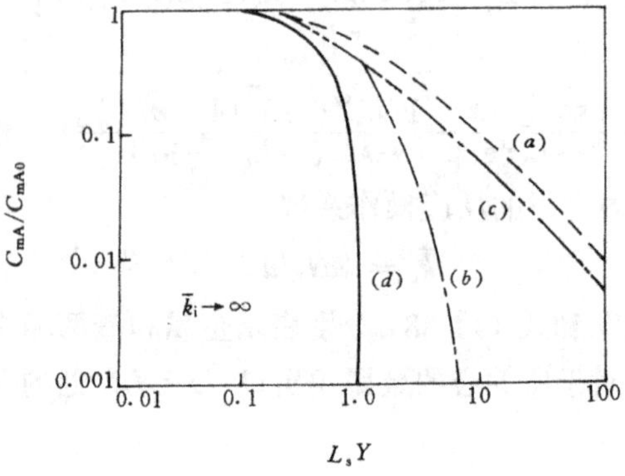

图 14-4　不同接触方式的渣金反应效率

(a)，(b)，(c)，(d) 分别相应于图 14-2 中的 4 种接触方式

CaO 基粉的脱硫过程为例，提出了相应的数学模型。

14.3.1　模型假定

在推导模型的基本方程中假定：(1) 在精炼过程中，熔渣为液态且不挥发也不溶于钢水；(2) 钢包中熔渣总重量可由喷粉速度和喷吹时间计算得到；(3) 渣金两相主体分别处于完全混合状态；(4) 脱硫动力学可用下式描述：

$$J = k[(C_m - C_s)/L_s] \tag{14-43}$$

式中 J 为单位反应界面积的脱硫速度；(5) 喷粉期间脱硫速度是分散的渣滴反应和顶部熔渣与金属间反应效果的叠加

$$-V_m dC_m/dt = R_p + R_t \tag{14-44}$$

式中 R_p, R_t 分别为顶部熔渣和分散在金属中渣滴的脱硫速度，t 为处理过程进行的时间。

14.3.2　基本方程的推导

由假定 (4)，顶部熔渣的脱硫速度可表示为

$$R_p = k_p A_p (C_m - C_s/L_s) \tag{14-45}$$

式中　k_p 和 A_p 分别为顶部熔渣的脱硫综合速度常数和反应界面

积。

若用τ表示任意单个渣滴进入钢水后经历的时间，则该渣滴上浮中的反应速度为：

$$\mathrm{d}C_d/\mathrm{d}\tau = k_t(A_d/V_d)(C_m - C_d/L_s) \tag{14-46}$$

式中C_d、A_d和V_d分别表示该渣滴的硫浓度、表面积和体积。设τ_e为渣滴上浮至进入顶渣所需要的时间，由于τ_e远小于喷粉操作进行的时间t_{in}，因此可忽略τ_e期间金属相浓度C_m的变化，则在初始条件

$$\tau = 0, C_d = 0 \tag{14-47}$$

下，积分式（14-46）得到

$$C_d = L_sC_m\left[1 - \exp\left(-\frac{k_t\tau A_d}{L_sV_d}\right)\right],$$

$$C_{d,e} = L_sC_m\left[1 - \exp\left(-\frac{k_t\tau_e A_d}{L_sV_d}\right)\right] \tag{14-48}$$

式中　$C_{d,e}$表示上浮终了时渣滴中的硫浓度。设q_{in}为喷吹的粉剂体积流量（m^3/s），则在钢水中上浮的渣滴与金属间的总反应界面积A_t为：

$$A_t = (q_{in}\tau_e/V_d)A_d \tag{14-49}$$

将式（14-49）代入式（14-48），整理得

$$C_{d,e} = L_sC_mE, E = 1 - \exp(-k_tA_t/L_sq_{in})] \tag{14-50}$$

这样，分散在金属中渣滴的总脱硫速度可写成

$$R_t = q_{in}C_{d,e} \tag{14-51}$$

式（14-50）中的E是表示渣滴上浮期间反应效率的重要参数，其取值范围是0至1。当$E=1$时，$C_{d,e}/C_m=L_s$，表明上浮至顶部渣滴的硫浓度已达平衡值，故这种情况下，顶部渣不再有脱硫作用。将式（14-45）和式（14-51）代入式（14-44）得到本模型的基本微分方程：

$$-V_m\mathrm{d}C_m/\mathrm{d}t = k_pA_p[(C_m - C_s)/L_s] + q_{in}C_{d,e} \tag{14-52}$$

其初始条件为

$$t = 0, C_m = C_{m0} \tag{14-53}$$

用 t' 表示处理过程中喷吹粉剂的时间变量，则硫的总质量守恒式为：

$$(C_{m0} - C_m)V_m = C_s q_{in} t' \qquad (14\text{-}54)$$

由于 t' 的最大值等于喷粉操作时间 t_{in}，故可看成是下式定义的时间：

$$t' = t,(0 \leqslant t < t_{in});t' = t_{in},(t > t_{in}) \qquad (14\text{-}55)$$

引入下列无因次变量：

$$\left.\begin{array}{l} \text{渣相的无因次浓度 } x = C_s/L_s C_{m0}; \\ \text{金属相的无因次浓度 } y = C_m/C_{m0}; \\ \text{无因次时间 } \theta = L_s t q_{in}/V_m; \\ \text{顶部渣的无因次速度常数} \\ \quad a = k_p A_p/L_s q_{in}; \\ \text{上浮渣滴的无因次速度常数} \\ \quad b = k_t A_t/L_s q_{in} \end{array}\right\} \qquad (14\text{-}56)$$

式（14-48）、式（14-52）、式（14-54）和式（14-55）可改写为无因次式：

$$x_{d,e} = Ey, E = 1 - \exp(-b),$$

$$-dy/d\theta = a(y - x) + x_{d,e}, 1 - y = \theta' x \qquad (14\text{-}57)$$

$$\theta' = \theta,(0 \leqslant \theta < \theta_{in});\theta' = \theta_{in},(\theta \geqslant \theta_{in}) \qquad (14\text{-}58)$$

联立式（14-57）和式（14-58）可导出：

$$-dy/d\theta = a[y - (1 - y)/\theta'] + Ey \qquad (14\text{-}59)$$

式（14-59）即为本模型的无因次基本微分方程。只要确定了 a 和 E 两个参数就可以采用数值积分或有限差分法数值求解，并可通过 E 值的大小判断两类反应的贡献大小。持续接触反应的速度常数 a，可以在仅有顶渣和吹气搅拌条件下，进行脱硫的参考实验确定。移动接触反应的效率 E 是模型参数，通过对实际喷粉精炼过程的模拟计算确定。

14.3.3 渣相中硫化物饱和时的修正

硫化物在熔渣中溶解度是有限的。在 $CaO\text{-}Al_2O_3$ 渣系中，CaS 溶解度只有 1%～4% (mol)，因此，很有可能在渣和金属间的反应达到平衡之前，渣中的硫化物已经达到饱和浓度。这种情况下，进一步的脱硫反应只能靠渣中硫化物相的生长缓慢进行，直至金属相硫浓度降至化学反应的平衡值。为了反映这个影响，在反应速度常数中引入校正因子 α(并取 $\alpha=0.1$)来处理渣中硫化物达到饱和时的反应速度。图 14-5 给出了渣滴上浮过程中达到硫化物饱和的情况示意。图中，τ^* 和 C^* 分别表示上浮过程中渣滴达到硫化物饱和的时间和浓度。

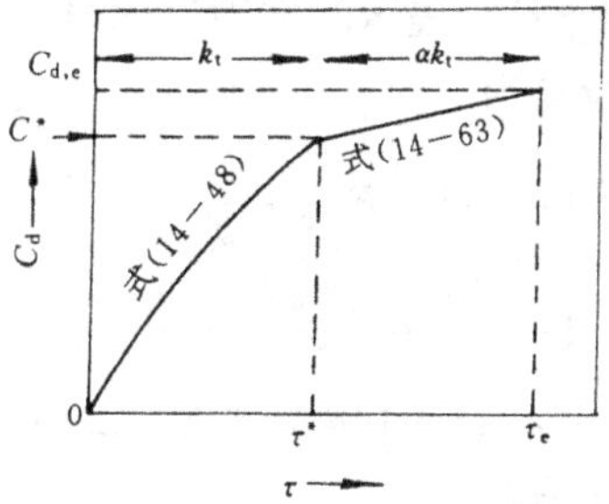

图 14-5　渣滴上浮中达到硫化物饱和的情况示意

可见，在 $\tau<\tau^*$ 的上浮初期，反应速度仍可用式（14-51）计算。当 $\tau=\tau^*$ 时，渣滴中硫化物达到饱和浓度

$$\frac{C^*}{L_s C_m}=\left[1-\exp\left(-\frac{k_t\tau^* A_d}{L_s V_d}\right)\right] \tag{14-60}$$

当 $\tau>\tau^*$ 时：

$$\mathrm{d}C_d/\mathrm{d}\tau=\alpha k_t(A_d/V_d)(C_m-C_d/L_s) \tag{14-61}$$

在 $\tau=\tau^*$，$C_d=C^*$ 条件下，积分上式得到

$$C_d=L_s C_m+(C^*-L_s C_m)\left\{\exp\left[-\frac{A_d k_t(\tau-\tau^*)}{L_s V_d}\right]\right\}^{\alpha} \tag{14-62}$$

将式（14-60）代入式（14-62）得

$$C_d=L_s C_m+(C^*-L_s C_m)\left[\frac{\exp(-A_d k_t\tau/L_s V_d)}{1-C^*/L_s C_m}\right]^{\alpha} \tag{14-63}$$

这种情况下，考虑式（14-49）和式（14-50）所示关系，上浮至顶部的渣滴硫浓度可表示为：

$$C_{d,e}=L_sC_m+(C^*-L_sC_m)\left(\frac{1-E}{1-C^*/L_sC_m}\right)^{a} \quad (14\text{-}64)$$

经上述修正后，根据渣中硫化物是否达到饱和，分别使用式（14-64）和式（14-48）来计算 $C_{d,e}$，从而确定式（14-57）中的 $x_{d,e}$，再应用式（14-59）求解 y 和 θ 关系。

14.3.4 数值计算方法及对喷粉实验的模拟计算结果

数值计算中，用下标 j 表示时间网格序号，采用中心差分技术，式（14-59）可改写为

$$\begin{aligned}-\frac{y_{j+1}-y_j}{\Delta\theta}&=\left[a\left(1+\frac{1}{\theta'}\right)+E\right]y-\frac{a}{\theta'}\\&=\left[a\left(1+\frac{1}{\theta'}\right)+E\right]\frac{y_{j+1}+y_j}{2}-\frac{a}{\theta'}\end{aligned} \quad (14\text{-}65)$$

定义 $$G\equiv[a(1+1/\theta')+E]\Delta\theta/2 \quad (14\text{-}66)$$

则式（14-65）可改写为：

$$y_{j+1}=\frac{(1-G)y_j+a\Delta\theta/\theta'}{1+G} \quad (14\text{-}67)$$

于是，从初始 y 值起，利用式（14-67）可以计算金属相硫浓度随时间变化的曲线。为了验证模型的适用性，进行了向温度为 1583K 的铁水中浸入式喷吹氧化钙基粉的脱硫实验。其实验条件为：铁水重 3.4～3.8kg，粉剂粒度为 100～200 目，粉剂的质量分数为 0.2CaO、0.6CaF_2、0.2Al_2O_3，$(\%S)^*=3.3\%$，喷枪浸入深度 0.04m，喷粉用氩体积流量为 $6.8\times10^{-3}m^3min$。参考实验求得的 $k_p=0.003s^{-1}$。忽略和考虑渣中硫化物饱和修正两种情况下，对上述脱硫实验过程模拟计算结果分别示于图 14-6 和图 14-7 中。由图可见，在未考虑渣中硫化物饱和情况下，无论如何调节参数 E，在喷粉初期，计算的硫浓度总是低于实测值，显然是由于过高计算了初期的脱硫速度；而在考虑了对渣中硫化物饱和所作的修正时，则较好地模拟了实验结果。且取 $E=0.14$，即渣滴上浮过程中脱硫效率为 14%时，计算曲线与实测结果拟合程度最高。

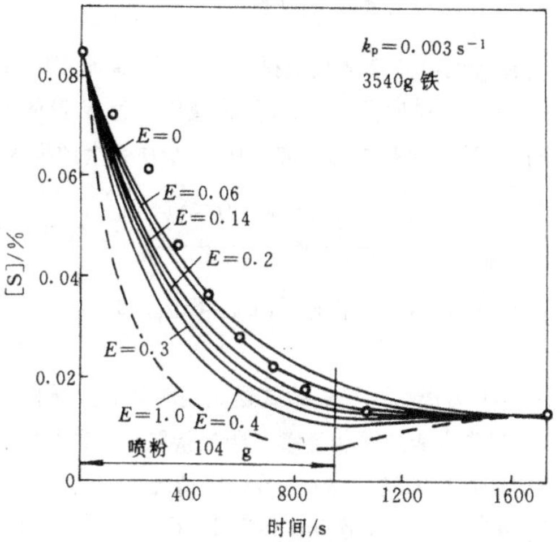

图 14-6 忽略硫化物饱和修正时的计算结果

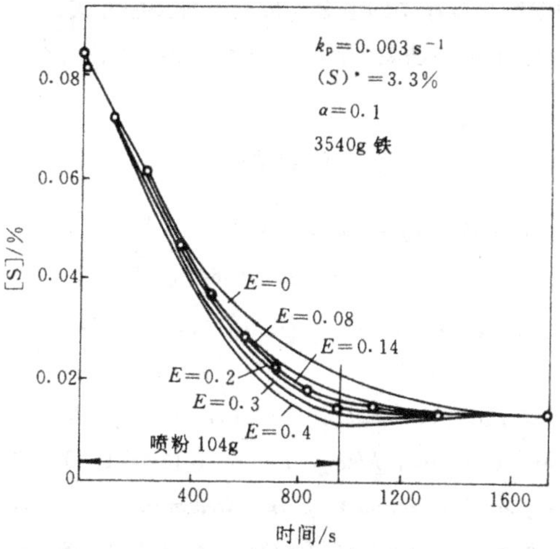

图 14-7 考虑硫化物饱和修正时的计算结果

习　题

1. 式 (14-5) 为渣金间歇式持续接触操作条件下，金属相中 A 残余浓度表达式，若总渣量 V_s 和总接触时间 t 不变，但将渣等分为 N 批依次与金属相间歇式持续接触操作，试证明最终的金属相中 A 杂质残余浓度为：

$$\frac{C_{mA}}{C_{mA0}}=\left\{\frac{1+L_s y\exp\left[-\frac{1}{N}(1+1/L_s y)\overline{k}_p\right]}{1+L_s y}\right\}^N, \overline{k}_p\equiv kat$$

式中　$y=Y/N$，若 $\overline{k}_p\rightarrow\infty$，$N=1$ 情况下，$C_{mA}/C_{mA0}=0.2$，求 $N=2$ 和 $N=4$ 时，C_{mA}/C_{mA0} 各为多少？

2. 已知式 (14-40) 为渣金两相连续式逆流接触时的金属相出口杂质的无量纲浓度表达式。若改为渣金两相连续式顺流接触，其它条件不变，试推导金属相出口杂质的无量纲浓度表达式。若逆流情况下，$C_{mA}/C_{mA0}=0.1$，试求顺流情况下的 C_{mA}/C_{mA0}；反之，若顺流情况下，$C_{mA}/C_{mA0}=0.1$，试求逆流情况下的 C_{mA}/C_{mA0}。

3. 试分析所知的冶金反应器中渣金的接触方式，能否进一步提高渣金反应效率？如何提高？

4. 浸入式喷粉精炼操作中的渣金反应有几种接触方式？如果过程中渣中的杂质浓度达到饱和，对渣金反应速度有什么影响？为什么？

参 考 文 献

[1] 森一美，铁と钢，**50** (1964)，1826.

[2] Schenck H.，*Stahl u Eisen*，**84** (1964)，311.

[3] Lehner T.，Proc. Int. Conf. 'Scaninject'，Luleå，June，1977，Mefos/Jernkontorets，p. 11.

[4] Ohguchi S. *et al.*，*Ironmaking and Steelmaking*，No. **11**，1984，262.

[5] Choudhary M. *et al.*，*Metall. Trans.* **B. 11B**，1980，439.

[6] Choudhary *et al.*，*Ironmaking and Steelmaking*，No. 8，1981，225.

[7] Milcheii A. *et al.*，*Iron Steelmaker*，**9** (1984)，No. 3，37.

[8] 魏季和等，金属学报，**20** (1984)，B280；第六届冶金过程物理化学学术会议论文集（上册），1986，p. 66，重庆.

[9] 唐铁驯等，第二届冶金反应动力学学术会议论文集（下册），1984，

p. 413，鞍山 .

[10] Haida O. *et al.*, Proc. Int. Conf. 'Scaninject' Ⅱ, Lulea, June, 1980, Mefos/Jernkontorets, p. 20.

[11] EL-Kaddah N. *et al.*, *Ironmaking and Steelmaking*, No. 8, 1981, 269.

[12] Ohguchi S. *et al.*, *Ironmaking and Steelmaking*, No. 11, 1984, 274.

[13] 萧泽强等，东北工学院学报，№. 2，1981，67.

附录Ⅰ　物理量和化学量的因次

常数或变量	符号	六单位系数						四单位系数			
		F	m	L	t	T	Q	m	L	t	T
因次常数：											
阿伏加德罗常数	N_A		−1					−1			
化学反应速度常数	k										
均相反应											
零级			1	−3	−1			1	−3	−1	
一级					−1					−1	
二级			−1	3	−1			−1	3	−1	
多相反应											
零级			1	−2	−1			1	−2	−1	
一级				1	−1				1	−1	
二级			−1	4	−1			−1	4	−1	
气体常数，能量单位	R	1	−1	1		−1			2	−2	−1
热单位			−1			−1	1		2	−2	−1
亨利定律常数		−1	1	−1					−2	2	
热功当量	J	1		1			−1				
牛顿定律换算系数	g_c	−1	1	1	−2						
斯蒂芬-玻耳茨曼常数	σ_0			−2	−1	−4	1	1		−3	−4
物理量和化学量：											
加速度				1	−2				1	−2	
活度											
活度系数											
面积	A			2					2		
体积弹性模量		1		−2				1	−1	−2	
压缩系数		−1		2				−1	1	2	
浓度（质量/体积）	C		1	−3				1	−3		
浓度梯度	∇C		1	−4				1	−4		
密度	ρ		1	−3				1	−3		
直径	d			1					1		
扩散系数	D			2	−1				2	−1	
弹性模量		1		−2				1	−1	−2	
能量	E	1		1				1	2	−2	
能量密度		1		−2				1	−1	−2	
焓（单位质量）	H		−1				1		2	−2	
熵	S					−1	1	1	2	−2	−1
力	F	1						1	1	−2	
自由焓（单位质量）	G		−1				1		2	−2	

常数或变量	符号	六单位系数						四单位系数			
		F	m	L	t	T	Q	m	L	t	T
频率					−1					−1	
热量	Q						1	1	2	−2	
反应热	ΔH		−1				1		2	−2	
对流传热系数	h			−2	−1	−1	1	1		−3	−1
内能（单位质量）	U		−1				1		2	−2	
动粘度（质量基准）	ν			2	−1				2	−1	
潜热			−1				1		2	−2	
长度	L			1					1		
质量	m		1					1			
传质系数	k_f			1	−1				1	−1	
扩散流	j		1	−2	−1			1	−2	−1	
摩尔			1					1			
相对分子质量	M_r										
力矩		1		1				1	2	−2	
惯性矩（面积）				4					4		
惯性矩（质量）		1		1	2			1	2		
动量矩		1		1	1			1	2	−1	
动量		1			1			1	1	−1	
功率	P	1		1	−1			1	2	−3	
压强	p	1		−2				1	−1	−2	
质量流量	q_m		1		−1			1		−1	
体积流量	q_V			3	−1				3	−1	
比热容（单位质量）	c_p		−1			−1	1		2	−2	−1
比热容（单位体积）				−3		−1	1	1	−1	−2	−1
比表面积	a			−1					−1		
应变											
应力		1		−2				1	−1	−2	
表面张力	σ	1		−1				1		−2	
温度	T					1					1
温度梯度	∇T			−1		1			−1		1
抗张强度		1		−2				1	−1	−2	
导热系数	λ			−1	−1	−1	1	1	1	−3	−1
导温系数	α			2	−1				2	−1	
线膨胀系数						−1					−1
体膨胀系数	β					−1					−1
热阻					1	1	−1	−1	−1	3	1
时间	t				1					1	
转矩		1		1				1	2	−2	
速度	u			1	−1				1	−1	
角速度	Ω				−1					−1	
粘度（力基准）	μ	1		−2	1			1	−1	−1	
粘度（质量基准）			1	−1	−1			1	−1	−1	
体积	V			3					3		
功	W	1		1				1	2	−2	

附录Ⅱ 常用无因次特征数

名称	符号	式子	内在比	用途
谐时性	Ho	ut/L		非稳态流动
Reynolds	Re	$\rho uL/\mu$	惯性力/粘滞阻力	流动特性
Froude	Fr	u^2/Lg	惯性力/重力	单相等温流动,
修正 Froude	Fr	$\rho gu^2/(\rho_l-\rho_g)Lg$	惯性力/重力	气液相等温流动
Grashof	Gr	$gL^3\beta\Delta T/\nu^2$	浮力/粘滞阻力	温差引起的自然对流
Euler	Eu	$\Delta p/\rho u^2$	压力/惯性力	不可压缩受迫流动
Mach	Ma	u/u_a	惯性力/压缩力	可压缩流
Weber	We	$\rho u^2L/\sigma$	惯性力/表面张力	}弥散系统
Eötvös	Eo	$g\Delta\rho d_B^2/\sigma$	重力/表面张力	
Morton	Mo	$g\mu^4\Delta\rho/\rho^2\sigma^3$	粘滞力/表面张力	
Galileo	Ga	$g\rho^2L^3/\mu^2$	惯性力×重力/(粘滞力)^2	粘性液体液动
Prandtl	Pr	$\mu c_P/\lambda$	动粘度系数/导温系数	
Schmidt	Sc	$\mu/\rho D$	动粘度系数/扩散系数	}物性准数
Lewis	Le	$\lambda/\rho c_P D$	导温系数/扩散系数	
Fourier	Fo	$\lambda t/\rho c_P L^2$	$\frac{\text{逝去的时间}}{\text{加热到稳态所需时间}}$	非稳态传热谐时性
Biot	Bi	hL/λ	$\frac{\text{固体表面散热速度}}{\text{固体内传导传热速度}}$	固体散热问题
Nusselt	Nu	hL/λ	$\frac{\text{流体对流传热速度}}{\text{流体传导传热速度}}$	无因次传热系数
Peclet	Pe	$\rho c_P uL/\lambda$	$\frac{\text{流体流动带热}}{\text{传导传热}}$	强制对流传热
Stanton	St	$h/\rho c_P u$	$\frac{\text{对流传热速度}}{\text{流体的热容量}}$	强制对流传热
Boltzmann	Bo	$\rho c_P u/\varepsilon\sigma_0 T^3$	$\frac{\text{流体流动带热}}{\text{辐射传热}}$	辐射传热

名　　称	符号	式　　子	内　在　比	用　　途
Fick	Fi	Dt/L^2		非稳态扩散的谐时性
Sherwood	Sh	$k_f L/D$	$\frac{\text{总传质速度}}{\text{扩散速度}}$	无因次传质系数
Bodenstein	Bo	uL/D	$\frac{\text{流动传质速度}}{\text{扩散速度}}$	又名 Peclet(扩散)
修正 Peclet	Pe'	uL/D_z	$\frac{\text{流动传质速度}}{\text{轴向混合扩散速度}}$	反应器内返混程度
Arrhenius	Arr	E/RT	活化能/流体位能	反应速度
Damköhler Ⅰ	Da Ⅰ	$r_A L/uC_A$	反应速度/对流传质速度	化学反应和传输现象的耦合
Damköhler Ⅱ	Da Ⅱ	$r_A L^2/DC_A$	反应速度/扩散速度	
Damköhler Ⅲ	Da Ⅲ	$(\Delta H)r_A L/\rho c_p uT$	反应放热/流动带走热	
Damköhler Ⅳ	Da Ⅳ	$(\Delta H)r_A L^2/\lambda T$	反应放热/传导传热	

附录Ⅲ　不同坐标系中的 Navier-Stokes 方程和扩散方程

运动方程式

用速度表示（ρ、μ一定时的牛顿流体）	
直角坐标 (x, y, z)	x 成分　$\rho\left(\frac{\partial u_x}{\partial t}+u_x\frac{\partial u_x}{\partial x}+u_y\frac{\partial u_x}{\partial y}+u_z\frac{\partial u_x}{\partial z}\right)=-\frac{\partial p}{\partial x}+\mu\left(\frac{\partial^2 u_x}{\partial x^2}+\frac{\partial^2 u_x}{\partial y^2}+\frac{\partial^2 u_x}{\partial z^2}\right)+\rho g_x$ y 成分　$\rho\left(\frac{\partial u_y}{\partial t}+u_x\frac{\partial u_y}{\partial x}+u_y\frac{\partial u_y}{\partial y}+u_z\frac{\partial u_y}{\partial z}\right)=-\frac{\partial p}{\partial y}+\mu\left(\frac{\partial^2 u_y}{\partial x^2}+\frac{\partial^2 u_y}{\partial y^2}+\frac{\partial^2 u_y}{\partial z^2}\right)+\rho g_y$ z 成分　$\rho\left(\frac{\partial u_z}{\partial t}+u_x\frac{\partial u_z}{\partial x}+u_y\frac{\partial u_z}{\partial y}+u_z\frac{\partial u_z}{\partial z}\right)=-\frac{\partial p}{\partial z}+\mu\left(\frac{\partial^2 u_z}{\partial x^2}+\frac{\partial^2 u_z}{\partial y^2}+\frac{\partial^2 u_z}{\partial z^2}\right)+\rho g_z$
柱坐标 (r, θ, z)	r 成分　$\rho\left(\frac{\partial u_r}{\partial t}+u_r\frac{\partial u_r}{\partial r}+\frac{u_\theta}{r}\frac{\partial u_r}{\partial \theta}-\frac{u_\theta^2}{r}+u_z\frac{\partial u_r}{\partial z}\right)=-\frac{\partial p}{\partial r}+\mu\left[\frac{\partial}{\partial r}\left(\frac{1}{r}\frac{\partial}{\partial r}(r u_r)\right)+\frac{1}{r^2}\frac{\partial^2 u_r}{\partial \theta^2}-\frac{2}{r^2}\frac{\partial u_\theta}{\partial \theta}+\frac{\partial^2 u_r}{\partial z^2}\right]+\rho g_r$ θ 成分　$\rho\left(\frac{\partial u_\theta}{\partial t}+u_r\frac{\partial u_\theta}{\partial r}+\frac{u_\theta}{r}\frac{\partial u_\theta}{\partial \theta}+\frac{u_r u_\theta}{r}+u_z\frac{\partial u_\theta}{\partial z}\right)=-\frac{1}{r}\frac{\partial p}{\partial \theta}+\mu\left[\frac{\partial}{\partial r}\left(\frac{1}{r}\frac{\partial}{\partial r}(r u_\theta)\right)+\frac{1}{r^2}\frac{\partial^2 u_\theta}{\partial \theta^2}+\frac{2}{r^2}\frac{\partial u_r}{\partial \theta}+\frac{\partial^2 u_\theta}{\partial z^2}\right]+\rho g_\theta$ z 成分　$\rho\left(\frac{\partial u_z}{\partial t}+u_r\frac{\partial u_\theta}{\partial r}+\frac{u_\theta}{r}\frac{\partial u_\theta}{\partial \theta}+u_z\frac{\partial u_z}{\partial z}\right)=-\frac{\partial p}{\partial z}+\mu\left[\frac{1}{r}\frac{\partial}{\partial r}\left(r\frac{\partial u_z}{\partial r}\right)+\frac{1}{r^2}\frac{\partial^2 u_z}{\partial \theta^2}+\frac{\partial^2 u_z}{\partial z^2}\right]+\rho g_z$

	用速度表示（ρ、μ一定时的牛顿流体）
球坐标 $(r,\ \theta,\ \phi)$	r 成分 $\rho\left(\frac{\partial u_r}{\partial t}+u_r\frac{\partial u_r}{\partial r}+\frac{u_\theta}{r}\frac{\partial u_r}{\partial \theta}+\frac{u_\phi}{r\sin\theta}\frac{\partial u_r}{\partial \phi}-\frac{u_\theta^2+u_\phi^2}{r}\right)$ $=-\frac{\partial p}{\partial r}+\mu\left(\nabla^2 u_r-\frac{2}{r^2}u_r-\frac{2}{r^2}\frac{\partial u_\theta}{\partial \theta}-\frac{2}{r^2}u_\theta\mathrm{ctg}\theta-\frac{2}{r^2\sin\theta}\frac{\partial u_\phi}{\partial \phi}\right)+\rho g_r$ θ 成分 $\rho\left(\frac{\partial u_\theta}{\partial t}+u_r\frac{\partial u_\theta}{\partial r}+\frac{u_\theta}{r}\frac{\partial u_\theta}{\partial \theta}+\frac{u_\phi}{r\sin\theta}\frac{\partial u_\theta}{\partial \phi}+\frac{u_r u_\theta}{r}-\frac{u_\phi^2\mathrm{ctg}\theta}{r}\right)$ $=-\frac{1}{r}\frac{\partial p}{\partial \theta}+\mu\left(\nabla^2 u_\theta+\frac{2}{r^2}\frac{\partial u_r}{\partial \theta}-\frac{u_\theta}{r^2\sin^2\theta}-\frac{2\cos\theta}{r^2\sin^2\theta}\frac{\partial u_\phi}{\partial \phi}\right)+\rho g_\theta$ ϕ 成分 $\rho\left(\frac{\partial u_\phi}{\partial t}+u_r\frac{\partial u_\phi}{\partial r}+\frac{u_\theta}{r}\frac{\partial u_\phi}{\partial \theta}+\frac{u_\phi}{r\sin\theta}\frac{\partial u_\phi}{\partial \phi}+\frac{u_\phi u_r}{r}+\frac{u_\theta u_\phi}{r}\mathrm{ctg}\theta\right)$ $=-\frac{1}{r\sin\theta}\frac{\partial p}{\partial \phi}+\mu\left(\nabla^2 u_\phi-\frac{u_\phi}{r^2\sin^2\theta}+\frac{2}{r^2\sin\theta}\frac{\partial u_r}{\partial \phi}+\frac{2\cos\theta}{r^2\sin^2\theta}\frac{\partial u_\theta}{\partial \phi}\right)+\rho g_\phi$ 式中$\nabla^2=\frac{1}{r^2}\frac{\partial}{\partial r}\left(r^2\frac{\partial}{\partial r}\right)+\frac{1}{r^2\sin\theta}\frac{\partial}{\partial \theta}\left(\sin\theta\frac{\partial}{\partial \theta}\right)+\frac{1}{r^2\sin^2\theta}\left(\frac{\partial^2}{\partial \phi^2}\right)$
	用 应 力 表 示
直角坐标 $(x,\ y,\ z)$	x 成分 $\rho\left(\frac{\partial u_x}{\partial t}+u_x\frac{\partial u_x}{\partial x}+u_y\frac{\partial u_x}{\partial y}+u_z\frac{\partial u_x}{\partial z}\right)=-\frac{\partial p}{\partial x}$ $-\left(\frac{\partial \tau_{xx}}{\partial x}+\frac{\partial \tau_{yx}}{\partial y}+\frac{\partial \tau_{zx}}{\partial z}\right)+\rho g_x$ y 成分 $\rho\left(\frac{\partial u_y}{\partial t}+u_x\frac{\partial u_y}{\partial x}+u_y\frac{\partial u_y}{\partial y}+u_z\frac{\partial u_y}{\partial z}\right)=-\frac{\partial p}{\partial y}$ $-\left(\frac{\partial \tau_{xy}}{\partial x}+\frac{\partial \tau_{yy}}{\partial y}+\frac{\partial \tau_{zy}}{\partial z}\right)+\rho g_y$ z 成分 $\rho\left(\frac{\partial u_z}{\partial t}+u_x\frac{\partial u_z}{\partial x}+u_y\frac{\partial u_z}{\partial y}+u_z\frac{\partial u_z}{\partial z}\right)=-\frac{\partial p}{\partial z}$ $-\left(\frac{\partial \tau_{xz}}{\partial x}+\frac{\partial \tau_{yz}}{\partial y}+\frac{\partial \tau_{zz}}{\partial z}\right)+\rho g_z$
柱坐标 $(r,\ \theta,\ z)$	r 成分 $\rho\left(\frac{\partial u_r}{\partial t}+u_r\frac{\partial u_r}{\partial r}+\frac{u_\theta}{r}\frac{\partial u_r}{\partial \theta}-\frac{u_\theta^2}{r}+u_z\frac{\partial u_r}{\partial z}\right)$ $=-\frac{\partial p}{\partial r}-\left[\frac{1}{r}\frac{\partial}{\partial r}(r\tau_{rr})+\frac{1}{r}\frac{\partial \tau_{r\theta}}{\partial \theta}-\frac{\tau_{\theta\theta}}{r}+\frac{\partial \tau_{rz}}{\partial z}\right]+\rho g_r$ θ 成分 $\rho\left(\frac{\partial u_\theta}{\partial t}+u_r\frac{\partial u_\theta}{\partial r}+\frac{u_\theta}{r}\frac{\partial u_\theta}{\partial \theta}+\frac{u_r u_\theta}{r}+u_z\frac{\partial u_\theta}{\partial z}\right)$ $=-\frac{1}{r}\frac{\partial p}{\partial \theta}-\left[\frac{1}{r^2}\frac{\partial}{\partial r}(r^2\tau_{r\theta})+\frac{1}{r}\frac{\partial \tau_{\theta\theta}}{\partial \theta}+\frac{\partial \tau_{\theta z}}{\partial z}\right]+\rho g_\theta$ z 成分 $\rho\left(\frac{\partial u_z}{\partial t}+u_r\frac{\partial u_z}{\partial r}+\frac{u_\theta}{r}\frac{\partial u_z}{\partial \theta}+u_z\frac{\partial u_z}{\partial z}\right)$ $=-\frac{\partial p}{\partial z}-\left[\frac{1}{r}\frac{\partial}{\partial r}(r\tau_{rz})+\frac{1}{r}\frac{\partial \tau_{\theta z}}{\partial \theta}+\frac{\partial \tau_{zz}}{\partial z}\right]+\rho g_z$

	用 应 力 表 示
球坐标 (r, θ, ϕ)	r 成分 $\rho\left(\frac{\partial u_r}{\partial t}+u_r\frac{\partial u_r}{\partial r}+\frac{u_\theta}{r}\frac{\partial u_r}{\partial \theta}+\frac{u_\phi}{r\sin\theta}\frac{\partial u_r}{\partial \phi}-\frac{u_\theta^2+u_\phi^2}{r}\right)$ $=-\frac{\partial p}{\partial t}-\left[\frac{1}{r^2}\frac{\partial}{\partial r}(r^2\tau_{rr})+\frac{1}{r\sin\theta}\frac{\partial}{\partial \theta}(\tau_{r\theta}\sin\theta)+\frac{1}{r\sin\theta}\frac{\partial \tau_{r\phi}}{\partial \phi}-\frac{\tau_{\theta\theta}+\tau_{\phi\phi}}{r}\right]+\rho g_r$ θ 成分 $\rho\left(\frac{\partial u_\theta}{\partial t}+u_r\frac{\partial u_\theta}{\partial r}+\frac{u_\theta}{r}\frac{\partial u_\theta}{\partial \theta}+\frac{u_\phi}{r\sin\theta}\frac{\partial u_\theta}{\partial \phi}+\frac{u_r u_\theta}{r}-\frac{u_\phi^2\mathrm{ctg}\theta}{r}\right)$ $=-\frac{1}{r}\frac{\partial p}{\partial \theta}-\left[\frac{1}{r^2}\frac{\partial}{\partial r}(r^2\tau_{r\theta})+\frac{1}{r\sin\theta}\frac{\partial}{\partial \theta}(\tau_{\theta\theta}\sin\theta)+\frac{1}{r\sin\theta}\frac{\partial \tau_{\theta\phi}}{\partial \phi}+\frac{\tau_{r\theta}}{r}-\frac{2\mathrm{ctg}\theta}{r}\tau_{\phi\phi}\right]+\rho g_\theta$ ϕ 成分 $\rho\left(\frac{\partial u_\phi}{\partial t}+u_r\frac{\partial u_\phi}{\partial r}+\frac{u_\theta}{r}\frac{\partial u_\phi}{\partial \theta}+\frac{u_\phi}{r\sin\theta}\frac{\partial u_\phi}{\partial \phi}+\frac{u_\theta u_r}{r}+\frac{u_\theta u_\phi}{r}\mathrm{ctg}\theta\right)$ $=-\frac{1}{r\sin\theta}\frac{\partial p}{\partial \phi}-\left[\frac{1}{r^2}\frac{\partial}{\partial r}(r^2\tau_{r\phi})+\frac{1}{r}\frac{\partial \tau_{\theta\phi}}{\partial \theta}+\frac{1}{r\sin\theta}\frac{\partial \tau_{\phi\phi}}{\partial \phi}+\frac{\tau_{r\phi}}{r}+\frac{2\mathrm{ctg}\theta}{r}\tau_{\theta\phi}\right]+\rho g_\phi$

扩 散 方 程 式

直角坐标 (x, y, z)	$\frac{\partial C}{\partial t}+u_x\frac{\partial C}{\partial x}+u_y\frac{\partial C}{\partial y}+u_z\frac{\partial C}{\partial z}=D\left(\frac{\partial^2 C}{\partial x^2}+\frac{\partial^2 C}{\partial y^2}+\frac{\partial^2 C}{\partial z^2}\right)$
柱坐标 (r, θ, z)	$\frac{\partial C}{\partial t}+u_r\frac{\partial C}{\partial r}+u_\theta\frac{\partial C}{r\partial \theta}+u_z\frac{\partial C}{\partial z}=D\left\{\frac{1}{r}\frac{\partial}{\partial r}\left(r\frac{\partial C}{\partial r}\right)+\frac{1}{r^2}\frac{\partial^2 C}{\partial \theta^2}+\frac{\partial^2 C}{\partial z^2}\right\}$
球坐标 (r, θ, ϕ)	$\frac{\partial C}{\partial t}+u_r\frac{\partial C}{\partial r}+u_\theta\frac{1}{r}\frac{\partial C}{\partial \theta}+u_\phi\frac{1}{r\sin\theta}\frac{\partial C}{\partial \phi}$ $=D\left\{\frac{1}{r^2}\frac{\partial}{\partial r}\left(r^2\frac{\partial C}{\partial r}\right)+\frac{1}{r^2\sin\theta}\frac{\partial}{\partial \theta}\left(\sin\theta\frac{\partial C}{\partial \theta}\right)+\frac{1}{r^2\sin^2\theta}\frac{\partial^2 C}{\partial \phi^2}\right\}$

附录Ⅳ 常用物质的物性值选辑

4.1 密 度

物 质	温度/℃	状态	密 度 kg·m^{-3}	温度/℃	状态	密 度 kg·m^{-3}
Fe	1600	液	7160	25	固	7870
灰铸铁				20	固	7100
钢（0.22%C）	1650	液	7200	20	固	7800
Cu	1225	液	7930	20	固	8920
Ni				20	固	8900
Zn	500	液	6480	20	固	7140
Hg	20	液	13600			
Al	700	液	2400	20	固	2700
Mg	700	液	1570	20	固	1740
Al_2O_3	2030	液	2970	20	固	3970
SiO_2				20	固	2320
FeO	1450	液	4350	20	固	5900
渣（$50CaO-30SiO_2-20Al_2O_3$）	1500	液	2660			
渣（$42CaO-32SiO_2-26FeO$）	1400	液	3230	20	固	3500～4000
O_2	0	气	1.429			
N_2	0	气	1.250			
空气	0	气	1.293			
Ar	0	气	1.783			
蒸汽	100	气	0.598			

4.2 粘 度

物 质	温 度/℃	粘 度/Pa·s	粘滞活化能/J·mol^{-1}
Al	659	1.39×10^{-3}	16527
Cu	1083	4.10×10^{-3}	30543
Fe	1539	4.95×10^{-3}	41422
生铁	1425	1.50×10^{-3}	
Ni	1455	4.65×10^{-3}	41212
Hg	−38.9	1.88×10^{-3}	2510
Ag	961	3.88×10^{-3}	22175
Mg	650	1.32×10^{-3}	30543
Pb	327	2.63×10^{-3}	9832
Sn	232	2.00×10^{-3}	5439

物　　质	温　　度/℃	粘　　度/Pa·s	粘滞活化能/J·mol^{-1}
Al_2O_3	2100	5×10^{-2}	
FeO	1400	3×10^{-2}	
SiO_2	1942	1.5×10^{4}	
水	20	1.0×10^{-3}	
盐水（25%NaCl）	20	2.5×10^{-3}	
亚麻子油	20	6.2×10^{-2}	
O_2	20	2.30×10^{-5}	
H_2O（g）	100	1.27×10^{-5}	
CO_2	20	1.46×10^{-5}	
H_2	1091	2.44×10^{-5}	

4.3 扩散系数

扩散组元	扩　散　介　质	温度/℃	D_{A-B}/cm^2·s^{-1}
H_2O	N_2	25	0.26
H_2O	O_2	450	1.30
CO_2	O_2	500	0.90
H_2	O_2	25	0.70
H_2	O_2	500	4.2
H_2	H_2O（g）	500	5.15
H_2	H_2O（g）	900	11.4
乙醇	水	25	1.28×10^{-5}
蔗糖	水	25	0.56×10^{-5}
Pb	熔铅	343	2.50×10^{-5}
Ag	熔银	1060	3.22×10^{-5}
Cu	Cu_2S 熔体（19.8%S）	1160	7.49×10^{-5}
Cu	Cu_2S 熔体（19.8%S）	1256	10.10×10^{-5}
Fe	Fe-C 熔体（2.5%C）	1400	9.0×10^{-5}
C	Fe-C 熔体（3.5%C）	1550	6.0×10^{-5}
H	熔铁	1600	150×10^{-5}
N	熔铁	1600	9.2×10^{-5}
O	熔铁	1610	12×10^{-5}
Mn	熔铁	1550	5.0×10^{-5}
Cr	熔铁	1550	3.0×10^{-5}
Cu	渣（$39CaO-21Al_2O_3-40SiO_2$）	1400	0.067×10^{-5}
Si	渣（$40CaO-20Al_2O_3-40SiO_2$）	1430	0.01×10^{-5}
Fe	渣（$43CaO-22Al_2O_3-35SiO_2$）	1500	$0.21\sim0.50\times10^{-5}$
Fe	渣（$61FeO-39SiO_2$）	1275	9.6×10^{-5}
Na	NaCl 熔盐	906	14.2×10^{-5}
Al	铜	20	1.3×10^{-30}
Bi	铅	20	1.1×10^{-16}
Sn	铁	900	8.3×10^{-11}
C	铁	800	2.7×10^{-8}
C	铁	1000	32.7×10^{-8}

主 题 索 引

主要符号表

英文字母

A 表面积、界面积或接触面积、式(2-47)定义的函数

A_0 式(6-8)定义的接触面积

$A_i(i=1,2\cdots)$ 式(12-119)定义的传热面积

A_s 截面积

a 比表(界)面积

a 式(14-56)中定义的无因次速度常数

a' 比表(界)面积

a_i i组分的活度

B 磁通密度,式(2-47)定义的函数

$C_i(i=A、C,\cdots)$ i组分的浓度

c_p 比热容

D 扩散系数,管径

d 直径

d_0 喷嘴内径

$d_{n,0}$ 喷嘴外径

E 活化能,电场强度,式(14-50)定义的上浮渣滴反应效率

$E(t)$ 停留时间分布密度函数

Eo Eötvös 数

E_0 喷流吸引系数

F 界面能,力

$F(s)$ 映象函数

$F(t)$ 停留时间分布函数

$F_i(X)(i=0\sim4)$ 固-固加成反应模型中定义的转化率的函数

F_p 颗粒的形状因子

F_r 摩擦系数

Fr 弗鲁得(Froude)数

$F_{v,in}$ 喷粉流量

f 颗粒外表面的粗糙度因子,溶解速度,力,频率

G 质量,质量通量,式(2-62)定义的量

$G(s)$ 传递函数

g 重力加速度,重力

$g(t)$ 式(12-83)定义的颗粒未转化率

$g(X)$ 式(2-39)定义的 X 的函数

$g_{F_p}(X)$ 式(2-53)定义的 X 的函数

H 液体深度,磁场强度

ΔH 热焓变化

H' 亨利常数的倒数

h 深度,传热系数

$I(t)$ 内部年龄分布密度函数

I_1 式(12-71)定义的变化率

I_2 式(12-72)定义的曲率

i i组分

J 单位界面上的反应速度，电流密度

j j组分

K 化学反应平衡常数，总传热系数

K_{BE} B相和E相间的物质交换系数

$k_i(i=0\sim)$ 固-固加成反应模型中定义的综合速度常数

k 传质系数，反应速度常数

k_r 界面化学反应速度常数

L 长度，高度，熔化潜热，物质在两相的平衡分配比

l 长度

M 相对分子质量，动量

Mo 莫顿(Morton)数

M_0 示踪剂总量

m 质量

N 通量，粒子数，串联槽数，摩尔数

Np' 搅拌功率准数

n 以mol/s表示的基元传质或反应速度，物质的量(mol)，反应级数和串联级数

O_{pel} 球团中可还原氧的含量(%)

P 功率

P_0 大气压

Pe 贝克来(Peclet)数

p 压力，压强

$p(X)$ 式(2-38)或式(2-58)定义的X的函数

$p_{F_p}(X)$ 式(2-52)定义的X的函数

Q 浓度商

Q_R 泵送能力

q 传热、发热和显热迁移速度，流量

q_m 质量流量

q_V 体积流量

R 气体常数，半径，循环比

Re 雷诺(Reynolds)数

Re' 浆叶雷诺数

R_f 式(12-74)定义的以固体转化率表示的反应速度

R_i^* (i=A,B…) 以i组分的消耗表示的综合反应速度

Rm 磁雷诺数

r 半径，反应速度

Sc 施米特(Schmidt)数

Sh 舍伍德(Sherwood)数

Sh^* 修正的舍伍德数

S_R 选择率

s 气泡中心到喷嘴的距离，表面更新率，空间速度

T 温度

Th 式(2-72)定义的梯勒数

t 时间，停留时间

t' 式(14-55)定义的时间

t^* 式(2-90)定义的无因次时间

t_1 式(2-49)定义的时间

U 特征速度

u 速度

$\boldsymbol{u}$ 速度矢量

u_t 终端速度

V 体积

W 重量

We 韦伯(Weber)数

W 质量分率

W' 有用功

W_r 摩擦功

X 固体物料转化率

x 式(14-56)中定义的渣相杂质的无因次浓度

x_R 反应界面坐标

Y 相比

Y_R 收率

y 式(14-56)中定义的金属相杂质的无因次浓度

Z 式(2-57)定义的颗粒体积变化校正因子

希腊字母

α 气泡排开液体体积的比例系数,式(12-24)和式(12-45)定义的无因次量,热扩散系数,回转窑的倾斜角

α_B,α_D 固体B和D所占的体积分率

β 反应增强因子,热流比,物料的静止安息角,式(6-37)、式(12-24)和式(12-45)定义的无因次量

β' 物料安息角的动态增量

γ 热容比,式(6-36)定义的固体反应物摩尔比,式(12-58)定义的量,式(12-136)定义的扩散参数

Δ 粗糙度

δ 界膜厚度,δ 函数,式(12-10)和式(12-77)定义的气固反应摩尔比,式(12-64)定义的量

ε 空(孔)隙率,体积膨胀率

$\dot{\varepsilon}$ 搅拌功率密度

η 体积比,无因次距离

η_j 被j相获取的反应热分数

η_m 磁扩散系数

θ 角度,无因次时间

λ 导热系数,式(12-136)定义的对流参数

$\lambda(X_B)$ 式(12-5)和(12-32)定义的 X_B 的函数,式(6-43)定义的无因次量

$\lambda'(X_B)$ 式(12-11)定义的 X_B 的函数

μ 粘度

μ_m 磁导率

ν 运动粘度,式(6-44)定义的无因次量

ξ 无因次颗粒半径

π 圆周率

ρ 密度、摩尔密度

σ 表(界)面张力,浸出反应的化学计量系数,液体电导率

σ_0 波尔兹曼常数

σ^2 方差,反应模数

τ 空间时间

τ_m 混合均匀时间

Φ 传热通量

$\phi(t)$ 两相区气泡的体积分数，式(3-41)定义的分布函数

φ 式(12-44)和式(12-77)定义的无因次量

Ψ 式(6-34)定义的无因次浓度，式(13-47)定义的流函数

ω 式(6-45)、式(12-24)和式(12-45)定义的无因次量，式(13-47)定义的涡量

Ω 角频率